USER INTERFACE DESIGN

界面设计基础教程

主　编　毛一芳

副主编　梁胶东　贾　茹　丛昌楠　宗传霞

参　编　宋艳玲　武鲁英　刘淑娟　党志敏　张　环　孙　好　许光奇　王　晶　王　宁

界面设计（UI设计）是新兴的设计领域，它基于平面设计的基本原理，结合技术性的标准要求而产生。学习界面设计时，首先要掌握平面设计的基本原理和相应软件，在此基础上掌握界面设计的基本技术规定和数据标准；然后，是深入理解市场的运作规律和理解用户需求。本书采用理论讲授与项目设计相结合的形式，面向界面设计初学者，深入剖析设计要点，让读者了解界面设计基础知识的同时，通过案例制作巩固并掌握设计技能。

图书在版编目（CIP）数据

界面设计基础教程 / 毛一芳主编. — 北京：机械工业出版社，2023.6

ISBN 978-7-111-73119-1

Ⅰ. ①界…　Ⅱ. ①毛…　Ⅲ. ①人机界面 – 程序设计 – 教材　Ⅳ. ①TP311.1

中国国家版本馆CIP数据核字（2023）第077899号

机械工业出版社（北京市百万庄大街22号　邮政编码100037）
策划编辑：于翠翠　　　　责任编辑：于翠翠
责任校对：樊钟英　刘雅娜　　责任印制：常天培
北京宝隆世纪印刷有限公司印刷
2023年8月第1版第1次印刷
184mm × 260mm · 20.5印张 · 414千字
标准书号：ISBN 978-7-111-73119-1
定价：128.00元

电话服务　　　　　　　　网络服务
客服电话：010-88361066　　机　工　官　网：www.cmpbook.com
　　　　　010-88379833　　机　工　官　博：weibo.com/cmp1952
　　　　　010-68326294　　金　　书　　网：www.golden-book.com
封底无防伪标均为盗版　　机工教育服务网：www.cmpedu.com

前言

界面设计是新兴的设计领域，它基于平面设计的基本原理，结合技术性的标准要求而产生。相对于传统的平面设计，界面设计注重信息传递的准确性和交互性。在电子计算机和互联网普及后，尤其是智能移动设备（如智能手机和 iPad 等）普及后，界面设计的需求大大增加，在生活中应用非常广泛。随着科技的进步，界面设计的需求将会进一步加大，界面设计领域有着乐观的就业前景和广阔的发展空间。

学习界面设计时，首先要掌握平面设计的基本原理（如构成和版式等）和相应的软件，在此基础上掌握界面设计的基本技术规定和数据标准；然后，是深入理解市场的运作规律和理解用户需求。另外，与客户、同事、领导都需要主动交流，同时也要主动探寻设计的可能性。要主动思考，不人云亦云，不随波逐流，不让自己成为一个作图机器，而要顺应甚至引领时代的潮流。

本书由山东特殊教育职业学院毛一芳任主编，梁胶东、贾茹、丛昌楠、宗传霞任副主编，参与编写的有宋艳玲、武鲁英、刘淑娟、党志敏、张环、孙好、许光奇、王晶、王宁。本书的策划和撰写得到了山东鹰雁科技有限公司和山东遥知科技创新发展有限公司的帮助，在此深表感谢。

书中如有疏漏之处，诚挚期盼读者给予批评指正。

毛一芳

本书特点

◉ **内容合理，适合自学**

本书在编写时充分考虑到初学者的特点，内容讲解由浅入深，知识点较为全面，能引领读者快速入门。学好本书，读者能掌握平面设计工作中所需的多项技能。

◉ **视频讲解，通俗易懂**

为了提高学习效率，本书为大部分实例配备了相应的教学视频。视频采用模仿实际授课的形式，在各知识点的关键处给出解释、提醒和注意事项，这些都是专业知识和经验的提炼，让读者在高效学习的同时，能更多地体会界面设计的乐趣。

◉ **配套资源丰富，全方位辅助学习**

从配套到拓展，资源库一应俱全。本书提供了几乎所有实例的配套视频，还提供了模拟练习题等。

本书学习资源

目 录

CONTENTS

A BASIC COURSE IN GRAPHIC DESIGN

第一章

界面设计理论基础

第一节
构成的概念

一、构成的意义

构成作为一门传统学科在艺术设计基础教学当中起着非常重要的作用，它可对学生进行专业学习前的思维和观念予以启发与引导。

构成不仅是界面设计的基础，也是理念、方法。构成作为设计专业的基础课程，重在培养设计者的形象思维能力和设计创造能力。

构成分为平面构成、立体构成、色彩构成，如图 1-1-1 所示。其中，平面构成主要是运用点、线、面的律动，形成极强的抽象性和形式感。平面构成是在实际设计之前必须要学会运用的视觉的艺术语言，研究平面构成可以进行视觉方面的创造，了解造型观念，训练培养各种熟练的构成技巧和表现方法，培养审美观及美的修养和感觉，提高创作活动和造型能力，活跃构思。立体构成研究和探讨在三维空间中如何用立体造型要素和语言按照形式美的原理，创造出富有个性和审美价值的立体空间形态。色彩构成则是探求色彩表现的一般规律，达到色彩作用与心理的最终目的。

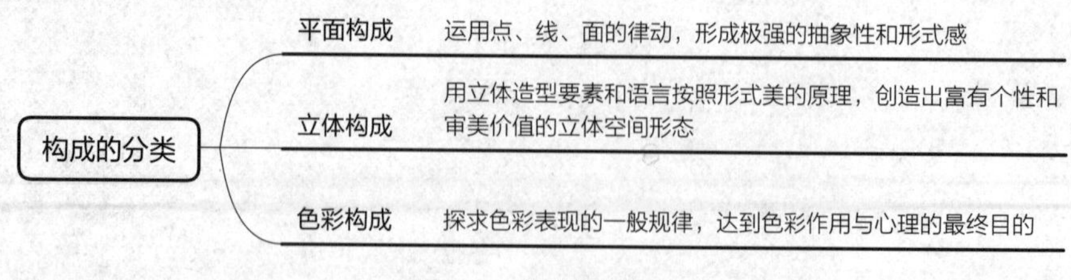

图 1-1-1　构成的分类

对于界面设计工作来说，平面构成和色彩构成是最主要的。如图 1-1-2 所示，独特的内容安排与色彩搭配会让同类型的界面设计给人不一样的认知感受。

图 1-1-2　瓦西里 · 康定斯基作品

二、构成的来源

作为现代设计的理论依据，构成有三个重要的来源，分别是俄国构成主义、荷兰风格派和德国包豪斯设计运动，如图 1-1-3 所示。

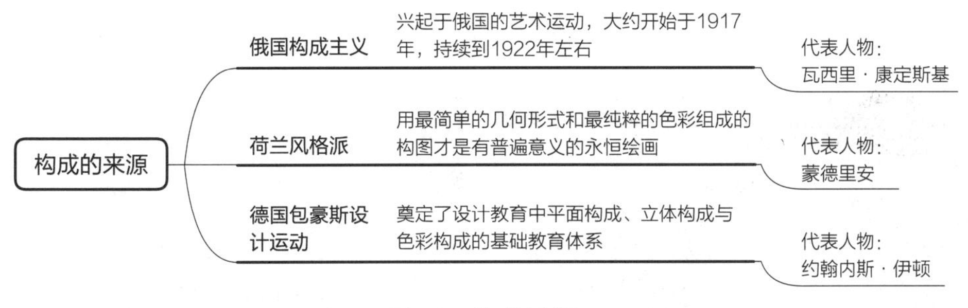

图 1-1-3　构成的来源

1. 俄国构成主义

俄国构成主义兴起于俄国的艺术运动，大约开始于 1917 年，持续到 1922 年左右。对于激进的俄国艺术家而言，十月革命引入基于工业化的新秩序，是对于旧秩序的终结，是俄国无产阶级的胜利。在革命之后，大环境提供了信奉文化革命和进步观念的构成主义在艺术、建筑学等方面设计实践的机会。俄国构成主义的代表人物瓦西里·康定斯基（1866—1944）是现代艺术的伟大人物之一，是现代抽象艺术在理论和实践上的奠基人。他的作品如图 1-1-2 所示。

2. 荷兰风格派

荷兰风格派的出发点是对事物的绝对抽象。他们认为艺术应完全消除与任何自然物体的联系，而用基本几何形象的组合和构图来体现整个宇宙的法则——和谐。这种对于和谐的追求是荷兰风格派恒定的目标，是高度抽象的形式。代表人物皮特·科内利斯·蒙德里安认为，把生活环境抽象化，这对人们的生活就是一种真实，用构成事物的几何单元来表述事物本身即是最真实的表现手法。绘画是由线条和色彩构成的，所以线条和色彩是绘画的本质，只有用最简单的几何形式和最纯粹的色彩组成的构图才是有普遍意义的永恒绘画。蒙德里安作品如图 1-1-4 所示。

图 1-1-4
蒙德里安《红、黄、蓝、黑构图》

3. 德国包豪斯设计运动

平面构成作为一门设计基础教育，始于 1919 年德国公立包豪斯学校，如图 1-1-5、图 1-1-6 所示。1919 年 4 月，德国魏玛市立美术学院与工艺美术学校合并创建“国立魏玛建筑学院”，即“包豪斯”（Bauhaus），是世界上第一所设计学院，是现代设计教育的发源地。

图 1-1-5　包豪斯校舍俯视图

图 1-1-6　包豪斯校舍

包豪斯是现代设计的摇篮，其所提倡和实践的功能化、理性化和以简洁造型为主的工业化设计风格，被视为现代主义设计的经典风格，对 20 世纪的设计产生了不可磨灭的影响。包豪斯最重要的成就之一是以科学、严谨的理论为依据，奠定了设计教育中平面构成、立体构成与色彩构成的基础教育体系。《包豪斯宣言》设计作品如图 1-1-7、图 1-1-8 所示。

包豪斯在教学中坚持发展以长、方、立体等类型几何形态为基础训练，无论是在绘画还是在设计中，都主张以抽象的形式来表现，放弃传统的写实风格。这种观念经过俄国构成主义、荷兰风格派，最后在包豪斯得到完善和发展，逐步在新的思维方式和美学观念上建立起一个新的造型原则。

最早把“构成”作为设计教学课程的是瑞士的约翰内斯·伊顿教授。他是画家、设计师、设计理论家和色彩大师，他的《设计与形态》和《色彩艺术》等著作开拓了构成艺术，促成了构成教学在包豪斯的主要地位。伊顿 12 色相环如图 1-1-9 所示。

应该说，我们今天开设的平面构成、色彩构成、立体构成等课程，已经经过几代人的积累和完善，对现代设计有着极大的启发性。

图 1-1-7
《包豪斯宣言》

图 1-1-8
《包豪斯宣言》封面
的玻璃哥特教堂

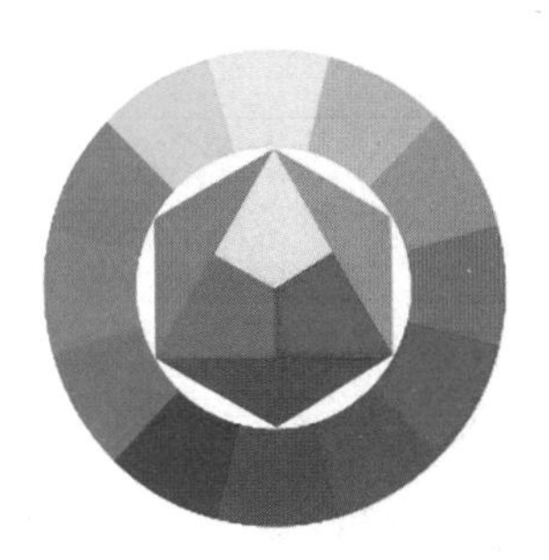

图 1-1-9　伊顿 12 色相环

第二节

平面构成基础

俄国构成主义、荷兰风格派，都主张放弃传统的写实风格，以抽象的形式表现，到后来经包豪斯的不断完善和发展，形成一个完整的现代设计基础训练的教学体系，奠定了构成设计观念在现代设计训练及应用中的地位和作用。20 世纪 70 年代以来，平面构成作为设计基础，已被广泛应用于工业设计、建筑设计、平面设计、时装设计、舞台美术设计、视觉传达设计等领域。

平面构成是视觉元素在二维的平面上，按照美的视觉效果，力学的原理，进行编排和组合，以理性和逻辑推理来创造形象、研究形象与形象之间的排列的方法。平面构成是理性与感性相结合的产物。它研究在二维平面内创造理想形态，或是将现有的形态（具象或抽象形态）按照一定原理进行分解、组合，从而构成多种视觉形式的造型设计。

平面构成主要有客观性、规律性、秩序性、理性与感性结合四大特征，如图 1-2-1 所示。

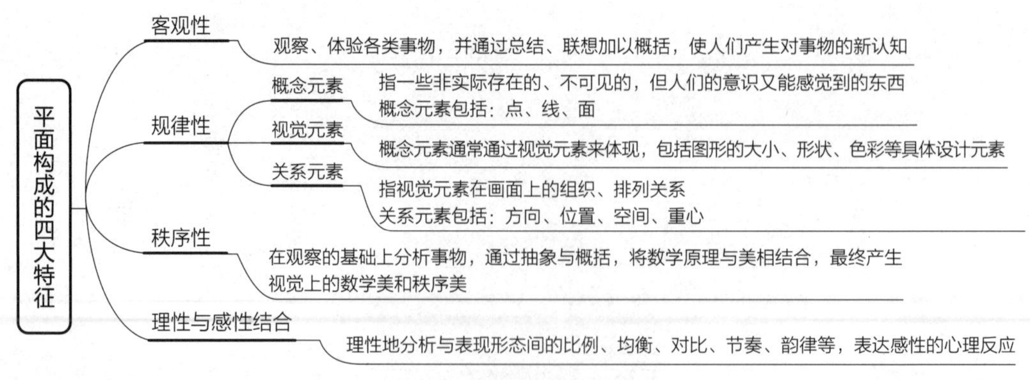

图 1-2-1　平面构成的四大特征

一、平面构成的基本造型元素

平面构成研究的对象是形与形之间的组合关系和构成方式，因此只有抽象出基本的造型元素，才能抛开具体形状的干扰和束缚，最大限度地降低“形”自身的人文意义和视觉具象性方面的影响，而专注于超越形态之外的构成规律的研究。平面构成中的基本造型元素是点、线、面，构成要素是大小、方向、明暗、色彩、肌理等。以这些基本元素为条件，加以组合，便会创造出无数理想的抽象造型。平面构成的基本造型元素如图 1-2-2 所示。

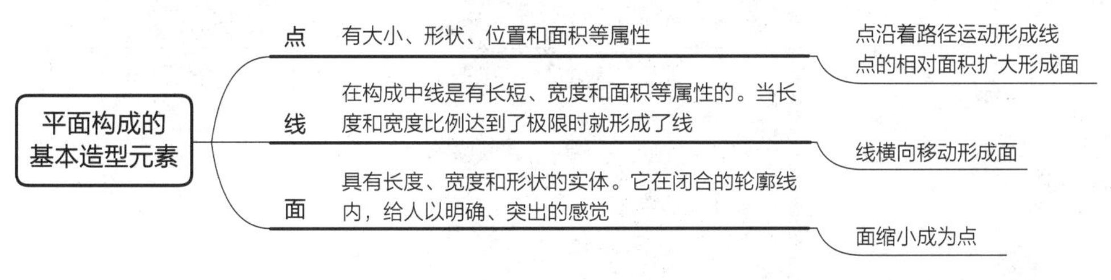

图 1-2-2　平面构成的基本造型元素

1. 点的基本构成

点是一个标记的点，在几何学中是不具有大小属性，只具有位置属性，但在构成中却有大小、形状、位置和面积等属性。如人站在辽阔的海滩上就会小得像一个点。由此可知，一个物体在不同的环境条件下就会让人产生不同的感觉，且越小的形体越能给人以点的感觉，如图 1-2-3 ~ 图 1-2-5 所示。

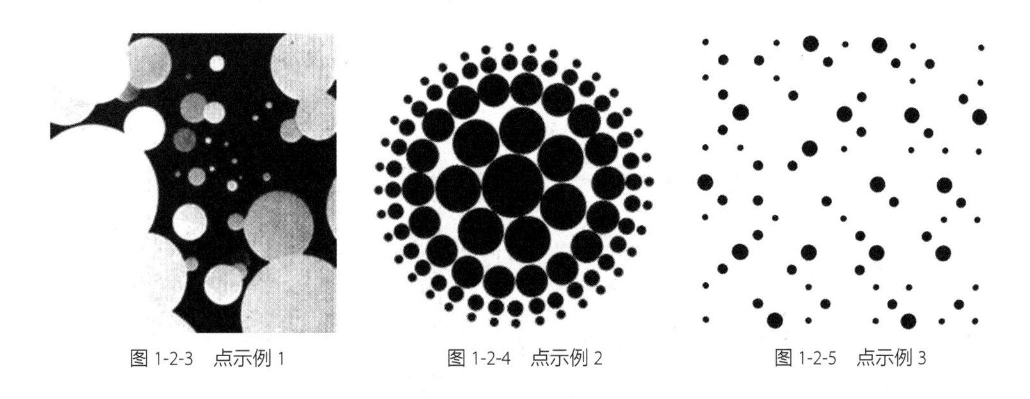

图 1-2-3　点示例 1　　图 1-2-4　点示例 2　　图 1-2-5　点示例 3

点的构成形式可以是大小、疏密点混合的散点式构成形式；也可以是将大小一致的点按一定的方向进行有规律的排列，使人感觉由点的移动而产生了线的形式；还可以是由大到小的点按一定的轨迹、方向进行变化，会产生一种优美的韵律感的形式；也可以是把点以大小不同的形式，既密集、又分散地进行有目的的排列，产生面化感的形式，如图 1-2-6～图 1-2-8 所示。

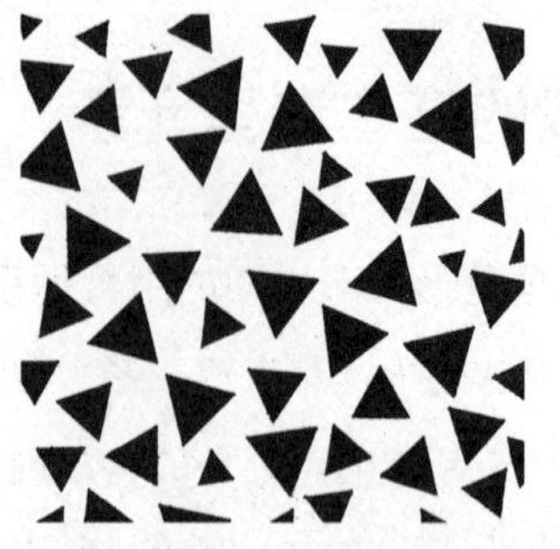

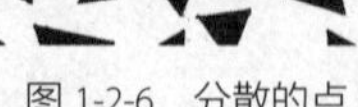

图 1-2-6　分散的点

图 1-2-7　点的线化

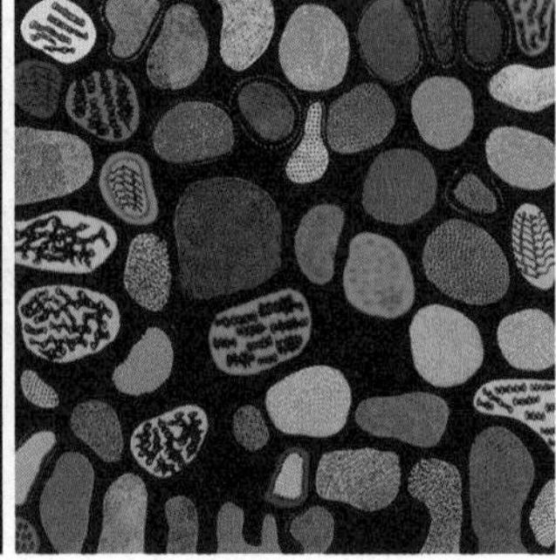

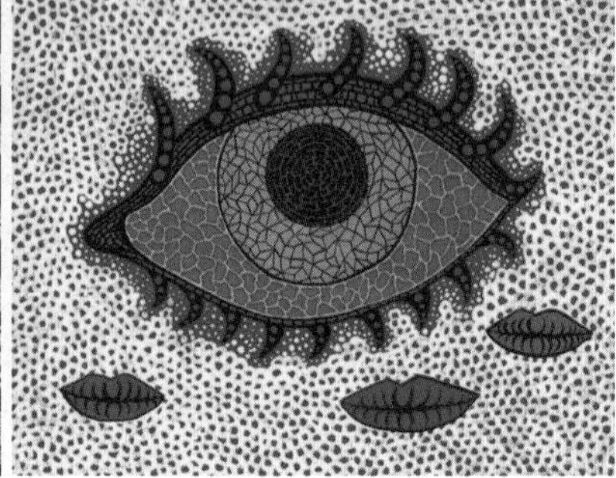

图 1-2-8　草间弥生作品

2. 线的基本构成

点移动的轨迹形成了线。线在空间里是具有长度和位置属性的细长物体。从数学上来说，线没有面积只有形态和位置属性，在构成中线是有长度、宽度和面积等属性的，当长度和宽度的比例达到了极限就形成了线。从构成的角度来看，具有长度、宽度的线，随着线的宽度增加会让人感觉这是一个面，但如果它周围都是类似的线的群体，那么宽度再大的线也会被认为是粗线。由于各种线的形态和位置不同，它们也就具有了各自不同的特性。线的构成形式如图 1-2-9 ~ 图 1-2-13 所示。

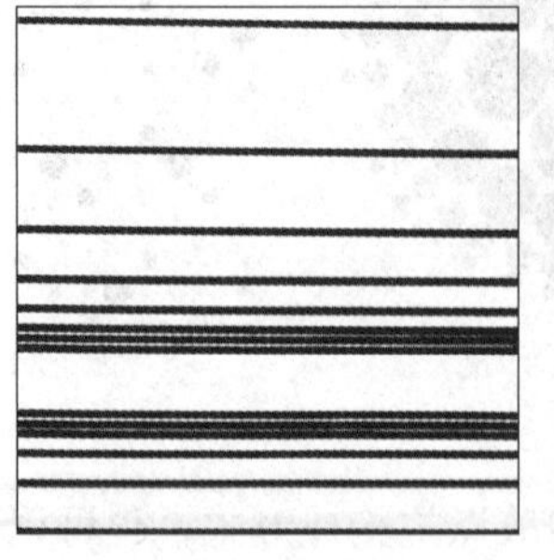

图 1-2-9　线示例 1

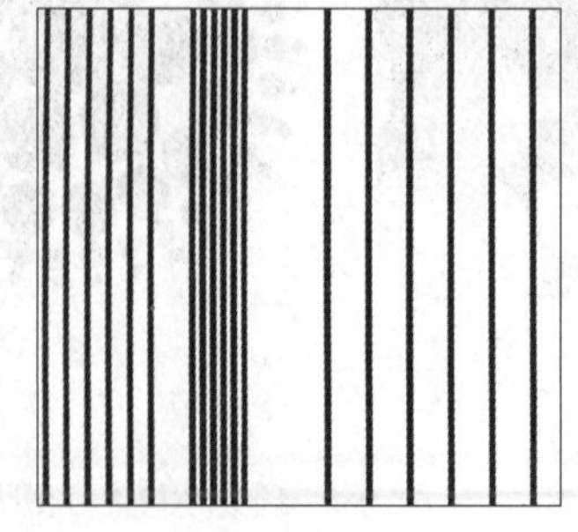

图 1-2-10　线示例 2

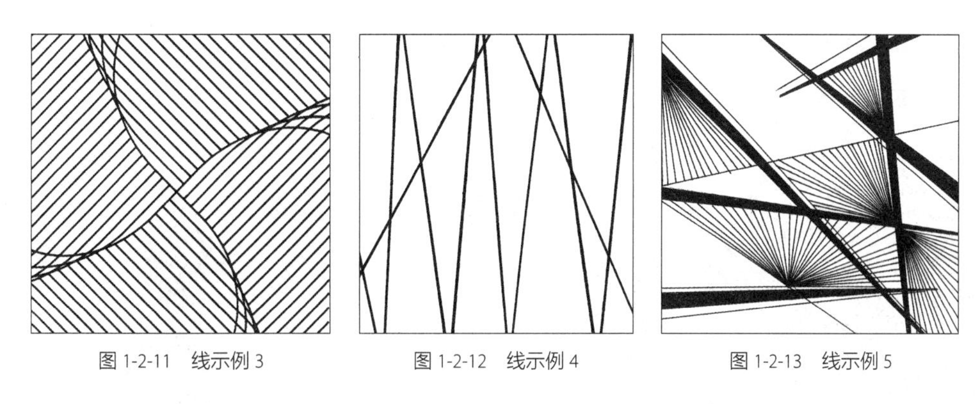

图 1-2-11　线示例 3　　图 1-2-12　线示例 4　　图 1-2-13　线示例 5

线的分类在宏观上分为直线与曲线，如图 1-2-14 所示。

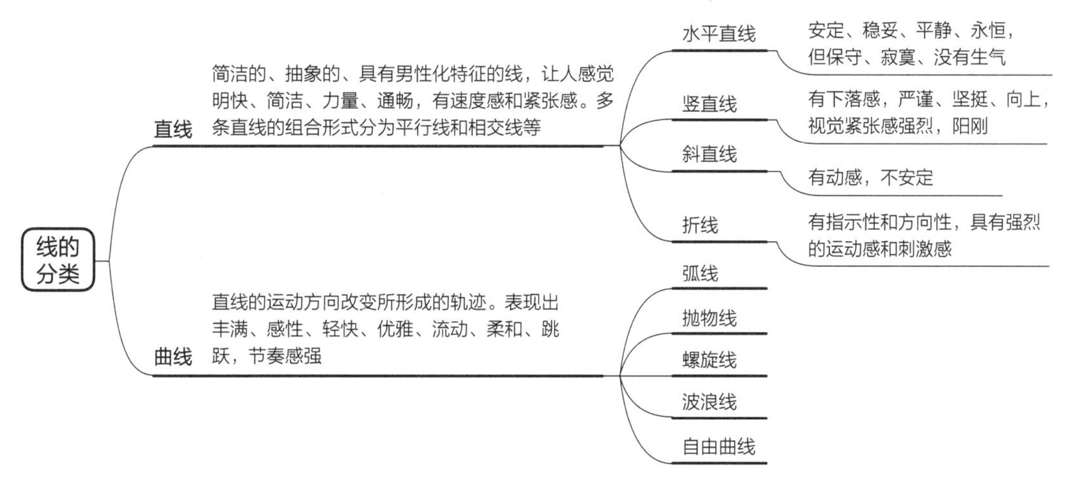

图 1-2-14　线的分类

直线是简洁的、抽象的、具有男性化特征的线，让人感觉明快、简洁、力量、通畅、有速度感和紧张感。其中，水平直线代表安定、稳妥，具有平静、永恒的特质，但是保守、寂寞、没有生气；竖直线有下落感，代表严谨、坚挺、向上，视觉紧张感强烈，阳刚；斜直线有动感，不安定；折线有指示性和方向性，具有强烈的运动感和刺激感。直线的组合形式分为平行线和相交线等。

曲线是直线的运动方向改变所形成的轨迹，分为弧线、抛物线、螺旋线、波浪线和自由曲线。曲线表现出丰满、感性、轻快、优雅、流动、柔和、跳跃，节奏感强。几何曲线具有现代感和准确的节奏感，自由曲线具有柔和的自由感和变化的节奏感。

3．面的基本构成

面是由线移动的轨迹形成。在平面构成中，不是点或线的都是面。点的密集分布或者面积扩大，线的聚集和闭合都会生出面。面是构成各种可视形态的最基本的形。在平面构成中，面是具有长度、宽度和形状属性的实体。它在闭合的轮廓线内，给人以明确、突出的感觉。面的构成形式如图 1-2-15 ~ 图 1-2-17 所示。

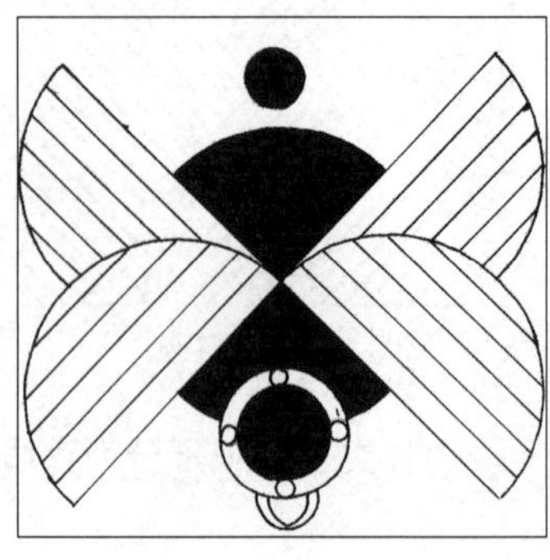

图 1-2-15　面示例 1　　图 1-2-16　面示例 2　　图 1-2-17　面示例 3

面可分为几何型的面、自由曲线型的面和偶然型的面，如图 1-2-18 所示。几何型的面是用数学的方式构成的形态，如三角形、正方形、平行四边形、梯形、圆形、五角形、矩形等；自由曲线型的面是由自由的弧线构成的形态；偶然型的面是由特殊的技法意外得到的形态，如敲打、泼洒等。

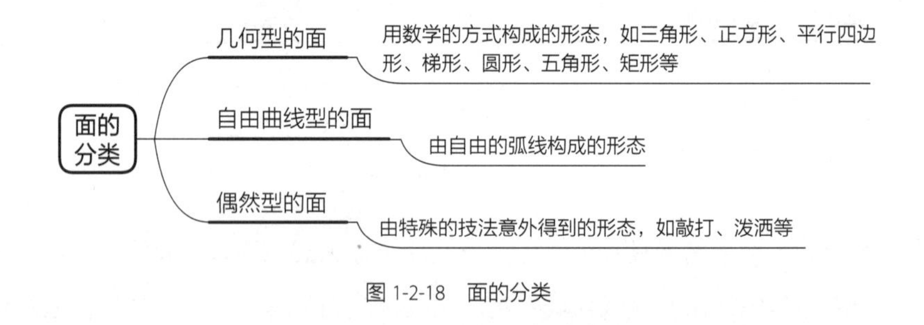

图 1-2-18　面的分类

二、平面构成中的形式美法则

形式美法则，是指形式美规律的提取、概括和总结，是形式美感的内在秩序的总结，是偏向于美学层面的规律，是普遍的美学原则。人们在日常的审美中都在无意识地遵守和效法形式美法则。平面构成的形式美法则，是在平面构成的设计过程中，运用基本的造型元素（点、线、面等），遵循并顺应对称、平衡、节奏等形式美规律，创造出符合人类审美意象的新的视觉形象时应该利用和遵守的文法。通过形式美法则的类比联想，可将平面构成形式美法则归纳为对称与平衡、节奏与韵律、统一与变化、比例与分割，如图 1-2-19 所示。

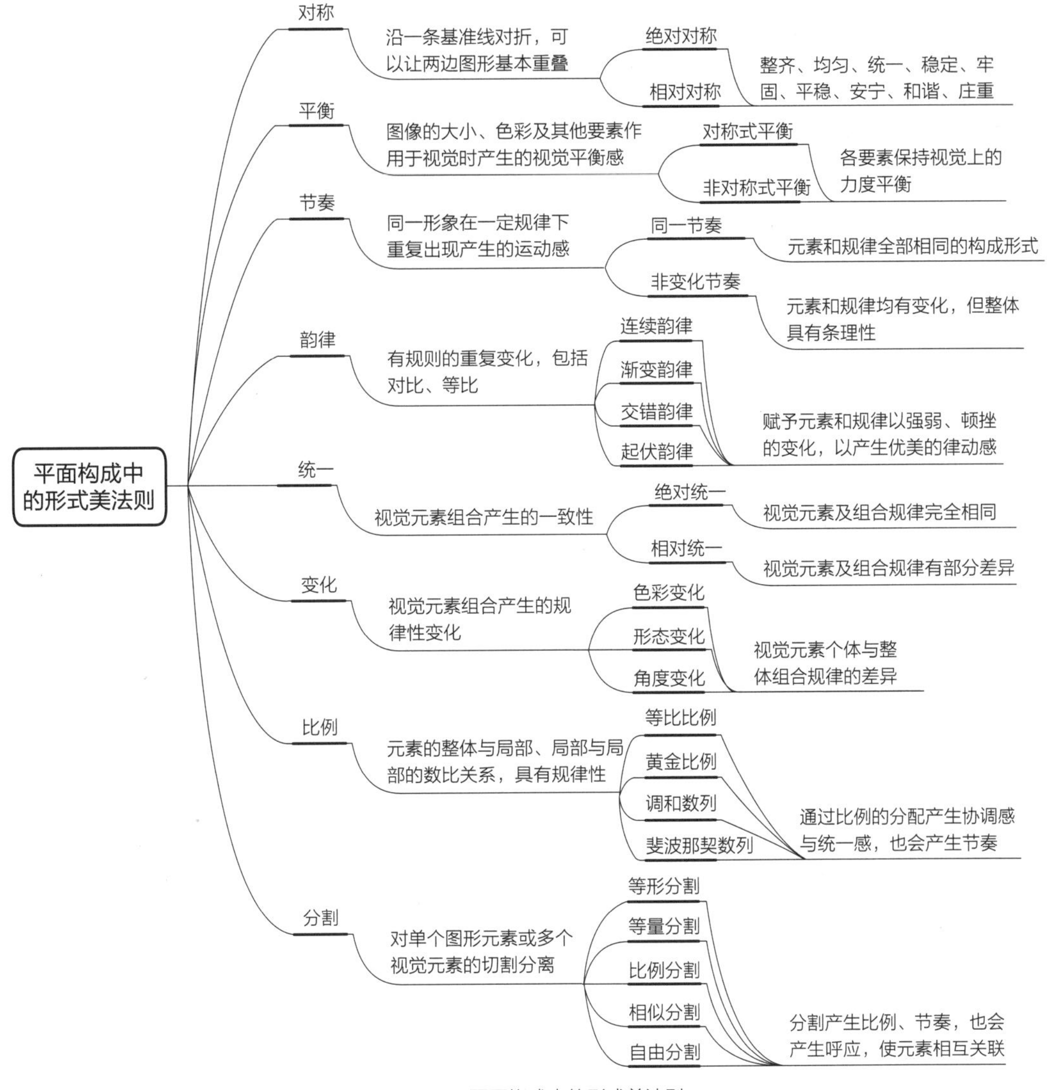

图 1-2-19　平面构成中的形式美法则

1. 对称与平衡

通过对折的方法，基本上可以重叠的图形就是对称的。它们是等形等量的配置关系，最容易得到统一效果，是具有良好的稳定感的基本形式。对称可分为绝对对称与相对对称。平衡是指在视觉上的一种等量和不等形的力的平衡状态，分为对称式平衡与非对称式平衡。平衡比对称在视觉上更显灵活、新鲜，并富有变化的统一的美感。

2. 节奏与韵律

节奏指在构成中为同一形象在一定规律中重复出现产生的运动感，必须是有规律的重复、连续形成的。节奏容易产生单调的感觉。在节奏中注入美的因素和情感，就有了韵律，它是节奏形式的深化，富于感性。在构成中，韵律常与节奏同时出现，通过有一定变化的交替，产生音乐般的旋律感。将节奏与韵律运用得好，就能增加作品的美感和诱惑力。

3. 统一与变化

统一与变化是辩证统一的关系，两者相辅相成。统一总是和变化同时存在，有变化的个体元素经过有机的规律组合，从整体上得到多样统一的效果；变化是统一中各组成元素或元素规律的区别。

4. 比例与分割

比例在平面构成中是造型或是构图的整体与局部、局部与局部或自身尺寸的比例关系，以数理规律呈现。比例包括等比比例、黄金比例、调和数列、斐波那契数列等。分割是对事物体量的分割，包括对画面中单个图形的分割和对画面中多个视觉元素组合的分割，有等形分割、等量分割、比例分割、相似分割与自由分割等。

三、平面构成的形成

1. 基本形与骨骼

平面构成中的基本形就是构成图形的基本单位，一个点、一条线段或是一个几何图形，都可以看作构成基本形的要素。在具体设计中，可以运用重叠、分割、连接等手段，将基本形组合成变化万千的形象。也就是说，基本形是平面设计中借以表达意图的形态构成的视觉元素，它是表达构成意图的主要手段。这些视觉元素通称为形象，基本形即最基本的形象。形象是有面积、形状、色彩、大小和肌理属性的视觉可见物，但受方向、位置、空间和重心的制约。在构成中，点、线、面是构成基本形的元素，同时也可以是基本形。基本形常常由一组相同或相似的形象组成，在构成内部起到统一的作用。基本形有助于保持设计的内在统一，在构成中具有十分重要的作用。

在平面构成中，骨骼指的是限制和管辖基本形的各种不同的编排框架。骨骼的作用在于使形象在限定的空间里有秩序地排列和组合。从形式上看，平面构成中的骨骼就如同人造建筑物的框架结构、自然界中的鱼鳞、人体的骨骼等。骨骼是支撑构成形象的最基本的组合形式，使形象经过人为的构想，有秩序地排列出各种宽窄不同的框架空间。把基本形输入到设定的骨骼中，以各种不同的编排方式来构成设计。骨骼可以起到编排和管辖形象的空间作用。骨骼网决定了各基本形在构图中的关系。

基本形与骨骼如图 1-2-20 所示。

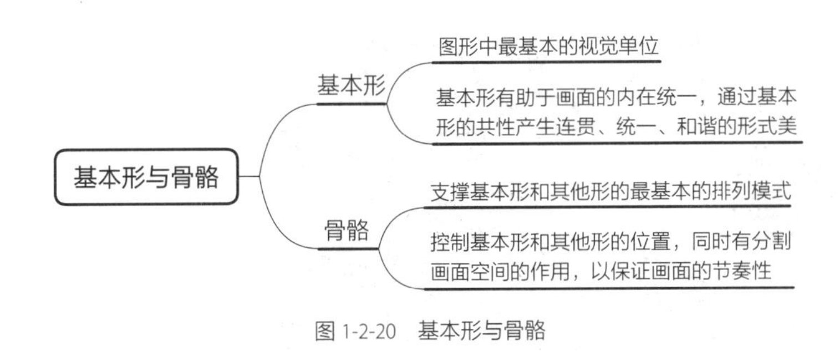

图 1-2-20　基本形与骨骼

2. 平面构成的基本方法

(1) 重复构成

重复是设计中基本的形式之一，是在同一设计中的骨骼、形象、大小、色彩和方向等有规律、有秩序地反复出现，相同的形象出现过两次或两次以上就形成了重复的构成形式。重复的视觉形式在生活中随处可见，比如，整齐的士兵队伍、蜂巢的结构、楼房的窗户等都是重复构成形式。由此可以得出重复构成的优点是：使形象安定、整齐、规律，有利于加强人们对形象的记忆。重复的视觉形象能够产生强烈的装饰性，营造出严谨、精致的秩序美感。重复构成的缺点是呆板、平淡、缺乏趣味性的变化。重复构成如图 1-2-21 ~ 图 1-2-23 所示。

图 1-2-21　重复构成示例 1　　图 1-2-22　重复构成示例 2　　图 1-2-23　重复构成示例 3

（2）近似构成

近似构成是由重复构成的轻度变动所得，且在骨骼选择上基本上和重复构成相同。近似构成的基本形以一个基本形象的近似形为构成元素，因此在近似构成中不像重复构成中只有一个基本形象，而是有多个基本形象。把一个有规则的图形和一个不规则的图形互相交叠输入重复的骨骼中，就会得到特殊的不规则表现，且在整个构成中会产生无限的变化。近似构成如图 1-2-24 ~ 图 1-2-26 所示。

图 1-2-24　近似构成示例 1

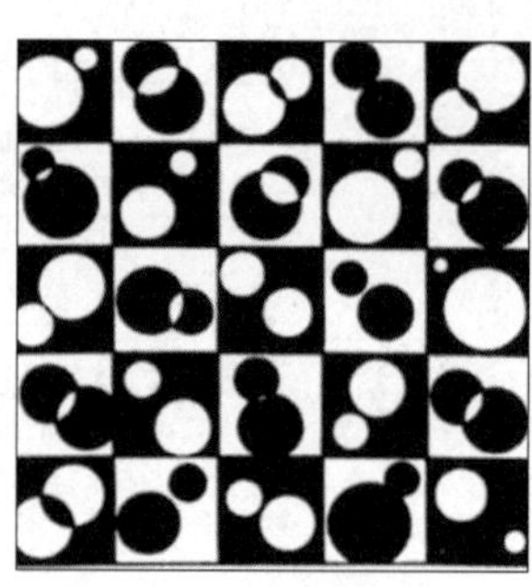

图 1-2-25　近似构成示例 2

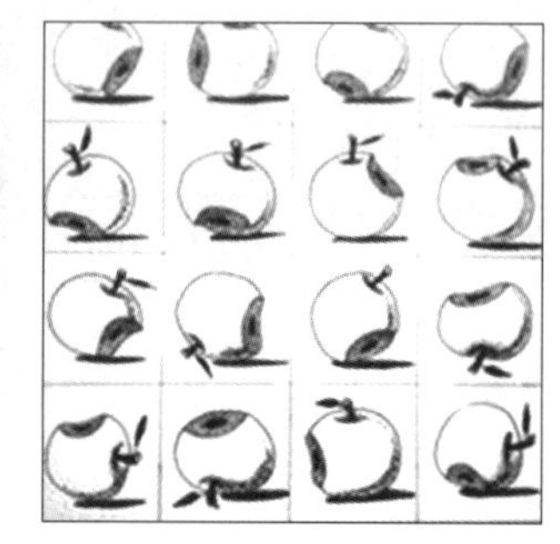

图 1-2-26　近似构成示例 3

重复构成与近似构成的统一性较强，运用得当时会给人整体统一、稳重厚实的感觉，并且具有群体的视觉冲击力，但若运用不好则会显得单调、乏味。重复与近似是许多设计师常用的手法。点的重复与近似构成虽然会有灵动的感觉，但运用不当时容易产生琐碎的感觉。线的重复与近似构成可以形成整体的氛围，但如果考虑不分割或是虚面构成的要素，又会使其显得轻薄，缺乏重量感。

（3）发射构成

发射构成是一个重复单位向中心聚集的特殊构成形式。发射构成在人们生活中是经常可见的，如太阳的光芒、电灯发出的光束，它们都是由一个中心点向外发射的，即都是由发射中心和具有方向的发射线两个要素构成。发射构成分为很多种方式：有一个发射点的构成，即把基本形输入到发射骨骼中，使之逐渐地向外放射排列；完成后可把中心点保留或者遮盖隐去。离心式发射构成，发射骨骼的发射方向都向外，即从中心出发而朝外分散向各方。例如，由直线形成的发射构成像光芒一样向外发射；由弧线形成的发射构成就比较柔和而富有变化；由折线形成的发射构成给人闪烁的感觉。向心式发射构成，基本形依照骨骼的方向由外向内追近。同心式发射构成，基本形依照骨骼线的形状，以一个中心点层层环绕，符合这种形式的有几何图案中的回纹、雷纹、螺旋纹，或扩大对称的各种同心的图形。有多个发射点，且按不同方向发射的构成，其发射骨骼可以是多元的，方向可以任意设定和变换。发射构成如图 1-2-27 ~ 图 1-2-29 所示。

图 1-2-27　发射构成示例 1

图 1-2-28　发射构成示例 2

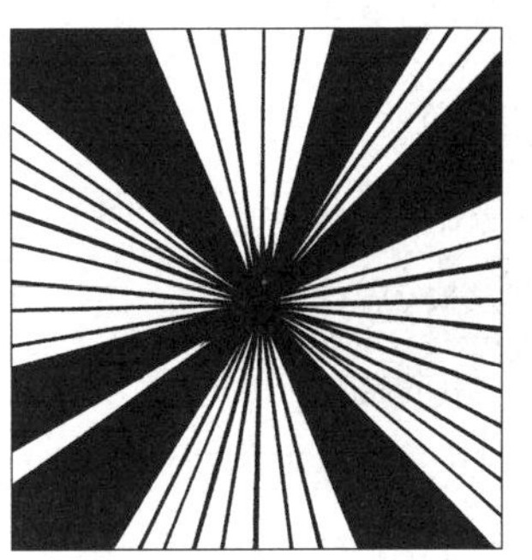
图 1-2-29　发射构成示例 3

发射构成最大的特点就是集中性，因此在设计中可以发挥视觉中心突出、重点明确的特性。在 Banner 设计中，常常会用到发射构成，这种形式可以使视觉冲击力较未使用时更强烈，在短时间内抓住受众的视线，打动人心。

（4）渐变构成

渐变是日常生活中常见的视觉规律。人在看物体时，总会感觉近大远小，物体越近就会越大越清晰，越远就会越小越模糊。另外，渐变也是人们从生活中总结出来的一种具有美感的、有秩序的、有规律的、循序渐进的变动，是既有节奏又有韵律的一种构成方式。

渐变构成主要通过构成中的水平线或竖直线的宽窄变化，或者水平线和竖直线同时变动，得到有规律的渐变骨骼。在渐变骨骼中输入的基本形不宜复杂。渐变构成如图 1-2-30 ~ 图 1-2-32 所示。

图 1-2-30　渐变构成示例 1

图 1-2-31　渐变构成示例 2

图 1-2-32　渐变构成示例 3

色彩上的渐变手法比较丰富，可以利用色彩的色相、明度、纯度、冷暖等要素，配合主题来进行设计。而形象的渐变能形成系列性。为了拓展市场，可以在平面、产品、景观、服装等各个设计领域采用渐变方式，设计出主导产品形象和分支产品形象，使其既有整体性又有局部的变化特征。

（5）特异构成

特异构成是在一个具有规律性的有秩序的构成中，局部个别图形发生变化，打破原有的一般结构规律，产生一定对比关系，增加视觉的兴奋点和趣味性。这种局部改变要求在较平衡、和谐构成画面中出现单个或多个形象对比关系。因此，对于比例尺度的把握十分重要。尺度过大会减弱变异的效果，过小又易被整体规律性所遮盖而不能产生活跃气氛的效果，过于雷同又不能增强画面特异的表现能力和变异效果。特异构成如图 1-2-33 ~ 图 1-2-35 所示。

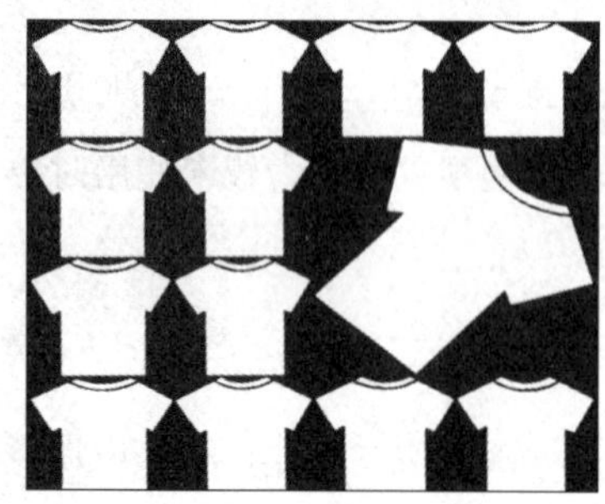
图 1-2-33　特异构成示例 1

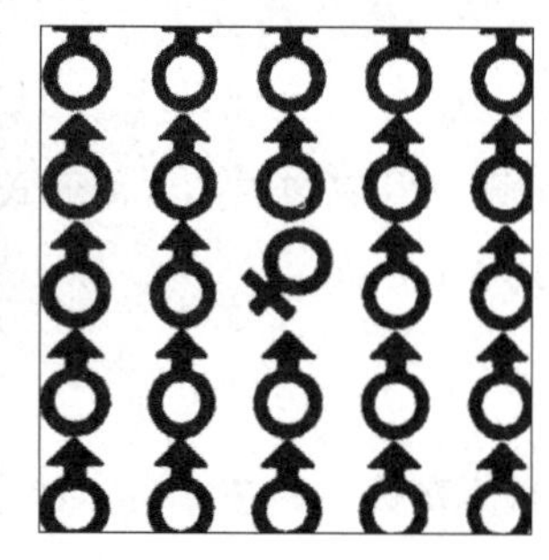
图 1-2-34　特异构成示例 2

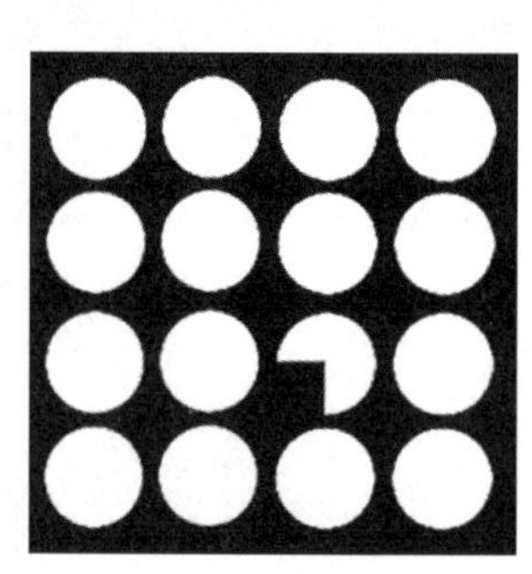
图 1-2-35　特异构成示例 3

在骨骼线的变异中，利用线的重复、起伏、扭曲和开合，产生特异性。然后，不断重复某种特异方式，再重复再变异，产生特异效果。在规律的骨骼中，故意打破原有的规律，而产生特异部分的骨骼，会在作品中形成明显的突出效果。

形状特异：在许多重复或近似的基本形中，出现一小部分特异的形状，以形成差异、对比，从而增强视觉形象的趣味性，并形成衬托关系，使特异形状成为画面的视觉焦点。

类别特异：使关键形态与周围内容联系脱节，从而产生特异效果。

色彩特异：在同类色彩构成中，加入某些能产生对比的色彩元素，丰富画面的层次，使黑白灰的关系更加清晰，以突破单调配色方案。在这种特异构成形式可以通过填色、勾线、留白等表现手法实现。

特异指突出形式上的不同之处，是一种强烈的对比形式。这种方式可以使设计的中心和主题突出，目的明确。但是，如果过多地采用特异的手法，就会使整个设计作品风格得不到统一。因此，在使用这种手法的时候，一般只选择局部变异的方式，以防止画面中出现过多的对比因素，影响视觉中心。在界面设计中常会用这样的构成形式，可以较好地表现视觉中心，突出重点。

（6）密集构成

密集构成没有明显的有规律的骨骼线，其基本形在整个画面中可以随意分布，有疏有密，最密或最疏的地方常成为整个设计作品的视觉焦点，画面中会形成一种视觉上的张力，并有节奏感。密集也是一种对比的情况，利用基本形排列数量的多少，产生疏密、虚实、松紧的对比效果。

点的密集：在设计中将一个概念性的点放于某一点上，使基本形都趋向于这个点密集排列，越接近此点则越密，越远离此点则越疏。这个概念性的点在整个画面中可超过一个以上，但要注意，基本形的排列不要过于规律，否则会给人这是发射构成的感觉。

线的密集：在构成中有一概念性的线，基本形均向此线密集排列，在线的周围基本形的密度最大，离线越远则基本形越疏。

自由密集：在画面中，基本形没有向点或线密集排列的约束，完全是自由散布，没有规律的。在密集构成中应注意，基本形的面积要小，数量要多，以便有密集的效果。基本形的形状可以是相同的或近似的，在大小和方向上也可以有些变化。在密集构成中，重要的是基本形的排列一定要有张力和动感的趋势，不能组织涣散。密集构成如图 1-2-36 ~ 图 1-2-38 所示。

图 1-2-36　密集构成示例 1

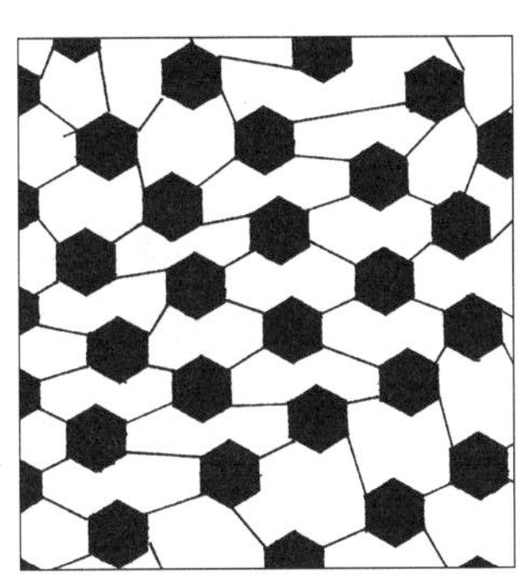
图 1-2-37　密集构成示例 2

图 1-2-38　密集构成示例 3

（7）对比构成

对比构成是不同的形象编排在一起的时候所产生的差异关系。对比构成在视觉上给人一种明确、肯定、清晰的感觉。形成强烈的紧张感是对比的目的。尽管对比可以引向不定感和动感，但在一定艺术法则下画面仍能达到统一，得到视觉的平衡。

各项视觉元素都可以发生从一项到多项的对比关系。对比构成又分为大小对比、形状对比、肌理对比、方向对比、空间对比和重心对比。对比构成如图 1-2-39 ~ 图 1-2-41 所示。

图 1-2-39　对比构成示例 1

图 1-2-40　对比构成示例 2

图 1-2-41　对比构成示例 3

（8）空间构成

空间是一种具有高、宽、深概念的三次元立体空间。而平面构成中的空间，是就人的视觉而言的，它具有平面性、幻觉性和矛盾性，即平面构成中的空间只是一种假象，在实际中是不可能存在的，只存在于二维平面中。在界面设计中，经常会利用三维软件设计出立体的图形。建立空间构成的方法有反转、形态的若隐若现、矛盾空间。

（9）肌理构成

肌理是物体表面的纹理。不同的物质有不同的物理属性，因而也就有不同的肌理形态。干和湿、平滑和粗糙、软和硬等肌理形态，会使人产生许多不同的感觉。

一般情况下，肌理可分为视觉肌理和触觉肌理。视觉肌理指人们通过眼睛观察到的肌理，这种肌理不需要触觉器官就能够直接感受到。触觉肌理指不同物体表面的凹凸变化能被人的触觉器官所感受到的肌理。在平面构成中把肌理的触觉带入作品，让肌理成为一种特殊的平面语言，以此带给人们许多心理暗示，唤起人们对作品的共鸣。肌理如图 1-2-42 ~ 图 1-2-44 所示。

图 1-2-42　地面肌理

图 1-2-43　叶子肌理

图 1-2-44　肌理

平面构成的九种基本方法如图 1-2-45 所示。

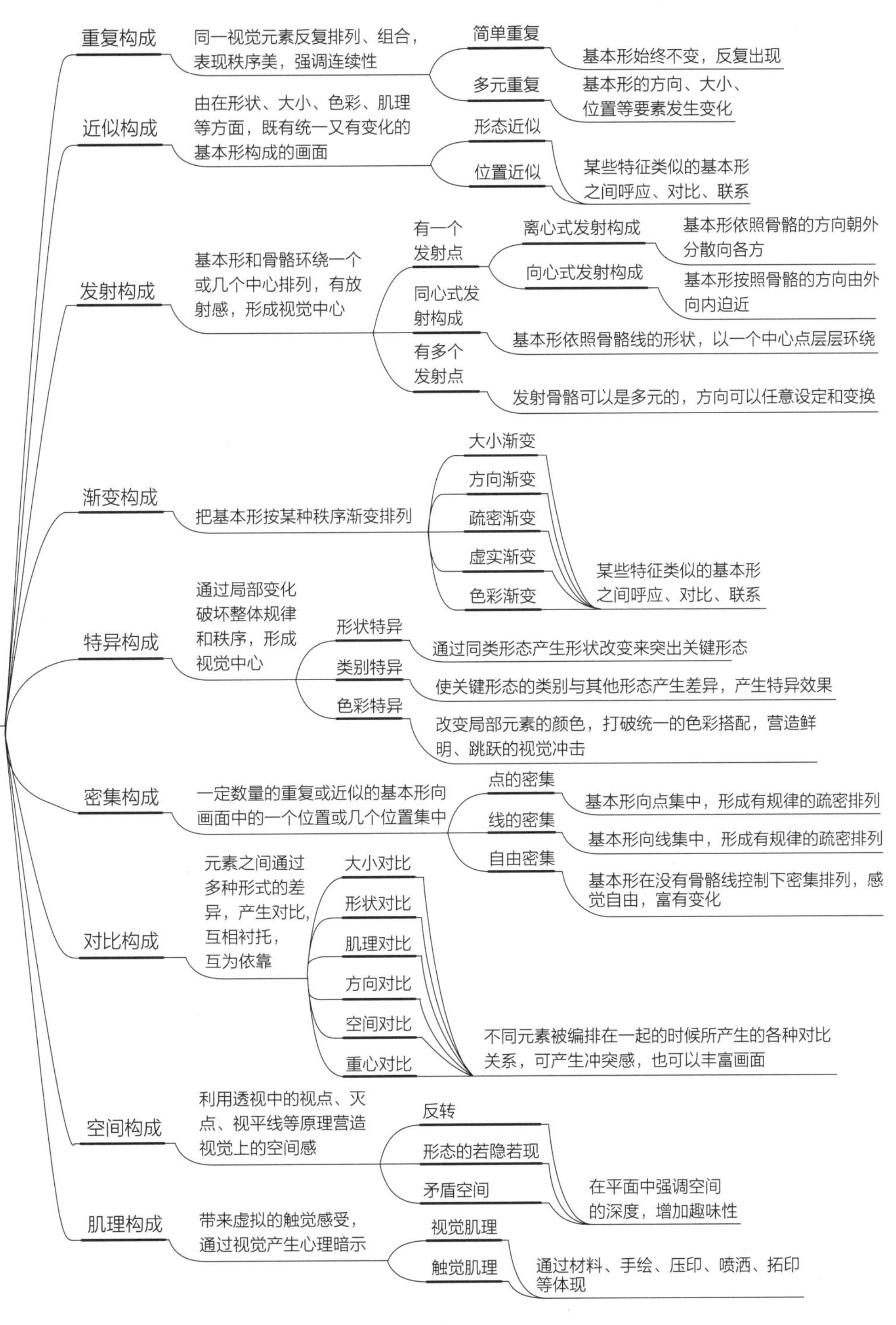

图 1-2-45　平面构成的九种基本方法

第三节
色彩基础

色彩是通过我们的眼、脑和生活经验“反应”所产生的一种对光的视觉效应。人对颜色的感觉不仅由光的物理性质所决定，还受心理等许多因素影响，比如人类对颜色的感觉往往受周围颜色的影响。

人们不仅发现、观察、创造、欣赏着绚丽缤纷的色彩世界，还随着日久天长的时代变迁不断深化对色彩的认识和运用。人们对色彩的认识、运用过程是从感性升华到理性的过程。所谓理性色彩，就是借助人所独具的判断、推理、演绎等抽象思维能力，将从大自然中直接感受到的复杂色彩印象予以规律性的揭示，从而形成色彩的理论和法则，科学合理地运用于实践中的可调控管理的色彩。

一、色彩的来源

1. 光与色

人类通过最基本的视觉经验得出了一个最朴素也最重要的结论：没有光就没有色。白天，人们能看到有色的物体，但在漆黑无光之处，就什么也看不见了。

光是一种电磁波。无线电波、微波、红外线、可见光、紫外线、X 射线、γ 射线都是电磁波，它们的产生方式不尽相同，波长也不同，把它们按波长（或频率）顺序排列就构成了电磁波谱。按波长区域不同，光谱可分为红外光谱、可见光谱和紫外光谱。人的视觉只能感知电磁波中很少的一部分，这一部分为可见光。可见光的最佳可视范围是 380~780nm。其余波长的电磁波都是人眼看不见的，通称为不可见光。光谱图如图 1-3-1 所示。

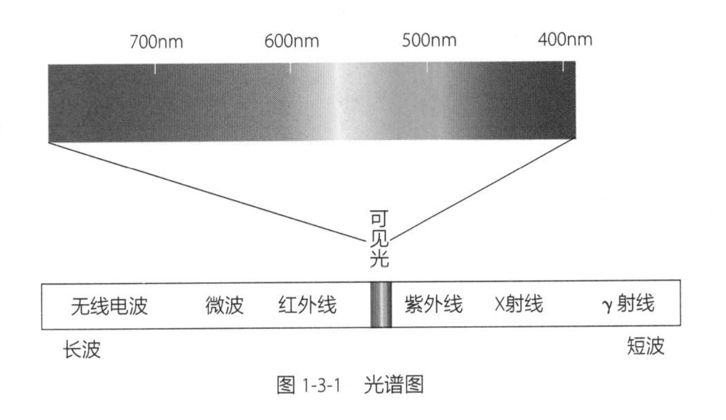

图 1-3-1　光谱图

2．光的分解

太阳光能够被分解成 7 种颜色的光，它们的波长各不相同。在可见光波段，红色光的波长最长，紫色光的波长最短。光线的色彩性质由光线的振幅及波长两个因素决定：振幅的大小会产生光线的明暗变化，波长决定了光的颜色，波长越长光的颜色越偏向红色，波长越短光的颜色就越偏向紫色。

3．光线与色彩的关系

人眼之所以能看到物体的各种颜色，是因为光线照射到物体表面，其表面对光线进行有选择性的吸收、反射和透射，那些被反射和透射后的光线汇聚到人眼中，刺激视网膜，经大脑做出反应后我们便看到了色彩。所以，光线的改变和物体吸收、反射或透射情况的变化必然引起色彩的变化，变化结果如图 1-3-2 所示。

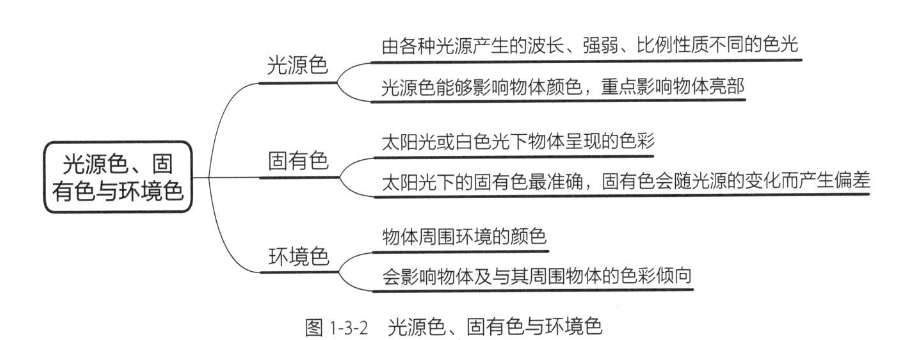

图 1-3-2　光源色、固有色与环境色

（1）光源色

光源色是由各种光源（包括自然光源和人造光源）发出的光，因波长的长短、光的强弱、比例性质不同而形成的不同色光。如普通灯泡光的颜色以黄色和橙色为主，呈现黄色调；普通荧光灯因所含蓝色波长的光多而呈蓝色调。那么，从光源发出的光，由于其中所含不同波长的光的占比有差异，从而表现成各种各样的色彩。

光源色是光源照射到白色、光滑且不透明物体上所呈现出的颜色。除日光的光谱是连续不间断（完整的可见光谱）的外，日常生活中的光，很难有完整的光谱色出现。检测光源色的条件：被照物体是白色、不透明且表面光滑的。

自然界的白色光（如阳光）是由红（Red）、绿（Green）、蓝（Blue）三种波长不同的颜色组成的。人们所看到的红花，是因为绿色和蓝色波长的光线被物体吸收，而红色的光线反射到人眼中的结果。同样的道理，绿色和红色波长的光线被物体吸收而反射为蓝色，蓝色和红色波长的光线被吸收而反射为绿色。三种原色中的任意两种相互重叠，就会产生间色，三种原色相互混合成为白色，所以又称为“加色法三原色”。

（2）固有色

人们习惯上把太阳光或白色光下物体呈现出来的色彩效果总和称为固有色。严格来说，固有色是物体因固有的属性而在常态光源下呈现出来的色彩。对固有色的把握，主要指准确地把握物体的色相。

由于固有色在一个物体中占有的面积最大，所以对它的研究就显得十分重要。一般来讲，物体呈现固有色最明显的地方是受光面与背光面之间的中间部分，也就是素描调子中的灰部，称之为半调子或中间色彩。因为在这个范围内，物体受环境色的影响较少，它的变化主要是明度变化和色相本身的变化，它的饱和度往往最高。

（3）环境色

环境色是在各类光（如日光、月光、灯光等）的照射下，环境所呈现的颜色。物体表现的色彩由光源色、固有色、环境色三者混合而成，所以在研究物体表面的颜色时，光源色和环境色必须考虑。环境色在摄影作品创作、影视作品创作、装修设计等领域十分重要。在设计时一定要考虑光源的颜色、环境色的颜色、物体的颜色，自然界中物体的固有色和在非自然环境中物体呈现的颜色截然不同。例如，在摄影时，若不考虑环境色，人物面部的颜色可能是青色或者土黄色（有病态感）；食品若被放置在红光和紫色光的环境里，呈现的颜色有可能十分可怕，或者影响人的食欲。

物体表面受到光照后，除吸收一定的光外，也能将部分光反射到周围的物体上。光滑的材质具有强烈的反射作用。另外，物体对光的反射作用在暗部表现较明显。环境色的存在和变化，加强了画面各处色彩的呼应和联系，能够微妙地表现出物体的质感，这也大大丰富了画面中的色彩。所以，环境色的运用和掌控在绘画中非常重要。

二、色彩构成概述

色彩构成，是从人对色彩的知觉和心理效果出发，用科学分析的方法，把复杂的色彩现象还原为基本要素，利用色彩在空间、量与质上的可变幻性，按照一定的规律组合各构成之间的相互关系，再创造出新的色彩效果的过程。色彩构成是艺术设计的基础理论之一，它与平面构成及立体构成有着不可分割的关系，色彩不能脱离形体、空间、位置、面积、肌理等因素而独立存在。

1. 色彩的分类

（1）无彩色系

无彩色系是黑、白、灰系列颜色，即黑色、白色及二者按不同比例混合得到的深浅各异的灰色。从物理学的角度来说，当光源、反射光与透射光在视知觉中并未显出某种单色光的特征时即为无彩色系。

从色彩学理论上讲，纯白是光在理想状态下被完全反射时的物体色；纯黑则是光在理想状态下被完全吸收时的物体色。物体呈现白色、黑色和灰色时对可见光谱中各种波长光的反射都没有选择性，故称这些颜色为中性色。中性色只有明、暗不同的变化。在混合色料时，加入白色色料时颜色变得明亮；加入黑色色料时颜色变得灰暗；而加入灰色色料时，颜色的饱和度逐渐降低，变为浊色。

（2）有彩色系

红、橙、黄、绿、青、蓝、紫这七种基本色及它们之间的混合色，即视觉能感受到某种单色光的特征，就是有彩色系颜色。也可以说，色彩中除去无彩色以外的所有颜色，无论其饱和度、明暗程度如何，都属于有彩色系。

无彩色系与有彩色系形成了相互区别又息息相关的统一色彩整体。无彩色系与有彩色系的总结如图 1-3-3 所示。

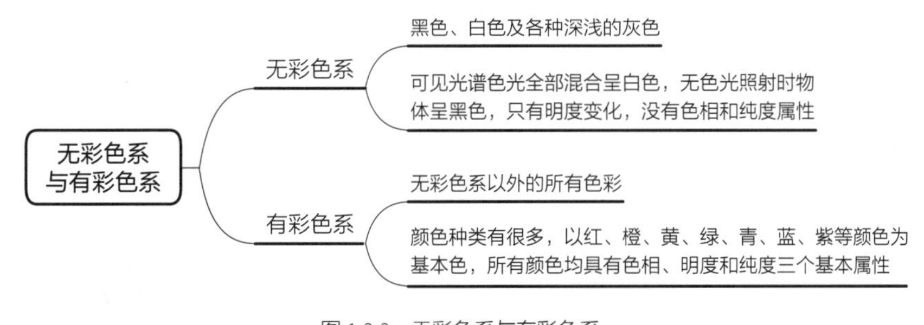

图 1-3-3 无彩色系与有彩色系

2. 色彩的属性

在生活中色彩无处不在，有彩色系中的任何一种颜色都具备明度、色相和纯度属性，因此明度、色相、纯度也被称为色彩的三要素，如图 1-3-4 所示。它们中的某一项或某几项发生变化时，这种色彩也会随之发生变化。

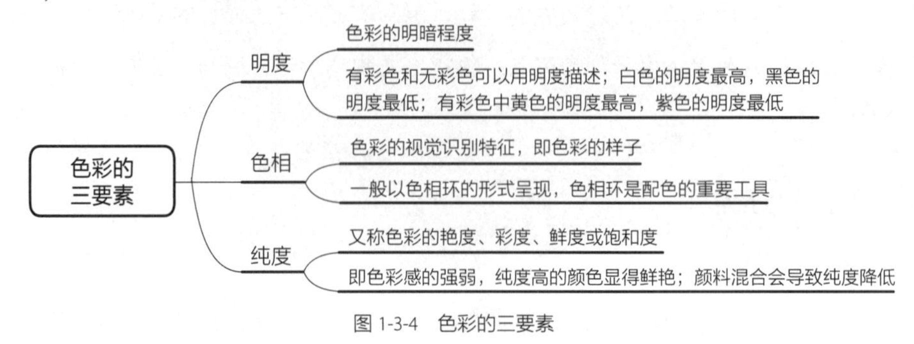

图 1-3-4　色彩的三要素

（1）明度

明度指色彩的明暗程度。对光源色来说，可以称之为光度；对物体色来说，可称之为亮度、深浅度等。在无彩色系中，白色明度最高，黑色明度最低。在白色、黑色之间存在一系列的灰色，一般可分为九级。靠近白色的部分称为明灰色，靠近黑色的部分称为暗灰色。在有彩色系中，黄色的明度最高，紫色的明度最低。这是因为各个色相的光振幅不同，眼睛对其的知觉程度也不同。黄色和紫色在有彩色的色相环中，成为划分明暗的中轴线。任何一种有彩色混入白色，明度都会提高；混入黑色时明度则会降低；混入灰色时，依灰色的明暗程度而得出相应明度的颜色，如图 1-3-5 所示。

（2）色相

色相指色彩的相貌。色彩的相貌是以红、橙、黄、绿、青、蓝、紫的光谱色为基本色相。基本色相的秩序以色相环形式体现，色相环有六色相环、九色相环、十二色相环、二十四色相环等，如图 1-3-6、图 1-3-7 所示。

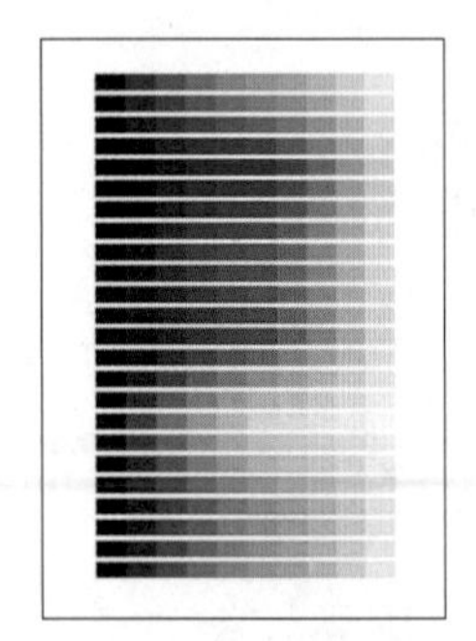

图 1-3-5　色彩明度

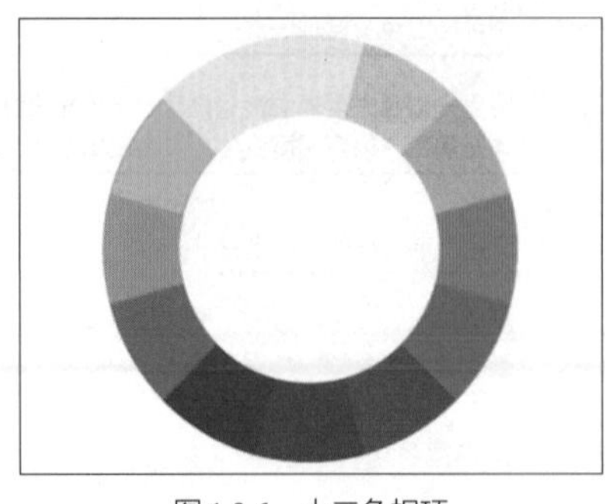

图 1-3-6　十二色相环

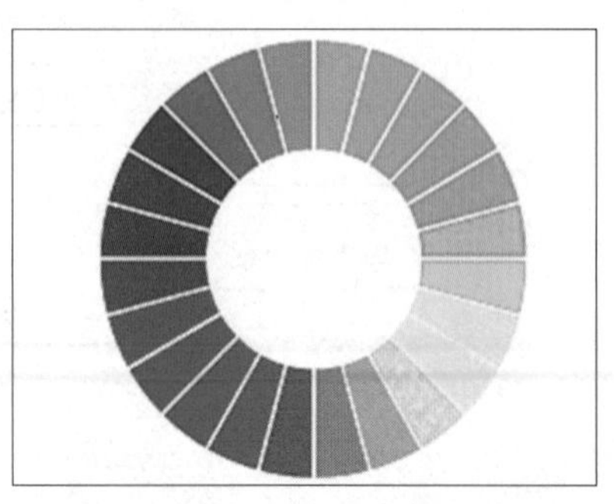

图 1-3-7　二十四色相环

（3）纯度

纯度指色彩的鲜、浊程度，也称为艳度、彩度、鲜度或饱和度。

凡有纯度的色彩，必有相应的色相感。各色相最高纯度颜色的感知度不同，明度也不同。

高纯度的色相加白色或加黑色，将提高或降低色相的明度，同时也会降低它们的纯度。如果加适当明度的灰色或其他色相，也可相应地降低色相的纯度。美国色彩学家芒塞尔的纯度色标把色相的纯度、明度分别用数字加以标定，这样能明晰地分出各色彩纯度的差别，如图 1-3-8、图 1-3-9 所示。

图 1-3-8　高纯度颜色

图 1-3-9　低纯度颜色

3．色彩体系

在现实生活中，为了使产品的颜色达到预期的效果并保持产品色彩的一致性，必须对色彩进行定量化的表示。传统的色彩表示方法往往是感性的定性化的，最常用的就是用颜色名来描述色彩，但是这种表示方法往往在传递过程中容易造成色彩含义的变化。例如，一个名称为天蓝的颜色，不同的人会想象出不同的色彩。为了规范和科学地表述色彩，就必须对色彩进行定量描述。我们将定量描述色彩的系统方法称为色彩体系。色彩体系是通过人的视觉特点，使用标定的符号系统，把色彩按照一定的体系、规律进行排列的方法。如何对色彩进行系统的定量的表示，各国有着不同的色彩定量表示体系。比较著名和常用的色彩体系有芒塞尔颜色系统、奥斯特瓦尔德颜色系统和 PCCS 色彩体系等。

（1）芒塞尔颜色系统

芒塞尔颜色系统是由美国教育家、色彩学家、美术家芒塞尔创立的色彩表示法。该表示法以色彩的三要素为基础——色相 Hue（简写为 H）；明度 Value（简写为 V）；纯度 Chroma（简写为 C）。其色相环是以红（R）、黄（Y）、绿（G）、蓝（B）、紫（P）心理五原色为基础，再加上它们的中间色相橙（YR）、黄绿（GY）、蓝绿（BG）、蓝紫（PB）、红紫（RP），组成 10 色相，按顺时针排列；再把每一个色相详细分为 10 等份，以各色相中央第 5 号为其代表，色相总数为 100 种。例如，5R 为红、5YR 为橙、5Y 为黄等。每种摹本色取 2.5、5、

7.5、10 等 4 个色相，共计 40 个色相。芒塞尔颜色立体示意图如图 1-3-10 所示。

（2）奥斯特瓦尔德颜色系统

奥斯特瓦尔德颜色系统是由德国物理化学家、诺贝尔化学奖获得者威廉·奥斯特瓦尔德提出的。他认为一切色彩都可以由纯色（F）、白色（W）、黑色（B）按一定比例混合而成，并创制了奥斯特瓦尔德颜色主体。它由 24 面“等色相三角形”环绕一周构成。等色相三角形为等边三角形，每边分为 8 等份，共 28 个菱形（中心无彩轴除外），即 28 个不同明度和纯度但色相相同的色标。等色相三角形的上角为白色，下角为黑色，外角为纯色，如图 1-3-11 所示。

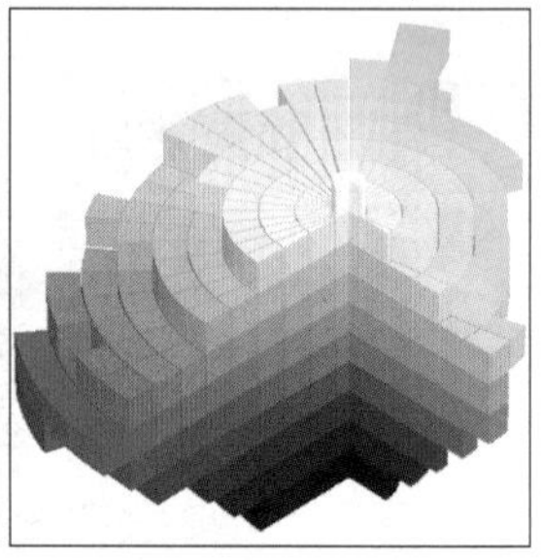

图 1-3-10　芒塞尔颜色立体示意图

图 1-3-11　奥斯特瓦尔德颜色立体示意图

（3）PCCS 色彩体系

PCCS（Practical Color Coordinate System）色彩体系是日本色彩研究所于 1964 年发布的色彩体系。PCCS 的主要着眼点在于“用”——怎么用，颜色才和谐、好看、有商业价值。它是吸取了芒塞尔颜色系统和奥斯特瓦尔德颜色系统的优点，加以调整而成的。该体系将色彩分成 24 个色相、17 个明度色阶和 9 个纯度等级，然后再使整个色彩群的外观色表现出 12 个基本色调倾向。PCCS 除了将颜色表现为具有“色相”“亮度”和“饱和度”3 个属性的方法外，还具有“色调”的概念，该概念将“亮度”和“饱和度”结合，用“色相”和“色调”这两个属性来表示色彩的“性格”。由“色相”和“色调”组成的色彩系统是 PCCS 的主要功能，该系统也称为“色调系统”，人们可利用该系统针对不同主题的设计进行快速搭配。PCCS 不只将颜色分了类，更将颜色与适合应用的场合结合。PCCS 色彩体系如图 1-3-12 所示。

4. 色彩构成的一般规律

研究艺术设计色彩现象，探索、研究、理解并合理运用色彩构成的一般规律能帮助设计师认识色彩的性质视觉规律，以及对受众心理所产生的具有普遍意义的影响，进一步从美学角度实现色彩设计的多种表现形式。色彩构成一般规律的相关要素包括：色彩均衡、色彩比例、色彩韵律、色彩关联、色彩焦点，如图 1-3-13 所示。

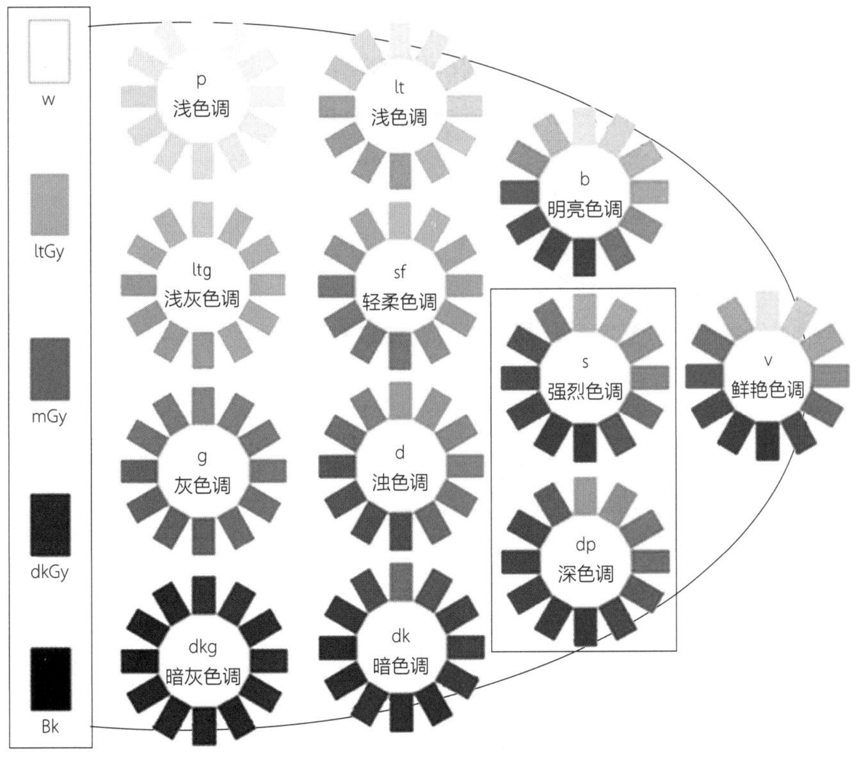

图 1-3-12　PCCS 色彩体系示意图

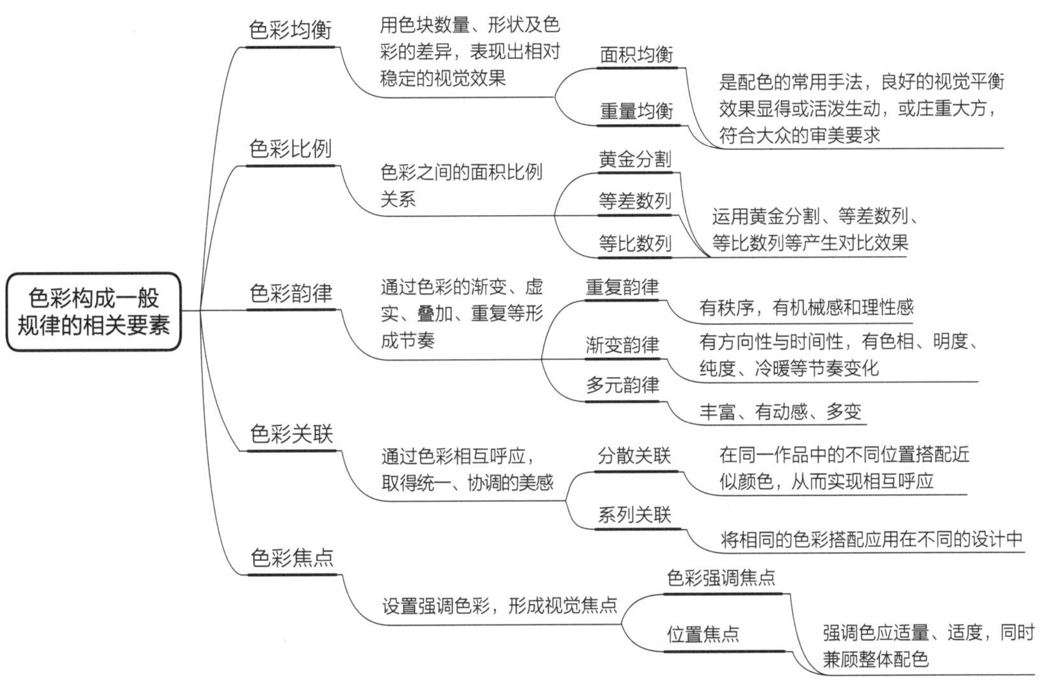

图 1-3-13　色彩构成一般规律的相关要素

（1）色彩均衡

色彩均衡指运用等量但不等形的状态及色彩的差异关系表现出相对稳定的视觉效果。色彩均衡是常用的配色手法，能兼顾活泼生动与庄重大方，具有良好的视觉平衡状态，最能符合大众的审美要求。

（2）色彩比例

色彩比例指色彩搭配设计中各部分的面积比例关系，主要表现在“整齐划一”和“高度概括”。常用的色彩比例包括黄金分割、等差数列和等比数列等。

（3）色彩韵律

韵律是形式美法则之一，创作时，通过色彩的虚实、叠加、重复等形式可赋予作品形式和形象元素以情感和生命的节律，使作品中的节奏成为有情感的韵律。色彩韵律分为重复韵律、渐变韵律和多元韵律。

（4）色彩关联

色彩关联指运用色彩间相互呼应、相互依存的搭配方式取得统一、协调的美感。在设计中，任何色彩都不应孤立出现，它需要同种或同类色块在上下、前后、左右各方向相呼应。常用的关联方式包括分散关联和系列关联。

（5）色彩焦点

通过设计色彩的强调、突出效果，形成视觉焦点，从而吸引受众的注意力。配色时要提前明确色彩焦点，色彩中哪种为主色，哪种为衬托色，这个很重要。这是构成色彩基本层次的前提。

5. 色彩对比构成规律

色彩对比构成规律主要指色彩的对比与调和。色彩对比是两种或两种以上色彩并置、对照时呈现的效果。在搭配、组织色彩时，当色彩差异较大时，就表现为对比，能使受众产生紧张、轻松、温馨、冰冷等不同感受。色彩对比构成规律主要包括色相对比规律、明度对比规律、纯度对比规律、冷暖对比规律、面积对比规律、位置对比规律、形状对比规律，如图 1-3-14 所示。

（1）色相对比

因色相的差别而形成的色彩对比为色相对比。色相对比的强弱取决于形成对比的色相在色相环上的距离。色相对比一般可以分为 4 种：同类色相对比、邻近色相对比、对比色相对

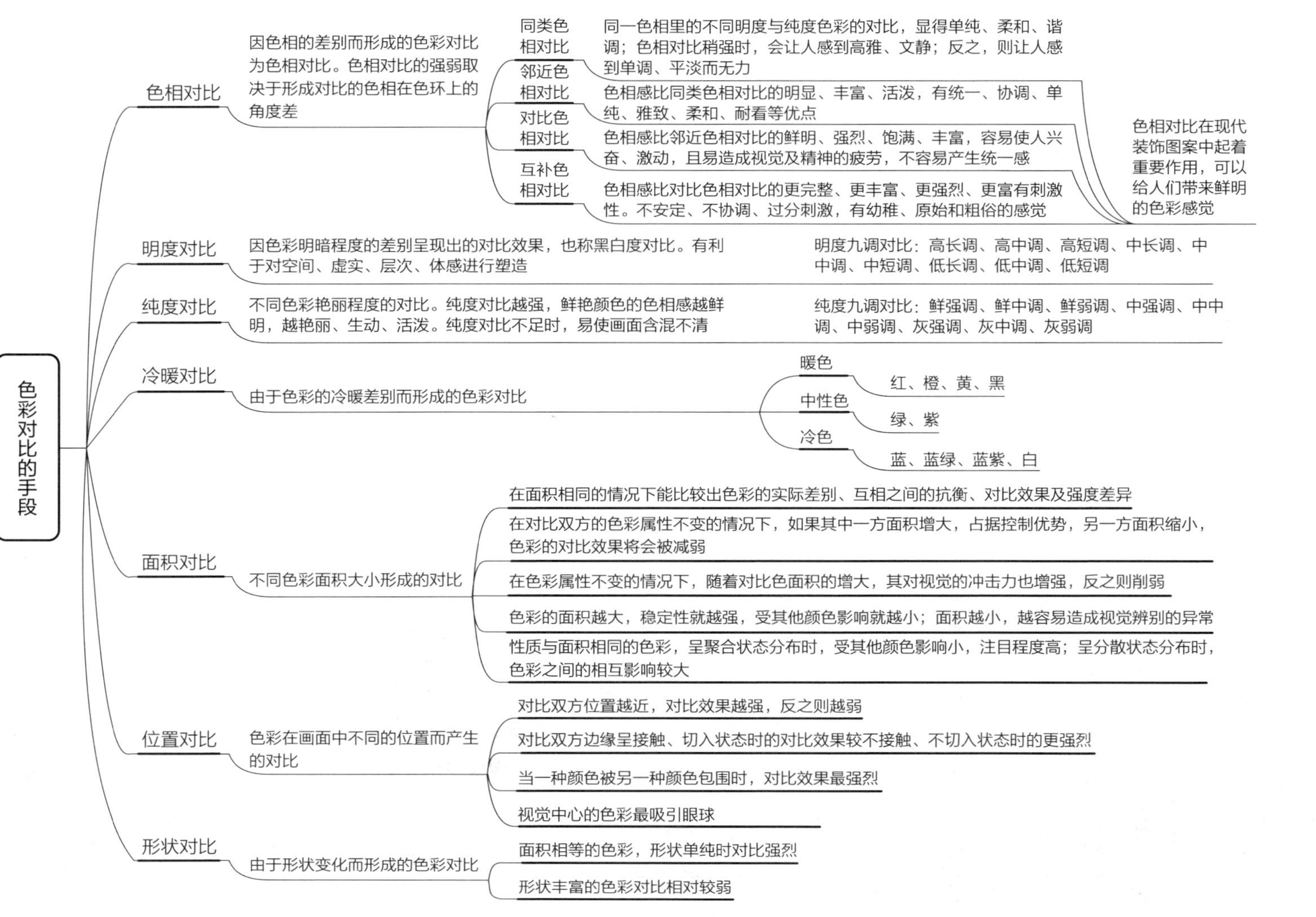

图 1-3-14　色彩对比的手段

比、互补色相对比。色相对比的效果常见于各种艺术种类中。它在现代装饰图案中也起着重要作用，可以给人们带来鲜明的色彩感觉。

1）同类色相对比：同类色相对比指同一色相里的不同明度与纯度色彩的对比。这样的色相对比，色相感就显得单纯、柔和、谐调，且无论其所属色相倾向是否鲜明，调子都很容易统一、调和。这种对比方法比较容易为初学者掌握。仅仅改变一下色相，就会使总色调改观。色相对比稍强时，会让人感到高雅、文静；反之，则令人感到单调、平淡而无力。

2）邻近色相对比：色相感要比同类色相对比的明显、丰富、活泼，可稍稍弥补同类色相对比的不足，可保持统一、协调、单纯、雅致、柔和、耐看等优点。同类色相对比及邻近色相对比均能保持其明确的色相倾向与统一的色相特征。

3）对比色相对比：色相感要比邻近色相对比的鲜明、强烈、饱满和丰富，容易使人兴奋和激动，易造成视觉及精神的疲劳。它不容易使人感觉单调，但容易产生杂乱和过分刺激，造成倾向性不强、缺乏鲜明的个性的结果。

4）互补色相对比：色相感比对比色相对比的更完整、更丰富、更强烈、更富有刺激性。但它的缺点是色相感不安定、不协调、过分刺激，让人有一种幼稚、原始和粗俗的感觉。要想把互补色相对比组织得倾向鲜明、统一与调和，配色技术的难度就较高了。

色相对比示意图如图 1-3-15 所示。

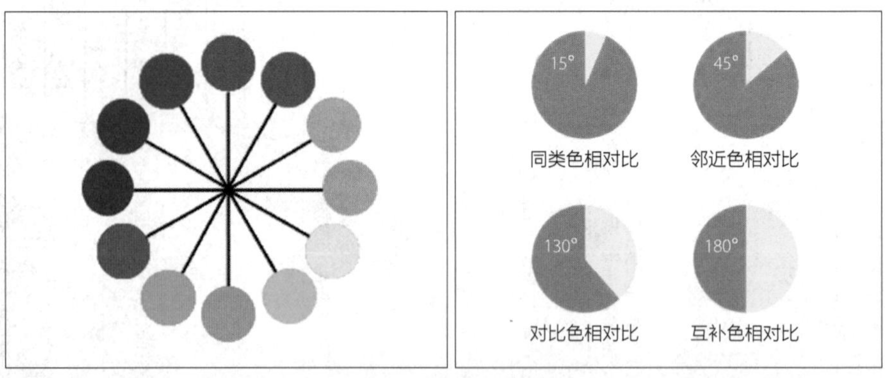

图 1-3-15　色相对比示意图

（2）明度对比

明度对比是凭借色彩的明暗程度的差别呈现出对比效果，也称黑白度对比。明度对比有利于对空间、虚实、层次、体感进行塑造。在色彩对比中，明度对比对色彩轮廓的塑造是最有效的，其程度远远超过单纯的色相对比或纯度对比。

根据色彩明度色标的不同，色彩明度可分为低明度（0~3 度）、中明度（4~6 度）和高明度（7~10 度），如图 1-3-16 所示。

色彩之间明度差别的大小决定了明度对比的强弱。差 3 度以内时为弱对比，又称短调对比；差 3~5 度的对比为中对比，又称中调对比；差 1~9 度的对比为强对比，又称长调对比，如图 1-3-17 所示。

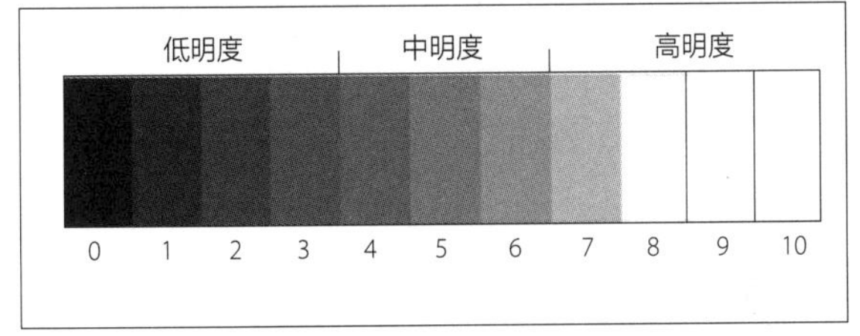

图 1-3-16　低、中、高明度示意图

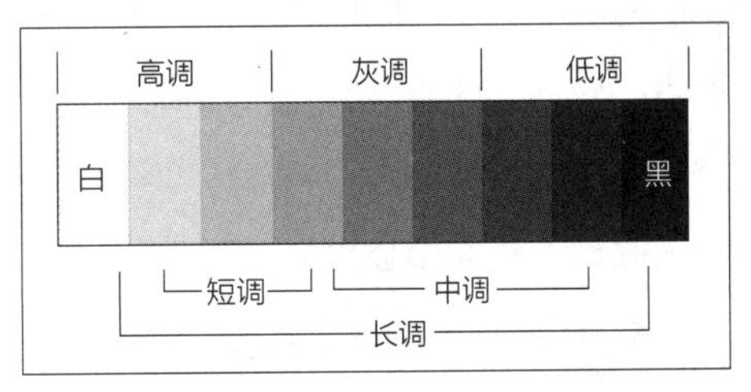

图 1-3-17　明度短调对比、中调对比、长调对比示意图

将相同的色彩分别放在黑色和白色上时，会发现放在黑色上的色彩感觉比较亮，放在白色上的色彩感觉比较暗，明暗的对比效果非常强烈。明度差异很大的配色，会让人有不安的感觉。

把明度的三种对比和基调综合起来，得出明度的九调对比，能综合分析对象色彩的明度对比和基调情况，如图 1-3-18 所示。

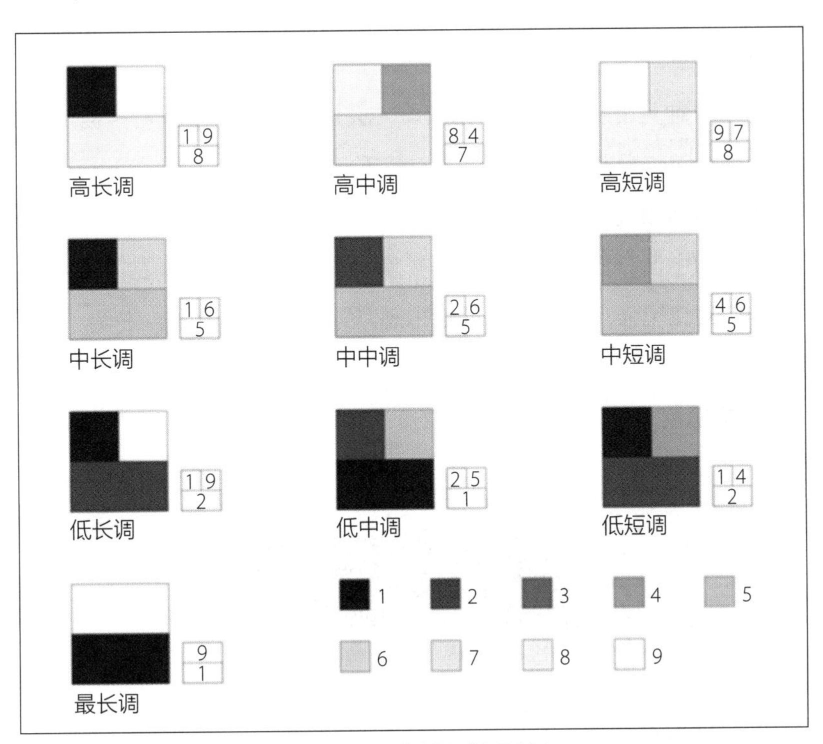

图 1-3-18　明度九调对比示意图

1）高长调：如以9∶8∶1，其中8为浅基调色，面积应大，9为浅配合色，1为深对比色，面积应小。该调明暗反差大，给人刺激、明快、积极、活泼、强烈的感觉。

2）高中调：如8∶7∶4，该调明暗反差适中，给人明亮、愉快、清晰、鲜明、安定的感觉。

3）高短调：如9∶8∶7，该调明暗反差微弱，形象不分明，给人优雅、少淡、柔和、高贵、软弱、朦胧、女性化的感觉。

4）中长调：如6∶5∶1，该调以中明度色作为基调、配合色，用浅色或深色进行对比，给人强硬、稳重中显生动、男性化的感觉。

5）中中调：如6∶5∶2，该调为中对比，给人较丰富的感觉。

6）中短调：如6∶5∶4，该调为中明度弱对比，给人含蓄、平板、模糊的感觉。

7）低长调：如9∶2∶1，该调深暗而对比强烈，给人雄伟、深沉、警惕、有爆发力的感觉。

8）低中调：如5∶2∶1，该调深暗而对比适中，给人保守、厚重、朴实、男性化的感觉。

9）低短调：如4∶2∶1，该调深暗而对比微弱，给人沉闷、忧郁、神秘、孤寂、恐怖的感觉。

另外，还有一种对比最强的最长调（1∶9），给人强烈、单纯、生硬、锐利、炫目等感觉。

（3）纯度对比

一种颜色与另一种更鲜艳的颜色相比较时，会让人感觉不太鲜艳，但与不鲜艳的颜色相比时则显得鲜艳，这种色彩的对比形式即纯度对比。高纯度色彩（8~10度）占画面面积70%左右时，构成高纯度基调，即高调；中纯度色彩（4~7度）占画面面积70%左右时，构成中纯度基调，即中调；低纯度色彩（0~3度）占画面面积70%左右时，构成低纯度基调，即灰调。纯度对比越强，鲜艳颜色的色相感越鲜明，便越艳丽、生动、活泼及受注目。纯度对比不足时，因纯度过于接近，而易使画面产生含混不清的感觉。单纯的纯度对比很少出现，多以包括明度对比、色相对比在内的以纯度为主的对比形式出现。纯度对比如图1-3-19所示。

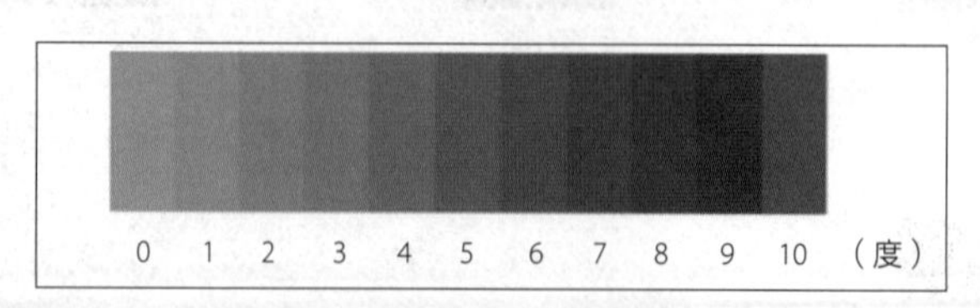

图1-3-19 纯度对比示意图

把纯度的三种对比和基调综合起来，得出纯度的九调对比，能综合分析对象色彩的纯度对比和基调情况。

1）鲜强调：如 10∶8∶1，给人鲜艳、生动、活泼、华丽、强烈的感觉。

2）鲜中调：如 10∶8∶5，给人较刺激、较生动的感觉。

3）鲜弱调：如 10∶8∶7，由于各色彩纯度都高，组合后互相起着抵制、碰撞的作用，因而给人刺目、俗气、幼稚、原始、火爆的感觉。如果彼此相距较远，其效果将更为明显、强烈。

4）中强调：如 10∶6∶4 或 7∶5∶1，给人适当、大众化的感觉。

5）中中调：如 8∶6∶4 或 7∶6∶3，给人温和、静态、舒适的感觉。

6）中弱调：如 6∶5∶4，给人平板、含混、单调的感觉。

7）灰强调：如 10∶3∶1，给人大方、高雅而又活泼的感觉。

8）灰中调：如 6∶3∶1，给人沉静、较大方的感觉。

9）灰弱调：如 4∶3∶1，给人雅致、细腻、耐看、含蓄、朦胧、较弱的感觉。

（4）冷暖对比

由于色彩的冷暖差别而形成的对比称为冷暖对比。红、橙、黄使人感觉温暖；蓝、蓝绿、蓝紫使人感觉寒冷；绿与紫介于其间，故绿色与紫色称为中性色。另外，色彩的冷暖对比还受明度与纯度的影响，白色的光反射率高而让人感觉冷，黑色的光吸收率高而让人感觉暖。

将冷暖色并列，冷暖的感觉会更加鲜明，冷的更冷，暖的更暖。冷暖色的划分如图 1-3-20 所示。

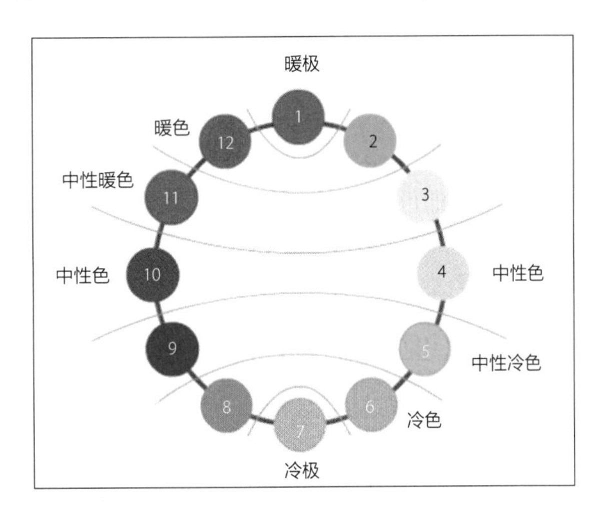

图 1-3-20　冷暖色的划分

（5）面积对比

一个好的设计作品是由各种颜色按照不同的面积比例、位置关系构建而成的。可以说，颜色的面积及位置是色彩构成中不可忽视的重要因素。很多时候，有了完美的配色方案，却因对色彩面积比例和位置关系把握不当而导致用色失败。

色彩对比与面积的关系如下：

1）只有在面积相同的情况下才能真正比较出色彩的实际差别、互相之间的抗衡、对比效果及强度差异。

2）在对比双方的色彩属性不变的情况下，如果其中一方面积增大，占据控制优势，另一方面积缩小，色彩的对比效果将会被减弱。

3）在色彩属性不变的情况下，随着对比色面积的增大，其对视觉的冲击力也增强，反之则削弱。这也是大面积色彩间的对比可以造成炫目效果的主要原因。

4）色彩的面积越大，稳定性就越强，受到与其他颜色对比产生的影响就越小；面积越小，越容易造成视觉辨别的异常。

5）性质与面积相同的色彩，呈聚合状态分布时，受其他颜色影响小，注目程度高；呈分散状态分布时，色彩之间的相互影响较大。比如在户外广告和巨幅的宣传画中，一般色彩都比较集中，以便达到引人注目的效果。

（6）位置对比

在一幅画面中，色彩在不同的位置，会呈现出不同的画面效果。

色彩对比与位置的关系如下：

1）对比双方位置越近，对比效果越强，反之则越弱。

2）对比双方边缘呈接触、切入状态时的对比效果较不接触、不切入状态时的更强烈。

3）当一种颜色被另一种颜色包围时，对比效果最为强烈。

4）在视觉中心的色彩往往最吸引眼球，如井字形的 4 个交叉点。

（7）形状对比

以形载色，形状变化会对色彩对比产生影响。面积相等的色彩，形状单纯时对比强烈，而形状丰富的色彩对比相对较弱。

6. 色彩的感觉

（1）色彩的进退和胀缩

当两种以上的同形同面积的色彩，在相同的背景衬托下，给人的感觉是不一样的。比如在白背景衬托下的红色与蓝色，红色会让人感觉比蓝色离得近，而且比蓝色大。当高纯度的红色与低纯度的红色在白背景中时，高纯度的红色会让人感觉比低纯度的红色感觉离得近，而且比低纯度的红色更显大。在色彩的比较中让人感觉比实际距离近的色彩叫前进色，让人感觉比实际距离远的色叫后退色；让人感觉比实际大的色彩叫膨胀色，让人感觉比实际小的色彩叫收缩色。暖色有前进感，冷色有后退感。

明度高与纯度高的色彩的色刺激强，对视网膜的刺激作用大并会波及边缘区域的视觉神经细胞，使大脑产生夸大的判断。

与背景的衬托关系也能产生色彩的进退和胀缩之感。比如在白背景上的灰色与黑色，由于黑色与白背景对比强烈，所以有前进感；而灰色与白背景对比弱，有后退感。

总的来说，在色相方面，红、橙、黄给人前进、膨胀的感觉，蓝、蓝绿、蓝紫给人后退、收缩的感觉。在明度方面，明度高的色彩让人有前进或膨胀的感觉，明度低而黑暗的色彩有后退、收缩的感觉，但随着背景的变化这些感觉也产生变化。在纯度方面，高纯度的鲜艳色彩让人有前进、膨胀的感觉，低纯度的灰浊色彩让人有后退、收缩的感觉，而且为明度的高低所左右。

（2）色彩的轻重和软硬

决定色彩轻重感觉的主要因素是明度，即明度高的色彩让人感觉轻，明度低的色彩让人感觉重；其次是纯度，在同明度、同色相条件下，纯度高的色彩让人感觉轻，纯度低的色彩让人感觉重。从色相方面来说，暖色的黄、橙、红让人感觉轻，冷色的蓝、蓝绿、蓝紫让人感觉重。色彩的软硬感觉指，凡感觉轻的色彩给人的感觉均为软而膨胀，凡是感觉重的色彩给人的感觉均为硬而收缩。

（3）华丽的色彩和朴素的色彩

从色相方面看，暖色让人感觉华丽，而冷色让人感觉朴素。从明度来讲，明度高的色彩让人感觉华丽，而明度低的色彩让人感觉朴素。从纯度来看，纯度高的色彩让人感觉华丽，而纯度低的色彩让人感觉朴素。从质感上看，质地细密而有光泽的色彩给人华丽的感觉，而质地酥松，无光泽的色彩给人朴素的感觉。

（4）积极的色彩和消极的色彩

不同的色彩刺激使人产生不同的情绪。能使人感觉受到鼓舞的色彩为令人兴奋的积极色彩；而不能使人兴奋，却使人消沉或感伤的色彩为令人沉静的消极色彩。最影响感情的色彩因素是色相，其次是纯度，最后是明度。在色相方面，红、橙、黄等暖色是最令人兴奋的积极色彩，而蓝、蓝紫、蓝绿给人的感觉是沉静而消极。在纯度方面，不论暖色或冷色，高纯度的色彩比低纯度的色彩刺激性更强，使人感觉更积极。暖色会随着纯度的降低而逐渐令人感觉消沉，当接近或变为无彩色时会为明度条件所左右。在明度方面，纯度相同时，一般明度高的色彩比明度低的色彩刺激性大。低纯度、低明度的色彩是属于沉静的消极色彩，而无彩色中的低明度色彩则最为消极。

本章课后习题

（共 25 个答题点，每个答题点 4 分，共 100 分）

一、选择题

1. 下面的说法中，错误的是（　　）。

   A. 点是最简单的形，在空间中只有位置属性，没有大小属性

   B. 点沿着一个路径前进的轨迹形成了线

   C. 线横向平移可以产生面

   D. 点扩大可以形成面

2. 下面的说法中，错误的是（　　）。

   A. 在平面构成中，点的形态是多样的

   B. 在平面构成中，线的宽度达到 1cm 以上时可称为面

   C. 在平面构成中，面是具有长度、宽度和形状属性的实体

   D. 点、线、面之间没有具体的区分标准

3. 以色彩的三要素为基础的色彩体系立体模型是（　　）。

   A. 芒塞尔颜色系统　　B. 奥斯特瓦尔德颜色系统

   C. PCCS 色彩体系　　D. 中国色彩体系

4. 密集构成可以分为多种形式，错误的是（　　）。

   A. 点的密集　　B. 线的密集　　C. 面的密集　　D. 自由密集

5. 纯度有很多不同的叫法，错误的是（　　）。

   A. 饱和度　　B. 亮度　　C. 彩度　　D. 鲜度

6. 下面颜色中的（　　）是冷色。

   A. 黄色　　B. 嫩绿色　　C. 青色　　D. 紫色

二、填空题

1. 构成可分为________构成、________构成、________构成。

2. 对于界面设计工作来说，最主要的构成是________构成和________构成。

3. 作为现代设计的理论依据，构成有三个主要的源头，分别是________、________及________。

4. 平面构成中的基本造型元素是________、________和________。

5. 平面构成的九种基本方法除对比构成、空间构成外，还有________构成、________构成、________构成等构成形式。

6. 光线的改变和物体对光的吸收、反射或透射情况的变化必然引起色彩的变化，其变化结果可分为光源色、________色和________色。

7. ________、________和________被称为色彩的三要素。

第二章

界面设计软件基础

A BASIC COURSE IN GRAPHIC DESIGN

对于界面（UI）设计行业来说，基础界面规范、视觉美观的处理能力是设计师必须要掌握的核心技能。一套完整的视觉项目，包括从核心图标设计到字体标准和辅助图形设计等，从线上视觉形象应用到线下活动落地展示，都需要设计师从基本的图像处理和图形创作开始，逐步完成。因此，图像和图形作为整套视觉项目操作的基本前提，界面设计师必须要强化对图像/图形软件的操作能力，综合运用设计思维丰富项目的视觉表达效果。

图像的处理指借助 Photoshop 软件或其他类似的位图处理软件，来实现图像的绘制、编辑、修饰、合成、特效制作、创意设计等。图形的处理指利用 Illustrator 软件或其他类似的矢量图形处理软件，来实现图形的绘制和排版设计。图像和图形的基本处理作为界面设计领域的重要组成部分，在各行各业中有着广泛的应用。位图与矢量图的概述见表 2-0-1。

本章使用的软件为 Adobe Photoshop CC 2019 与 Adobe Illustrator CC 2019，支持 Windows、macOS 和 Android 等操作系统。Illustrator 与 Photoshop 的图标如图 2-0-1 所示。

图 2-0-1　Illustrator 与 Photoshop 的图标

表 2-0-1　位图与矢量图的概述

位图	英文为 Bitmap，也叫作点阵图或栅格图。位图是由一个个像素组成的图像，但图像质量与像素点的密度有关。	处理软件有 Adobe Photoshop、Lightroom、DaVinci Resolve 等	处理软件用来修改、合成、制作特殊效果的图片；调整照片颜色等
矢量图	也称向量图，即可以采用数学方式描述的图形。矢量图文件占用内存空间小，图像放大后不会失真。	处理软件有 Adobe Illustrator、Corel Draw、InDesign 等	处理软件用于各类图形图标设计、文字设计、标志设计、版式设计等

第一节

Photoshop 基础

图像处理软件的功能，除对图像尺寸、分辨率、颜色的调整外，还包括对场景的修饰、对人物面貌的修容等，具有很强的实践性和应用性。掌握其使用与设计技法是从事平面广告设计、包装设计、装饰设计、排版编辑、网页制作、图文印刷、动漫和游戏制作等工作的必备基础技能。在界面设计领域，视觉设计师主要根据前期产品经理及开发团队提供的低保真交互稿，绘制出界面所需要的图标、按钮、文字、图片和色彩等视觉元素，并标注好相应的尺寸信息，再交给前端开发团队完善视觉界面。这过程中涉及的设计稿件和切图标注，可利用 Photoshop 在图像处理方面的强大功能处理。

一、Photoshop 软件基础

1. Photoshop 概述及作用

Photoshop 软件（如图 2-1-1 所示）是 Adobe 公司旗下一款应用广泛的图像处理软件，简称为 Ps。其主要处理对象是由一个个像素组成的位图图像，也就是日常在图库、网站、数码相机中得到的各类图片。通过 Photoshop，可以对已有的图片进行修正、再创造。此外，Photoshop 还可以利用其自带的工具及各类插件，结合数位板进行漫画和插画的创作。

虽然 Photoshop 功能非常强大，应用也非常广泛，但是在实际工作中，人们一般不会使用它进行排版，原因有三：一是 Photoshop 在运行中占用内存较大，若排版版面过多或版面过大的文件，会造成计算机运行缓慢；二是 Photoshop 处理的是像素组成的位图，对一些细节部位的处理，如较小文字区域，处理完后将其放大会变得模糊，印刷效果不够清晰；三是

图 2-1-1 Photoshop CC 2019

Photoshop 图层排布并不直观，在进行版面元素调配的时候会很不方便。因此，在实际排版工作中，常是先利用 Photoshop 制作底图，再把底图导入排版软件中添加其他细节元素。

2. Photoshop 基础界面介绍

(1) 新建文档

启动 Photoshop 后会显示“主页”工作区，如图 2-1-2 所示，它包含“新建”与“打开”两个命令按钮。

图 2-1-2 “主页”工作区

单击“新建”按钮即可进入“新建文档”面板，创建一个新的 psd 文件，如图 2-1-3 所示。在“新建文档”面板最上方菜单栏中可根据所要制作的图像选择类型，如照片、打印、图稿和插画、Web、移动设备、胶片和视频，再在类型中选择具体的尺寸，也可以在右边的“预设详细信息”中手动设置制作文件所需的参数。最后，单击“创建”按钮。

图 2-1-3 “新建文档”面板

“预设详细信息”中各项参数说明如下：

- 宽度和高度：指定文档的尺寸，在“宽度”的下拉列表菜单中选择单位。
- 方向：指定文档的页面方向为纵向或横向。
- 画板：如果希望文档中包含画板，则选择此项。Photoshop会在创建文档时添加一个画板。
- 分辨率：指定位图图像中细节的精细度，以像素/英寸或像素/厘米为单位。
- 颜色模式：指定文档的颜色模式。通过改变颜色模式，可以将选定的新文档配置文件的默认内容转化为一种新颜色。值得注意的是，当设置为CMYK颜色模式时，保险起见，通常会把宽度和高度各增加3mm，以防止印刷后裁切时把重要信息裁掉。
- 背景内容：指定文档的背景颜色。

在创建了一个文件后，再次启动 Photoshop 时，在“主页”工作区会以图标或者列表方式显示最近打开的文档，如图 2-1-4 所示。可以自定义设置最近打开的文件数，只需要在“编辑”→“首选项”→“文件处理”中设置“近期文件列表包含”的数值。如果想要清除所有的最近文档，只需要在“文件”→“最近打开文件”中点击“清除最近的文件列表”。

在创建一个新文件以后，界面就变成了图像处理的操作界面，如图 2-1-5 所示。该界面基本上分为四大区域，分别是菜单栏、工具栏、功能面板和工作区。

图 2-1-4 “主页”工作区中的“最近使用项”

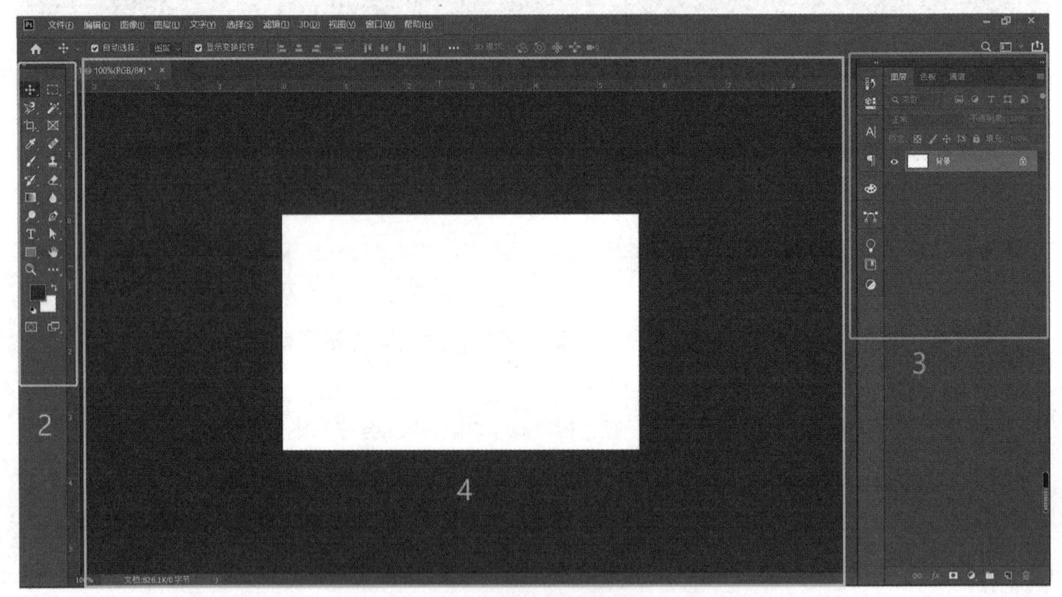

图 2-1-5 图像处理的操作界面

1—菜单栏 2—工具栏 3—功能面板 4—工作区

（2）菜单栏

处于操作界面最上方的是菜单栏，包含文件、编辑、图像、图层、文字、选择、滤镜、3D、视图、窗口和帮助等菜单。Photoshop 中所有的操作和调节命令及功能面板开关都能在相应的菜单中找到。下面逐一介绍一下每个菜单的作用。

1）“文件”菜单控制的是作图文件，主要功能有“新建”“打开”“存储”“存储为”“导出”“打印”等，如图 2-1-6 所示。可以在“文件”菜单中直接选择某项功能，也可以使用每项功能的快捷键。

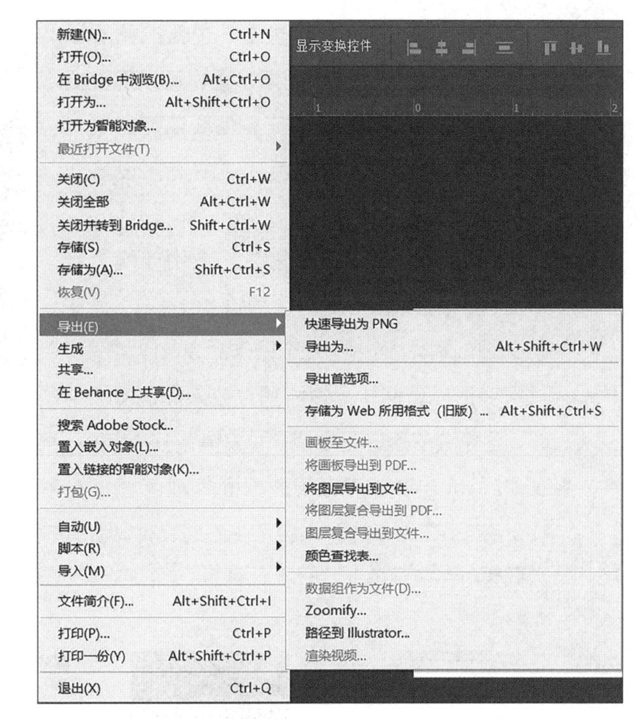

图 2-1-6 “文件”菜单

- “新建”的快捷键是<Ctrl+N>，单击这个命令选项可以建立新的指定文档。
- “存储”的快捷键<Ctrl+S>要牢牢记住。在作图过程中应不时保存文件，以防遇到特殊情况，导致做好的作品丢失。如果遇到程序卡顿或闪退的情况，版本较新的Photoshop可以自动恢复文件，设置方法：可以在“编辑”→“首选项”→“文件处理”中的“文件存储选项”进行相应设置，如图2-1-7所示。
- “存储为”与“存储”不同，“存储”是在原来的文档基础上存储，而“存储为”则是将所操作文档另存为一个新文档。
- “导出”与“存储”“存储为”略有不同。当需要将文档导出为png文件时，需要将图层背景关闭。遇到较大文件时，使用“存储”功能会花很长时间且文件很大、发送困难，若对图片品质要求不高，可将其导出为低品质图片或者“Web所用格式（旧版）”以进行预览和发送。

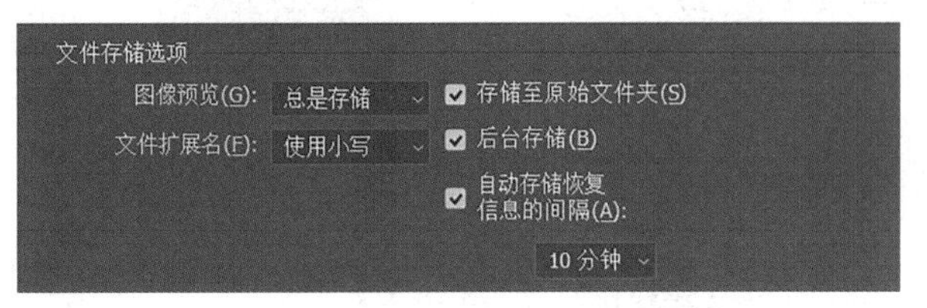

图 2-1-7 “文件存储选项”设置

2）使用“编辑”菜单可以对某一图层、某一区域进行操作，也可以设定一些软件基本参数。

- 还原的快捷键是<Ctrl+Z>，在当前操作失误的时候可执行该命令。
- 剪切（快捷键<Ctrl+X>）、拷贝（快捷键<Ctrl+C>）、粘贴（快捷键<Ctrl+V>）也很常用，应记住其对应的快捷键。这一组快捷键几乎在任何软件上都适用。

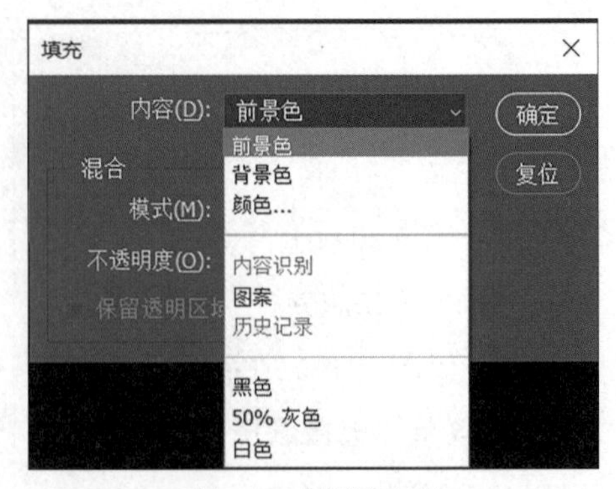

图 2-1-8 “填充”设置

● “填充”的功能是，当建立一个新的图层以后，可对其进行色彩或图案设置。可以用快捷键<Ctrl+Delete>进行填充，但要注意的是，默认填充的色彩是背景色。“填充”设置如图2-1-8所示。

● “操控变形”“透视变形”“自由变换”和“变换”可以统一使用快捷键<Ctrl+T>。在Photoshop中，通过这几个操作命令可以将图片进行变形或者翻转。在将图片置入样机模板中时，通常会使用这些命令。“编辑”→“变换”菜单如图2-1-9所示。

● 通过“首选项”可以更改界面外观色彩、参考线色彩、光标效果等，如图2-1-10所示。Photoshop在工作的时候会产生临时文件，因为软件在运行的过程中会产生大量的数据，要把数据暂时存在硬盘上。一般情况下，“暂存盘”默认设置为第一个驱动器，对于Windows系统来

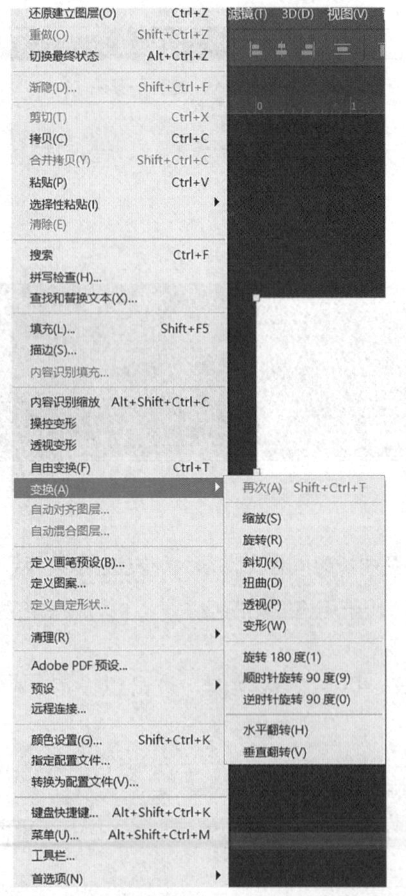

图 2-1-9 “编辑”→“变换”菜单

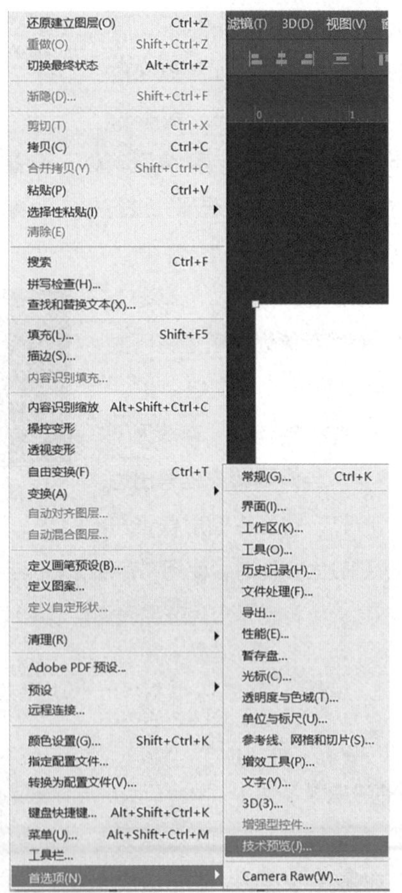

图 2-1-10 “编辑”→“首选项”菜单

说，就是C盘。但是Photoshop在处理图层过多、比较大的文件时，缓存文件有可能会把这个驱动器装满，软件会提示暂存盘已满，命令无法执行。如果C盘空闲空间不够大，C盘变满会导致系统运行卡顿，这时就要改变暂存盘的位置，推荐取消选择C盘，转而选择其他空闲空间比较大的驱动器，比如D盘，如图2-1-11所示。

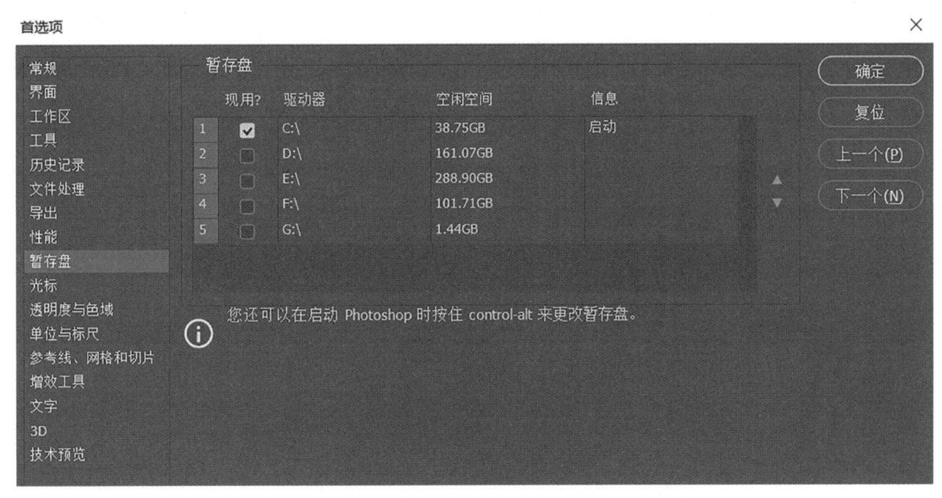

图 2-1-11 “暂存盘”设置

3）“图像”菜单非常重要，在工作中极其常用。

- 通过“模式”可以修改文件的色彩模式，包括常见的RGB颜色模式和CMYK颜色模式等，如图2-1-12所示。
- “调整”的子菜单中有修改图片色彩的各种命令，在调色时特别常用，如图2-1-13所示。下面重点介绍“色阶”和“曲线”。

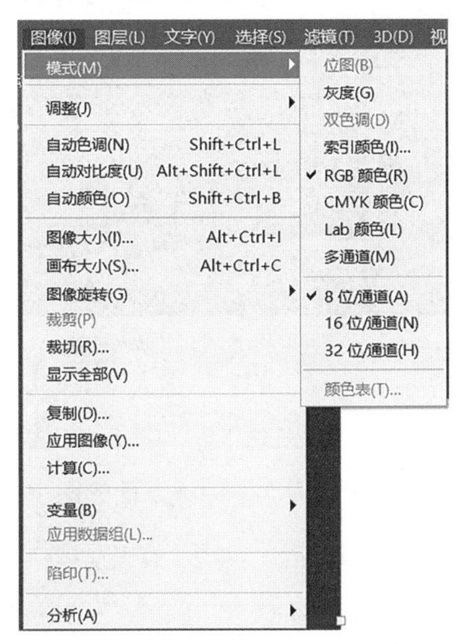

图 2-1-12 “图像”→“模式”菜单

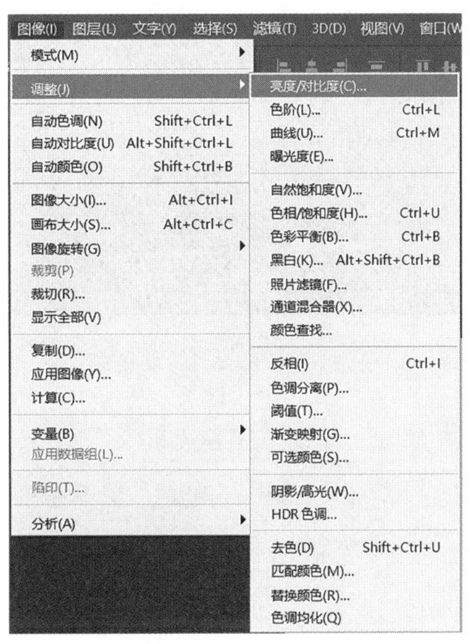

图 2-1-13 “图像”→“调整”菜单

“色阶”命令主要用于调整图像的阴影、中间调和高光的强度级别，矫正色调范围和色彩平衡。在“色阶”对话框的“输入色阶”中，阴影滑块位于色阶值“0”处时对应的像素是纯黑色，如果向右移动阴影滑块，则 Photoshop 会将当前阴影滑块位置的像素值映射为色阶值“0”，即滑块所在位置左侧都为黑色；高光滑块位于色阶值“255”处时对应的像素是纯白色，若向左移动高光滑块，则滑块所在位置右侧都会变为白色；中间调滑块位于色阶值“128”处，主要用于调整图像中的灰度系数，可以改变灰色调中间范围的强度值，但不会明显改变高光和阴影。“输出色阶”的两个滑块主要用于限定图像的亮度范围，拖动暗部滑块时，左侧的色调都会映射为滑块当前位置的灰色，图像中最暗的色调将不再为黑色，而是变为灰色；拖动白色滑块的作用与拖动暗部滑块的相反。

曲线分为 RGB 曲线和 CMYK 曲线，通过“曲线”对话框中的“通道”进行选择。调整 RGB 曲线可改变图像亮度，调整 CMYK 曲线可改变印刷时油墨量。

RGB 曲线：RGB 曲线的横坐标是原来的亮度，纵坐标是调整后的亮度。光（亮度）的取值范围是 0~255。在未调整时，曲线是呈 45°倾斜的直线，线上任何一点的横坐标值和纵坐标值都相等，这意味着调整前的亮度和调整后的亮度一样。如果把线上的一点往上拖动，曲线的纵坐标值大于横坐标值，调整后的亮度就大于原来的亮度，即图像亮度增加了，如图 2-1-14 所示。

CMYK 曲线：CMYK 曲线的横坐标是原来的油墨量，纵坐标是调整后的油墨量，取值范围是 0~100%，如图 2-1-15 所示。油墨量是网点面积覆盖率，是单位面积的承印物被油墨覆盖的百分比。油墨覆盖得越多，颜色越深。

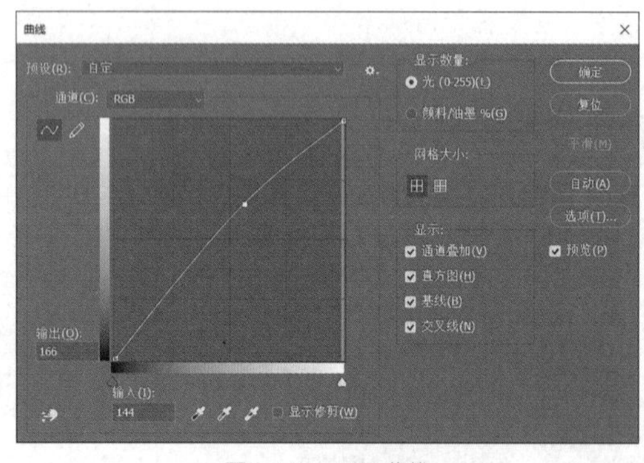

图 2-1-14　RGB 曲线

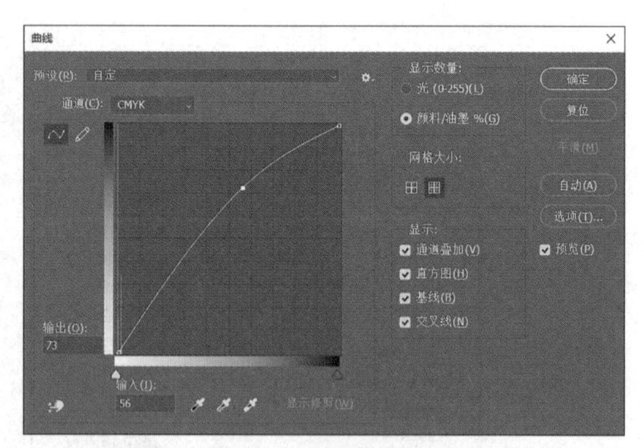

图 2-1-15　CMYK 曲线

“曲线”命令。单击“调整 / 曲线”命令，打开“曲线”对话框。“曲线”对话框显示所调整的点的“输入”和“输出”的值，也就是横坐标值和纵坐标值。曲线下面的两个滑块表示曲线的明暗方向，如在 RGB 颜色模式下，黑滑块在左边，白滑块在右边，表示左边暗，右边亮。

- 通过“图像大小”可以修改图片的尺寸和分辨率等参数，如图2-1-16所示。

- 通过“画布大小”可以修改“纸面”大小。需要注意的是，“图像大小”和“画布大小”都可以修改“纸面”的大小，区别在于，“图像大小”修改的是整个图像中的所有物体的尺寸，包括“纸面”的大小，而“画布大小”修改的只是画布（“纸面”的尺寸），修改后文件中的物体大小不变。

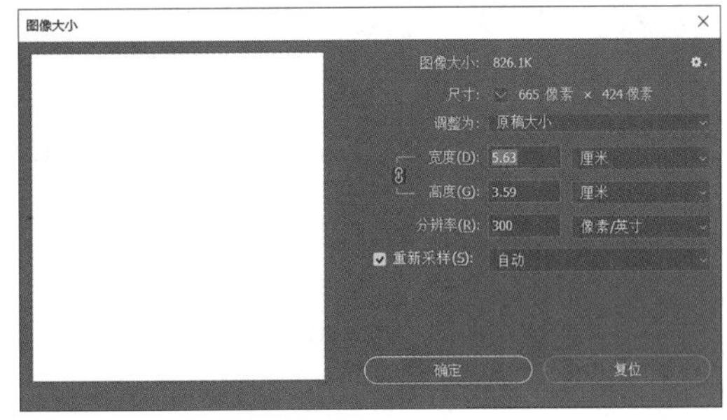

图 2-1-16 “图像大小”对话框

- 通过“图像旋转”可以顺时针或逆时针旋转图像，也可以对图像进行左右翻转和上下翻转等操作。

4）“图层”菜单如图 2-1-17 所示。由于其中的大部分功能可以通过“图层”面板实现，比如“新建”“复制图层”“删除”“重命名图层”“图层蒙版”“图层编组”“锁定图层”“合并图层”等，因此“图层”菜单不常用。

5）“文字”菜单（如图 2-1-18 所示）中的大部分功能可以通过“字符”面板和“段落”面板实现，因此也不常用。

6）“选择”菜单中的功能主要针对选区，主要功能有“全部”“取消选择”“反选”“色彩范围”“主体”“选择并遮住”“选取相似”“载入选区”和“存储选区”等，如图 2-1-19 所示。

图 2-1-17 “图层”菜单

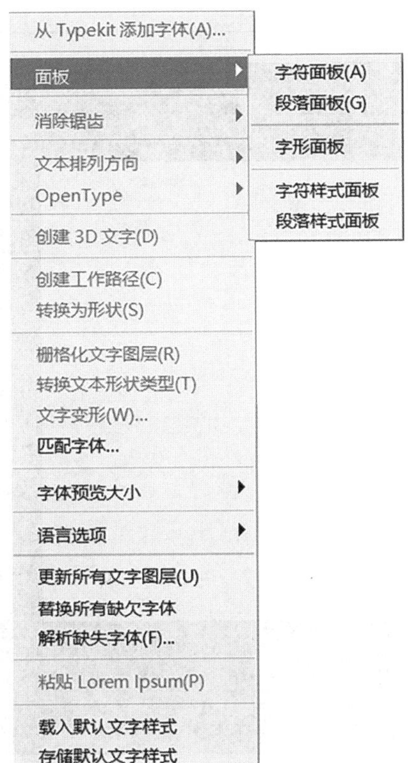

图 2-1-18 “文字”菜单

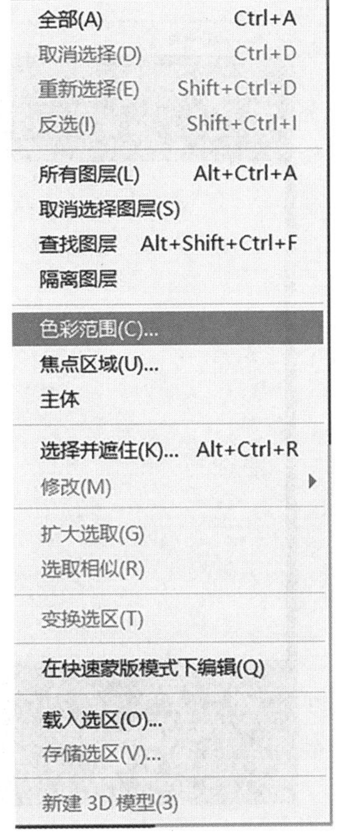

图 2-1-19 “选择”菜单

- “色彩范围”是比较好用的一个功能，用吸管单击取样颜色，就可以选取同种颜色的区域，从而提高作图效率。“色彩范围”对话框如图2-1-20所示。另外，取消选区可以使用快捷键<Ctrl+D>进行操作。
- “主体”功能是在较新的几个版本的软件中才出现的，通过它可以直接选中画面中的主体物，将其从背景中抽出，操作非常简便。但需要注意，图像主体与背景的差异不能太小，否则计算机无法正确识别。
- “选择并遮住”具有强大的去背景功能，可以抠出毛发等细节。旧版软件无此项功能。

图 2-1-20 “色彩范围”对话框

7）“滤镜”菜单中的功能可以针对某个图层，对其表现形态进行修改以实现特殊效果。

- “Camera Raw滤镜”是一款调色“神器”，功能强大，可实现非常多的效果，如图2-1-21所示。
- “液化”可以使图层上的物体变形，得到类似于“揉”出来的效果，可以实现“大眼”、瘦脸等效果。

图 2-1-21 Camera Raw 滤镜

- 可以将从“3D”到“其他”归为一类功能，具体效果可以试验了解。其中，“模糊”中的“高斯模糊”是比较常用的功能；当设计师需要设计出动感效果的图例时，可以利用“动感模糊”。“滤镜”→“模糊”菜单如图2-1-22所示。

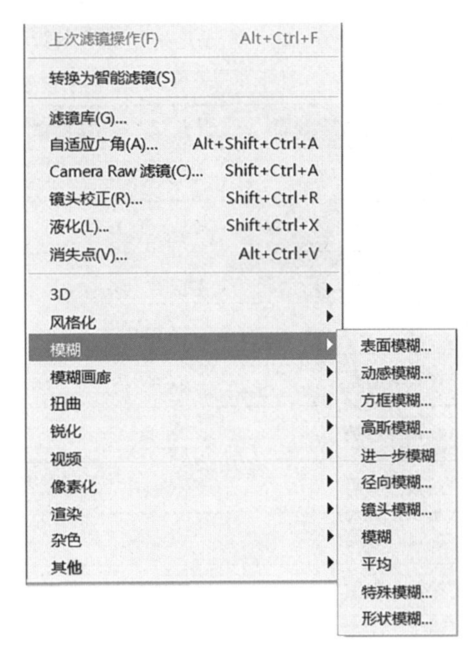

图 2-1-22 “滤镜”→“模糊”菜单

8）“视图”菜单如图 2-1-23 所示，可以对工作区的辅助功能进行设定。常用的命令有“显示”“标尺”“对齐”“锁定参考线”等。在实际操作中，“对齐”功能可以方便地使一个物体跟另外一个物体自动对齐。另外，在作图的时候，可以使用参考线给物体定位，这就用到了“锁定参考线”。

9）“窗口”菜单如图 2-1-24 所示。其中，“排列”用于设定工作区中多个作图文件的排列方式；通过“工作区”可以设定在界面中出现哪些功能区，一旦在应用软件过程中某个功能区消失了，就可以从这里找回；菜单中间最大的这部分区域是面板区（从“3D”到“字形”），需要使用哪个面板时可以在这里直接单击以将之调出。

10）“帮助”菜单不常用，主要功能有“登录”“Photoshop 帮助”“Photoshop 教程”等。

Photoshop 常用菜单的快捷键见表 2-1-1。

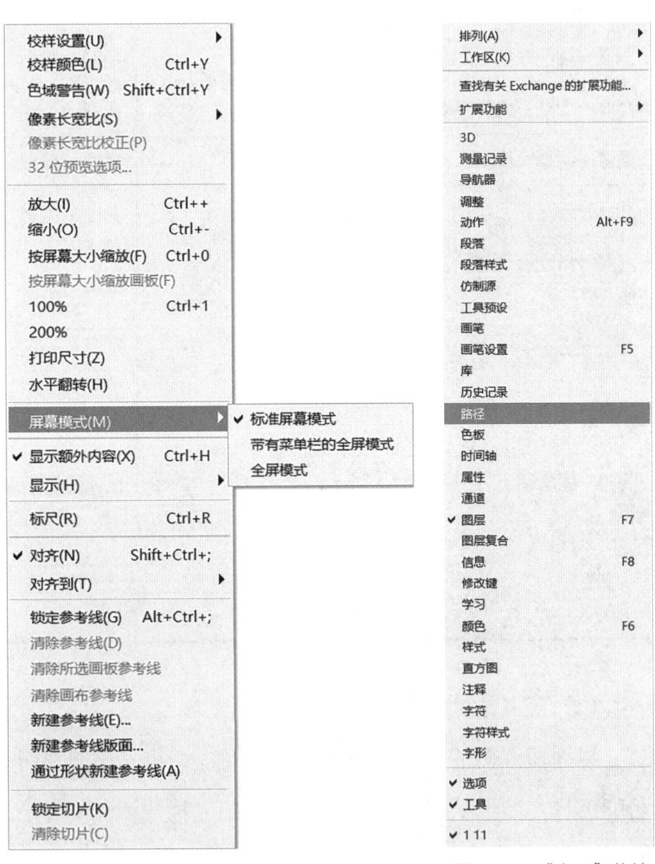

图 2-1-23 “视图”菜单　　图 2-1-24 “窗口”菜单

表 2-1-1 Photoshop 常用菜单的快捷键

（在苹果计算机上，<Command> 键等同于 <Ctrl> 键；黄色的为重要快捷键）

名称及位置	快捷键	名称及位置	快捷键
文件→新建	Ctrl+N	图层→排列→置为顶层	Shift+Ctrl+]
文件→打开	Ctrl+O	图层→排列→前移一层	Ctrl+]
文件→存储	Ctrl+S	图层→排列→后移一层	Ctrl+[
文件→打印	Ctrl+P	图层→排列→置为底层	Shift+Ctrl+[
编辑→还原	Ctrl+Z	图层→合并图层	Ctrl+E
编辑→重做	Shift+Ctrl+Z	选择→全部	Ctrl+A
编辑→剪切	Ctrl+X	选择→取消选择	Ctrl+D
编辑→拷贝	Ctrl+C	选择→反选	Shift+Ctrl+ I
编辑－粘贴	Ctrl+V	滤镜→ Camera Raw 滤镜	Shift+Ctrl+A
图像→调整→色阶	Ctrl+L	滤镜→液化	Shift+Ctrl+X
图像→调整→曲线	Ctrl+M	视图→放大	Ctrl+ +
图像→调整→色相 / 饱和度	Ctrl+U	视图→缩小	Ctrl+ −
图像→调整→色彩平衡	Ctrl+B	视图→ 100%	Ctrl+1
图像→调整→反相	Ctrl+ I	视图→标尺	Ctrl+R
图层→新建→图层	Shift+Ctrl+N	窗口→图层	F7
图层→新建→通过拷贝的图层	Ctrl+J	窗口→颜色	F6
图层→图层编组	Ctrl+G	快速设置图层透明度	使用键盘上方的数字键。如按 <4> 键可设置该图层“不透明度”为 40%；连续按两个数字，如按 <4>+<8> 键，可设置该图层“不透明度”为 48%；按 <0> 键则设置该图层 100% 不透明

（3）工具栏

界面最左侧的一列是工具栏，或称工具条，放置的是可以通过鼠标在画面中直接使用的各种工具，如选框工具组、画笔工具组、橡皮擦工具组、裁剪工具组、图章工具组、文字工具组等，如图 2-1-25 所示。

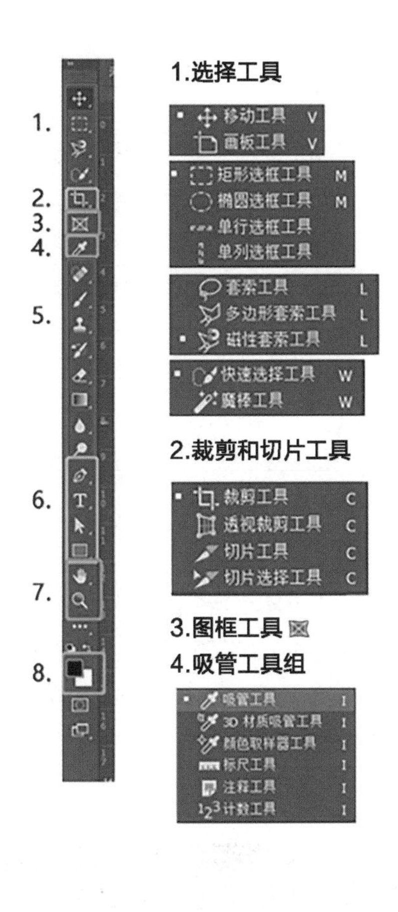

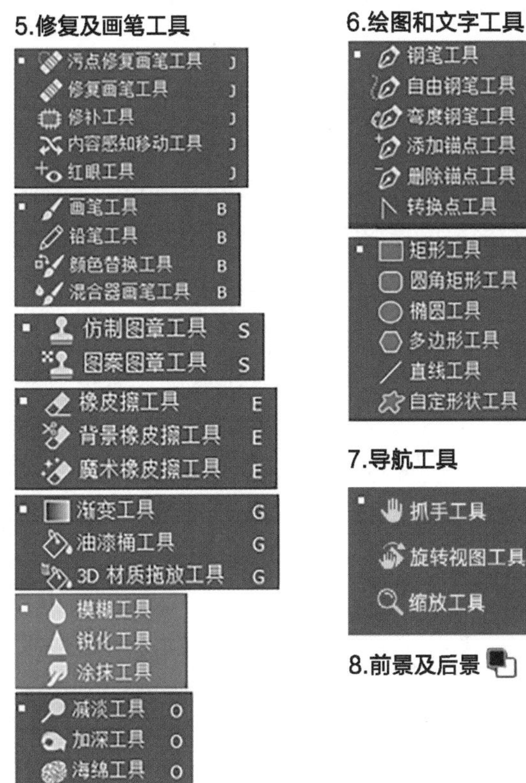

图 2-1-25　工具栏

也可以通过“...”，在打开的对话框中根据自己的习惯自定义工具栏，如图 2-1-26 所示。应该说工具栏就像画画时用的笔袋，通过其中的各种工具就可以在画面中进行创造了。

1）选择工具。

在 Photoshop 中，对图像进行编辑与修改时，先要使用选择工具来选中要修改的图像区域。可以基于大小、形状和颜色来创建选区，针对不同的对象使用合适的选择工具将有利于提高工作效率。另外，建立选区也可以通过按住 <Ctrl>

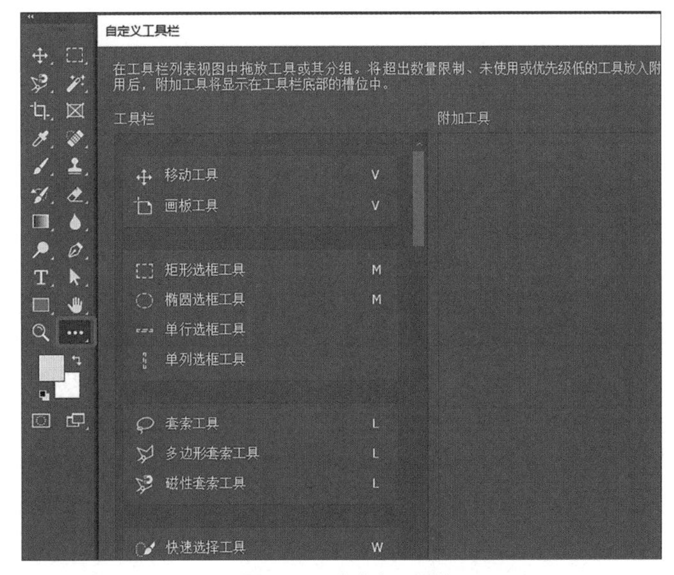

图 2-1-26　自定义工具栏

键的同时单击“图层”面板中的相应图层缩略图的方式实现。需要选择对象时，结合菜单栏中的“选择”进行操作也是一种方式。

- 套索工具组，包括“套索工具”“多边形套索工具”“磁性套索工具”。套索工具组用于制作不规则的选区。使用“套索工具”可以直接在画面上自由绘制选区，按住鼠标左键拖动鼠标将画出黑线轨迹，松开鼠标即可使轨迹闭合，形成选区。使用“多边形套索工具”可以以逐点单击的方式建立直线线段围合的多边形选区，当选区闭合时，光标右下角会出现一个小圈圈。在单击绘制选区的过程中，结合<Backspace>（后退）键可以取消上一个绘点；直接双击，或者按<Enter>键，则就地封闭选区。可以使用<Alt>键实现“多边形套索工具”和“套索工具”的切换，从而绘制多边形和自由线结合的选区。“磁性套索工具”有智能识别边缘的功能。在图像的边缘单击一下，然后沿着边缘慢慢拖动鼠标，轨迹线会自动找到附近对比强烈的边缘点，当返回最开始的地方时，单击即可闭合轨迹，完成选区绘制。拖动鼠标的时候要尽量缓慢一些，这样会识别得更细致。
- “魔棒工具”适用于选择颜色范围，尤其适用于选择被完全不同的颜色所包围的颜色相似的区域。和其他选择工具一样，创建初始选区后，可向选区中添加区域或将某区域从选区中删去。决定魔棒工具灵敏度的参数是属性栏中的“容差”，如图2-1-27所示，它指定了选取的像素的类似程度，其默认值为32，表示选择与指定值相差不超过32的颜色范围。在使用“魔棒工具”的过程中，可根据图像的颜色范围和变化程度调整“容差”值。

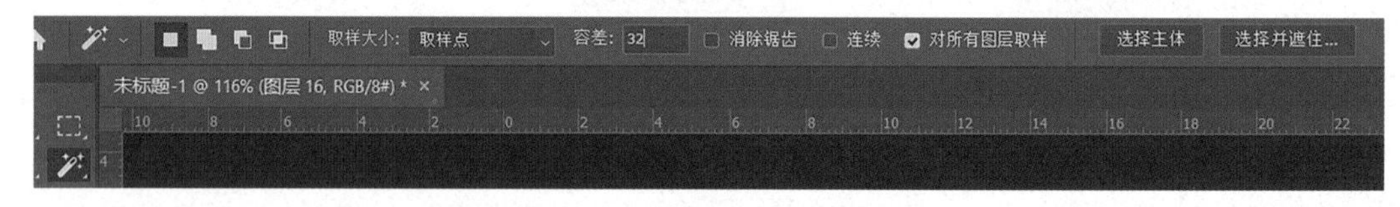

图 2-1-27 “魔棒工具”的“容差”

“快速选择工具”与“魔棒工具”功能相似，区别在于，“魔棒工具”适合用于选择颜色比较纯净的同类区域，“快速选择工具”适合用于选择较为复杂的对象。

使用选择工具时，根据不同的需求，选择合适的工具，或者结合使用多种工具。

2）裁剪和切片工具。

- “裁剪工具”的功能是可以自由地对图像进行裁剪。
- “切片工具”，在UI设计中，使用“切片工具”可以快速制作界面规范模板，如图2-1-28和图2-1-29所示。通过使用“切片工具”可将图形或页面划分为若干相互紧密衔接的部分，并对每个部分应用不同的压缩和交互设置。在导出时，利用“存储为Web和设备所用格式”对话框，可在将文件存储为一些网页兼容的格式之前，预览不同的优化设置并调整颜色调板、透明度和品质设置。当然，“切片工具”最大的优点是提高图片的下载速度，减轻网络负担。

图 2-1-28　网页切片

图 2-1-29
移动应用切片

3）图框工具。

此工具相当于剪切蒙版，设计师可以自由建立一个形状，如图 2-1-30 所示，然后把图片拖进形状内，图片即仅展示为形状范围内的部分，如图 2-1-31 所示。

4）吸管工具。

利用“吸管工具”，单击画布中的任一色彩，在工具栏的前景色中将会显示出所吸取的色彩，如图 2-1-32 所示。

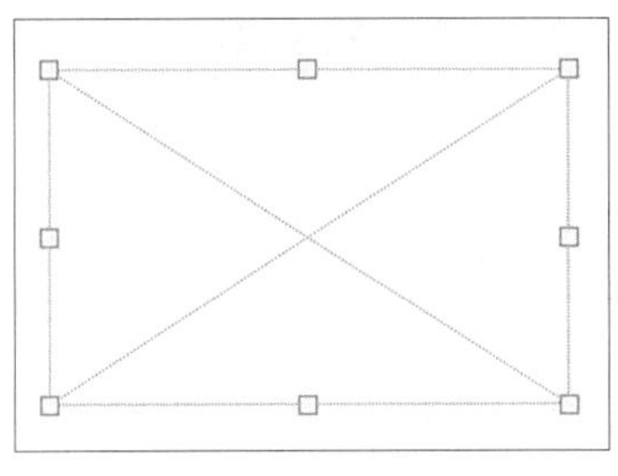

图 2-1-30　建立图框

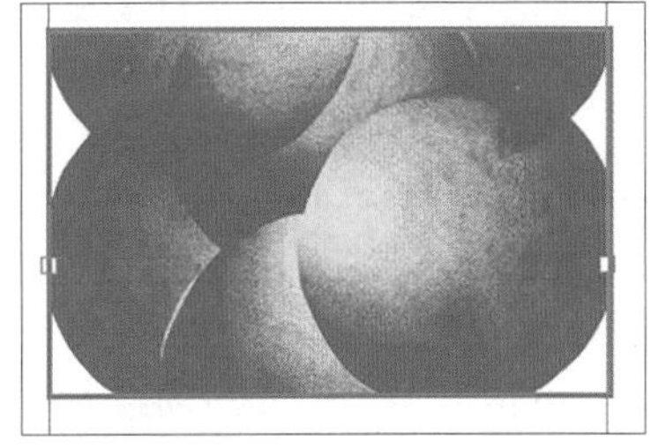

图 2-1-31　完成效果

5）修复及画笔工具。

- “画笔工具”的大小及软硬程度可以在属性栏中调整。当需要用到Photoshop手绘时，可根据需求选择不同的画笔进行绘画，如图2-1-33所示。使用“画笔工具”时，当光标显示为一个圆圈时，说明当前画笔为普通的圆点画笔。圆圈的大小代表当前画笔的直径大小。如果选择了异形画笔，光标就会变成相应的预览形状。可以通过快捷键<[>和<]>（左、右方括号）逐步调节画笔直径的大小，左方括号代表变小，右方括号代表变大；还可以通过快捷键<Shift+[>和<Shift+]>逐步调节画笔的硬度，左方括号代表变软，右方括号代表变硬。

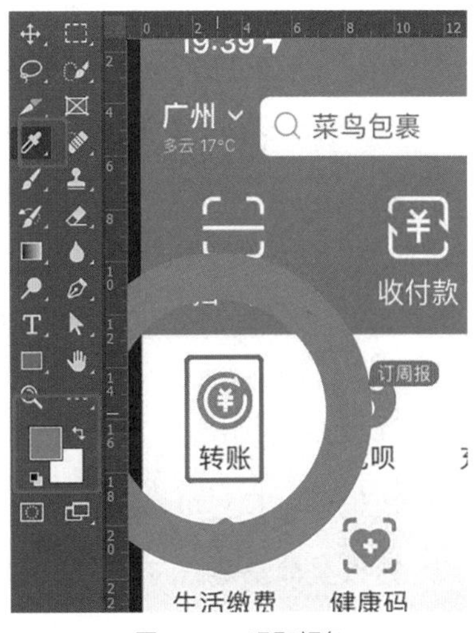

图 2-1-32　吸取颜色

- “仿制图章工具”可将图像的一部分绘制到同一图像的另一部分，也可以将一个图层的一部分绘制到另一个图层。通过“仿制图章工具”可以复制对象，通过复制来修饰类似区域，或者添加重复元素。选择此工具后，按住<Alt>键单击所要复制的区域，松开<Alt>键即可复制。

模式: 正常
不透明度: 100%
流量: 55%
600
大小: 600 像素
硬度: 0%
25
125
60
常规画笔
柔边圆
硬边圆
柔边圆压力大小
硬边圆压力大小
柔边圆压力不透明度
硬边圆压力不透明度
软圆压力不透明度和流量
干介质画笔
硬圆压力不透明度和流量
湿介质画笔
特殊效果画笔
littlemm happy brush1.0

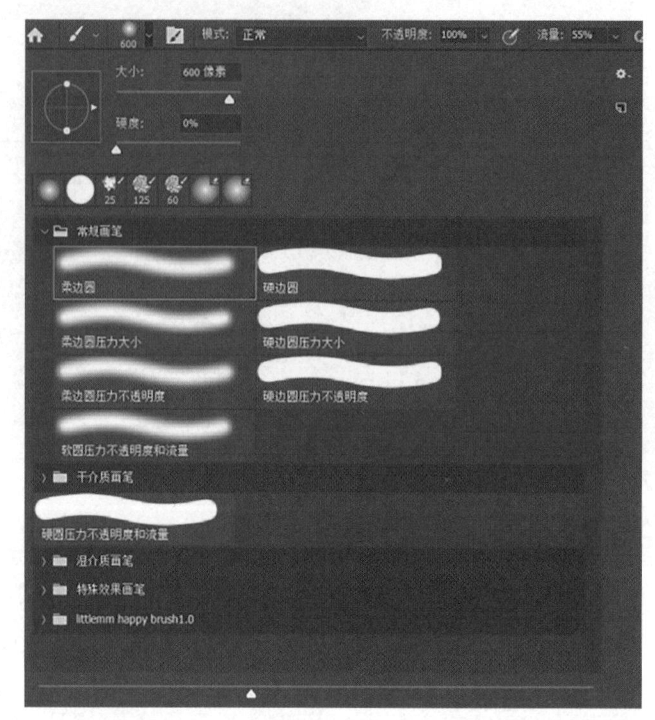

图 2-1-33　画笔属性

- “修复画笔工具”可修复画面中的污点。“修复画笔工具”与“仿制图章工具”用法一样，按住<Alt>键拾取仿制源，使用仿制源进行修复。和“仿制图章工具”不同的是，“修复画笔工具”可将仿制源的纹理、光照情况、透明度和阴影与所修复的区域进行智能匹配，达到完美融入图像的效果。
- 使用“渐变工具”创作多种样式的渐变效果。“渐变工具”的使用方法是在目标区域单击并拖拽，拖拽的方向即为渐变的方向。按住鼠标左键拖拽的时候显示轨迹线，松开鼠标左键后，渐变效果就会被填充到画面中。
- “减淡工具”可以使相应区域颜色变浅，“加深工具”则相反。
- “海绵工具”可以增减图像饱和度。

6）绘图和文字工具。

绘图和文字工具，与 Illustrator 中的大致相同，可根据需求选择使用。需要注意的是，使用文字工具时，当拖动鼠标选出一个范围时，文字可以自动形成段落格式，如图 2-1-34 所示。

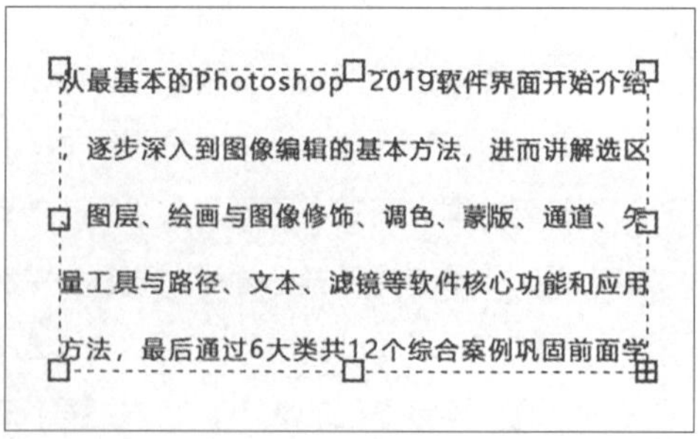

从最基本的Photoshop 2019软件界面开始介绍
，逐步深入到图像编辑的基本方法，进而讲解选区
图层、绘画与图像修饰、调色、蒙版、通道、矢
量工具与路径、文本、滤镜等软件核心功能和应用
方法，最后通过6大类共12个综合案例巩固前面学

图 2-1-34　文字段落

7）导航工具。

使用“工具”可以放大或缩小视图，按住 <Z> 键和鼠标左键，向左或向右移动鼠标即可放大或缩小视图。另外，按住 <Alt> 键，滑动鼠标滑轮也可以放大或缩小视图。还有一种方法是，按 <Ctrl++> 组合键或者 <Ctrl+–> 组合

键放大或缩小视图。

8）前景色及后景色。

前景色图层与后景色图层可以自由切换，通常后景色是作为文档的最底层画面。

（4）功能面板

工作区右侧的就是功能面板区，主要作用是对画面中的物体进行参数操作。面板不只有一种，针对不同的物体、不同的操作需求会有不同的面板，如图 2-1-35 所示。可以通过“窗口”菜单，选择显示哪一个面板，还可以拖拽面板上方的标签，对面板进行自由组合。

1）“历史记录”面板如图 2-1-36 所示。当操作失误后，可以在这里找到想要返回到的操作步骤。可以更改预设的记录次数值，在计算机配置足够好的情况下，记录次数值越高越好。

2）“调整”面板如图 2-1-37 所示。通过该功能面板可以对图像的亮度、对比度、色阶等进行修改，因此可以方便设计师快速进行调色。

3）“图层”面板如图 2-1-38 所示。简单来说，图层就是图像的层次。“图层”面板相当于 Photoshop 功能的基石，下面来详细介绍一下图层的相关知识。

①图层的基本概念。

图层是 Photoshop 的核心功能。图层除了承载图像

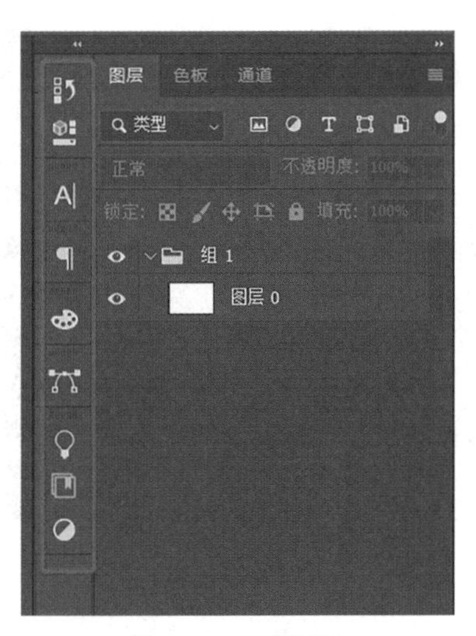

图 2-1-35　功能面板

图 2-1-36　“历史记录”面板

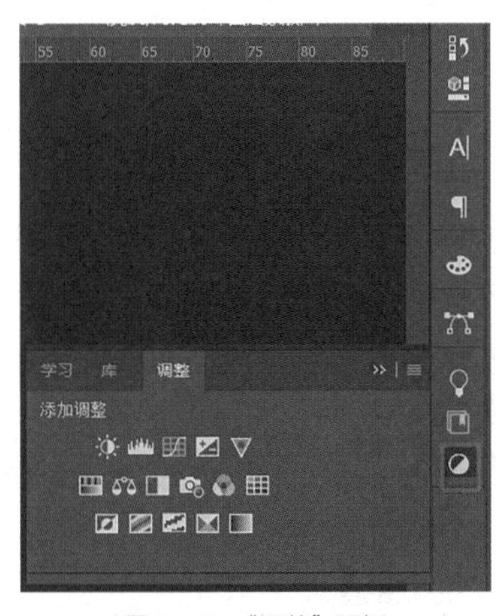

图 2-1-37　“调整”面板

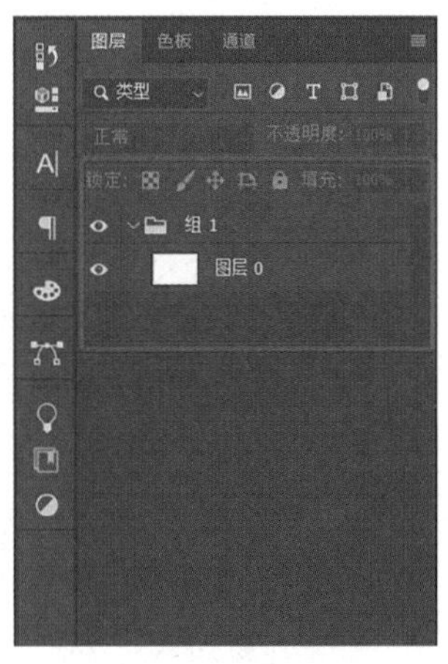

图 2-1-38　“图层”面板

内容，图层样式（如图 2-1-39 所示）、混合模式、蒙版、滤镜、文字、3D 和调色等功能都要依托图层而存在。简单来说，它就像是堆叠的透明胶片。设计师可以通过图层画面的透明区域看到下面图层的内容，还可以更改图层的“不透明度”。每个 Photoshop 文件包含一个或多个图层。操作图层类似于在多张透明胶片上排列图像、文本或其他对象，可以编辑、删除和调整每个透明胶片的位置，而不会影响其他透明胶片，且当这些透明胶片叠在一起时，整个合成图像就会显示出来。

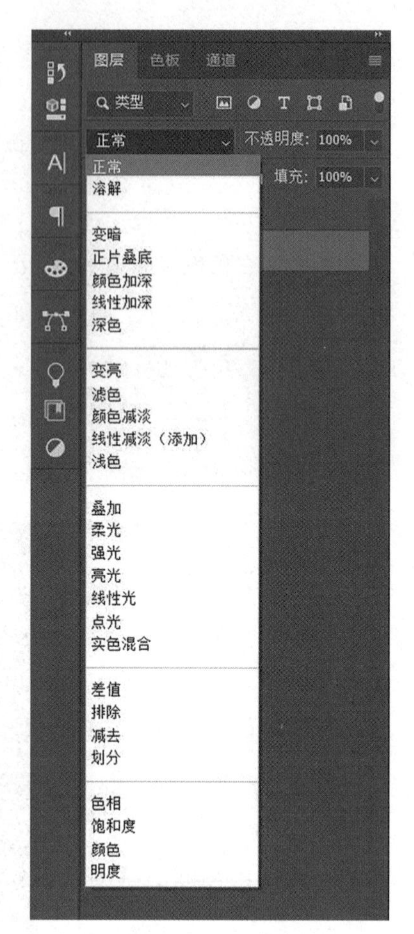

图 2-1-39　图层样式

②图层的类型。

在 Photoshop 中可以创建多种类型的图层，如普通图层、背景图层、智能对象图层、调整图层、填充图层、视频图层、矢量蒙版图层、3D 图层、文字图层、图框图层等，其功能、用途及在“图层”面板中的显示状态有所不同。下面介绍几种常见类型的图层。

- 背景图层：新建文档时创建的图层，它始终位于面板的最下层，名称为“背景”。
- 中性色图层：填充中性色并预设混合模式的特殊图层，可用于承载滤镜或在上面绘画。
- 链接图层：保持链接状态的多个图层，当两个图层进行链接的时候，这两个图层中的内容会保持一致的移动、拉伸等状态。
- 智能对象图层：含有智能对象的图层。智能对象图形的特点是不会根据图片大小的变化而改变精度。在设计过程中，如果需要将图片进行放大或缩小，尽量将之变为智能对象的图层状态，再进行调整。
- 调整图层：可以调整图像的亮度、色彩平衡等，但不会改变像素值，而且可以重复编辑。
- 填充图层：填充了纯色、渐变效果或图案的特殊图层，新建的图层是没有背景色的，这个时候可以利用快捷键<Ctrl+Delete>进行填充，或者通过菜单栏的“编辑”→“填充”进行填充。
- 图层蒙版图层：添加了图层蒙版的图层。蒙版可以控制图像的显示范围。利用“画笔工具”，当前景色为黑色时，涂抹图像可以将所涂抹范围遮盖；再将前景色改为白色，涂抹图像可以将所涂抹范围重新显示出来。
- 矢量蒙版图层：添加了矢量形状的蒙版图层。
- 图层样式图层：添加了图层样式的图层。通过图层样式可以快速创建特效，如投影、发光和浮雕效果等。

- 文字图层：使用文字工具输入文字时创建的图层。
- 视频图层：包含视频文件帧的图层。
- 图层组：用来组织和管理图层，以便于查找和编辑图层，类似于文件夹功能。

③创建图层。

Photoshop 中创建图层的方式有很多，包括在“图层”面板中创建、在编辑图像的过程中创建、使用命令创建等。

选择菜单栏中的“窗口”→“图层”，打开“图层”面板。单击面板底部的“新建图层”按钮，即可在当前图层上方新建一个图层，新建的图层会自动成为当前图层。如果要在当前图层的下面新建图层，可以按住 <Ctrl> 键的同时单击“新建图层”按钮。如果要在创建图层的同时设置其属性，如名称、颜色、混合模式和不透明度等，可选择菜单栏中的“图层”→“新建”→“图层”，或按住 <Alt> 键并单击“新建图层”按钮，打开“新建图层”对话框进行设置。

在“图层”面板中，每个图层都会以含有名称和缩略图的条目形式显示，单击左侧的眼睛图标可以隐藏或显示图层，这是查看特定图层内容的有效方式；如果图层条目中出现了锁定图标，表示图层受到保护，不能编辑，如图 2-1-40 所示。

图 2-1-40　图层锁定

以“新建文档”方式创建图像时，无论选择什么颜色的背景，“图层”面板中最底端的图层名都为“背景”，每个图像文档只能有一个背景图层，且默认为锁定状态。

如果要对背景图层进行编辑，须将其转换为常规图层，方法是：双击“图层”面板中的“背景”图层，或选择菜单栏中的“图层”→“新建”→“背景图层”，打开“新建图层”对话框，在其中将图层重命名并设置其他图层选项，然后单击“确定”按钮。

如果要将常规图层转换为背景图层，可在选中要转换的图层后，选择菜单栏中的“图层”→“新建”→“图层背景”。

在图像编辑过程中，如果创建了选区，先按快捷键 <Ctrl+C>，再按快捷键 <Ctrl+V> 可以复制粘贴选中的图像并创建一个新的图层；如果打开了多个文档，使用移动工具将一个图层拖至另外的文档中，可将其复制到目标文档中，同时创建一个新的图层。需要注意的是，以上方法都是以复制的方式来创建新的图层，如果这种操作是在两个打印尺寸或分辨率不同的文档之间进行的，图像在复制前后的视觉显示大小会有变化。例如，在相同打印尺寸的情况下，若源图像的分辨率小于目标图像的分辨率，则图像复制到目标图像后会显得比原来小。

④图层编辑与调整。

如果要使用绘图工具和滤镜工具编辑文字图层、形状图层、矢量蒙版图层或智能对象图层等包含矢量数据的图层，需要先将其栅格化，让图层中的内容转化为光栅图像，然后才能进行相应的编辑。具体操作方法是：选中要栅格化的图层，选择菜单栏中的“图层”→“栅格化”。

a. 过滤显示。

通过图层过滤功能可以快速找到相应类型的图层，如图 2-1-41 所示。例如，单击 T，图层列表就只显示文字图层。关闭图层过滤的开关，则会显示所有图层。

b. 设定“不透明度”和“填充”。

图 2-1-41　图层过滤控制项

“图层”面板中的“不透明度”和“填充”十分类似：“不透明度”是针对整个图层的，包括添加的图层样式；而“填充”只是针对填充的颜色，不会对图层样式效果起作用，如图 2-1-42 所示。

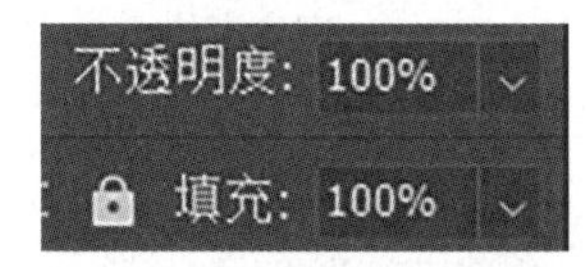

图 2-1-42　“不透明度”和“填充”

c. 复制图层。

在“图层”菜单中选择“复制图层”即可复制图层。

使用快捷键复制图层：按住 <Alt> 键，在图层列表上拖拽某个图层，当光标变成双箭头时，松开鼠标左键，此时图层就被复制了一份。如果按住 <Alt> 键在画面上进行拖拽，也可以实现复制图层，而且鼠标最终所停的位置，就是复制后图层内容的位置。

在图层编辑中，还有一种复制图层的方式——将需要复制的图层拖拽到“新建图层”按钮上。复制后的新图层会自动被放置在源图层的上方，并且与原来的位置重叠。也可以用 <Ctrl+J> 快捷键来复制图层。不过，这样的操作结果看上去像是复制图层，其实这是一个新建图层的过程，其对应的命令可以在“图层”菜单中的“新建”中找到，叫作“通过拷贝的图层”，意思是通过对目标图层的拷贝，新建一个和目标图层一样的图层。

d. 链接图层。

在多图层文档中，如果要同时处理多个图层中的图像，如同时移动、应用变换或者创建剪贴蒙版，可将这些图层链接在一起再进行操作。在“图层”面板中选中要建立链接的图层，单击“链接图层”按钮，或者选择菜单栏中的“图层”→“链接图层”即可。如果要取消链接，可以选中其中要取消链接的图层，再单击按钮。

e. 排列与分布图层。

在“图层”面板中，图层是以创建的先后顺序堆叠排列的。按住鼠标左键拖动图层可以调整图层的堆叠顺序，从而改变图层内容显示的前后关系，总体显示效果也会相应改变。也可以选中某个图层，选择菜单栏中的“图层”→“排列”，从子菜单中选择“置为顶层”“前移一层”“后移一层”“置为底层”或“反向”来调节该图层的排列顺序。

如果在包含多图层的文档中要进行图层对齐与分布调整，可在“图层”面板中选中它们，然后在菜单栏中“图层”菜单中的“对齐”和“分布”的子菜单中选择要对齐与分布的方式。如果所选图层与其他图层已链接，则可以对齐与之链接的所有图层。

在对齐图层过程中，如果使用的是“移动工具”，可以直接通过属性栏中的按钮快速对齐或分布选中的图层。

f. 图层合并与编组。

Photoshop 运行时图层、图层组和图层样式都需要占用一定的计算机内存，如果将相同属性的图层合并，或者将没有用处的图层删除，可以减小文件的大小，释放内存空间。而且，对于多图层文件来说，图层数量变少后既方便管理，又可以快速找到需要的图层。

当文档中的两个或多个图层不再需要单独编辑，要将它们合并为一个图层时，可在“图层”面板中选中它们，然后选择菜单栏中的“图层”→“合并图层”。合并后的图层将使用最上面一个图层的名称。“向下合并图层”与“合并可见图层”的操作方式类似，“拼合图像”会将所有图层都拼合到“背景”图层中，如果其中有某个图层是隐藏的图层，则会弹出提示询问是否删除隐藏的图层。

一般合并图层都是减少图层数量，但还有一种图层合并的形式却会增加图层数量，这就是“盖印图层”。它是一种比较特殊的图层合并方法，可以将多个图层中的图像内容合并到一个新的图层中，同时保持其他图层完好无损，其快捷键是 <Ctrl+Alt+E>。

在复杂的图像文件中，图层的数量往往很多且不能直接合并，这个时候就有必要采用图层组来组织和管理图层。它的作用类似于文件夹，将图层按照类别放在不同的组中后，当收起图层组时，在“图层”面板中就只显示图层组的名称。图层组可以像普通图层一样移动、复制、链接、对齐和分布，甚至可以合并以减小文件的大小。

创建图层组可直接单击“图层”面板中的“创建新组”按钮，这样将创建一个空的图层组。如果想要在创建图层组时设置组的名称、颜色、混合模式和不透明度等属性，可选择菜单栏中的“图层”→“新建”→“组”，在打开的“新建组”对话框中进行设置。

创建图层组后就可以在“图层”面板中将选中图层拖入其中，也可以展开图层组将其中某个图层移出。当然，也可以直接选中要编组的几个图层，选择菜单栏中的“图层”→“图层编组”，或者按快捷键 <Ctrl+G> 来进行编组。对编组不满意，要取消图层编组，但保留图层时，可以选择菜单栏中的“图层”→“取消图层编组”。如果在删除图层组的同时不保留组中的图层，可以直接将图层组拖拽到“图层”面板中的“删除图层”按钮 上。

g. 调整图层样式。

图层样式也叫作图层效果，它可以为图层中的图像添加投影、发光、浮雕和描边等效果，创建具有真实质感的水晶、玻璃、金属和纹理特效。各种图层样式可以随时修改、隐藏或删除，使用方便灵活且不会对图层中的图像造成任何破坏。为图层添加图层样式时可选择菜单栏中的“图层”→“图层样式”，在子菜单中选择并打开到相应效果的设置对话框进行详细参数的设置；也可以在“图层”面板底部单击“添加图层样式”图标 fx，在弹出的菜单中选择，或直接在“图层”面板中双击要添加图层样式的图层，打开“图层样式”对话框，如图 2-1-43 所示。

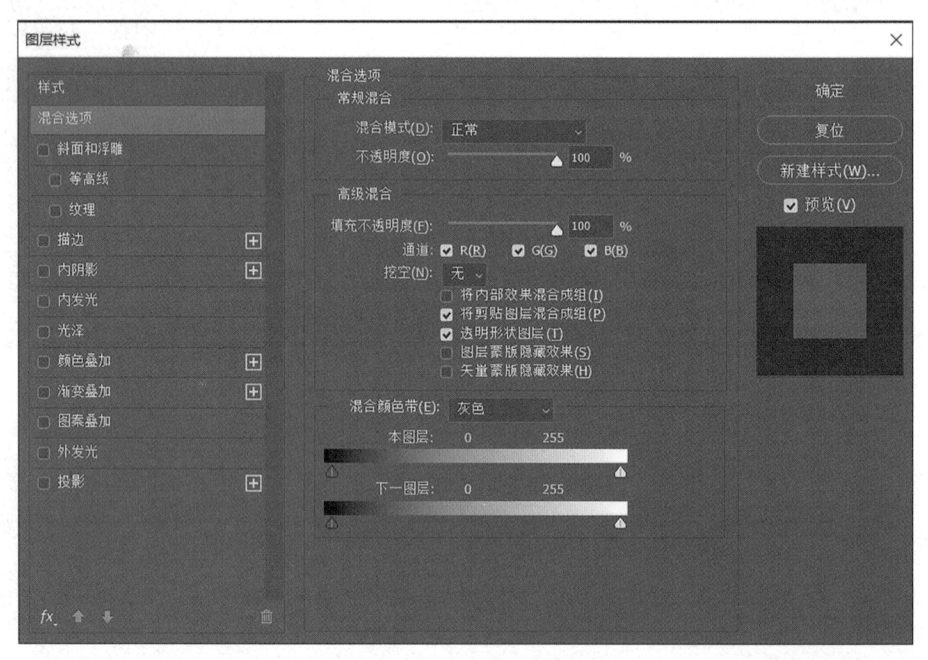

图 2-1-43 “图层样式”对话框

添加图层样式后会在图层下方显示相应样式的名称，它与普通图层一样可通过单击“眼睛”图标来控制效果的可见性。如果要删除一种效果，可以把它拖拽到“图层”面板中的“删除图层”按钮 上。

在“图层”面板中，按住 <Alt> 键，将添加过图层样式的图层下的具体效果拖至其他图层名称上，可以将前者的样式效果复制给后者。

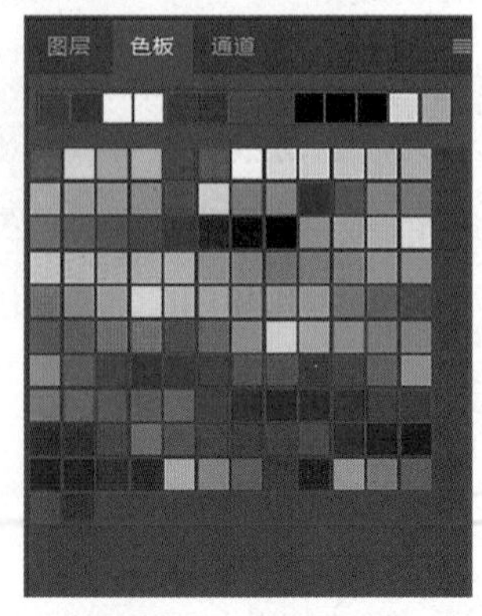

图 2-1-44 “色板”面板

4）“色板”面板如图 2-1-44 所示。在进行设计时，可以将常用的色彩添加到“色板”面板里，方便下次直接使用。此项功能可以大大提高设计效率。

5）“通道”面板如图 2-1-45 所示。“通道”功能用得不多，通常在进行人像磨皮时，利用单个通道进行优化。“通道”另外一个比较强大的功能是可以快速去色，在进行一些单色或双色海报设计时，通常会利用通道对图片进行改造。

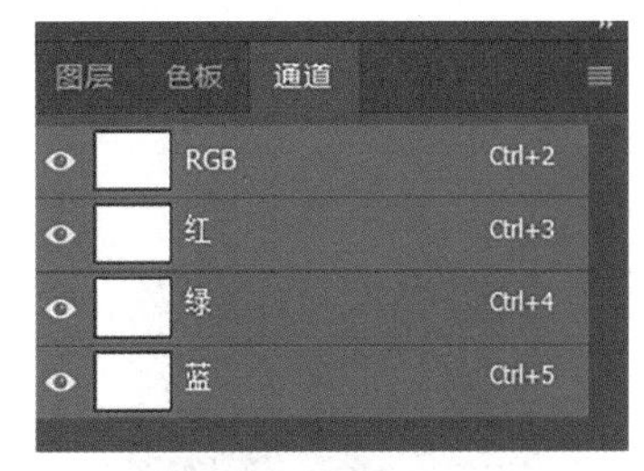

图 2-1-45 “通道”面板

（5）工作区

整个视图界面中间的白色画布所在区域就是工作区了，所操作的图层都可以在这里得到展示，如图 2-1-46 所示。在工作区的上边缘可以看到作品标签，显示作品名称、预览比例、色彩模式等信息。可以利用工具栏中的“抓手工具”和“缩放工具”对工作区进行放大、缩小、平移等操作。当然，也可以按住 <Space> 键的同时按住鼠标左键拖拽来实现平移，按住 <Alt> 键配合鼠标滑轮前后滚动实现放大和缩小。

图 2-1-46 工作区

【练习】使用选择工具和“钢笔工具”制作简单的水晶图标。

Step 01 打开Photoshop后，在菜单栏中选择“文件”→“新建”，打开“新建文档”对话框。由于本次练习是为移动设备做设计，所以选择上方的“移动设备”选项卡，在该选项卡下选择“iPhone X（1125×2436像素@72ppi）”。选中该项后，右侧的详细设置部分会自动设置单位为“像素”，“分辨率”为“72像素/英寸”，“方向”为“纵向”，“颜色模式”为“RGB颜色”。检查所有设置无误后单击右下方的“创建”按钮，文件就创建完成了，如图2-1-47所示。

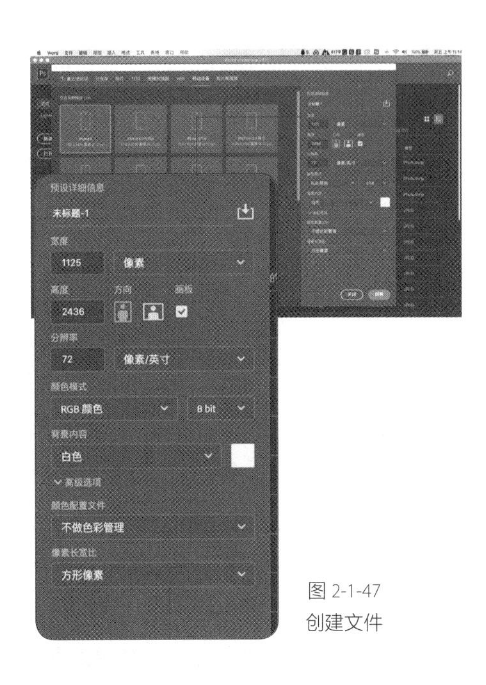

图 2-1-47 创建文件

Step 02 找到“图层”面板，单击面板下方的“创建新图层”按钮，创建一个新图层，如图2-1-48所示。

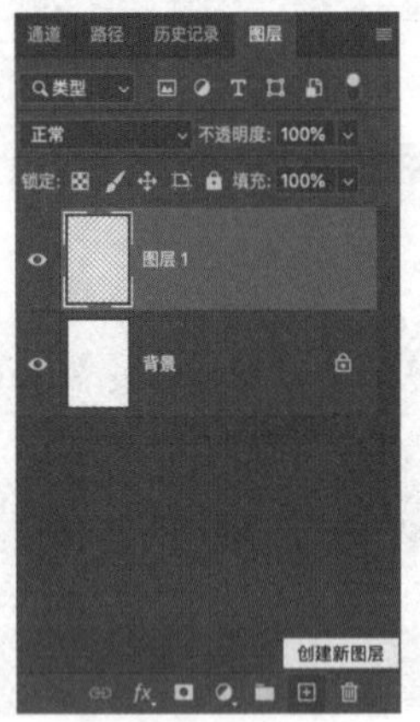

图 2-1-48
创建新图层

确保该新建图层处于被选中状态，选择“矩形选框工具”组中的“椭圆选框工具”，按住<Shift>键以锁定高宽比，在任意位置单击，并拖拽出一个高（H）和宽（W）皆为128像素的圆形选区；然后先松开鼠标左键，再松开<Shift>键。效果如图2-1-49所示。

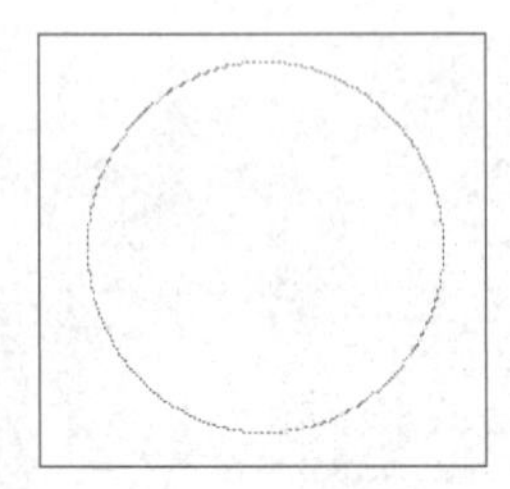
图 2-1-49
建立圆形选区

Step 03 选择“渐变工具”，单击界面上方属性栏上的色条打开“渐变编辑器”，如图2-1-50所示。双击“渐变编辑器”中色条下方左侧的滑块，打开“拾色器”对话框，选择一种浅蓝色（参数如图2-1-51所示），单击“确定”按钮。再双击“渐变编辑器”中色条下方右侧的滑块，打开“拾色器”对话框，选择一种深蓝色（参数如图2-1-52所示），单击“确定”按钮。单击“渐变编辑器”右上角的“确定”按钮，这样从浅到深的蓝色渐变色就设置好了。

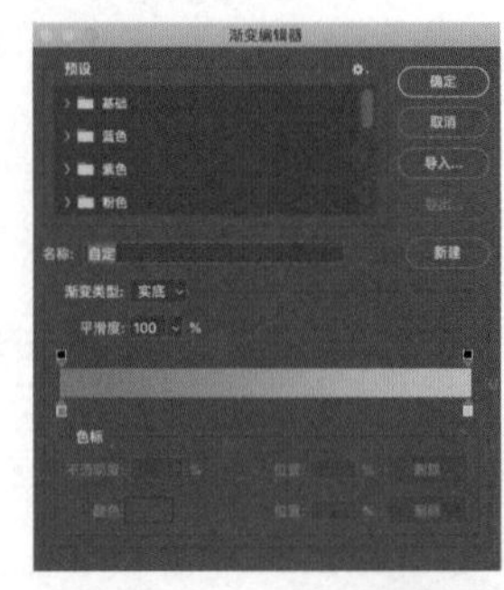

图 2-1-50
“渐变编辑器”

图 2-1-51
浅蓝色色值设定

图 2-1-52
深蓝色色值设定

Step 04 按住<Shift>键以锁定渐变的方向，按住鼠标左键在圆形选区中从顶部向下拖拽到底部，然后松开鼠标左键，蓝色渐变色即填充完毕。效果如图2-1-53所示。然后按快捷键<Ctrl+D>，取消选区。

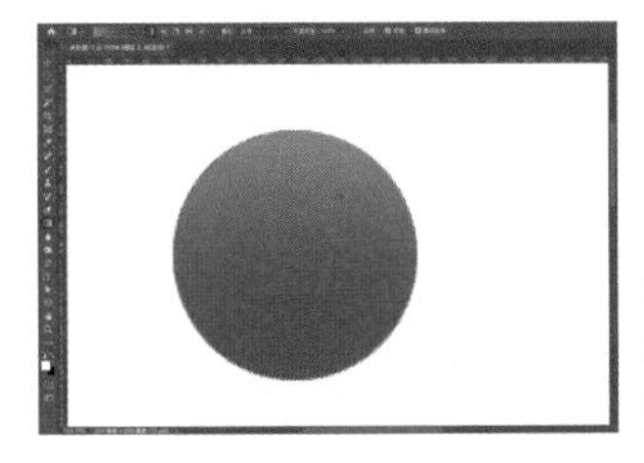
图 2-1-53 填充蓝色渐变色

Step 05 再新建一个图层，用“椭圆选框工具”创建一个椭圆形选区，如图2-1-54所示。

图 2-1-54 创建椭圆形选区

选择“渐变工具”，打开“渐变编辑器”。这次做一个颜色从纯白色到纯白色的渐变效果，但是“不透明度”的渐变是从100%到0。“不透明度”的渐变通过调整“渐变编辑器”中色条上方左右滑块，如图2-1-55所示。

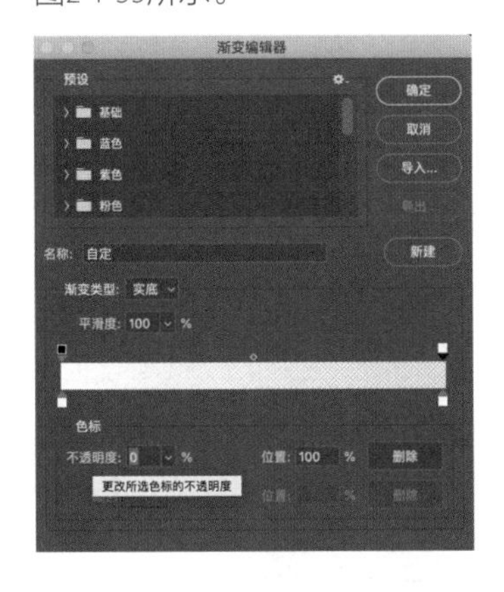

图 2-1-55 渐变设置

Step 06 按住<Shift>键以锁定渐变的方向，按住鼠标左键在椭圆形选区中从顶部向下拖拽到底部，松开鼠标左键，渐变色即填充完毕。效果如图2-1-56所示。然后，按快捷键<Ctrl+D>，取消选区，并使用“移动工具”将椭圆形移动到合适位置，高光就做好了。如果大小不合适，可按快捷键<Ctrl+T>后进行调整。

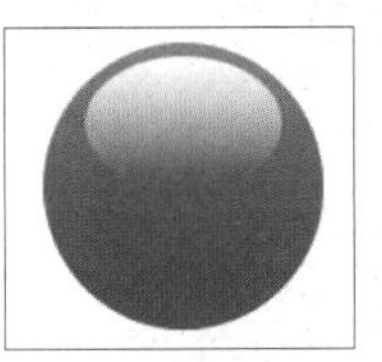
图 2-1-56 填充渐变色

Step 07 选择刚才做好的高光，按<Alt>键的同时按住鼠标左键并拖动高光，即可复制该图层。按快捷键<Ctrl+T>，然后将之旋转180°并放在下方，即做出反光效果，如图2-1-57所示。

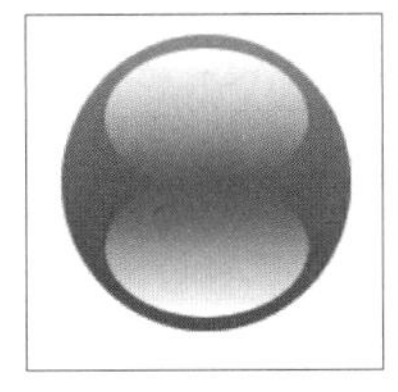
图 2-1-57 复制图层并进行调整

Step 08 按快捷键<Ctrl+T>，然后把反光部分放大一些，并按数字键<6>，把反光部分的“不透明度”降低到60%。如果需要，再适当调整一下高光区的大小。效果如图2-1-58所示。

图 2-1-58 调整效果

Step 09 为了让图标显得更立体，可以为其添加投影。在“图层”面板中选中下方的圆形的图层，在该图层右侧双击，打开“图层样式”对话框，单击选中“投影”，为其设置一个深蓝色投影。其他参数设置如图2-1-59所示。

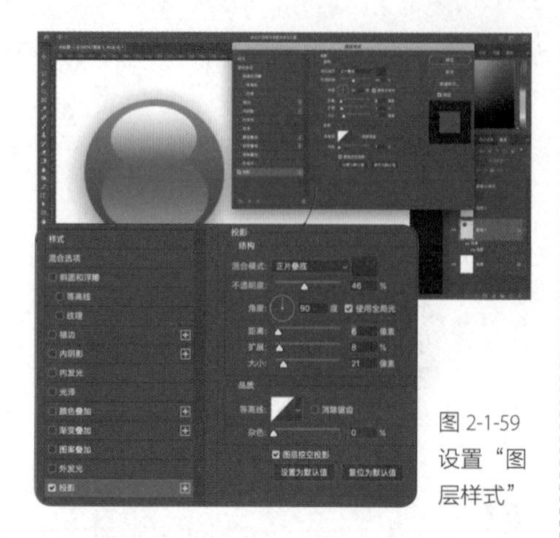

图 2-1-59 设置“图层样式”

Step 10 下面开始制作图标上的图案，这里设计了一本打开的书。选择“钢笔工具”，绘制如图2-1-60所示的书籍的左半边。在绘制时需要注意，在画面中单击会建立角点，在画面中单击并拖拽可建立圆弧点。（建立的时候可不用理会图形是否准确、美观。）

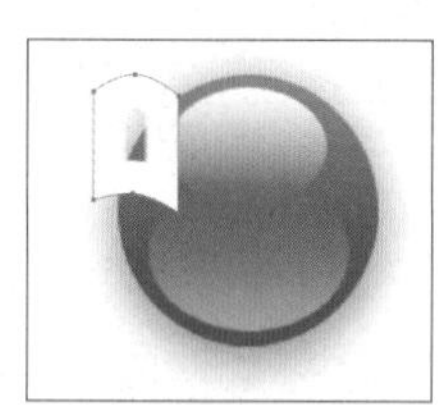

图 2-1-60 绘制半边书籍

Step 11 在属性栏中修改该图形“填充”颜色为白色，“描边”为“无颜色”，然后使用“路径选择工具”组中的“直接选择工具”，修改路径上的点，使其更美观。效果如图2-1-61所示。

图 2-1-61 调整路径

Step 12 修改完毕后选中该图层，按快捷键<Ctrl+J>复制图层，在新图层选择菜单栏中的“编辑”→“变换”→“水平翻转”以翻转图形，并将其放在合适的位置上。至此，水晶图标就做好了，如图2-1-62所示。

图 2-1-62 完成设计

二、Photoshop 进阶知识与应用

1. 图像分辨率与尺寸

图像分辨率指图像中存储的信息量，是图像内每英寸有多少个像素点，分辨率的单位为ppi（Pixels Per Inch）。分辨率可以从显示分辨率与图像分辨率两个方向来分类。显示分辨率（屏幕分辨率）可反映屏幕图像的精密度，是指显示器屏幕所能显示的像素有多少。由于屏幕上的点、线和面都是由像素组成的，显示器屏幕可显示的像素越多，画面就越精细，同样大小的屏幕区域内能显示的信息也越多，所以分辨率是非常重要的性能指标之一。可以把

整个图像想象成一个大型的棋盘，而分辨率的表示方式就是所有经线和纬线交叉点的数目。显示分辨率一定的情况下，显示屏越小图像越清晰；反之，显示屏大小固定时，显示分辨率越高图像越清晰。图像分辨率含义更趋近于分辨率本身的定义。

描述分辨率的单位有 dpi（点 / 英寸）、lpi（线 / 英寸）和 ppi（像素 / 英寸）。其中，lpi 是描述光学分辨率的尺度的。虽然 dpi 和 ppi 也属于分辨率范畴的单位，但是它们的含义与 lpi 不同。lpi 与 dpi 无法换算，只能凭经验估算。ppi 和 dpi 的应用领域也存在区别：从技术角度说，“像素”只存在于电子产品显示领域，而“点”只出现于打印或印刷领域。

图像尺寸的长度与宽度是以像素为单位的（有的是以厘米为单位）。像素与分辨率是数码影像最基本的单位，每个像素就是一个小点，而不同颜色的点（像素）聚集起来就成为一幅图像。

图像分辨率越高，所需像素就越多，比如，分辨率为 640 像素 ×480 像素的图像大概需要 31 万像素，2048 像素 ×1536 像素的图像则需要高达 314 万像素。图像分辨率和输出时的成像大小及放大比例有关，分辨率越高，成像尺寸越大，放大比例越高。

在 Photoshop 中打开一张图像，如图 2-1-63 所示。选择菜单栏中的“图像”→“图像大小”，如图 2-1-64 所示。在打开的“图像大小”对话框中，可以设置或修改图像大小与分辨率，如图 2-1-65 所示。

在平面设计中，图像的分辨率以 ppi 来度量，它和图像的宽、高尺寸一起决定了图像文件的大小及图像质量。比如，一幅图像宽 8 英寸、高 6

图 2-1-63　打开图像

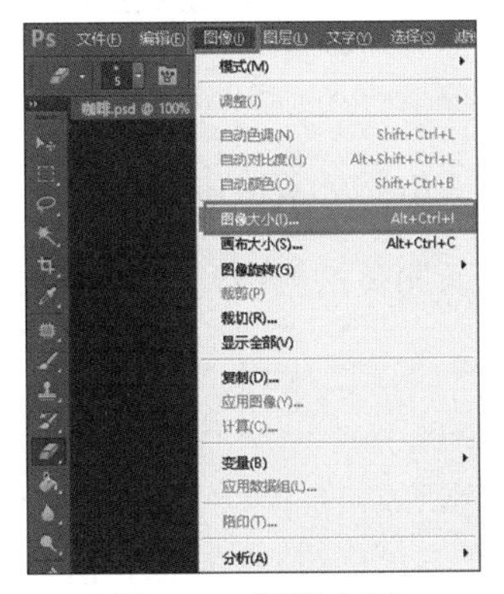

图 2-1-64　“图像大小”

图 2-1-65　修改图像大小和分辨率

英寸，分辨率为 100 像素 / 英寸（ppi），如果保持图像文件的大小不变，也就是总的像素数不变，将分辨率降为 50 像素 / 英寸（ppi），在宽高比不变的情况下，图像的宽将变为 16 英寸、高将变为 12 英寸。打印输出变化前后的两幅图，可以发现，后者的幅面是前者的 4 倍，而且图像质量下降了许多。那么，让变化前后的两幅图在计算机显示器屏幕上显示会出现什么现象呢？比如，在显示器分辨率为 800 像素 ×600 像素的屏幕上显示时，可以发现，这两幅图的画面尺寸一样，画面质量也没有区别。对于计算机的显示系统来说，一幅图的分辨率（ppi）值是没有意义的，起作用的是这幅图像所包含的总的像素数，也就是前面所讲的另一种分辨率表示方法：水平方向的像素数 × 竖直方向的像素数。这种分辨率表示方法同时也表示了图像显示时的宽、高尺寸。前面所讲的 ppi 值变化前后的两幅图，它们总的像素数都是 800×600 个，因此在显示时，两幅图像分辨率相同、幅面相同。

2. 图像的颜色模式

在 Photoshop 中，要查看图像的颜色模式或要在各种颜色模式之间进行转换，可选择菜单栏中的“图像”→“模式”。

（1）RGB 颜色模式

RGB 颜色模式是工业界的一种颜色标准，又称“真彩色模式”，一般用于图像处理，是设计人员最熟悉的颜色模式。它是将红色（Red）、绿色（Green）、蓝色（Blue）3 种基本颜色相互叠加得到各种颜色的方法，R、G、B 分别代表红、绿、蓝三个色光通道的颜色，几乎可配置出几乎人类视觉所能感知的所有颜色，RGB 是目前运用最广泛的颜色模式之一。Photoshop 中 RGB 颜色模式的“颜色”面板如图 2-1-66 所示。

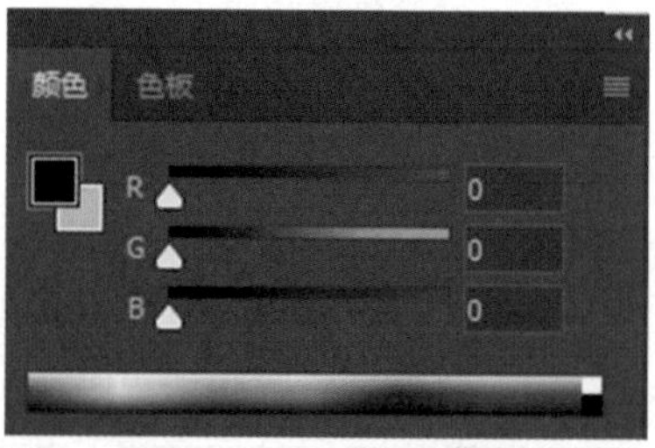

图 2-1-66
Photoshop“颜色”面板（RGB 颜色模式）

（2）CMYK 颜色模式

CMYK 颜色模式是一种印刷模式。当阳光照射到一个物体上时，这个物体将吸收一部分光线，并将剩下的光线反射，反射的光线颜色就是人们所看见的物体颜色。这是一种减色色彩模式，不但人们看物体的颜色时涉及这种模式，在纸上印刷时应用的也是这种模式。

C、M、Y、K 分别代表印刷上用的 4 种颜色，C 代表青色（Cyan），M 代表洋红色（Magenta），Y 代表黄色（Yellow），K 代表关键版（Key plate），也就是黑色。因为在实际应用中青色、洋红色和黄色很难叠加形成真正的黑色，所以才引入了 K（黑色）。黑色的作用是强化暗调，加深暗部色彩。Photoshop 中 CMYK 颜色模式的“颜色”面板如图 2-1-67 所示。

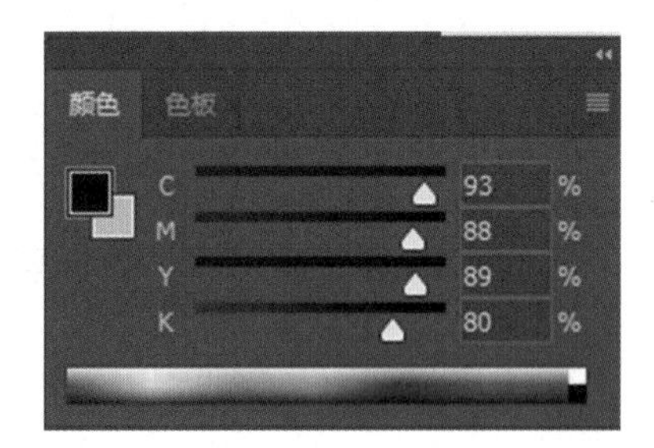

图 2-1-67
Photoshop“颜色”面板（CMYK 颜色模式）

（3）HSB 颜色模式

H（Hue）表示色相（色度），S（Saturation）表示饱和度，B（Brightness）表示亮度。平常表述颜色时，一般用的就是 HSB 颜色模式，因为人眼看到的就是色相、饱和度和明度。一般在进行界面设计时，设计师们也喜欢使用 HSB 颜色模式调色，因为通过它可以很方便地使色彩统一为一个色调。Photoshop 中 HSB 颜色模式的“颜色”面板如图 2-1-68 所示。

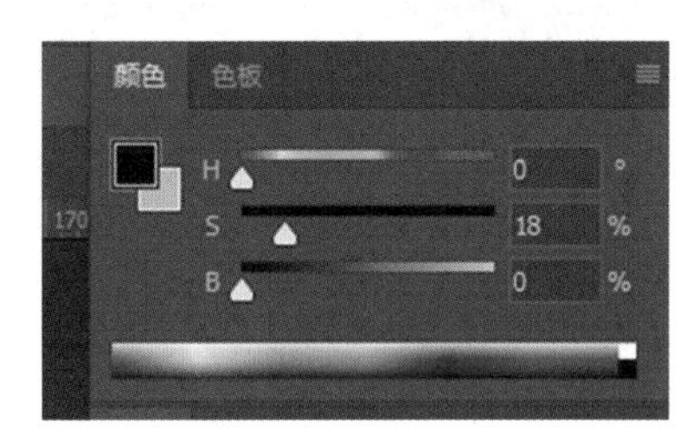

图 2-1-68
Photoshop“颜色”面板（HSB 颜色模式）

H（色相）：在 0°~360°的标准色相环上，色相是按角度区分的。在通常情况下，色相是由颜色名称标识的，如红色、绿色或橙色。

S（饱和度）：它是颜色的强度或纯度。饱和度表示色相中颜色成分所占的比例，用 0（灰色）~100%（完全饱和）的百分比来度量。在标准色相环上饱和度是从中心逐渐向边缘递增的。

B（亮度）：它是颜色的相对明暗程度，通常是用 0（黑）~100%（白）的百分比来度量的。

（4）Lab 颜色模式

Lab 颜色模式是由国际照明委员会（CIE）于 1976 年发布的一种色彩模式。RGB 颜色模式是一种加色模式，CMYK 颜色模式是一种印刷减色模式，而 Lab 颜色模式既不依赖光线，也不依赖颜料，它是 CIE 确定的一个理论上包括了人眼可以看见的所有色彩的色彩模式。

Lab 颜色模式所定义的色彩最多且与光线及设备无关。而且 Lab 颜色模式在转换成 CMYK 颜色模式时色彩不会丢失或被替换。因此，最佳避免色彩损失的方法是：应用 Lab 颜色模式编辑图像，再将之转换为 CMYK 颜色模式打印输出。将 RGB 颜色模式转换成 CMYK 颜色模式时，Photoshop 将自动将 RGB 颜色模式转换为 Lab 颜色模式，再转换为 CMYK 颜色模式。

在表达色彩范围方面，处于第一位的是 Lab 颜色模式，第二位的是 RGB 颜色模式，第三位是 CMYK 颜色模式。

Lab 颜色模式的好处在于它弥补了 RGB 颜色模式和 CMYK 颜色模式的不足。RGB 颜色模式在蓝色与绿色之间的过渡色太多，绿色与红色之间的过渡色又太少；CMYK 颜色模式在编辑处理图片的过程中损失的色彩很多；Lab 颜色模式在这些方面都有所补偿。但是要注意，在 Photoshop 中很多功能都不能用 Lab 颜色模式。

3. Photoshop 软件中常用的存储图像方式

Photoshop 软件中常用的存储图像方式见表 2-1-2。

表 2-1-2　Photoshop 软件中常用的存储图像方式

序号	存储格式	格式特点	主要性能
1	PSD 格式	Photoshop 默认的文件格式	可以保留文档中的所有图层、蒙版、通道、路径、未栅格化的文字、图层样式等。保存以后可以对其进行修改。PSD 是除大型文档格式（PSB）之外支持所有 Photoshop 功能的文件格式。其他 Adobe 应用程序，如 Illustrator、InDesign、Premiere 等，可以直接置入 PSD 格式文件
2	PSB 格式	Photoshop 大型文档格式	可支持最高达到 300000px（像素）的超大图像文件。它支持 Photoshop 的所有功能，可以保持图像中的通道、图层样式和滤镜效果不变，但只能在 Photoshop 中打开。如果要创建一个 2GB 以上的 PSB 文件，可以使用此格式
3	BMP 格式	一种用于 Windows 操作系统的图像文件格式	主要用于保存位图文件。该格式可用于处理 24 位颜色的图像，支持 RGB、位图、灰度和索引颜色，但不支持 Alpha 通道
4	GIF 格式	基于在网络上传输图像创建的文件格式	支持透明背景和动画，被广泛地应用于传输和存储医学图像，如超声波和扫描图像。DICOM 文件包含图像数据和表头，其中存储了有关病人和医学的图像信息
5	EPS 格式	为在打印机上输出图像而开发的文件格式	几乎所有的图形、图表和页面排版程序都支持此格式。EPS 格式可以同时包含矢量图形和位图图像，支持 RGB、CMYK、位图、双色调、灰度、索引颜色和 Lab 等模式，但不支持 Alpha 通道
6	JPE 格式	由联合图像专家组开发的文件格式	它采用的压缩方式具有较好的压缩效果，但是将压缩品质数值设置得较大时，会损失掉图像的某个细节。JPEG 格式支持 RGB、CMYK 和灰度等模式，不支持 Alpha 通道
7	PDF 格式	一种通用的文件格式	支持矢量数据和位图数据。具有电子文档搜索和导航功能，是 Adobe Illustrator 采用的主要格式。PDF 格式支持 RGB、CMYK、索引颜色、位图和 Lab 等模式，不支持 Alpha 通道
8	RAW 格式	一种灵活的文件格式	用于在应用程序之间传递图像。该格式支持具有 Alpha 通道的 CMYK、RFB 和灰度等模式，以及 Alpha 通道的多通道、Lab、索引颜色和双色调等模式
9	PNG 格式	作为 GIF 的无专利代替产品而开发的，用于无损压缩和在 Web 上显示图像	与 GIF 格式不同的是，PNG 格式支持 256 色调色板技术以产生小体积文件，最高支持 48 位真彩色图像及 16 位灰度图像，支持 Alpha 通道的半透明特性

（续）

序号	存储格式	格式特点	主要性能
10	TGA 格式	图像专有格式，专用于 Truevision（R）视频版系统	它支持一个单独 Alpha 通道的 32 位 RGB 文件，以及无 Alpha 通道的索引颜色、灰度等模式的 16 位和 24 位 RGB 文件
11	TIFF 格式	一种通用文件格式	所有的绘画、图像编辑和排版应用程序都支持该格式。而且，几乎所有的扫描仪都可以产生 TIFF 图像。该格式支持具有 Alpha 通道的 CMYK、RGB、Lab、索引颜色和灰度等模式的图像，以及没有 Alpha 通道的位图模式图像。Photoshop 可以在 TIFF 格式文件中存储图层，但是如果在另一个应用程序中打不开该文件，则只有拼合图像是可见的

4. 强大的去背景功能——选择并遮住

选择矩形选框工具组、套索工具组或魔棒工具组时，在属性栏中便会出现“选择并遮住”选项，如图 2-1-69 所示。“选择并遮住”的工作区分为工具栏、属性栏、“属性”面板，如图 2-1-70 所示。

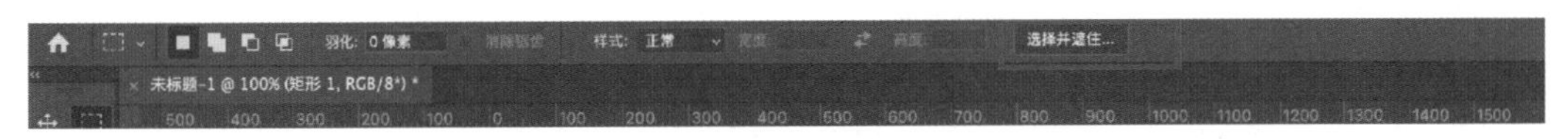

图 2-1-69 “选择并遮住”选项

图 2-1-70 “选择并遮住”工作区

（1）工具

1）快速选择工具：当单击或单击并拖动要选择的区域时，会根据颜色和纹理相似性进行快速选择。所选的选区不需要很精确，因为“快速选择工具”会自动且直观地创建边框。为了获得更加轻松的操作体验，在使用快速选择工具时，请单击“选择主体”；只需单击一次即可自动选择图像中最突出的主体。

2）调整边缘画笔工具：精确调整边缘的边界区域。例如，轻刷柔化区域（如头发或毛皮）以向选区中加入精妙的细节。要更改画笔的大小，按 <[> 或 <]> 键。

3）画笔工具：使用“快速选择工具”（或其他选择工具）对目标区域先进行粗略选择，然后使用“调整边缘画笔工具”对其进行调整。接下来，使用“画笔工具”来完成或清理细节。使用“画笔工具”可按照两种简便的方式微调选区：在添加模式下，绘制想要选择的区域；或者，在减去模式下，绘制不想选择的区域。

4）套索工具：手绘选区边框。使用此工具，可以创建精确的选区。

5）多边形套索工具：绘制选区边框的直边线段。使用此工具，可以绘制直线或自由选区。通过鼠标右键单击“套索工具”时，可以从快捷菜单中选择此工具。

6）抓手工具：使用此工具可快速拖动画布。还可以在使用任何其他工具时，按住 <Space> 键来快速切换到“抓手工具”。

7）缩放工具：用于缩放和阅览图像。

（2）选区

1）添加或减去：添加或删减调整区域。如有必要，请调整画笔大小。

2）对所有图层取样：根据所有图层，而非仅是当前选定的图层来创建选区。

3）选择主体：单击选择图像中的主体。

4）调整细线：只需单击一下，即可轻松查找和调整难以选择的头发等。与“对象识别”结合使用可获得最佳效果。

（3）调整选区

在“选择并遮住”工作区的“属性”面板中调整选区。具体可调整的设置如下所示。

1）视图模式设置。

- 视图：从“视图”下拉菜单中，为选区选择一种视图模式，如图2-1-71所示。

  洋葱皮：选区显示为动画样式的洋葱皮结构。

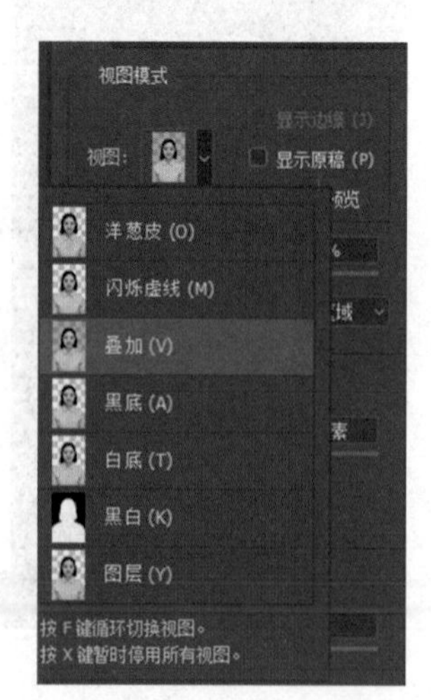

图 2-1-71 “视图”下拉菜单

闪烁虚线：选区边框显示为闪烁虚线。

叠加：选区显示为透明颜色叠加，未选中区域显示为叠加颜色，默认颜色为红色。

黑底：将选区置于黑色背景上。

白底：选区置于白色背景上。

黑白：选区显示为黑白蒙版。

图层：选区周围变成透明区域。

- 显示边缘：显示调整区域。
- 显示原稿：显示原始选区。
- 高品质预览：此选项可能会影响性能。选中此选项后，在处理图像时，按住鼠标左键（向下滑动）可以查看更高分辨率的预览效果。取消选中此选项后，即使向下滑动鼠标，显示的也是更低分辨率的预览。
- 透明度/不透明度：为“视图模式”设置透明度/不透明度。

2）调整模式。

- 设置“边缘检测”“调整细线”和“调整边缘画笔工具”所用的边缘调整方法。
- 颜色识别：对于简单背景或对比强烈的背景适合选择此模式。
- 对象识别：选取复杂背景上的毛发或毛皮等时适用此模式。

3）“边缘检测”设置。

“边缘检测”设置项如图 2-1-72 所示。

- 半径：确定发生边缘调整的选区边框的大小。对较尖锐的边缘使用较小的半径，对较柔和的边缘使用较大的半径。
- 智能半径：允许选区边缘出现宽度可变的调整区域。如果选区是涉及头发和肩膀的人物肖像，此选项会十分有用。在边缘趋向一致的人物肖像中，可能需要为头发设置比肩膀更大的调整区域。

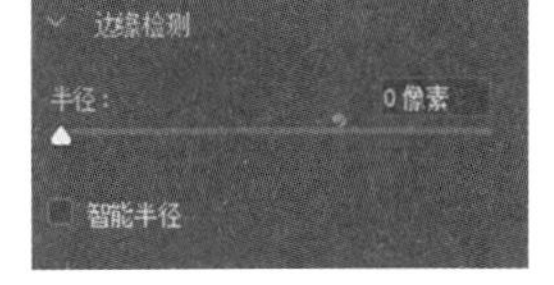

图 2-1-72　设置“边缘检测”

4）“全局调整”设置。

“全局调整”设置项如图 2-1-73 所示。

- 平滑：减少选区边框中的不规则区域（山峰和低谷），以创建较平滑的轮廓。
- 羽化：模糊选区与周围像素之间的过渡效果。
- 对比度：增大对比度时，沿选区边框柔和边缘的过渡会变得不连贯。通常情况下，使用“智能半径”并结合其他调整工具效果会更好。
- 移动边缘：负值表示向内移动柔化边缘的边框，正值表示向外移

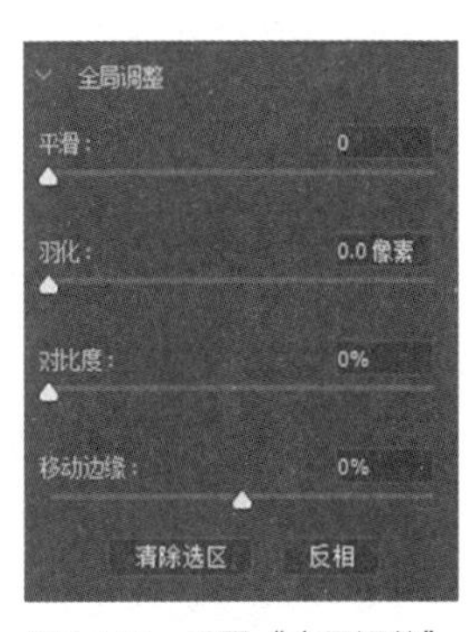

图 2-1-73　设置“全局调整”

动边框。向内移动这些边框有助于从选区边缘移去不想要的背景颜色。

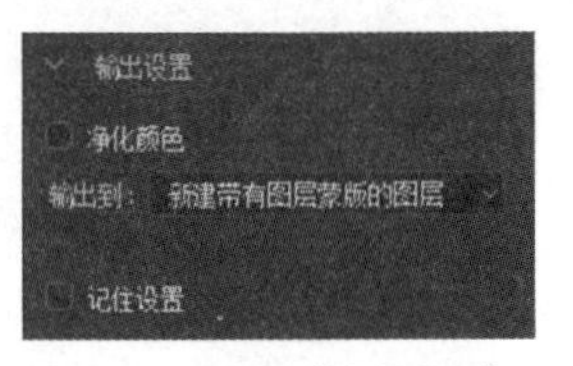

图 2-1-74　设置“输出设置”

5）“输出设置”设置。

“输出设置”设置项如图 2-1-74 所示。

- 净化颜色：将边的颜色替换为附近完全选中的像素的颜色。颜色替换的强度与选区边缘的软化度是成比例的。调整滑块位置以更改净化量。默认值为 100%（最大强度）。由于此功能更改了像素颜色，因此它需要被输出到新图层或文档中。建议保留原始图层，这样可以在需要时恢复到原始状态。
- 输出到：决定调整后的选区成为当前图层上的选区或蒙版，还是生成一个新图层或文档。

5. 图层混合模式

图层混合模式用于控制上下图层中图像的混合效果，在设置混合模式的同时通常还需要调节图层的不透明度，以使画面的效果更理想。

图层混合模式的使用方法非常简单，只需要将不同的图层按一定的顺序排列，选择要设置混合模式的图层，单击“图层”面板中的“正常”以打开下拉列表，如图 2-1-75 所示。在弹出的 27 种图层混合模式中选择合适的混合模式即可，如图 2-1-76 所示。每种混合模式的具体含义如下所式。

图 2-1-75　图层混合模式

正常
溶解

变暗
正片叠底
颜色加深
线性加深
深色

变亮
滤色
颜色减淡
线性减淡（添加）
浅色

叠加
柔光
强光
亮光
线性光
点光
实色混合

差值
排除
减去
划分

色相
饱和度
颜色
明度

图 2-1-76　27 种图层混合模式

- 正常：上方图层完全遮盖下方图层。
- 溶解：如果上方图像具有柔和的半透明边缘，选择该选项，可创建像素点状效果。
- 变暗：以上方图层中较暗像素代替下方图层中与之对应的较亮像素，且以下方图层中的较暗区域代替上方图层中的较亮区域，因此，叠加后整体图像呈暗色调。
- 正片叠底：上方图层及下方图层中较暗的像素合成图像效果。
- 颜色加深：通常用于创建非常暗的阴影效果。
- 线性加深：选择此模式时，察看每一个颜色通道的颜色信息，压暗所有通道的基色，并通过提高其他颜色的亮度来反映混合颜色。此模式对白色无效。
- 深色：可以依据图像的饱和度，用当前图层中的颜色，直接覆盖下方图层中的暗调区域颜色。

- 变亮：与“变暗”模式相反，以上方图层中较亮像素代替下方图层中与之对应的较暗像素，且以下方图层中的较亮区域代替上方图层中的较暗区域，因此，叠加后整体图像呈亮色调。
- 滤色：与“正片叠底”模式相反，在整体效果上显示由上方图层及下方图层像素值中较亮的像素合成图像效果，通常能够得到一种漂白图像中颜色的效果。
- 颜色减淡：可以生成非常亮的合成效果。其原理为，上方图层的像素值与下方图层的像素值以一定的算法相加。此模式通常被用来创建光源中心点极亮的效果。
- 线性减淡（添加）：加亮所有通道的基色，并通过降低其他颜色的亮度来反映混合颜色。此模式对黑色无效。
- 浅色：与“深色”模式刚好相反，选择此模式时，可以依据图像的饱和度，用当前图层中的颜色，直接覆盖下方图层中的高光区域颜色。
- 叠加：图像最终的效果取决于下方图层，但上方图层的明暗对比效果也将直接影响整体效果。叠加后，下方图层的亮度区与阴影区仍被保留。
- 柔光：使颜色变亮或变暗，具体取决于混合色。如果上方图层的像素比50%灰色亮，则图像变亮；反之，图像变暗。
- 强光：产生的叠加效果与“柔光”模式的类似，但其加亮与变暗的程度较柔光模式大许多。
- 亮光：如果混合色比50%灰度亮，会通过降低对比度来加亮图像；反之，通过提高对比度来使图像变暗。
- 线性光：如果混合色比50%灰度亮，会通过提高对比度来加亮图像；反之，通过降低对比度来使图像变暗。
- 点光：通过置换颜色像素来混合图像。如果混合色比50%灰度亮，比原图像暗的像素会被置换，而比原图像亮的像素无变化；反之，比原图像亮的像素会被置换，而比原图像暗的像素无变化。
- 实色混合：可创建一种具有较硬的边缘的图像效果，类似于多块实色混合。
- 差值：可从上方图层中减去下方图层相应处像素的颜色值。此模式通常使图像变暗并取得反相效果。
- 排除：可创建一种与“差值”模式相似，但对比度较低的效果。
- 减去：使用上方图层中亮调的图像隐藏下方的内容。
- 划分：可以在上方图层中加上下方图层相应处像素的颜色值，通常用于使图像变亮。
- 色相：最终图像的像素值由下方图层亮度值和饱和度值及上方图层的色相值构成。
- 饱和度：最终图像的像素值由下方图层亮度值和色相值及上方图层的饱和度值构成。
- 颜色：最终图像的像素值由下方图层的亮度值及上方图层的色相和饱和度值构成。
- 明度：最终图像的像素值由下方图的色相值和饱和度值及上方图层的明度值构成。

6. 制作简单立体 UI 图标

（1）设计要求

1）设计移动设备（如手机）界面中的横向长条形开关按钮，用立体形式表现。

2）采用 RGB 颜色模式，分辨率为 72 像素/英寸。

3）按钮宽度为 320 像素、高度为 100 像素。

4）制作打开与关闭两种状态。

（2）实施操作

Step 01 打开Photoshop后，在菜单栏中选择“文件”→“新建”，打开“新建文档”对话框。由于是为移动设备做设计，所以应该选择上方的“移动设备”选项卡，在该选项卡下选择“iPhone X（1125×2436像素@72ppi）”。选择该项后，右侧的详细设置部分会自动设置单位为“像素”，“分辨率”为“72像素/英寸”，“方向”为“纵向”，“颜色模式”为“RGB颜色”。在检查所有设置无误后，单击右下方的“创建”按钮，文件就创建完成了，如图2-1-77所示。

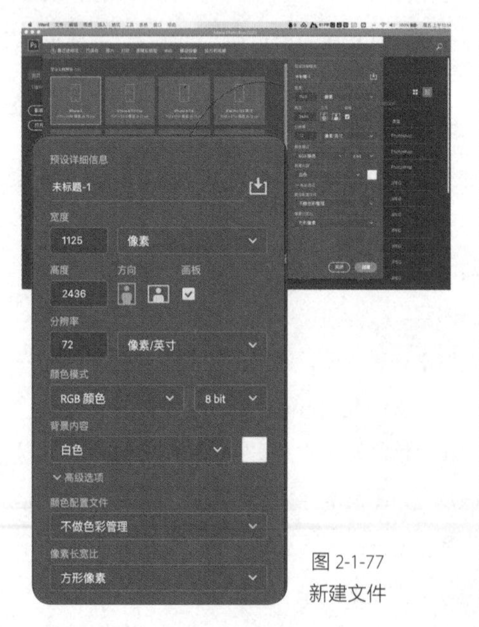

图 2-1-77 新建文件

Step 02 根据设计需求（该按钮为横向长条形），可以将之制作成美观的药丸形，因此要利用矩形工具组下的“圆角矩形工具”。在菜单栏下方的属性栏的右侧找到“半径”，输入值为“50像素”，这个半径指的就是之后要做的圆角矩形的圆角半径。在画布中利用鼠标绘出一个宽度为320像素、高度为100像素的圆角矩形，如图2-1-78所示。或者在选择了“圆角矩形工具”后直接在画布中单击，弹出“创建圆角矩形”对话框，通过输入合适的值直接建立圆角矩形，如图2-1-79所示。

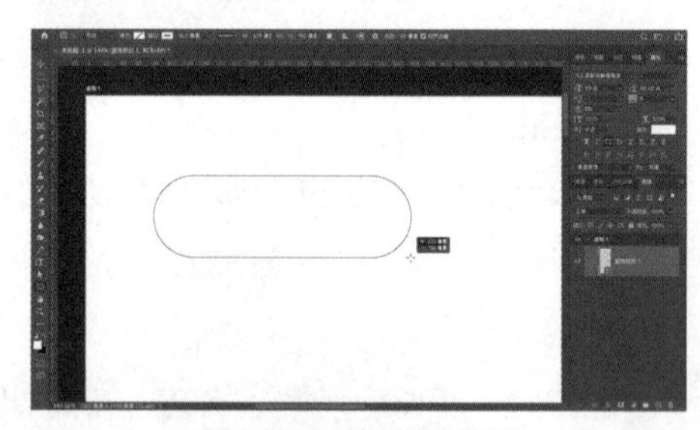

图 2-1-78 绘制圆角矩形

图 2-1-79 “创建圆角矩形”对话框

Photoshop 基础

Step 03 圆角矩形画完后，在上方属性栏中将“填充”改为任意颜色，将“描边”改为“无颜色”。在“图层”面板中找到刚建立的圆角矩形路径图层，双击该图层右半侧，打开“图层样式”对话框。选择左侧样式中的“渐变叠加”（单击文字），如图2-1-80所示，在右侧的详情中找到“渐变”，单击色条打开“渐变编辑器”。

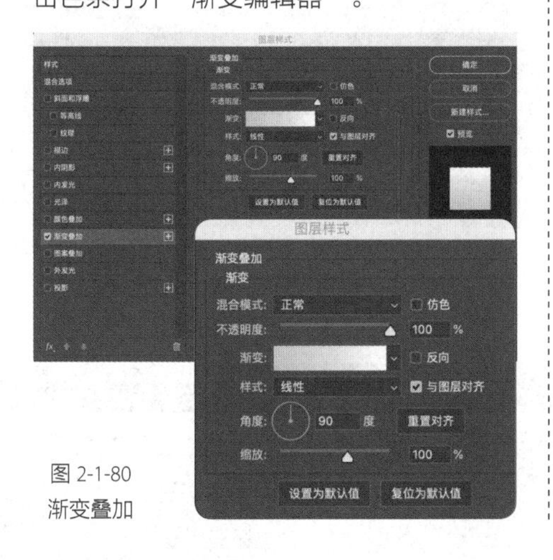

图 2-1-80 渐变叠加

双击“渐变编辑器”中色条下方左侧的滑块，打开“拾色器”对话框，选择一种中间灰色，如图2-1-81所示，单击“确定”按钮。再双击“渐变编辑器”中色条下方右侧的滑块，打开“拾色器”对话框，选择一种浅灰色，单击“确定”按钮，关闭“拾色器”。这样渐变色就设置好了，单击“渐变编辑器”右上角的“确定”按钮，返回“图层样式”对话框。把“角度”改为“-90度”，如图2-1-82所示，单击“确定”按钮，图层样式就创建完成了。

Step 04 新建一个宽度为300像素、高度为80像素的圆角矩形，圆角半径为40像素。填色方式与Step 03的类似，但这次的渐变色为蓝色，且重色在下，如图2-1-83所示。

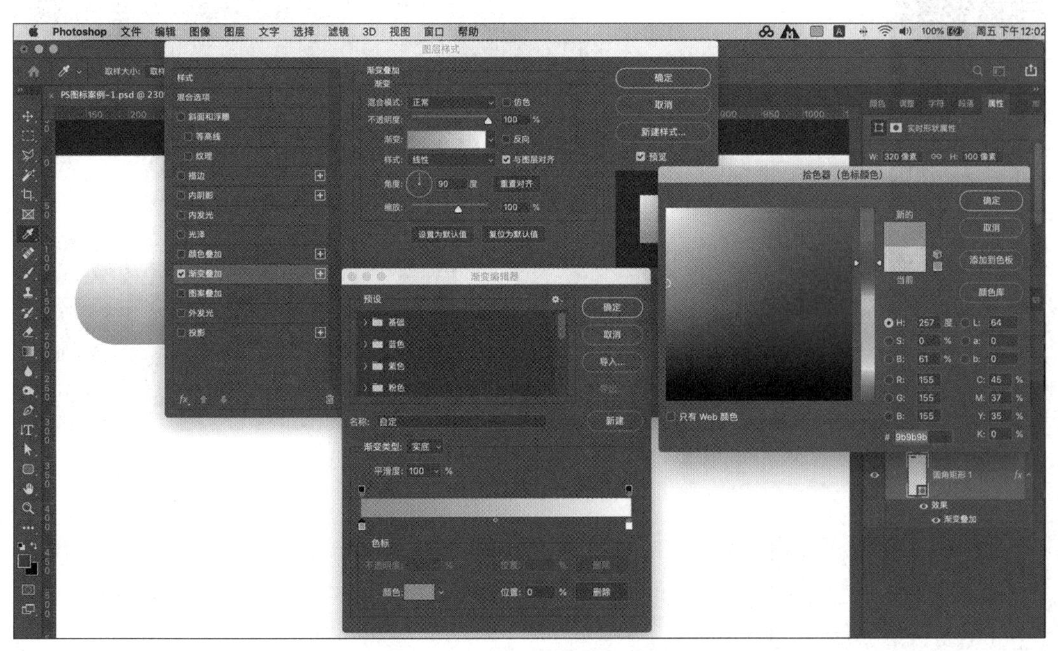

图 2-1-81 设置“渐变叠加”中的灰色

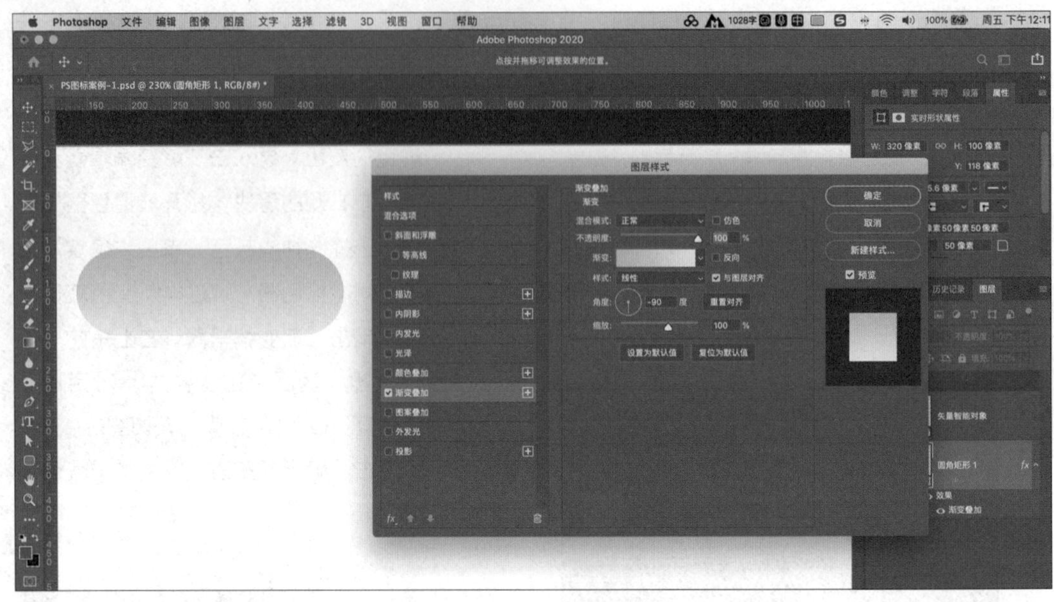

图 2-1-82 “渐变叠加”图层样式设置完成

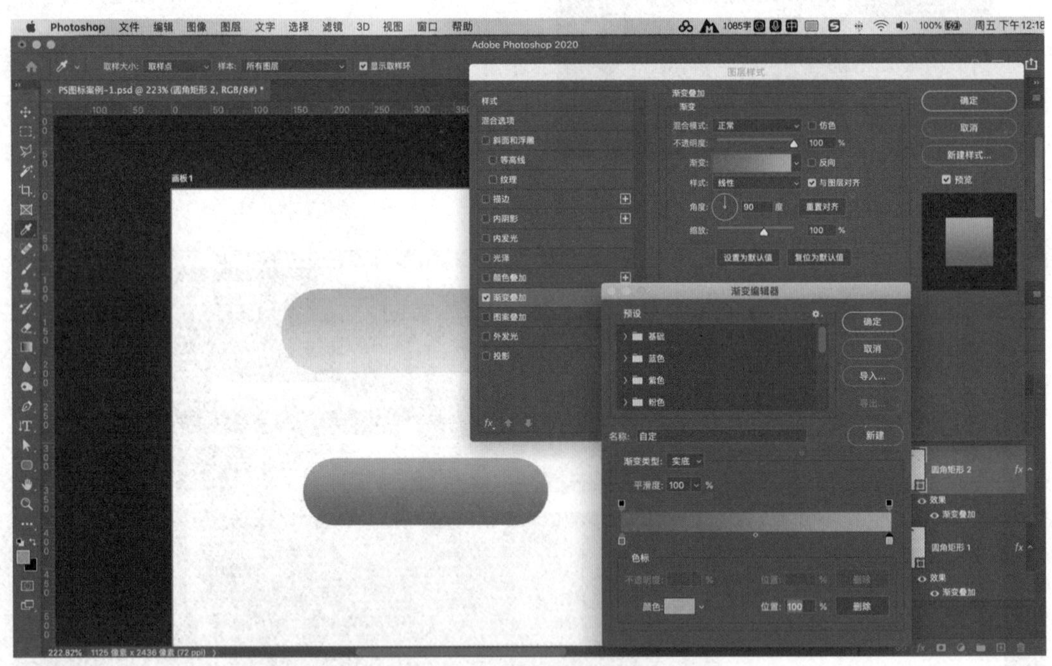

图 2-1-83 制作蓝色圆角矩形

Step 05 将Step 04创建的圆角矩形叠放在Step 03创建的圆角矩形上，并对正二者的中心点，这样一个看起来凹进去的按钮底座就形成了。为了增强立体感，再一次打开蓝色圆角矩形的“图层样式”，添加内阴影效果。参数设置及效果如图2-1-84所示。

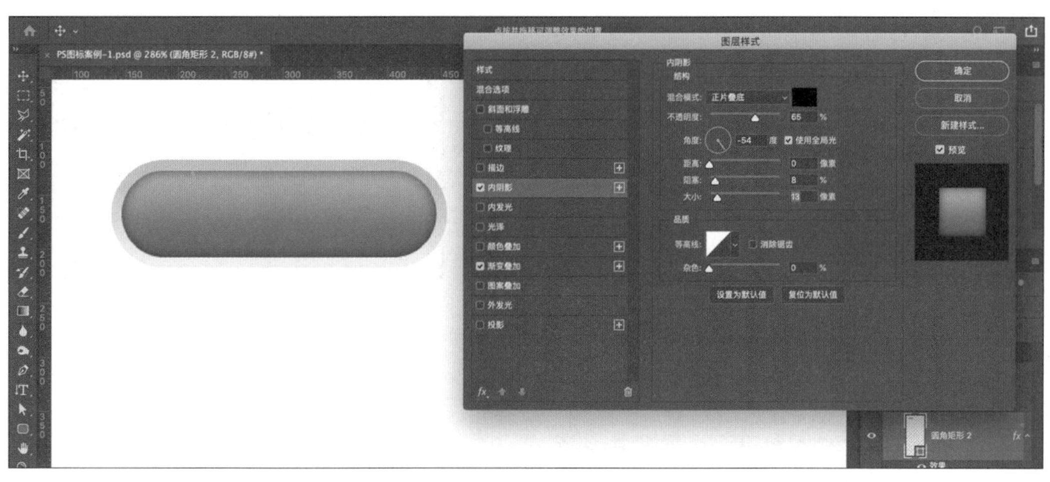

图 2-1-84　添加内阴影

Step 06 选择矩形工具组下的“椭圆工具”，绘制一个直径为90像素的圆形，填色方式与Step 03的类似。在添加了“渐变叠加”效果后，形成一个浅灰色的、上明下暗的按钮形状，将其放到按钮底座相应的位置上。效果如图2-1-85所示。

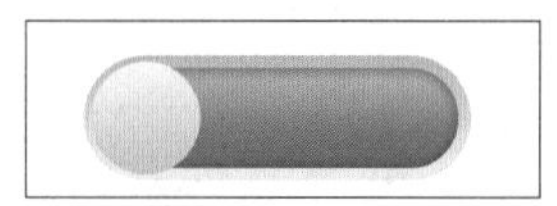

图 2-1-85
制作圆形按钮

Step 07 为了增强按钮的立体感，再为其加入“斜面和浮雕”及“投影”两个图层样式。参数设置分别如图2-1-86和图2-1-87所示。

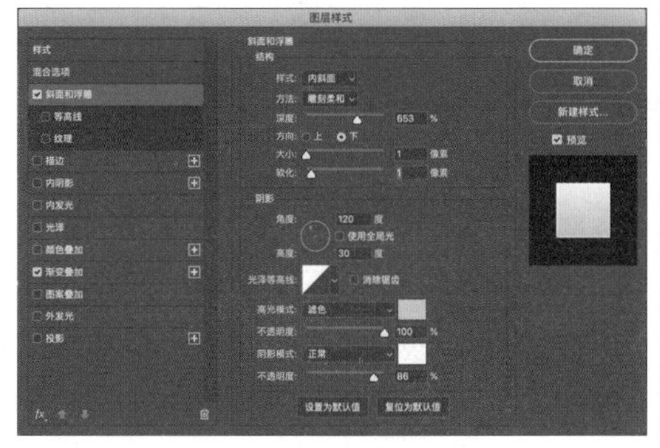

图 2-1-86　斜面和浮雕参数

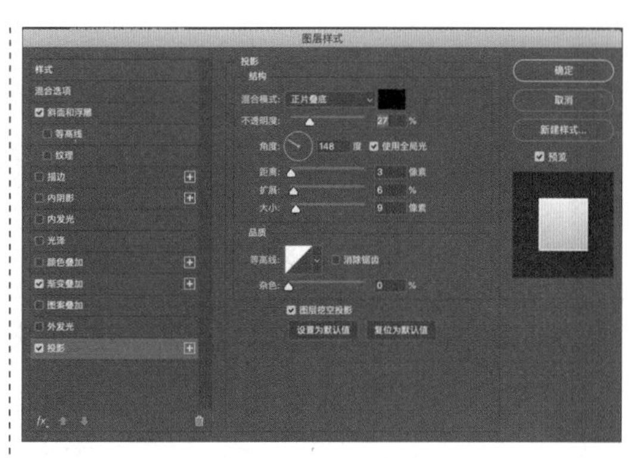

图 2-1-87　投影参数

Step 08 为了让按钮再复杂一点儿，可以在按钮上加一个摩擦点。绘制一个直径为35像素的圆形，填色方法与大圆形的类似，再为这个圆形加入浅灰色的且上暗下明的“渐变叠加”效果。将其放在大圆形中心，呈打开状态的立体按钮就做好了，效果如图2-1-88所示。

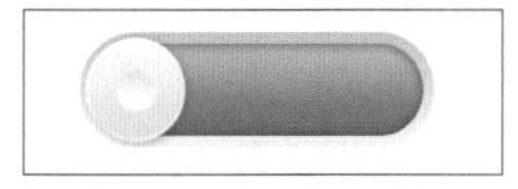

图 2-1-88
完成呈打开状态的立体按钮

Step 09 接下来制作呈关闭状态的按钮。在“图层”面板中选中所有图层，然后按住<Alt>

键（复制）和<Shift>键（控制运动方向），再按住鼠标左键向下拖拽，在合适的位置松开鼠标左键，一个新的按钮就复制好了，如图2-1-89所示。

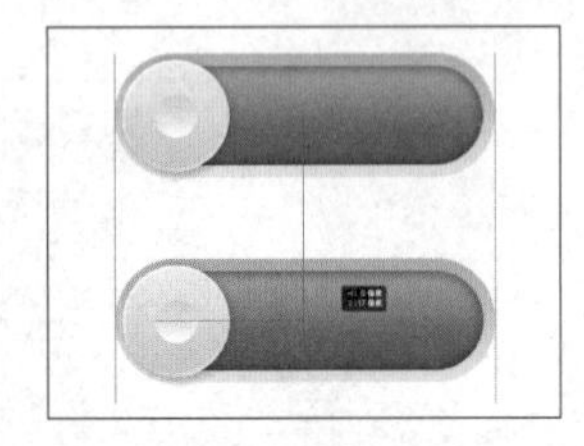

图 2-1-89 复制按钮

Step 10 选中新复制出来的大小两个圆形并将两个图层链接，移动其位置到右侧，如图2-1-90所示。

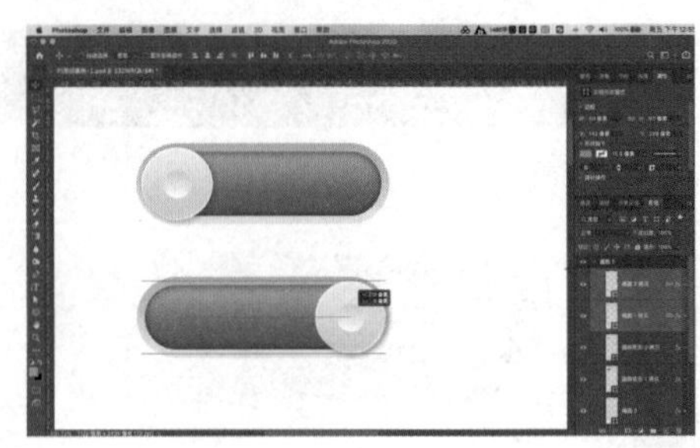

图 2-1-90 移动圆形按钮

Step 11 找到蓝色圆角矩形的图层，打开其“图层样式”对话框，把“渐变叠加”的颜色改为灰色，呈关闭状态的按钮就做好了，效果如图2-1-91所示。

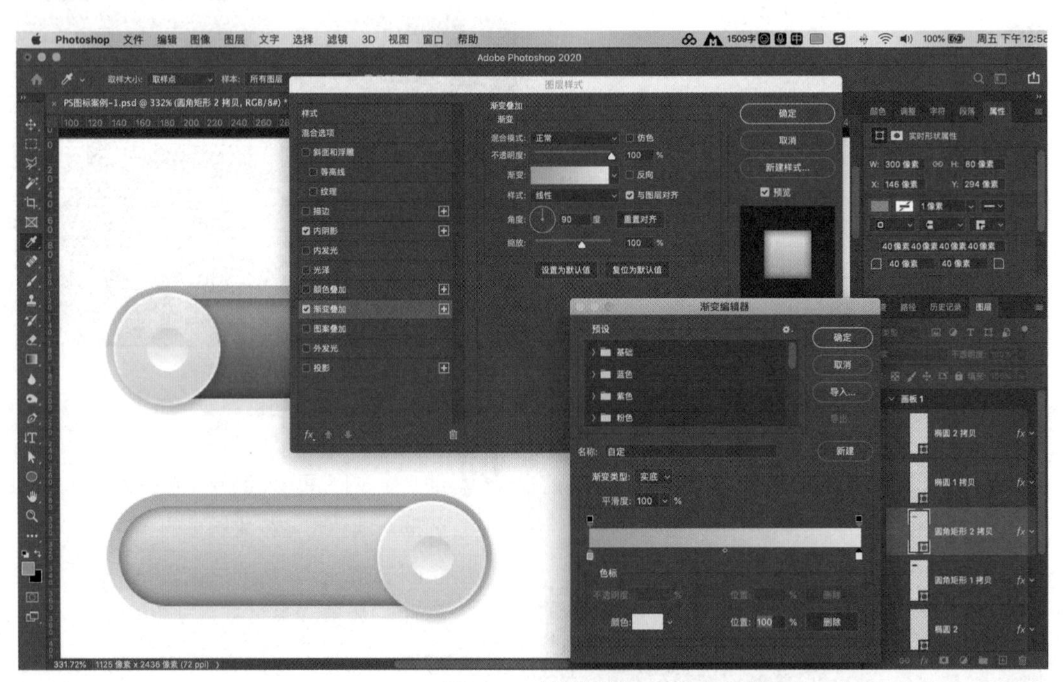

图 2-1-91 制作完成

第二节

Illustrator 基础

在界面设计中，矢量图标的绘制是设计项目中必不可少的。矢量图形文件较小，图像中保存的是线条和图块的信息，所以矢量图形文件与分辨率和图像大小无关，只与图像的复杂程度有关。矢量图像可以无限缩放，对图形进行缩放、旋转或变形操作时，图形不会产生锯齿效果。

一、Illustrator 软件基础

在界面设计中，如果一个图形只是作为一个图形而存在，将之置于任何一个界面场景中都适用，那这样的图形就失去了它的设计意义。在有关产品的界面设计中，优秀的图形设计不仅可以提升受众的视觉感官体验，还可以在突出产品个性的同时传达品牌的价值观和理念。对于界面设计师而言，要做的就是在增强界面细节精细程度的同时，提升界面整体设计的质感。使用图形设计软件 Illustrator，能使最简单的图形元素展现出强烈的视觉冲击力。

1. Illustrator 概述及作用

Illustrator 软件是 Adobe 公司旗下一款应用广泛的图形制作软件，通常根据其全称 Adobe Illustrator 将之简称为 Ai。其欢迎页面如图 2-2-1 所示。它的处理对象是可以用数学描述的矢量图形，这种图形的边缘不会因放大而变得模糊。使用 Illustrator，可以进行画册排版、海报排版、矢量插图设计、UI 图标设计、标志设计、字体设计等平面设计工作。在

这些工作中，Illustrator 较 Photoshop 操作更简便，占用的内存更少，作图幅面可以更大（软件运行速度与幅面大小无关，与文件内元素的多少有关）。在 Illustrator 中，也可以进行一些针对位图图形的操作，但其功能有限，效果一般，因此在实际工作中，往往是先利用 Photoshop 制作底图，再把底图导入 Illustrator 中添加其他细节元素。

图 2-2-1　Illustrator CC 2019

2. Illustrator 基础界面介绍

Illustrator 具有强大的绘图、上色和编辑功能，熟练掌握 Illustrator 的操作十分重要。在安装并打开 Illustrator 后可以发现，其界面样式与 Photoshop 几乎没有什么区别，这也是 Adobe 软件界面的统一特征。整个软件的界面由菜单栏、工具栏、功能面板和工作区等几部分共同组成。下面来详细介绍几个重要的部分。

（1）新建文档相关界面

与 Photoshop 相同，启动 Illustrator 后会显示“主页”工作区，如图 2-2-2 所示。单击左侧“新建”按钮即可进入“新建文档”对话框，如图 2-2-3 所示。在“新建文档”对话框最上方可根据所要制作的图像选择类型选项卡，再在选项卡中选择具体尺寸，最后单击“创建”按钮。也可以在右边的“预设详细信息”中手动输入相应数据，单击“创建”按钮。

图 2-2-2 “主页”工作区

图 2-2-3 “新建文档”对话框

在创建了一个文件后，再次启动 Illustrator 程序时，在“主页”工作区会以图标或列表方式显示最近使用项，如图 2-2-4 所示，可以自定义显示的文件数。

图 2-2-4 “主页”工作区中展示的最近使用项

在创建一个新文件后，界面就会变为整个 Illustrator 的操作界面，如图 2-2-5 所示。整个操作界面基本上分为四大区域，分别是菜单栏、工具栏、功能面板和工作区。操作界面是进行创建、编辑、处理图形和图像的操作平台，是熟悉掌握这款软件的起点。很多默认的面板选项都放在右侧的浮动功能面板中，这样就可以减少设计师在工作时需要打开的面板数量，从而节省出更大的工作区。可通过菜单栏中“窗口”→“工作区”将工作界面设定为“传统基本功能”或“版面”。

图 2-2-5 操作界面

1—菜单栏 2—工具栏 3—功能面板 4—工作区

（2）菜单栏

处于整个软件最上方的是菜单栏，下面具体介绍一下主要菜单的作用。

- “文件”菜单控制的是软件和作图文件，主要功能有“新建”“打开”“存储”“存储为”“导出”“打印”等，操作时可以在“文件”菜单中直接选择某项功能，也可以记住每项功能的快捷键。与Photoshop一样，其中最重要的就是“存储”，它的快捷键是<Ctrl+S>，在作图过程中应随时保存，以防遇到特殊情况，导致做好的作品丢失。“导出”（见图2-2-6）也很重要，遇到较大文件时，存储会花费很长时间且文件超过100MB时可能会影响通过软件传送，可将其导出为低版本图片或者Web所用格式的图片以进行预览、交流。另外，可以通过“文档颜色模式”改变文件的颜色模式，如图2-2-7所示。
- 使用“编辑”菜单可以对作图文件内的元素进行一些基本操作，也可以设定一些软件基本参数。常用的功能有“还原”，即返回上一步，在当前操作失误的时候可执行该命令，其快捷键是<Ctrl+Z>。“剪切”“复制”“粘贴”和“就地粘贴”也很常用，应记住其对应的快捷键。值得注意的是，利用“首选项”（见图2-2-8）可以根据界面视图或者快捷键操作习惯更改设置，如图2-2-9所示。

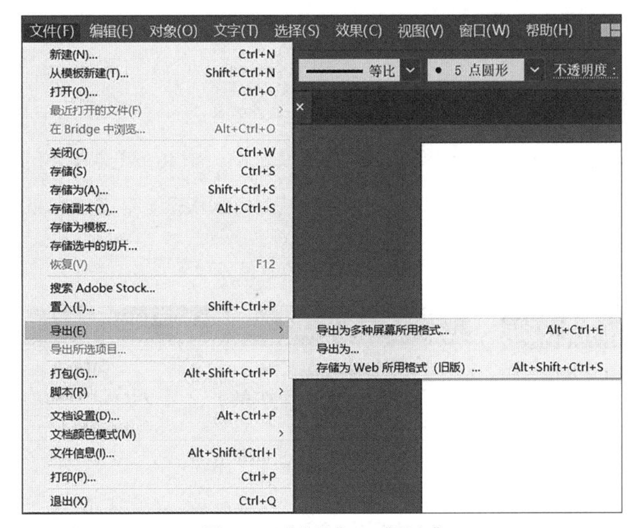

图 2-2-6 “文件”→“导出”

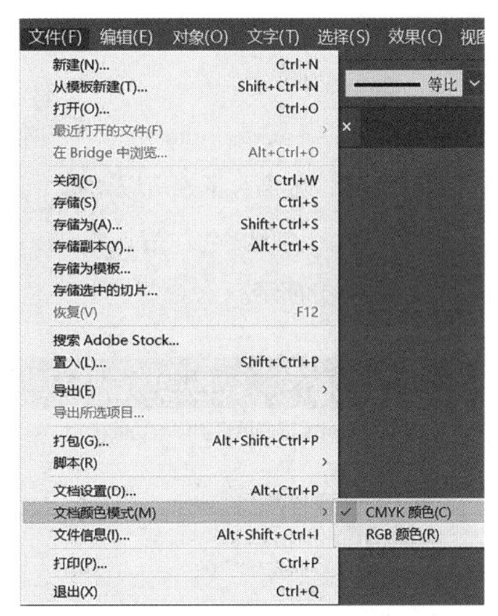

图 2-2-7 “文件”→“文档颜色模式”

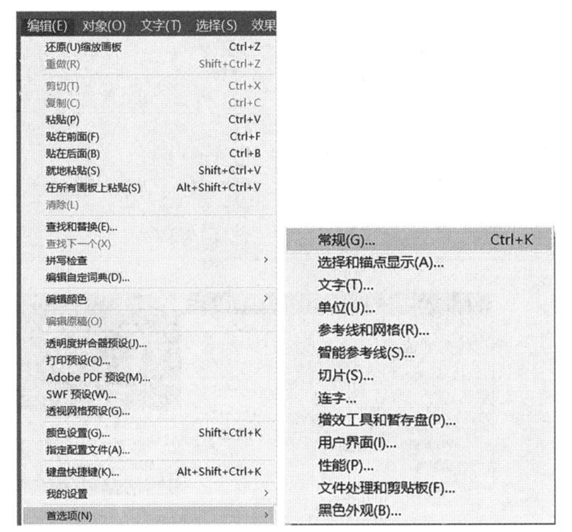

图 2-2-8 “编辑”→“首选项”

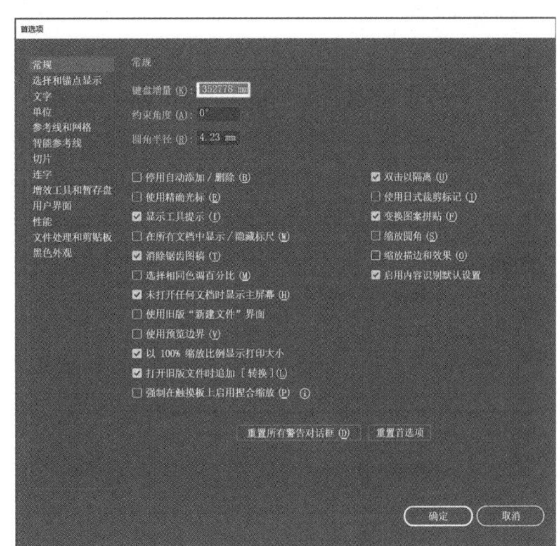

图 2-2-9 “首选项”对话框

- 通过“对象”菜单可以对作图文件内的元素进行一些深入操作，比较常用。其中，“变换”“排列”“对齐”等可以在面板及状态属性栏中进行操作，常用的是“编组”“取消编组”“锁定”“全部解锁”“隐藏”“显示全部”“路径”“混合”和“剪切蒙版”等，如图2-2-10所示。
- “文字”菜单的功能有“字体”“类型转换”“复合字体”“查找字体”“创建轮

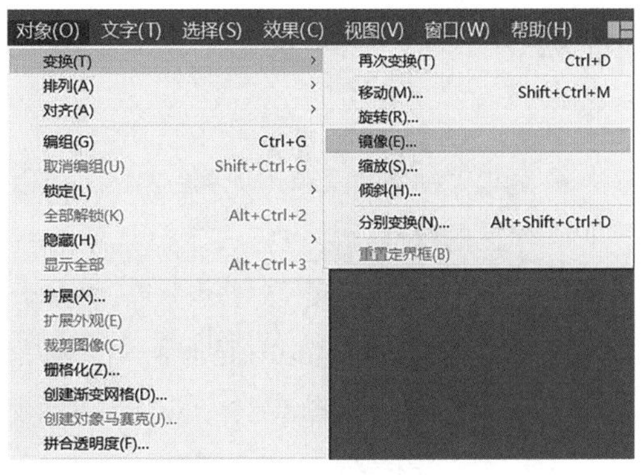

图 2-2-10 “对象”菜单

廓”等，其中，“创建轮廓”较为常用，“更改大小写”和“文字方向”偶尔会用到。如图2-2-11所示。

- “选择”菜单在 Illustrator中不常用，其功能只在特殊情况下偶尔用到，如图2-2-12所示。
- 通过“效果”菜单可以对某个元素的表现形态进行修改。常用的有“ Illustrator效果”下的“3D”“风格化”等，如图2-2-13所示。其中的“3D”可以用于制作简单的三维图形，如图2-2-14所示。

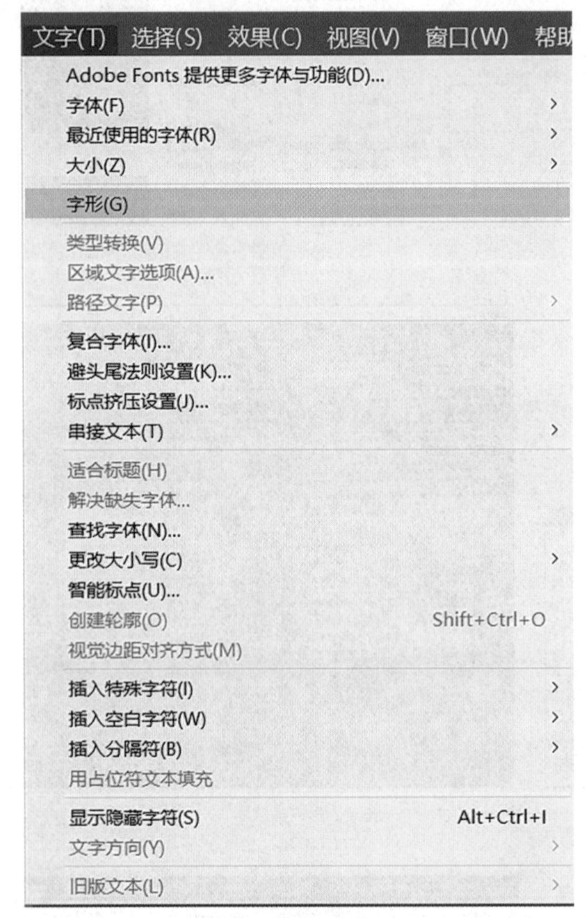

图 2-2-11 “文字”菜单

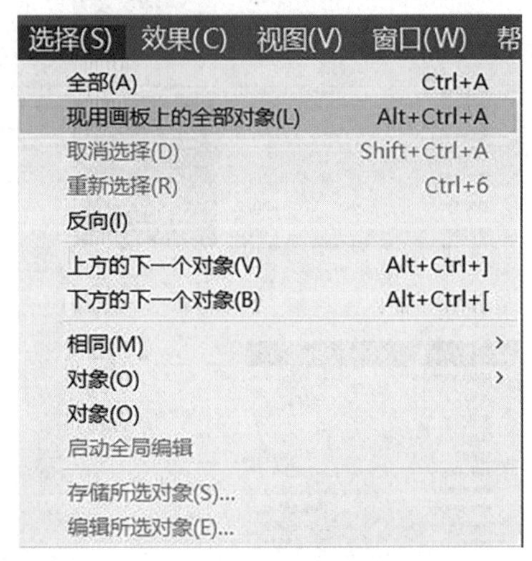

图 2-2-12 “选择”菜单

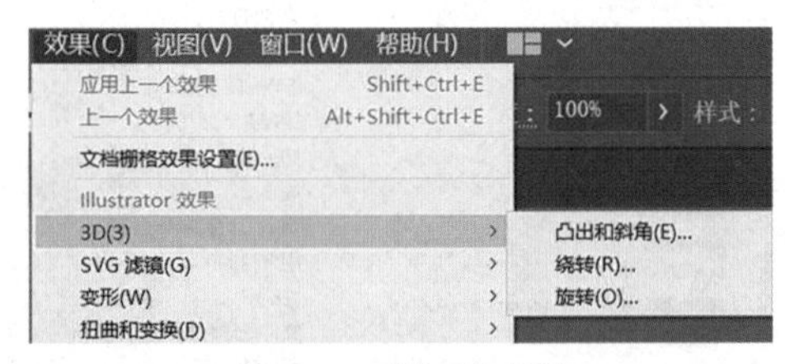

图 2-2-13 “效果”菜单

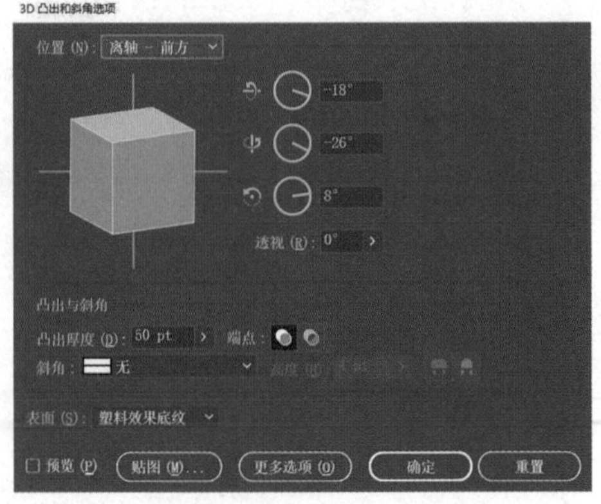

图 2-2-14 “3D 凸出和斜角选项”对话框

- 通过“视图”菜单（见图2-2-15）可以对工作区的辅助功能进行设定。常用的有“标尺”“参考线”和“对齐点”等。在实际工作中，“对齐点”可以方便地使一个物体跟另外一个物体自动对齐。另外，在作图的时候，需要使用“参考线”给物体定位。

- 通过“窗口”菜单可以设定在界面中出现哪些功能区，所以一旦在应用软件过程中某个功能区消失了，就可以来这里找回。通过菜单中的“排列”可以设定工作区中多个作图文件的排列方式。菜单中间最大的区域就是面板区（从“CSS属性”到“魔棒”），需要使用哪个面板时在这里直接单击即可将之调出。“窗口”菜单如图2-2-16所示。
- “帮助”菜单最不常用。其主要功能有“Illustrator帮助”“Illustrator教程”“登录”等，如图2-2-17所示。
- 在菜单栏的右边有个下拉列表框，设计师可根据自己的需求选择以调整工作区，如图2-2-18所示。

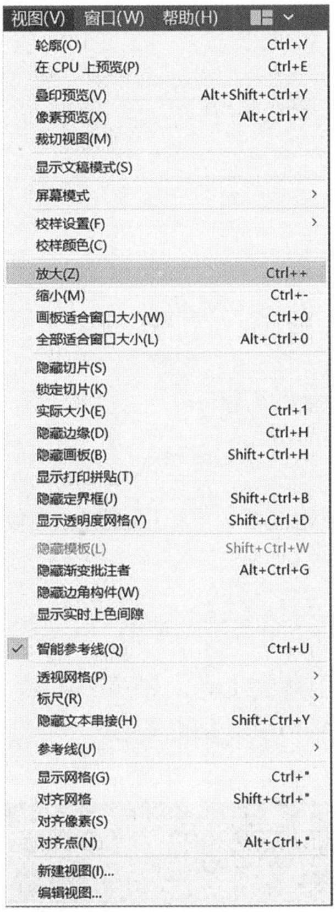

图 2-2-15 “视图”菜单

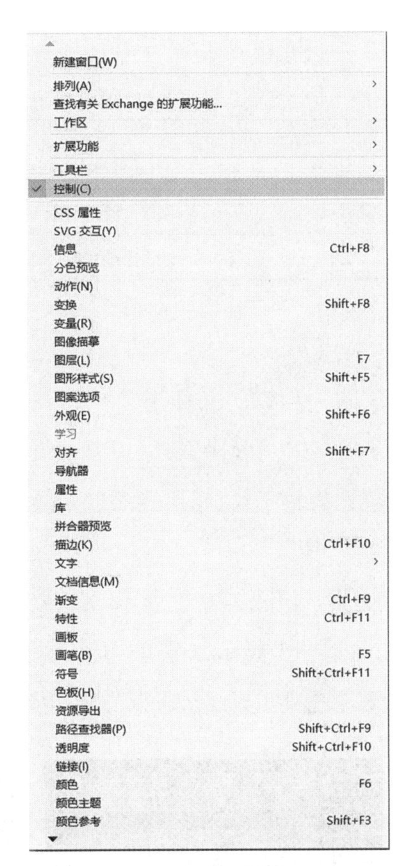

图 2-2-16 “窗口”菜单

图 2-2-17 “帮助”菜单

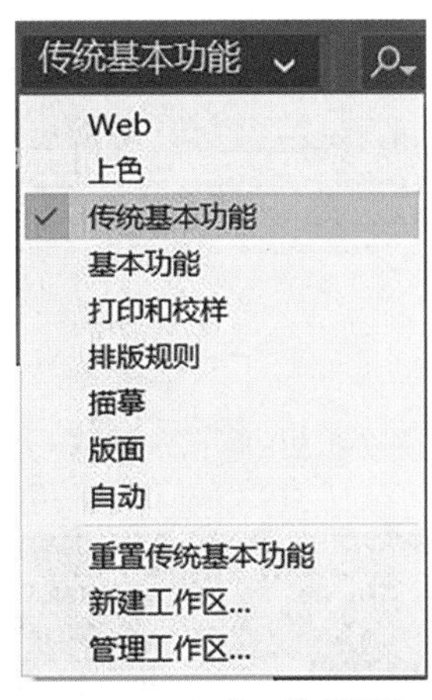

图 2-2-18 工作区模式设置

Illustrator 中常用的菜单命令及其快捷键见表 2-2-1（在 Mac 中用 <Command> 键替代 <Ctrl> 键，用 <Option> 键替代 <Alt> 键）。

表 2-2-1 Illustrator 常用的菜单命令及其快捷键

名称及位置	快捷键	名称及位置	快捷键
文件→新建	Ctrl+N	对象→取消编组	Shift+Ctrl+G
文件→打开	Ctrl+O	对象→锁定→所选对象	Ctrl+2

（续）

名称及位置	快捷键	名称及位置	快捷键
文件→存储	Ctrl+S	对象→全部解锁	Alt+Ctrl+2
文件→打印	Ctrl+P	对象→隐藏→所选对象	Ctrl+3
编辑→还原	Ctrl+Z	对象→显示全部	Alt+Ctrl+3
编辑→重做	Shift+Ctrl+Z	文字→创建轮廓	Shift+Ctrl+O
编辑→剪切	Ctrl+X	视图→轮廓	Ctrl+Y
编辑→复制	Ctrl+C	视图→实际大小	Ctrl+1
编辑→粘贴	Ctrl+V	视图→放大	Ctrl+ +
编辑→贴在前面	Ctrl+F	视图→缩小	Ctrl+ -
编辑→贴在后面	Ctrl+B	视图→标尺→显示标尺	Ctrl+R
编辑→就地粘贴	Shift+Ctrl+V	视图→参考线→隐藏参考线	Ctrl+;
对象→编组	Ctrl+G	视图→参考线→锁定参考线	Alt+Ctrl+;

（3）工具栏

界面最左侧的一列是软件的工具栏，或称工具条，其中放置的是可以使用鼠标在画面中直接使用的各种工具，常用的如“选择工具”“直接选择工具”“钢笔工具”“文字工具”“矩形工具”“橡皮擦工具”“旋转工具”“比例缩放工具”“网格工具”“渐变工具”“吸管工具”“混合工具”“画板工具”等。

单击一个工具即可选中该工具，如图 2-2-19 所示。如果工具右下角有三角形图标，表示这是一个工具组，在这样的工具上单击鼠标右键可以显示并选择隐藏的工具，如图 2-2-20、图 2-2-21 所示。按住 <Alt> 键再单击某工具组，可以循环切换其中的各个隐藏的工具。

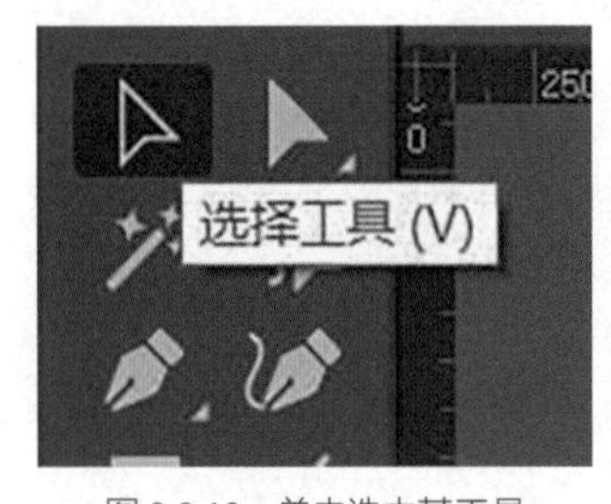

图 2-2-19　单击选中某工具

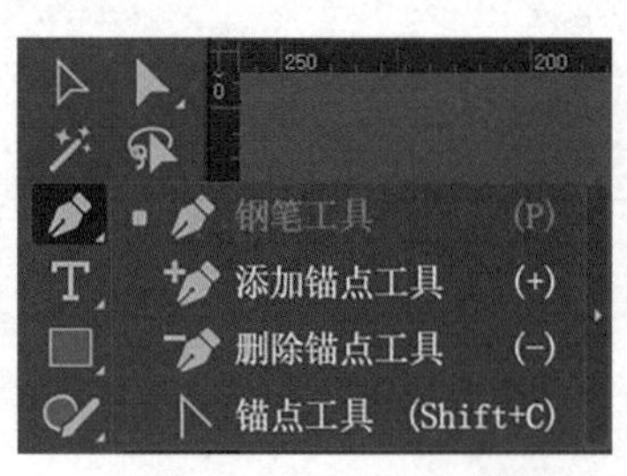

图 2-2-20　显示隐藏的工具

图 2-2-21　选择隐藏的工具

工具栏的上方是属性栏，这个栏中的项目并不是一成不变的，而是根据选择工具的不同而不同，主要用于调整工具的各种参数、排布各元素及软件的基础设置。单击工具栏最下方的“...”按钮可添加或者删减工具，也可以根据自己需求使用高级的或者基本的工具栏模式，如图 2-2-22 所示。

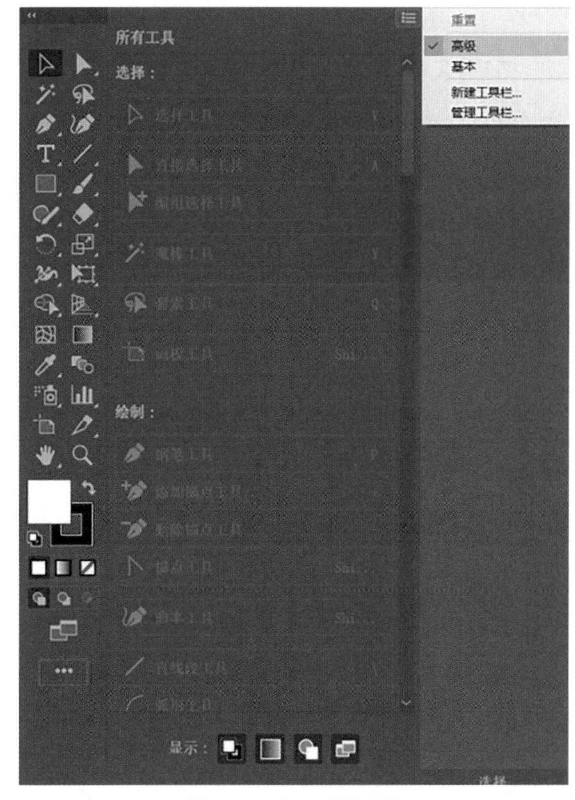

图 2-2-22 “工具栏”设置

- “选择工具” 。“选择工具”主要用来选择和移动图形对象，是所有工具中使用最多的一个工具。当用它选中图形后，会出现几个空心的控制点及定界框的中心点。拖动这些控制点不仅可以移动对象的位置，而且可以改变其轮廓。使用选择工具选取对象时可以点选，也可以框选。
- “直接选择工具” 。“选择工具”与“直接选择工具”都是用于选择对象的，差别在于“选择工具”选择的是整个图形，而“直接选择工具”则可以选择图形的锚点，然后对其进行修改、删除，以及调整图形对象的锚点、曲线控制手柄和路径线段。
- “魔棒工具” 和“套索工具” 。这两个工具和Photoshop里面的功能一样。使用“魔棒工具”单击某一色彩的图形，会同时选出同种色彩的所有图形。利用“套索工具”画出封闭的线圈，线圈内的图形便会被选中，它特别适合用于在复杂图形中选择某些图形对象，其主要使用方式与Photoshop大致相同。
- “钢笔工具” 是 Illustrator中比较重要的一个工具，如图2-2-23所示。设计师可以利用“钢笔工具”通过不断添加锚点绘制出需要的图形。当锚点需要修改时，可以利用“直接选择工具”修改。添加锚点可以使绘制的线条更加细致，删除锚点则反之。用“钢笔工具”绘制的图形的锚点有两种：一种是尖角锚点，如图2-2-24所示；另外一种是平滑锚点，如图2-2-25所示。尖角锚点是直线锚点，在选中“钢笔工具”的情况下不断单击，可以形成边全是直线段的形状；平滑锚点是曲线锚点，拖动锚点的手柄可以根据需求使曲线呈不同的弧度。

图 2-2-23 “钢笔工具”

图 2-2-24 尖角锚点

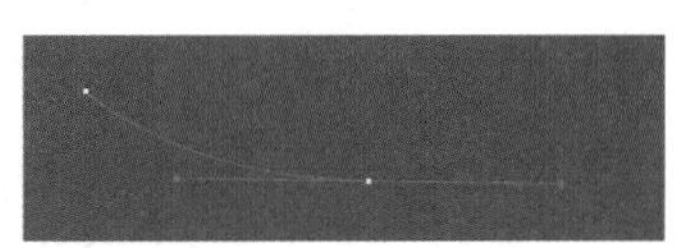
图 2-2-25 平滑锚点

在 Illustrator 中，起点和终点相互连接的图形，如矩形、圆形、多边形等都可以称为封闭图形，可对其路径进行填充处理。但是直线、曲线等的路径通常只有描边颜色，没有填充颜色。如果设计师想要对其进行填色，可以将其轮廓化，直接把路径转换为闭合图形。选择菜单栏中的“对象”→“路径”→“轮廓化描边”，可以将其转换，如图 2-2-26 所示。其实，对非封闭路径也可以进行填充，当路径的形状成为一个面时，连接路径的起点锚点和终点锚点的直线段与之形成的面便是填色的对象，如图 2-2-27 所示。此外，用“钢笔工具”还可以继续此前已经完成的路径线段的绘制。选中“钢笔工具”，当指针由星号的钢笔变为带减号的时，单击，可以看到该路径变为选中的状态，就可以继续绘制路径了。

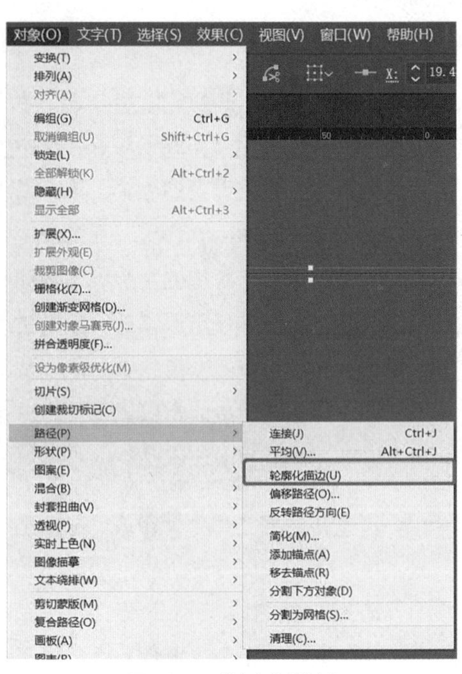

图 2-2-26 “轮廓化描边”

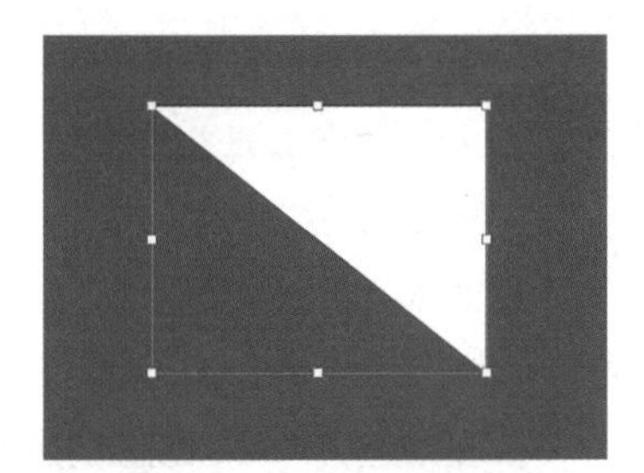
图 2-2-27 最近路径距离填色

- “曲率工具”也是绘制曲线图形的一个工具。它与“钢笔工具”不同的地方在于，“曲率工具”是先建立两个锚点，然后待曲线滑动到合适的形状时再单击以建立第三个锚点，这样就可以画出需要的曲线了。相对于“钢笔工具”来说，“曲率工具”更加方便快捷，如图2-2-28所示。
- “文字工具”。Illustrator的文字处理能力也是其一大特色，虽然在某些方面不如专门的文字处理软件，如Word，但是它却能够实现图文的自由结合，十分方便灵活。在 Illustrator中，文本可以像图形那样快捷地更改尺寸、形状及比例，精准地排入任何形状的对象，或者按照任意路径进行排列，还可以进行图案填充和文字轮廓化，以创建精美的艺术文字效果。

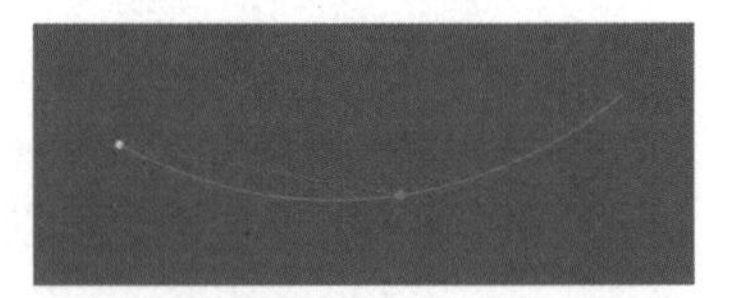
图 2-2-28 用“曲率工具”绘制曲线

Illustrator 提供了多种类型的文字工具，包括“文字工具”“区域文字工具”“路径文字工具”“直排文字工具”“直排区域文字工具”“直排路径文字工具”，以及“修饰文字工具”，共 7 种，如图 2-2-29 所示。借助以上这些文字工具可

图 2-2-29 文字工具

以创建点状文字、区域文字和路径文字这 3 种文字类型。

①点状文字，主要是一行或一列文字，它从单击的位置开始，并随输入字符而不断延伸。每行文本都是独立的，不会自动换行。使用“文字工具”和“直排文字工具”都可以进行点状文字的创建，只不过在文字的方向上有水平与竖直之分。在做标题字数不多的文字处理时，可以采用这种方式。

当然，使用“文字工具”和“直排文字工具”也可以创建段落型文字。选中这两种文字工具的任意一种，在文档中合适的位置按住鼠标左键拖出一个矩形文字框，在其中就可以输入段落型文字了，如图 2-2-30 所示。在文字框中输入段落型文字时，文字会根据矩形文字框的大小自动换行，而且，如果改变了文字框的大小，文字段落也会随之改变。除此之外，如果想在点状文字与段落型文字之间进行转换，可以双击文字框右边的锚点手柄，如图 2-2-31 所示。当手柄的点为空心时，该段落是点状文字，调整文字框时文字不会自动换行，只会改变整体大小；当手柄为实心时，该段落是段落型文字，调整文字框时文字可以自动换行，这是文字编排时最常用的一种操作手法。

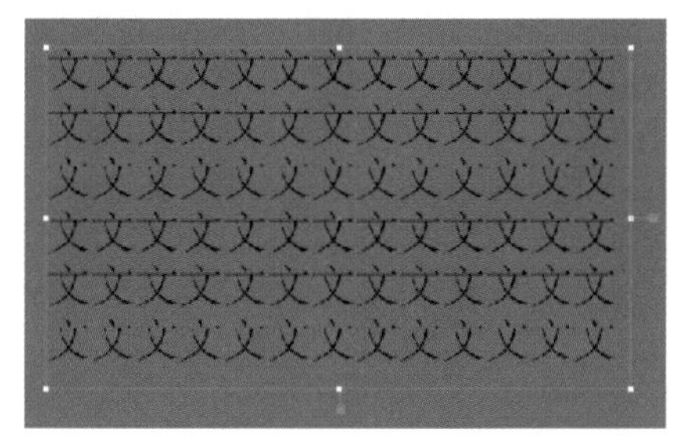

图 2-2-30　建立段落文字

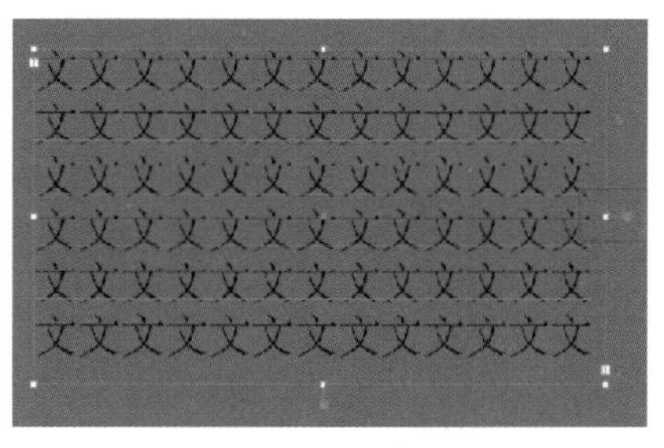

图 2-2-31　调整文字框

②区域文字，是一种特殊的文字，需要使用“区域文字工具”创建。使用“区域文字工具”不能直接在文档空白处输入文字，需要借助一个路径区域才可以。路径区域的形状不受限制，可以是任何路径区域，而且在输入文字后还可以修改路径区域的形状。“区域文字工具”与“直排区域文字工具”在用法上是一样的，只是输入文字的方向不同。要使用“区域文字工具”，首先绘制一个路径区域或选取一个既有路径区域，然后选择工具栏中的“区域文字工具” 。将光标移动到要输入文字的路径区域的路径上，然后单击，此路径区域的左上角位置会出现闪动光标，此时就可以输入文字了。如果想要对区域文字进行设定更改，可以利用菜单栏中的“文字”→“区域文字选项”，在打开的“区域文字选项”对话框中进行设置，如图 2-2-32 和图 2-2-33 所示。

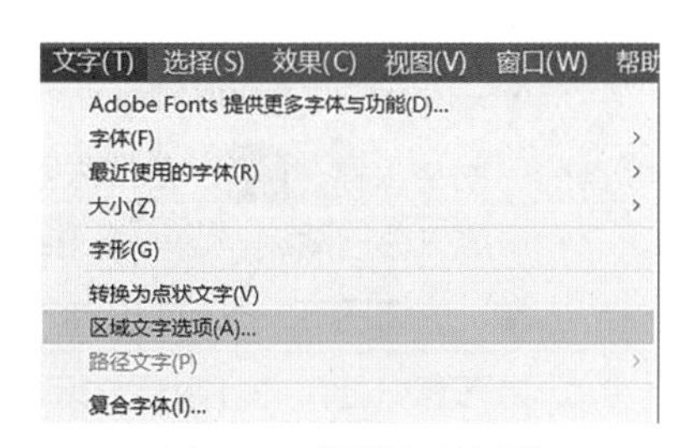

图 2-2-32　“区域文字选项”

③路径文字，就是沿着路径排列的文字，可以利用“路径文字工具”来创建。路径文字沿着闭合或者非闭合路径边缘排列，路径是规则的或者不规则的都可以。“路径文字工具”和“直排路径文字工具”的使用方法一样，区别是，利用前者输入的字符与路径垂直，如图 2-2-34 所示；利用后者输入的字符与路径平行，如图 2-2-35 所示。

需要注意的是，路径文字一般情况下会有三个控制杆，如图 2-2-36 所示。起点和终点控制杆可以控制文字的长度；而中间的控制杆可以改变文字向内或向外的方向，试着用鼠标把控制杆向内拖动，文字方向则变成了向外，如图 2-2-37 所示。

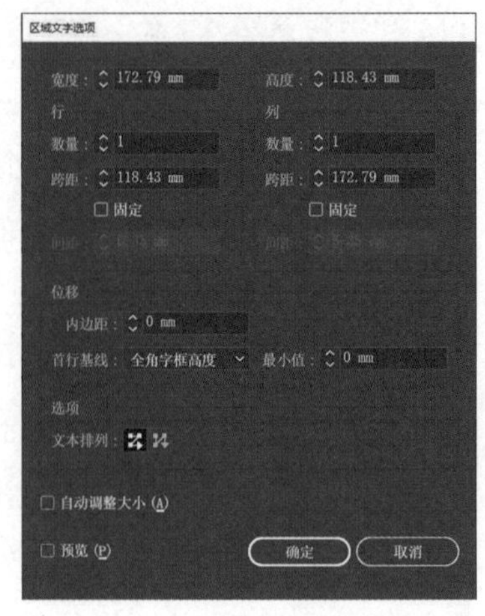

图 2-2-33　设置“区域文字选项”

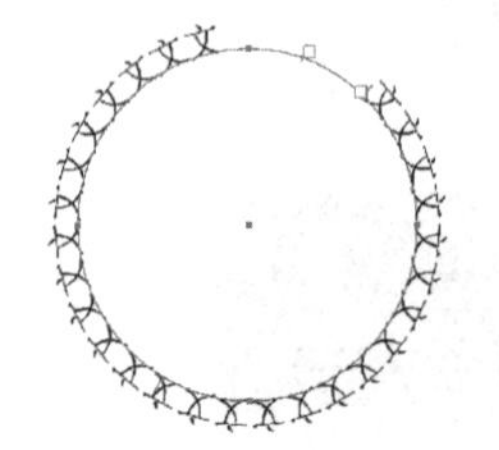

图 2-2-34　用“路径文字工具”输入的文字

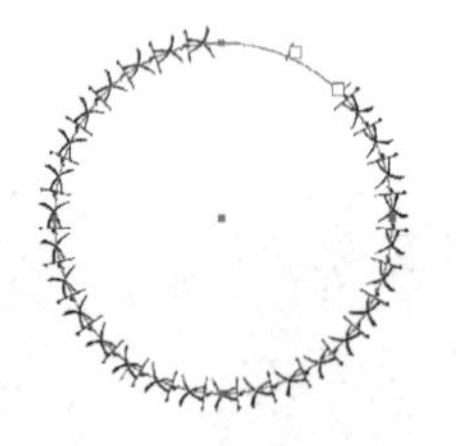

图 2-2-35　用“直排路径文字工具”输入的文字

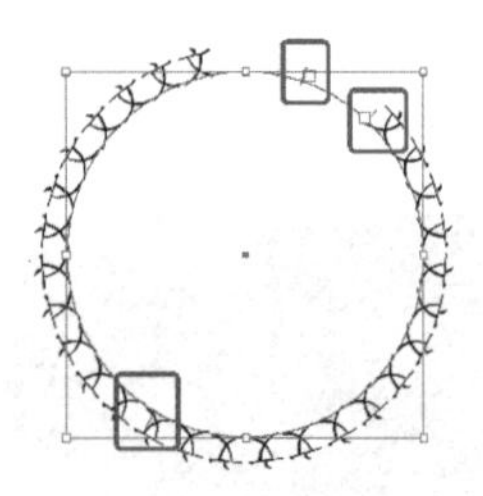

图 2-2-36　路径文字三个控制杆位置

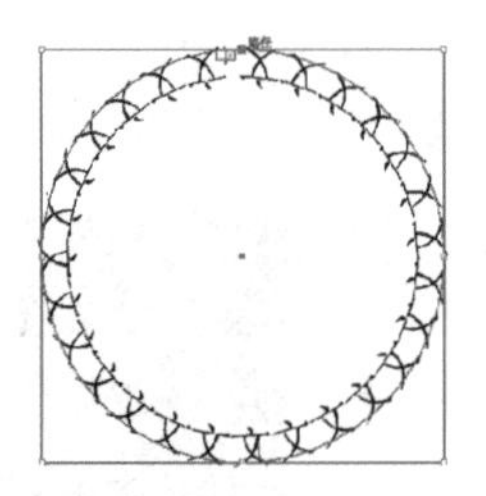

图 2-2-37　修改文字方向

- 直线段工具组中的工具相对而言都比较简单，容易操作。设计师可以充分利用里面的“矩形网格工具”和“极坐标网格工具”等。
- 另外一个在 Illustrator中较基础且重要的工具组是图形工具组，包括“矩形工具”“圆角矩形工具”“椭圆工具”“多边形工具”“星形工具”和“光晕工具”，如图2-2-38所示。在创建图形后，可以对图形进行“描边”和“填色”的修改，还可以进行旋转、镜像，以及“路径查找器”中的“联集”“交集”“差集”等的操作。

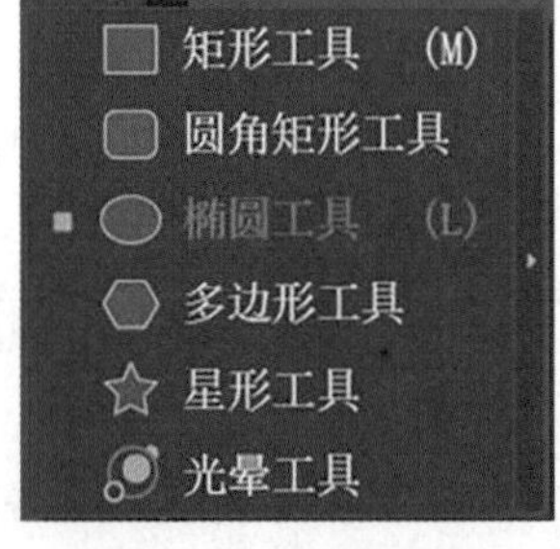

图 2-2-38　图形工具组

- “网格工具”。在互联网时代下，设计行业掀起了一股使用流体色的潮流，这就要用到“网格工具”。在使用“网格工具”的情况下，光标变成带加号的箭头时可以在绘制的矩形框内任意一处单击可以建立填色网格，如图2-2-39所示。然后修改“填色”的颜色，便形成以此锚点为中心的色彩范围，如

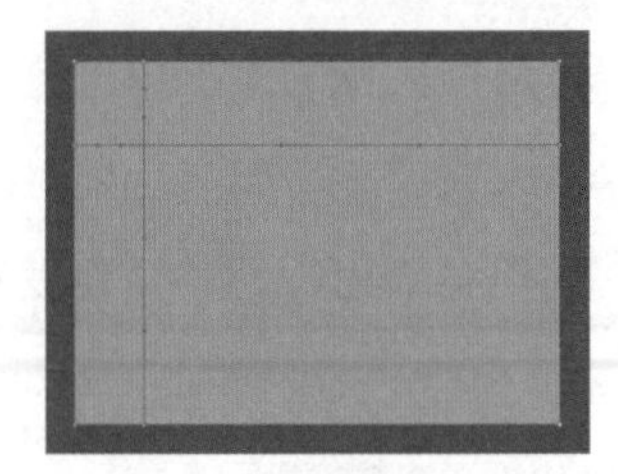

图 2-2-39　建立填色网格

图2-2-40所示。还可以拖动此锚点的四条路径的手柄以改变颜色范围，如图2-2-41所示。如果想要继续添加别的颜色，以同样的操作方式，在矩形框中添加新的锚点并添加相应颜色，如图2-2-42所示。

- “渐变工具”。选中“渐变工具”，在绘制的矩形框内双击，会出现一个渐变色条，如图2-2-43所示，可以根据设计需求改变左右两个圆点的色值。如果想要添加更多的渐变色，可以将光标移至色条横轴的下方，当指针出现“+”号时单击，便添加了一种颜色，拖动中间的白色菱形块可以改变渐变色的位置。将指针放在色条的末端会出现一个旋转的指示，可以根据需求旋转角度以改变矩形的渐变色方向与角度。

图 2-2-40　网格填色

图 2-2-41　修改网格

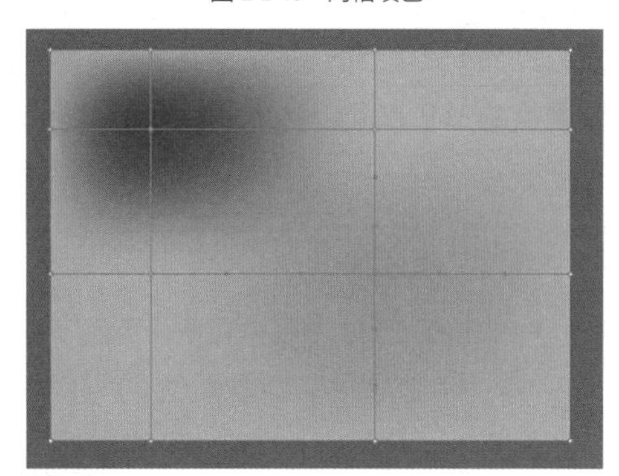

图 2-2-42　添加他色

- “吸管工具”也是比较常用的工具。使用方法：第一步，单击想要添加颜色的图形，如图2-2-44所示；第二步，选中“吸管工具”，如图2-2-45所示；当指针变成“吸管工具”图标时，单击想要吸取的颜色，便完成了整个吸色过程，如图2-2-46所示。

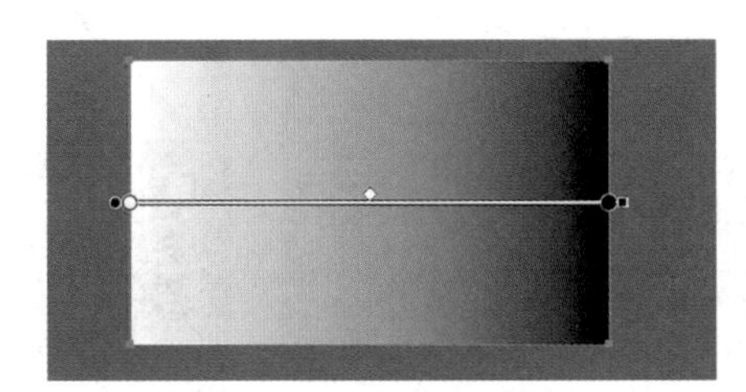

图 2-2-43　双击出现的渐变色条

图 2-2-44　选中图形

图 2-2-45　选中“吸管工具”

图 2-2-46　填色

- “混合工具”是近年来比较常用的一个工具，比如在做一个两个色块或者文字的迁移路径时，直接使用混合路径便是一个快速、高效的方式，如图2-2-47和图2-2-48所示。以两个图形为例，首先选中起点和终点两个图形，单击“混合工具”，然后依次单击起点图形和终点图形，便自动形成迁移路径。双击“混合工具”，打开的“混合选项”对话框，还可以改变迁移路径的步数和距离，如图2-2-49所示。

图 2-2-47　图形混合

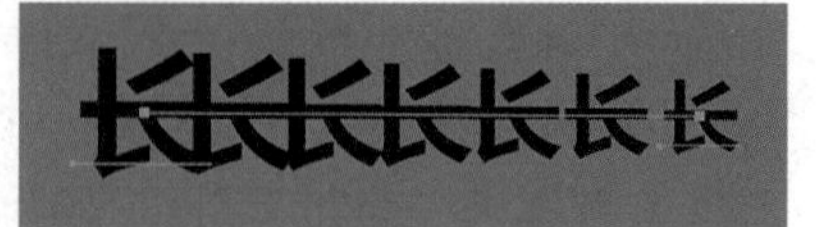

图 2-2-48　文字混合

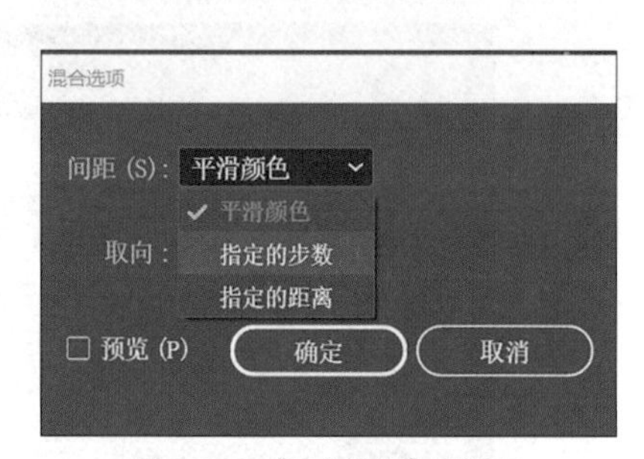

图 2-2-49　“混合选项”对话框

可以利用“替换混合轴”来改变路径形状选中所要替换的形状和混合路径，如图 2-2-50 所示，然后选择“对象”→“混合”→“替换混合轴”即可，效果如图 2-2-51 所示。

- “画板工具”。利用“画板工具”可以在工作区画出任何尺寸的画板，也可以修改画板尺寸，如图2-2-52所示。
- “填色”与“描边”如图2-2-53所示。“填色”颜色可以是纯色，也可以是渐变色或者空白，“描边”亦同。

图 2-2-50　选中形状和混合路径

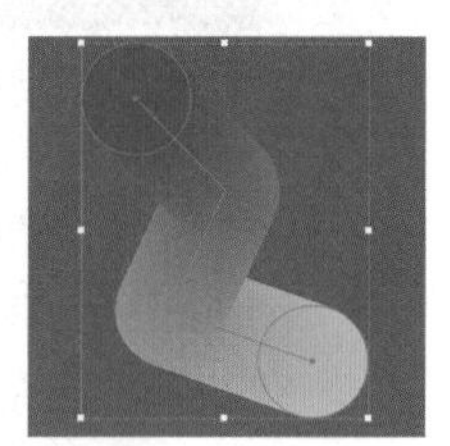

图 2-2-51　替换完成

（4）功能面板

在功能面板能够设置各种工具的参数，完成颜色选择、图像编辑、图层操作、信息导航等各种操作，给用户带来极大方便。

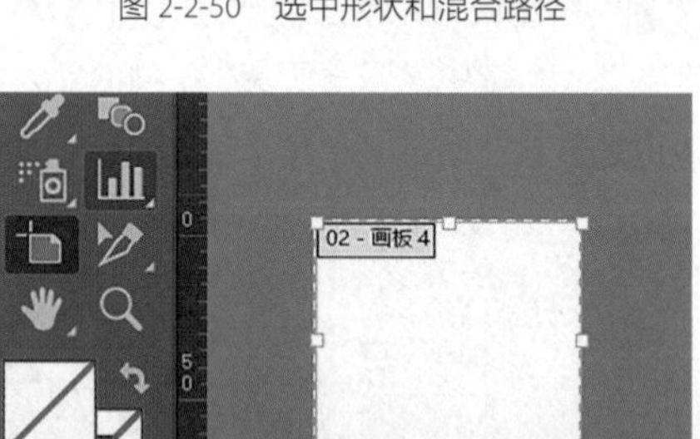

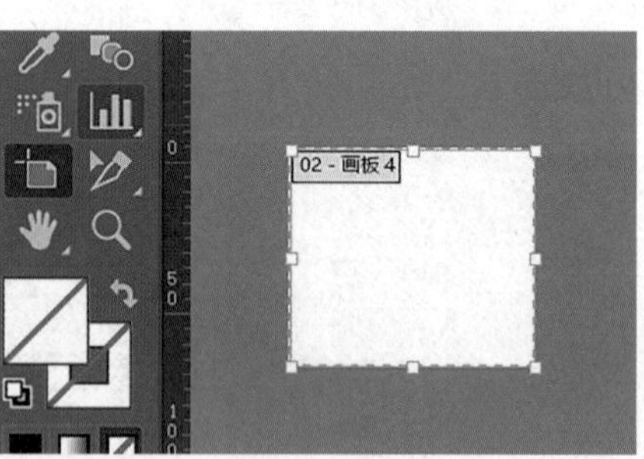

图 2-2-52　用“画板工具”修改画板尺寸

图 2-2-53　“填色”与“描边”

Illustrator 提供了 30 多种功能面板，其中常用的包括“信息”“动作”“变换”“图层”“图形样式”“外观”“对齐”“导航器”“属性”“描边”“字符”“段落”“渐变”“画笔”“符号”“色板”“路径查找器”“透明度”“链接”“颜色参考”和“魔棒”等。功能面板如图 2-2-54 所示。

这些面板都可以通过“窗口”菜单打开。默认情况下，只有部分面板在工作区右边，或显示为折叠后的图标。

要显示隐藏的面板，在“窗口”菜单中选择相应的面板名即可。如果面板名左边有对号，则表明该面板已打开，并在其所属的面板组中显示在最前面；如果在“窗口”菜单中选择其左边有对号的面板名，将折叠该面板及其所属的面板组。如果要将面板折叠为图标，可单击其标签或图标，也可以单击面板标题栏中的双箭头。

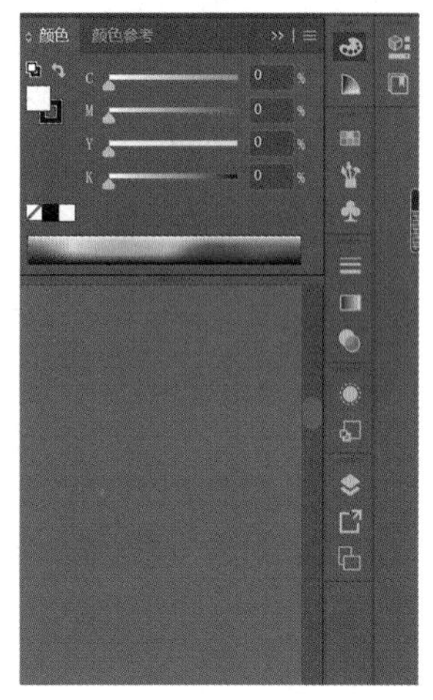

图 2-2-54　功能面板

面板的分组可以根据使用习惯来设定。在一个独立面板的标题栏处按住鼠标左键，将其拖动到另一个面板或图标上，当目标面板或图标周围出现蓝色的边框时释放鼠标左键，即可将面板组合在一起。反之，要使某面板脱离一个面板组，亦可拖动其离开原位置到其他面板组或使之自由悬浮。

如果已经对各面板进行了分离或重组等操作，希望将它们恢复成默认状态，可以选择“窗口”→“工作区”→“重置”。

- “颜色”面板如图2-2-55所示。单击面板最右侧菜单，按图2-2-56所示选择颜色模式，打开相应模式的“颜色”面板。这与Photoshop中的颜色面板类似，不同的地方在于，图中红框中的是“填色”与“描边”，而不是“前景色”“背景色”。
- “描边”面板如图2-2-57所示。 Illustrator处理图形的基础在于建立矢量图形。“描边”面板是比较重要的一个面板，可以在“描边”面板中改变矢量图形线条的粗细与端点以及边角，也可以设置线条的虚实。除此之外，“配置文件”中的线条类型，也极大地满足了作图需求，如图2-2-58所示。

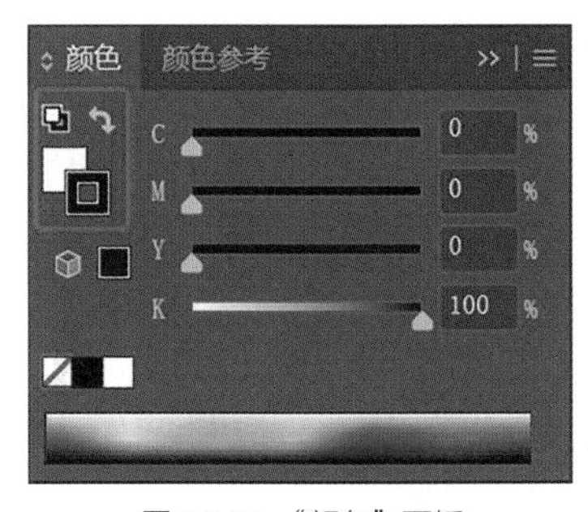

图 2-2-55　“颜色”面板

图 2-2-56　颜色模式

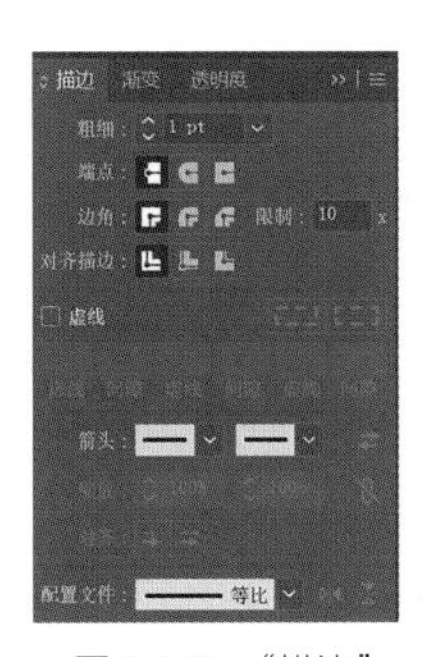

图 2-2-57　“描边”面板

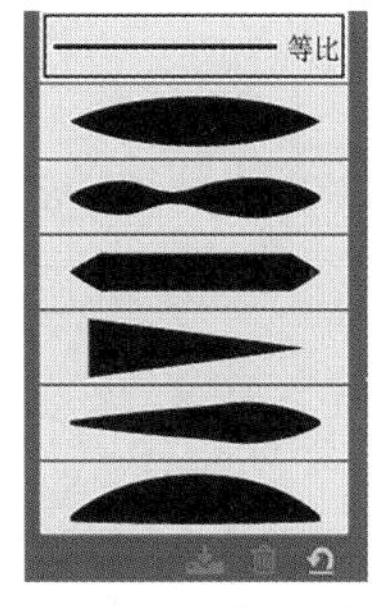

图 2-2-58　“配置文件”中的线条类型

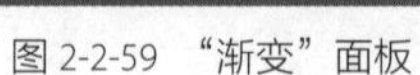

图 2-2-59 “渐变”面板

图 2-2-60 “图层”面板

- “渐变”面板如图2-2-59所示。按住<Alt>键，单击“吸管工具”即可设置渐色变两端的色值，同时也可以改变渐变色的类型与角度。
- “图层”面板如图2-2-60所示。虽然在Illustrator中的操作是以矢量图形为基础的，但是与在Photoshop中的操作也有相似之处，每个矢量图形都可以看作一个“图层”。因此，“图层”面板与Photoshop中的“图层”面板功能一致，应用也基本相同。
- “资源导出”面板如图2-2-61所示。“资源导出”面板的功能与菜单栏中“文件”中的“导出”功能一致。可以将想要导出的图形拖到图2-2-61所示的红色框中，并在下方设置导出的分辨率与格式。如果需要更加详细的导出设置，可以单击面板最下方的按钮，在打开的“导出为多种屏幕所用格式”对话框中进行设置，如图2-2-62所示。

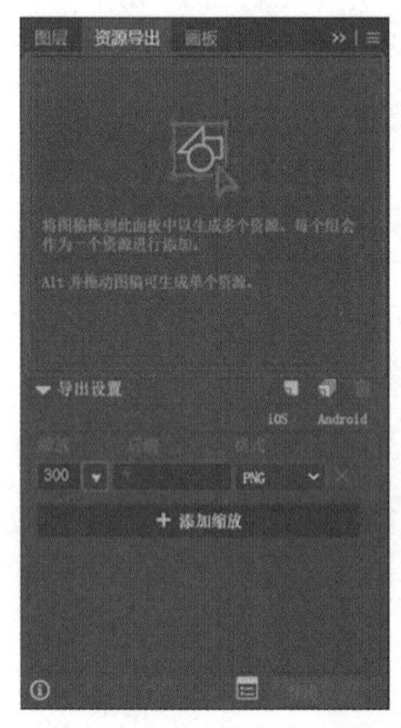

图 2-2-61 “资源导出”面板

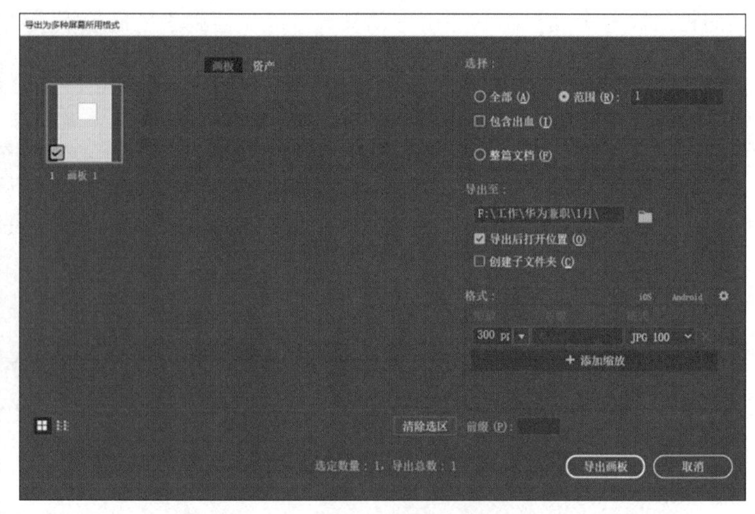

图 2-2-62 “导出为多种屏幕所用格式”对话框

- 其他面板，如“字符”“段落”“对齐”等面板都可根据设计需求添加。“路径查找器”也是较为常用的工具，后面篇章中会详细讲解。

（5）工作区

工具栏右侧的大片区域就是工作区（又称作图区或操作区）了，如图 2-2-63 所示。其中红色框内的部分就是在软件中设定的“纸张”，我们将会在这张“纸”上绘制作品，这张“纸”通常称为画板。在 Illustrator 中，每个作图文件中可以出现很多个画板，也就是多个页面来创建不同的内容，如多页 PDF、大小元素不同的打印页面、网站的独立元素、视频的故事板等。根据画板大小的不同，每个文档最多可以有 100 个画板。可以在创建文档时指定文档的画板数量，并在处理文档的过程中添加、删除画板或者更改画板名称等。在视图区的上边缘是作品标签，显示作品的名称、预览比例、颜色模式、预览模式等信息，如图中蓝色框所示。

图 2-2-63 工作区

在对工作区进行操作时，可以利用工具栏中的“抓手工具”和“缩放工具”对工作区进行放大、缩小、平移等操作。当然，也可以按住 <Space> 键配合利用鼠标拖拽来实现平移，按住 <Alt> 键配合鼠标滑轮前后滚动实现放大和缩小。这些操作方式与 Photoshop 是一致的。

二、Illustrator 的设计应用

1. 对“钢笔工具”的深度掌握

在各类设计软件中，“钢笔工具”的应用极其广泛，在其他软件中，“钢笔工具”也被称为“贝兹曲线工具”或“贝塞尔曲线工具”。制作各类自由图形离不开对“钢笔工具”的熟练掌握，下面将通过几个练习来熟悉 Illustrator 中“钢笔工具”的应用技巧。

（1）<Shift> 键配合单击的练习

这是最简单的“钢笔工具”操作。需要注意的是，<Shift> 键需要在单击前按住，在单

击后松开。练习过程如图 2-2-64 所示。

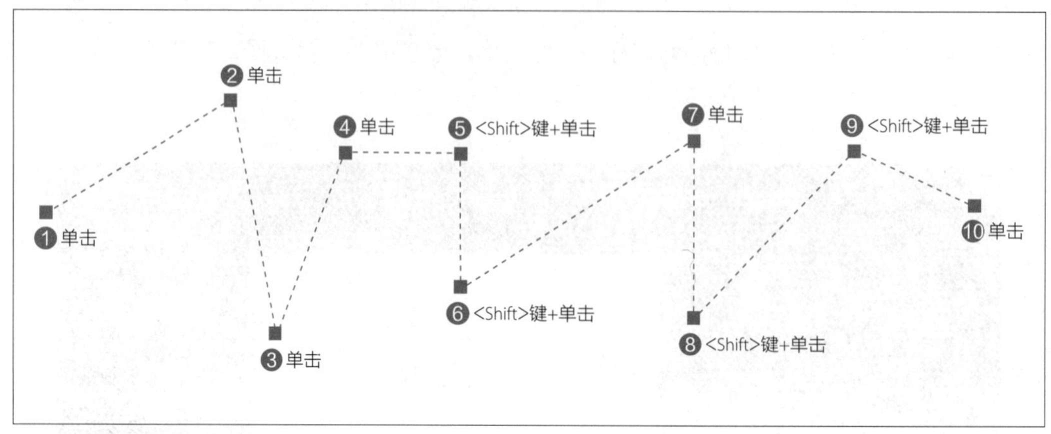

图 2-2-64 “钢笔工具”基础练习 1

（2）单击并拖拽出弧线的练习

这是常用的“钢笔工具”操作，拖拽的方向即为曲线延伸的方向。练习过程如图 2-2-65 所示。

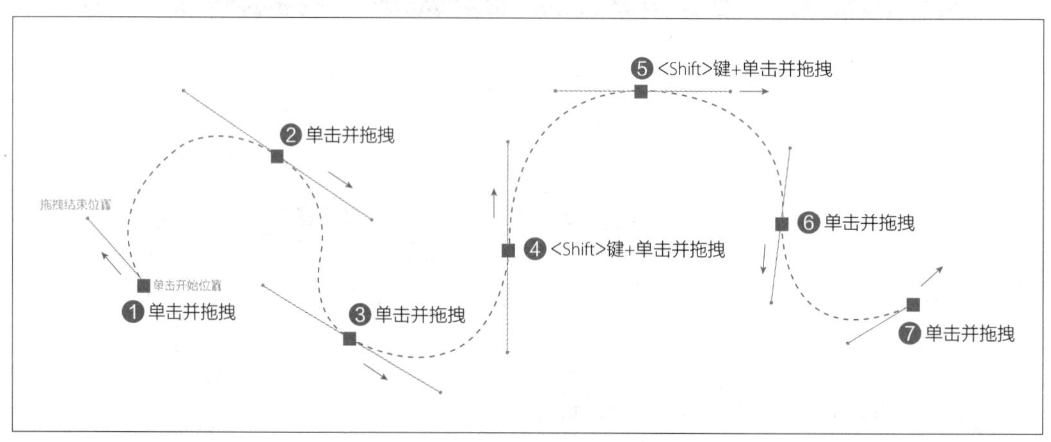

图 2-2-65 “钢笔工具”基础练习 2

（3）弧线转直线再转弧线的练习

练习过程如图 2-2-66 所示。在使用“钢笔工具”绘制图形时，不能追求一次性建立完美图形，这样会耗费很多时间，一般是先建立一个近似图形，再通过“直接选择工具”（用于直接修改锚点和手柄位置）和“钢笔工具”组内的“添加锚点工具”“删除锚点工具”和“锚点工具”来修改图形，使其更加美观。

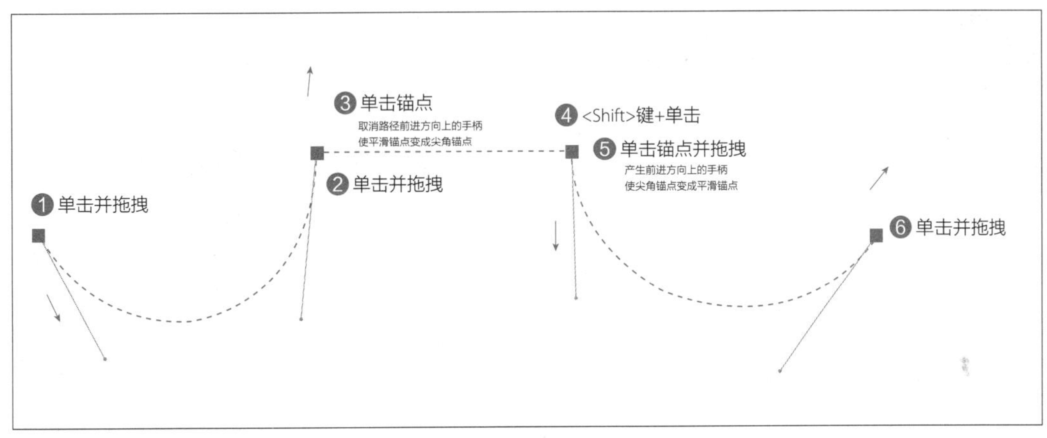

图 2-2-66 “钢笔工具”基础练习 3

2. 设计制作“堂”字

下面来制作一款简单而有装饰感的“堂”字。初步设想该字是正方形外形，笔画粗细要一致。具体操作步骤如下。

Step 01 打开 Illustrator后，在菜单栏中选择“文件”→“新建”命令，打开“新建文档”对话框。选择对话框上方的“打印”选项卡，再选择“A4”。然后单击右下角的“创建”按钮，这样一个空白页面就建立完成了。

选择“矩形工具”，按住<Shift>键在页面空白处单击并拖拽出一个正方形，更改“填色”为“无”，“描边”为任意颜色。这就是文字的外框。效果如图2-2-67所示。

图 2-2-67 建立正方形参考框

Step 02 在任意位置用“矩形工具”建立一个矩形，然后使用“选择工具”，按住<Shift>键（锁定方向），同时按住<Alt>键（复制），将矩形向下拖拽，复制出另一个矩形，如图2-2-68所示。按快捷键<Ctrl+D>重复上一操作，直到画面中出现7个等大、等间距的矩形。效果如图2-2-69所示。

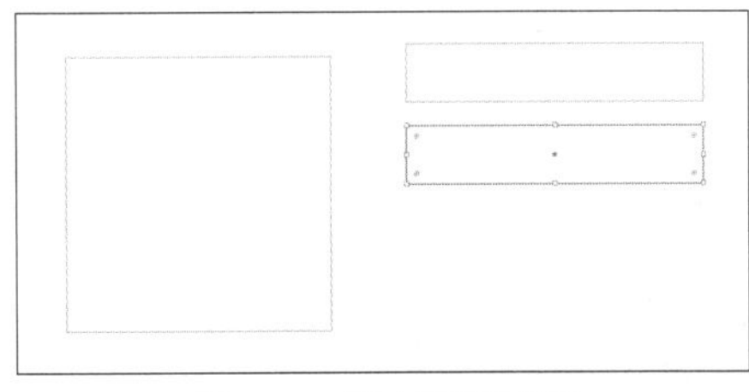

图 2-2-68 建立矩形并复制

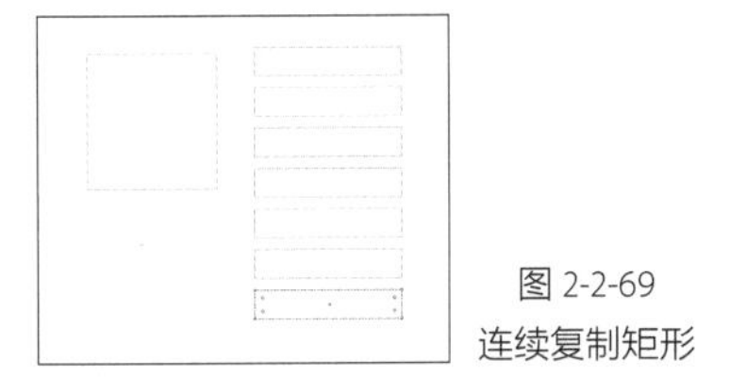

图 2-2-69 连续复制矩形

Step 03 选中这7个矩形，将其移到最开始建立的正方形内并对齐。效果如图2-2-70所示。

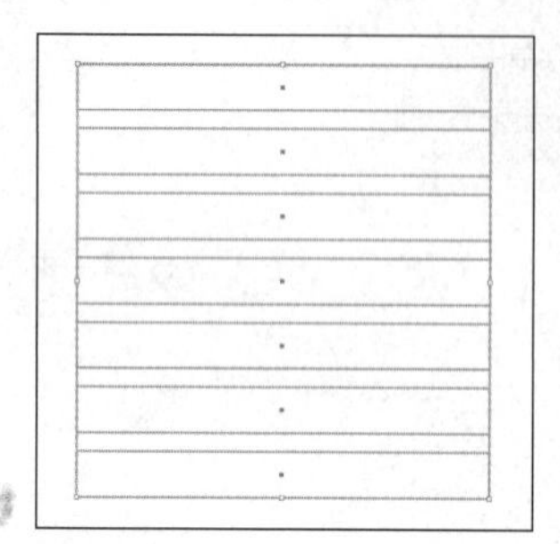

图 2-2-70　将所有矩形移到正方形内，并对齐

Step 04 确保这7个矩形仍然处于被选中状态，按快捷键<Ctrl+C>复制，再按快捷键<Ctrl+V>粘贴。对复制出来的7个矩形使用“选择工具”，按住<Shift>键使之整体旋转90°。效果如图2-2-71所示。

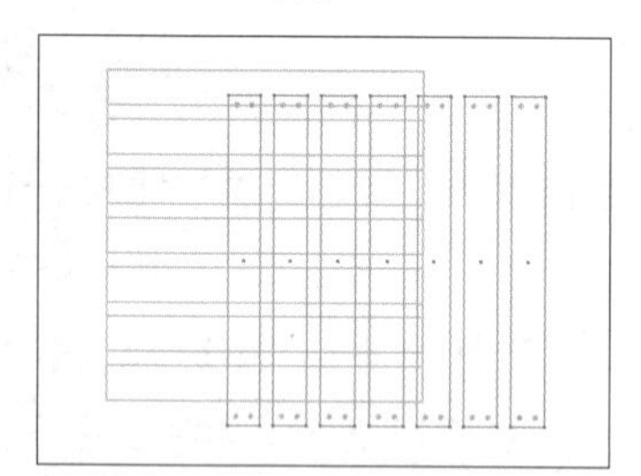

图 2-2-71　复制并旋转矩形组

Step 05 将旋转后的7个矩形对正正方形，效果如图2-2-72所示。

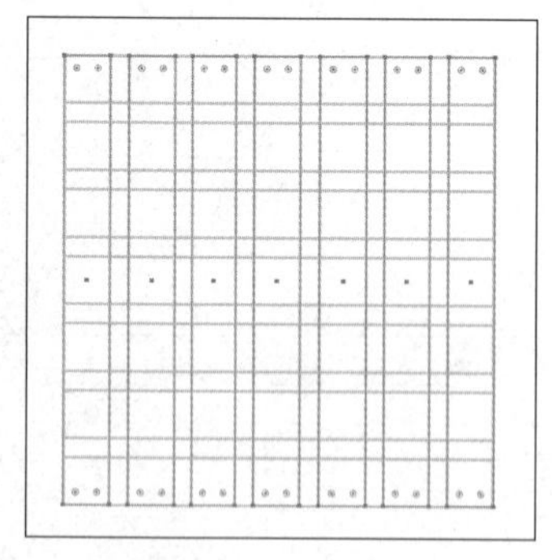

图 2-2-72　对正正方形

Step 06 选中所有图形，选择形状生成器工具组内的“实时上色工具”，在工具栏中将“填色”改为任意颜色，“描边”改为“无”。然后，按图2-2-73所示对矩形填色。

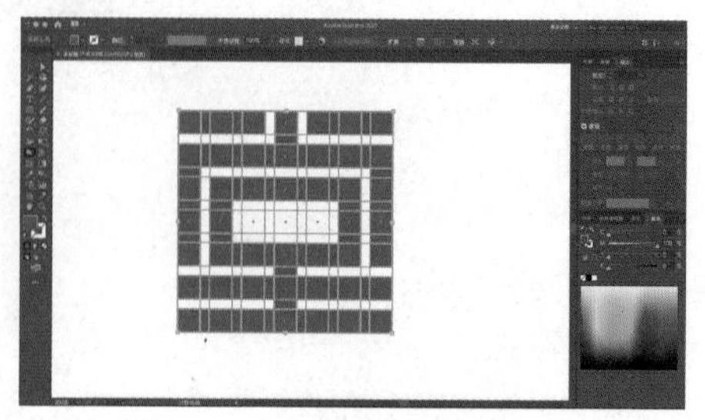

图 2-2-73　用“实时上色工具”填色

Step 07 单击上方属性栏中的“扩展”按钮，然后在图形上右击，在弹出的快捷菜单中选择“取消编组”，如图2-2-74所示。

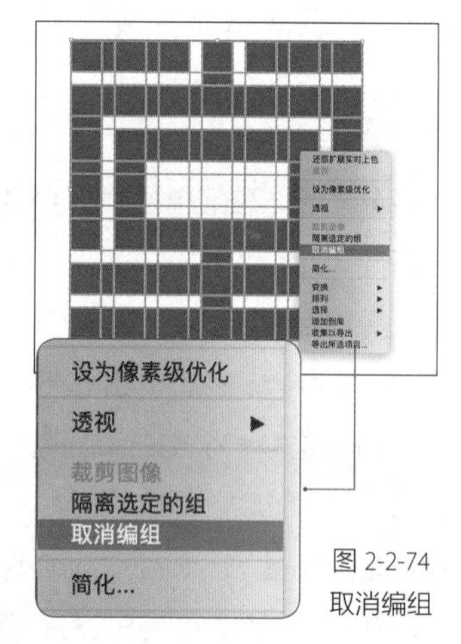

图 2-2-74
取消编组

Step 08 取消对任何物体的选择，再选中网格并将其删除。至此，“堂”字就做好了。最后效果如图2-2-75所示。

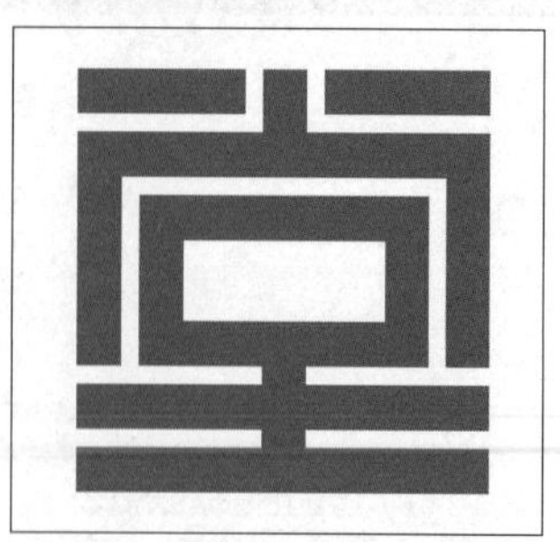

图 2-2-75　制作完成

3. app 图标设计制作

下面来制作一款名为“60”的 app 图标。根据应用情况不同 app 图标一般会有多种尺寸，如 32px×32px，48px×48px，64px×64px，128px×128px，256px×256px 这几种常见的尺寸。为了保证清晰度，可以先做 256px×256px 的图标，然后再将图标复制并缩小，就得到了其他尺寸的图标。

Step 01 打开 Illustrator后，在菜单栏中选择“文件”→“新建”，打开“新建文档”对话框。由于是为移动设备做设计，所以应选择“移动设备”选项卡，再选择“iPhone X”，这样，画板大小、光栅效果（分辨率）、画板方向、颜色模式等会自动设置成适合手机使用的。设置完成后单击右下角的“创建”按钮，这样一个空白画板就建立完成了。

选择矩形工具组下的“圆角矩形工具”，在画板空白处单击，会弹出“圆角矩形”对话框，将“宽度”和“高度”分别设为“256px”，“圆角半径”设为“46px”，单击“确定”按钮，如图2-2-76所示。

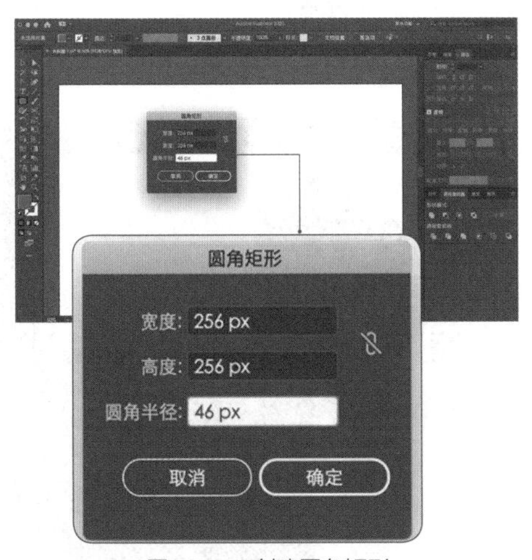

图 2-2-76　创建圆角矩形

Step 02 保持新建立的圆角矩形处于被选中状态，将“填色”设为朱红色，即“R:255、G:42、B:0（#FF2A00）”，“描边”为“无”，如图2-2-77所示。

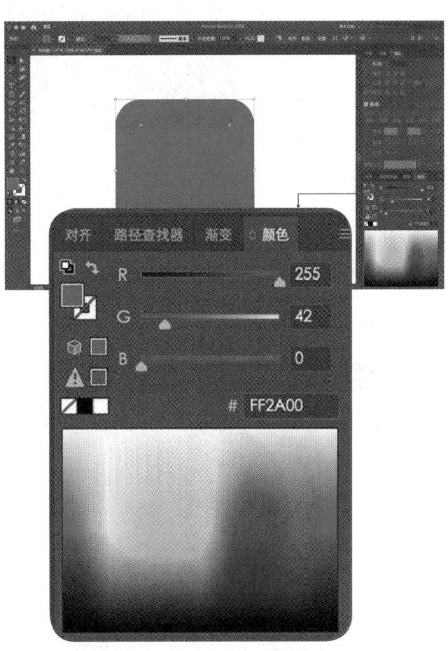

图 2-2-77　填色

Step 03 接下来制作图标图案。选择“钢笔工具”，画出图2-2-78所示的图形。如果不能一次做出满意图形，也可以使用“直接选择工具”，以及钢笔工具组下的“添加锚点工具”“删除锚点工具”和“锚点工具”进行修改。

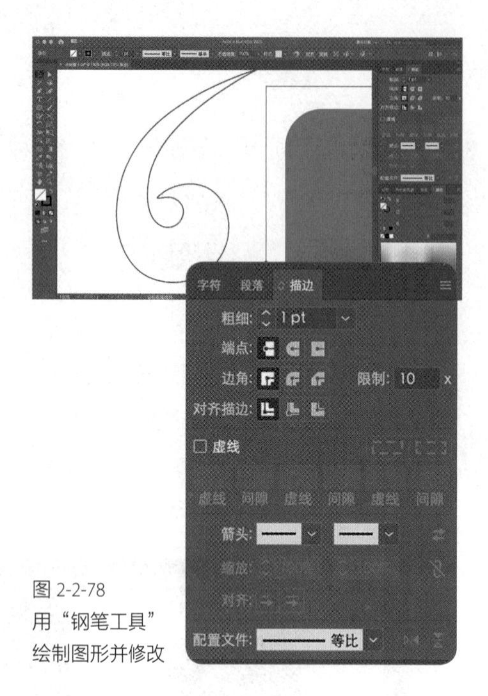

图 2-2-78
用“钢笔工具”
绘制图形并修改

Step 04 将“填色”设为白色，即“R:255、G:255、B:255（#FFFFFF）”，“描边”为“无”。把做好的图形放置在圆角矩形上，如图2-2-79所示。

图 2-2-79　放置图形

Step 05 使用矩形工具组下的“椭圆工具”建立一个直径为136px的圆形，再建立一个直径为97px的圆形。两个圆形按图2-2-80所示放置。

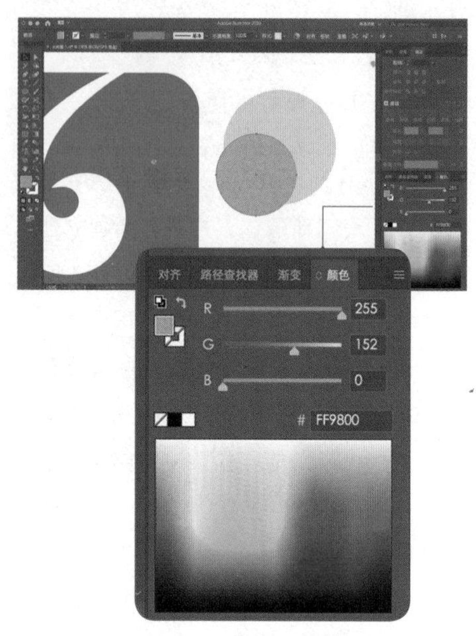

图 2-2-80　建立两个圆形

Step 06 选中两个圆形，打开“路径查找器”面板（所有面板都可以在“窗口”菜单中找到并打开）。选择“形状模式”下的“减去顶层”，就会裁剪出一个月牙形，如图2-2-81所示。

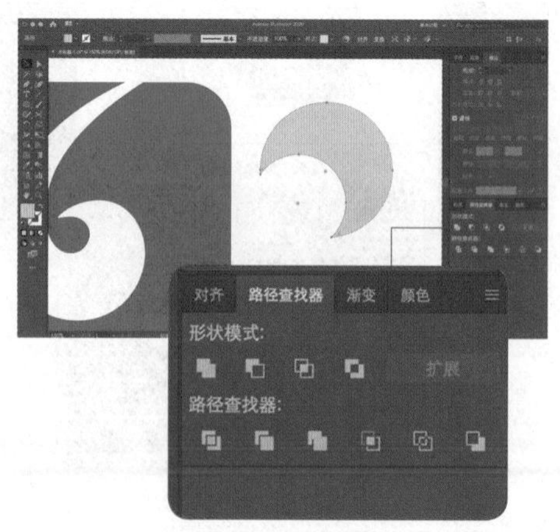

图 2-2-81　制作月牙形

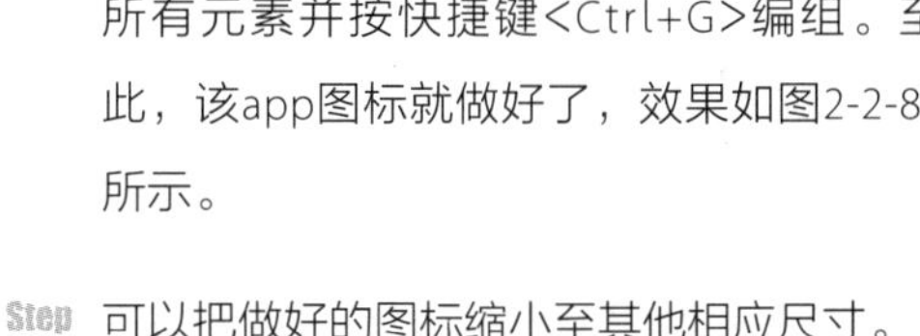

Step 07 把月牙形的“填色”为白色，“描边”为“无”，再将其放在合适的位置上。选中所有元素并按快捷键<Ctrl+G>编组。至此，该app图标就做好了，效果如图2-2-82所示。

Step 08 可以把做好的图标缩小至其他相应尺寸。

图 2-2-82　制作完成

本章课后习题

（共 25 个答题点，每个答题点 4 分，共 100 分）

一、选择题

1. 对于矢量图，下列描述错误的是（　　）。

   A. 也被称为向量图

   B. 占用内存空间小，图像放大后不会失真

   C. 用来修改、合成、制作特殊效果的图片

   D. 常用来设计标志、版式等

2. 下面关于位图的说法中，错误的是（　　）。

   A. 用数学方式描述的图形　　B. 由一个个像素组成的图像

   C. 也称点阵图　　D. 图像质量与像素点的密度有关

3. 以下不是位图作图软件的是（　　）。

   A. DaVinci Resolve　　B. Lightroom

   C. Photoshop　　D. InDesign

4. 在 Illustrator 中，能使用一个图形剪切另一个图形的功能是（　　）。

   A. 路径查找器　　B. 描边　　C. SVG 交互　　D. 拼合器预览

5. 在各种作图软件中，存储文件的快捷键是（　　）。

   A. Ctrl+A　　B. Ctrl+S　　C. Ctrl+D　　D. Ctrl+F

6. 以下不属于 Photoshop 调色功能的快捷键是（　　）。

   A. Ctrl+B　　B. Ctrl+L　　C. Ctrl+M　　D. Ctrl+P

7. 不使用 Photoshop 进行排版的原因不包括（　　）。

   A. 在软件运行时耗费计算机内存大，如版面过多或版面过大，会造成运行缓慢

   B. 一些细节部位放大后会模糊，印刷效果不清晰

C．存储或者导出的过程非常麻烦，容易出错

D．在进行版面元素调配的时候很不方便

二、填空题

1．在设计中，常见的图可分为________图和________图两大类。

2．Photoshop 和 Illustrator 软件界面的四个分区分别是________、________、________和________。

3．在使用 Illustrator 制作图标时，新建文档的单位是________，颜色模式是________，光栅效果（分辨率）是________ppi。

4．曲线分为________曲线和________曲线。

5．常用的图像颜色模式有________、________、________和________。

6．请写出钢笔工具组内的三个工具：________工具、________工具、________工具。

A BASIC COURSE
IN GRAPHIC DESIGN

第三章

界面视觉设计基础

第一节
界面的版式设计基础

版式设计的应用涉及书籍设计、报刊设计、包装设计、DM 设计、广告设计、UI 设计等领域，对设计元素的提炼与创造，使用一些具有创意性的版式形式，使之组合成一幅完整的视觉画面。版式指二维平面形态中文字或图形编排后的具体样式。版式设计，也称编排设计或版面编排，英文为 Layout Design，是对版面内元素进行排布、规划、调度、安排，是在某种设计目的下产生的行为，即在有限的版面空间里，将文字、图形、色彩等视觉要素，根据特定的需要在版面上进行有组织、有目的的编排组合。版式设计就是一种视觉要素间的合理性构成，是制造和建立有序版面的理想方式。作为视觉信息的载体，版式设计应在有效传递信息的同时给受众带来感官上的享受。

版式设计的核心功能是完成信息传达与审美要求，通过提升文字及图形的可识别性、准确性体现信息的传播诉求，根据均衡、统一、节奏、韵律等形式美法则使信息实现艺术诉求。版式设计的最终目的是根据需求进行合理的图文整合，使相关信息能直接、快速、有效地实现传达的目的，并能提升受众的注目度与理解力。

设计师存在的意义，就是替受众承担大部分的理解任务，使受众能在接收信息时感到简单、轻松、愉悦，从而达到良好的信息传递效果。

一、界面的版式设计基本原理

1. 模块与构图

模块划分就是将界面中的所有信息进行系统的区域划分。当界面中的信息过多的时候，需要通过模块对整体进行划分，让原本杂乱的信息形成模块，再形成一个统一的整体，同时那些独立的信息模块之间要有一定的视觉联系。模块的划分可有效组织信息，简化视觉流程，突出主题。

利用间距、分隔线、卡片背景（纯色、阴影、线框等）、色彩等可进行模块划分。下面来介绍三种常用的模块化处理方式。

（1）利用间距划分模块

在网页或移动终端软件界面的商业广告设计中，主标题与副标题之间的层级关系通常会利用间距来分割，设计师利用字体的大小和粗细对主标题与副标题进行区别设计，同时进行空间划分。

（2）利用分割线划分模块

在构图中，线一般起分割空间的作用，目的是将界面中的信息有序划分，进行合理编排，同时使各类信息也获得秩序的、稳定的因素。如图 3-1-1 所示，黄色的线框起到将界面中的信息整合的作用，使信息按照重要性编排；与此同时，设计师也利用黄色、白色、黑色来布置画面层次——照片被处理成黑色的并位于底层，最重要的信息利用黄色突出，次之的信息为白色。再如图 3-1-2 所示，设计师用线将界面中的信息进行模块划分，充分展示了线的分割作用。

（3）整体架构设计

整体架构设计是在一个界面的版式设计中，将大量的文本信息或图片信息作为整体进行设计，可获得简洁、清晰的界面版式架构。如图 3-1-3 所示，设计师利用黑色色块将文本与图片分割开来，将文本视作整体进行设计。整体设计思维有助于快速建立界面的版式逻辑关系，获得较为理性的界面版式框架。如图 3-1-4 所示，在两个人物头像中间，以黄色的色带为底，文字被编排在上面，快速有效地进行了界面信息的划分，同时突出重要的文字信息，这一手法，在网页或移动终端软件界面的广告设计中很常用。

图 3-1-1
千叶市美术馆海报 1

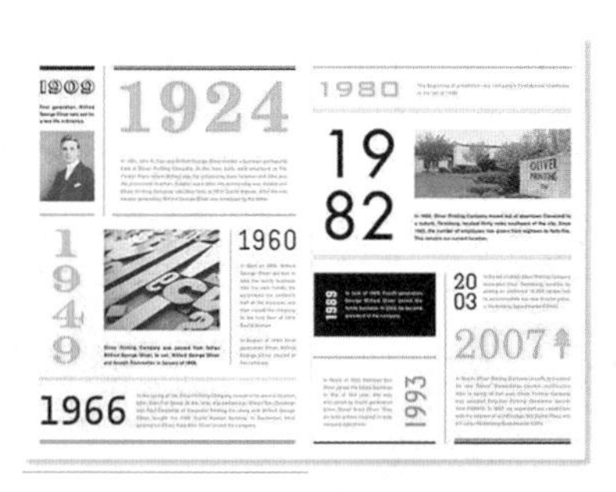

图 3-1-2　海报设计

图 3-1-3
千叶市美术馆海报 2

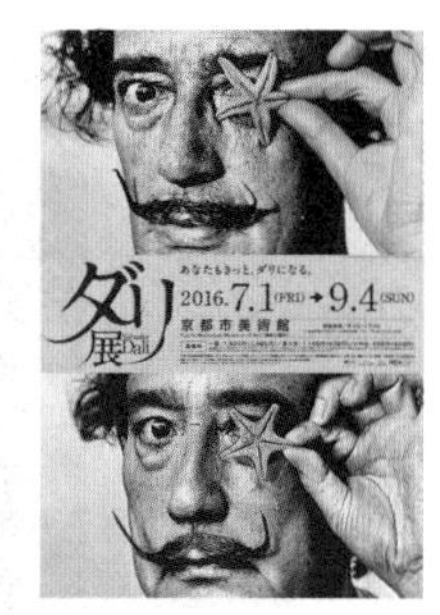

图 3-1-4
美术馆海报

2. 界面版式构图的表现形式

构图和布局是界面视觉设计专业领域的重中之重。任何设计创作都离不开构图，从传统的艺术绘画到现在的计算机设计创作都需要进行构图，只有将构图考虑好了，后期的设计创作才会得心应手。界面版式的构图能够引导人们的视觉流程，同时还能展现出画面的重心，突出主体。一般来说，界面版式设计当中的构图形式主要包括单向构图、对称构图、左右构图、上下构图、重心构图、成角构图、网格构图、满版构图、图文散构和重复构图等 10 种常见的形式。下面来简单介绍一下几种常见的界面版式构图形式。

（1）单向构图

在界面版式设计中，单向构图多以竖向构图、横向构图、斜向构图和曲线构图为主要表现形式。这几种表现形式的统一特征为界面简洁、具有视觉冲击；不同点在于，不同的构图给人的视觉感受不同。

1）竖向构图。竖向构图是指将界面版式中的视觉元素按竖直方向排列，使人们按照“从上到下”或者“从下到上”的流程进行阅读。竖向构图给人以理性、直率、庄重、坚定的视觉感受。图 3-1-5 左侧图所示的是一张保护鲸鱼的公益海报，设计师将渔船、鲸鱼与文字标题从下到上进行编排，版式具视觉稳定性。再如图 3-1-5 右侧图所示，文字从上至下竖直排列，具有较强的视觉影响力。

2）横向构图。横向构图是将界面版式中的视觉元素按水平方向排列。横向构图会给人以安定、平稳的视觉感受，这也是比较常见的一种排列方式。由于人们比较习惯“从左到右”的阅读方式，所以这种构图形式也比较适合大众的阅读习惯。

3）斜向构图。斜向构图是将界面中的视觉元素按斜向进行排列。斜向构图给人以跳跃的视觉感受，具有强烈视觉冲击力，非常容易吸引人们的目光，宣传海报常用这种构图形式。如图 3-1-6 所示，界面中的人物从左上角延伸至右下角，占据画面两角。再如图 3-1-7 所示，也是采用的此种构图手法。

THE MAN WHO SHOT THE MAN WHO SHOT J.F.K. WAS RUBY.

图 3-1-5　竖向构图海报

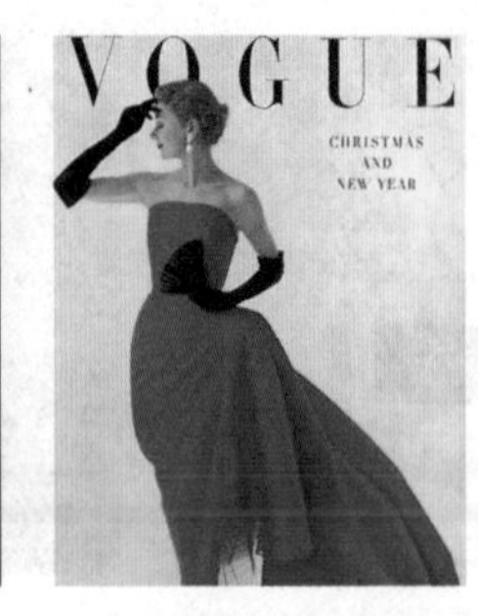

图 3-1-6
VOGUE 杂志的斜向构图

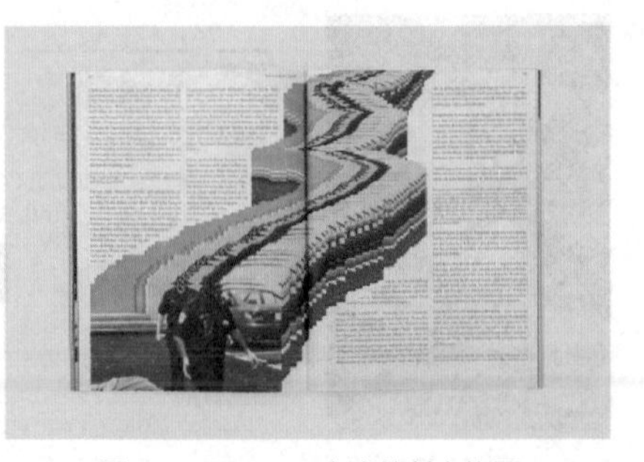

图 3-1-7　*Brasilia* 杂志的斜向构图

4）曲线构图。曲线构图是指将界面中的视觉元素按曲线形式进行排列，引导人们按照曲线的路径进行阅读。曲线构图给人柔美、优雅的视觉感受。曲线构图虽不如横向构图竖直构图那样直接、鲜明，但它更具有韵味、节奏和动态美，能够营造出轻松、舒展的气氛。

曲线构图有很多种形式，如“C”形、“S”形等，十分具有形式感，如图 3-1-8 所示。

图 3-1-8
圣丹斯电影节海报

（2）对称构图

对称构图是网页或移动终端软件界面的广告版式设计中最常用的一种构图形式。它将图形按水平或竖直方向排列，文字被配置在其上下或左右。水平排列的界面版式给人稳定、安静、平和与含蓄之感；竖直排列的界面版式给人强烈的动感。在观察事物过程中，人们的第一印象更倾向于简单且对称的图形，这就是格式塔的简化对称性原则。

对称构图分为中心对称、左右对称、上下对称和对角对称。在构图中，使界面中的文字元素、图片元素，以及其他的装饰元素相互交融，通过对称性原则将元素排列到画面当中去，让整体界面在视觉上更加紧密有序，打破较为呆板的界面印象。

1）中心对称。中心对称即居中对齐，可表现优雅、高品质、有格调的气质。如图 3-1-9 所示，画面比较安静、和谐。

2）左右对称。左右对称即左右均分画面，将界面的版式分割为左右等大面积的两部分，适合表达某种对立、反差的事物。画面平衡、稳定，有秩序感，如图 3-1-10 所示。

3）上下对称。上下对称即将画面分为上下两个等面积的部分，但视觉重心靠上或靠下，如图 3-1-11 所示。

4）对角对称。对角对称指将元素放在画面的对角，在对称中增加了一点儿活泼感，如图 3-1-12 所示。

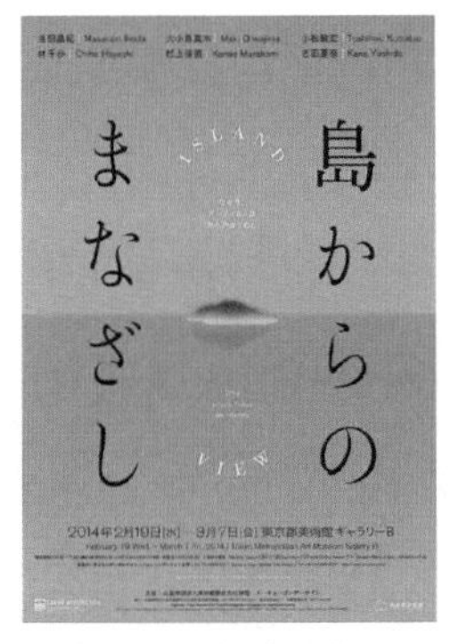

图 3-1-9　美术馆海报

图 3-1-10
Wind River 电影海报

图 3-1-11
多治见商业街宣传海报

图 3-1-12
京都美术剧场海报

（3）左右构图

左右构图是根据设计元素将整体的界面版式划分成左右两个部分，通过两部分的视觉对比来实现界面版式的视觉平衡，达到一种稳定的视觉状态。左右构图的左右两部分的比例一般有 1∶1、1∶0.618、1∶1.414、1∶2、1∶3 等。将画面左右等分时，整体的视觉效果相对稳定，同时在进行创作的时候也比较容易对视觉元素进行合理的规划，不会形成过多的视觉冲突。而运用左右不对称的构图会突出视觉主体，展现出版面的视觉跳跃感，更有活力。

左右构图并不是一味地将左右的界面版式使用设计元素填满，而是在元素占据一定的比例之后，对整体的界面内容模块进行划分，同时也可以结合留白的设计原则进行左右区域的规划，通过左右版面的视觉对比，可让整体版面的视觉节奏感更加强烈，突出视觉主体。也可以将左右的版面再次进行分割，划分出多个不同的视觉区域，然后根据界面版式针对内容对各个小区域进行规划。分割也不一定是直线分割形式，利用形状蒙版、曲线、斜线等分割的形式，会显得更加灵动，适用于稍显活泼的情景。但要注意的是，这些小区域在整体上要有视觉上的联系，不能孤立存在，即在视觉流程上能够流畅地“走下来”。可以增加连接或跨越两个部分的元素、文字等，或者去除图片的背景，让各部分的关系更加紧密，如图 3-1-13、图 3-1-14 所示。

图 3-1-13　左右构图海报 1

图 3-1-14　左右构图海报 2

整个界面的版式分割为左右两部分，分别配置文字和图片。左右两部分形成强弱对比时，会造成视觉心理的不平衡。这是受视觉习惯（左右对称）影响的结果，使得这种构图不如上下分割型的视觉流程自然。如果将分割线虚化处理，或用文字左右穿插，整体界面会变得自然和谐。

（4）上下构图

上下构图可以看成是对称构图的一种特殊形式，其在整体的表现形式上与左右对称有着相似之处，但是在比例运用上更加灵活多变。上下构图将界面分为上下两个部分，切分的比例和左右构图的类似，如图 3-1-15、图 3-1-16、图 3-1-17 所示。只不过，比例不同时会让界面的视觉重心偏移。视觉重心靠下时，整体比较稳定；视觉重心靠上时，整体更具有动感。

图 3-1-15
岛根县立石见美术馆海报

图 3-1-16
山种美术馆海报

图 3-1-17
根津美术馆海报

与左右构图类似，采用上下构图方式时划分的各个空间并不一定需要全部占满，占据一定比例后，通过留白、内部再次划分、提升内部的跳跃率等方式，可以让界面的节奏感更强一些。

（5）重心构图

重心构图可以看成是对称构图的一种特殊形式，它将设计的主体放在界面的视觉中心，然后使其他设计元素围绕设计主体排列，对设计主体进行补充说明，增添主体的视觉性，起到一定的突出和强调的作用。采用重心构图方式能够将界面的视觉信息在最短时间内传递给受众。通过主体与辅助元素在尺寸、颜色、背景、阴影等方面的对比，形成视觉焦点，增加跳跃率，让界面整体的节奏更加鲜明。

1）采用重心构图时的版面率较大，可以在界面中选择一处用于传达重点信息，也就是使一个图形、文字或色彩形象占据界面的重点位置，突出其要表达的信息。根据主题表达的内容，界面的重点可以是直观呈现的形式（主题鲜明突出），也可以是隐藏其中的表达形式（引人深思）。

2）重心构图根据视觉流程方向可以分为两种形式：一是向心型，一是发散型。向心型构图可以将受众视线从外向内聚集到一点，发散型构图则向将受众视线由焦点发散至四周，如图 3-1-18 和图 3-1-19 所示。

3）在现代设计中，视觉重心已经不再限于界面的中心位置，设计师的设计思维更加开阔，视觉重心边置化成为一种常见的手法。如图 3-1-20 所示，设计师将文字信息置于画面的左边，创新性十足，打破常规的手法。

图 3-1-18
Nagual 创意视觉海报

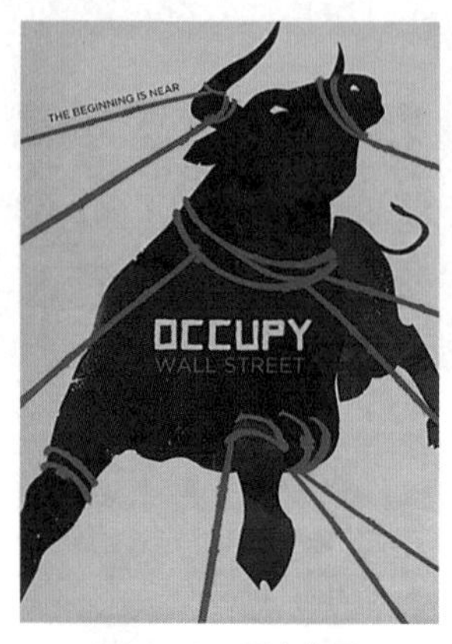

图 3-1-19　重心构图

图 3-1-20
墨西哥国际双年展海报

（6）成角构图

成角构图指界面版式的信息（文字、图形或者色块）都按一定的角度倾斜编排。信息交汇的点即视觉焦点。这种构图具有结构稳固、焦点突出、信息突出、吸引眼球、强劲、理性的风格特征。成角构图适用于传达某种特别观点的信息，应用广泛。

在成角构图中，如果界面版式的焦点导向太中心化，布局将会显得呆板；当焦点导向偏离中心时，布局会变得更加动态。设计师在排版时应注意：①具有角度结构的文本可以按四个方向排列。最好选择一个或两个方向进行强调，避免四个方向的平均排列。②扩大标题的视觉程度，增强文本的层次感，使界面的版式呈现层次性和丰富性。③成角构图的视觉焦点不应布置在界面的中心。如果信息过于对称和居中，版式就会显得僵硬。优秀的图形、信息布局方式是视觉焦点偏左或偏右，或稍微偏上或偏下，如图 3-1-21 所示。

图 3-1-21　成角构图

（7）网格构图

网格构图是一种较为规范的、理性的分割方法，一般以竖向分栏形式居多，常见的有竖向通栏、双栏、三栏和四栏等形式。在图片和文字的编排上，严格按比例进行编排、配置，让人感到严谨、和谐、理性的美。网格相互混合的界面版式，既理性有条理，又活泼而具有弹性，如图 3-1-22 所示。

图 3-1-22　网格构图

（8）满版构图

满版构图指将图像、文字和设计元素等充满整个界面，营造出丰富的画面效果，具有极强的代入感及视觉感受，传递的情感也更加丰沛。界面主要以图像为诉示，视觉传达效果直观而强烈；文字压在上下、左右或中部（边部和中心）的图像上。满版构图给人大方、舒展的感觉，是商品广告常用的形式。

满版构图常使用图片特写、俯视角度等手法营造身临其境的场景，画面鲜活生动。这样的设计可使主题突出，能够很好地引起消费者的注意，从而唤起人们的购买欲望，如图 3-1-23 所示。用设计元素布满版面空间，可以产生画面代入感，让界面的版式具有良好的视觉张力，设计感强烈。满版构图的界面能够让人产生轻松活泼的印象，配合跳跃的元素，画面会出现热闹欢快的视觉效果。如图 3-1-24 所示，在促销页面中经常可以看到满版构图的运用。

图 3-1-23　满版构图

图 3-1-24
满版构图的海报

（9）图文散构

图文散构是图与文字、图与图等采用自由、分散的排列方式，可以有规律，也可以随意调整。图文散构的版式充满自由轻快之感，可以凸显作者的个性和想法。灵活搭配图片和文字的大小、主次，能使人们的阅读视线在界面上自由地移动，给人一种散而不乱的视觉体验，如图 3-1-25 ~ 图 3-1-27 所示。

图 3-1-25　墨西哥国际双年展海报

图 3-1-26
舞台音乐双年展海报

图 3-1-27　图文散构

（10）重复构图

重复构图指把相同或相似的元素进行重复的、有规律的排列，使其产生一定的秩序、节奏与韵律，给人以视觉上的重复感。将一种图案或图形进行重复排列，增强了图形的识别性和画面的生动感，既能强调主题，加深人们的印象，又能使界面形成强烈的视觉效果，如图 3-1-28 和图 3-1-29 所示。

图 3-1-28　墨西哥国际双年展海报

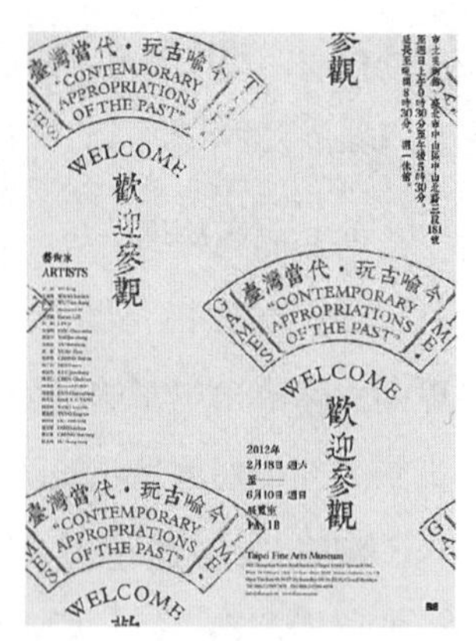

图 3-1-29　“台湾当代·玩古喻今”展览海报

二、界面版式设计中的设计要素与平面构成的关系

1. 界面版式中点、线、面的构成关系

平面构成主要是研究点、线、面三者之间的关系，通过点、线、面不同的视觉表达形式，运用简单的对比形式形成一幅完整的视觉画面；而界面的版式设计主要是通过造型元素、文字元素、图片元素来进行所属界面上的视觉规划，通过不同的排列形式组合成视觉界面的版式。从表面上看，界面的版式设计与平面构成原理并没有太大的联系，但是可以将一幅完整的视觉画面进行拆分，通过对比，就能发现二者之间的联系。对于在界面中使用的文字元素，如果将界面中一个单独的文字和字母提取出来，那么这一个文字或字母就相当于平面构成原理当中点，同样，界面中的一张图片也能作为平面构成当中的点来体现；线的应用与点的原理相同。整体来说，平面构成原理当中的线主要是通过许多点移动、排列组合而成的，比如一行文字或者一列文字就会形成线的视觉效果。一些用来调节视觉画面平衡感的线条也可以理解成平面构成当中的线，点和线的视觉转化主要通过元素之间的对比来进行。而面的概念则更容易理解，在界面的版式当中可以将一些用于留白所规划的区域理解成面。虽然这是一种空白的界面版式，但是这在平面构成当中就是面的形成原理。除了留白，通过点和线的有效排列和组合也会形成面，这种表现形式在界面的版式设计当中最为普遍，比如排列较为密集的一段文字，以及一些较大的图片和图形可以理解成面，线通过不断地重复与排列同样也能形成面。由此看来，平面构成原理与界面的版式设计有着很大的联系，二者的结合是实现一个优秀的平面设计作品的前提。

（1）点

点是最简约、最基本的构成元素之一。点虽然面积小，但是对它的形状、方向、大小、位置等进行编排设计后，它就会变得相当具有表现力。这在界面的版式设计之中称为一种视觉感受。界面版式中的点既可以是一个字，也可以是一个符号或一个图形，将它们进行不同的组合与排列，就可以产生多种不同的视觉效果，如图 3-1-30 所示。

图 3-1-30　清水三年坂美术馆海报

（2）线

线是点的移动所产生的轨迹。在界面的版式设计中，线可以是一行文字、一条空白或一条色带。然而每一条线都有属于自己的独特的表现方式。在传统书籍设计中行、栏的分割就是线的一种表现形式，它给人以秩序的美、规则的美。竖直方向的线令人产生向上的感觉；曲线带给人们流畅、柔美的感觉。线条的粗细也会带给人们不同的视觉感受，两条相同长度的线，粗细不同，会带给人们远近不同的感受，这就是所谓的线的“表情”。饮料广告中的线如图 3-1-31 所示。

图 3-1-31　饮料广告中的线

（3）面

面是点或线密集到一定程度所产生的，往往会表现为不同的形，如规则的基本的圆形、三角形、正方形等，而这些形在界面的版式中都具有不同的视觉效果，圆形具有一种运动感，三角形具有稳定性、均衡感，正方形则有平衡感。面是形的一种具体表达形式，在视觉上有一定的重量感。所以在界面中出现的面，在视觉强度上要比点、线强烈得多。面的大小、虚实、空间、位置等不同状态都会让人产生不同的视觉感受，如图 3-1-32 所示。

通过平面构成原理来进行界面的版式设计，要把平面构成的点、线、面的关系应用到界面当中，也就是要将复杂的界面内容进行简化，依据点、线、面的构成进行划分，将元素的关系简化成点、线、面的关系。通过这种方法，在界面的版式设计过程中才能集中体现出界面的主题视觉效果，依据

图 3-1-32　杂志中面的应用

点、线、面的关系突出主题内涵，才不会受到其他因素的影响。如此看来，如何处理好界面中的文字、图形和图片等元素间的构成关系，其实就是如何确定好界面的版式中点、线、面的关系。

界面中的基本构成元素在设计中的几种表现形式并不是单纯的、具象的，而是在界面版式之中的一种相对的视觉效果。这几种构成元素往往是相互穿插、相互支持的，并非是单独的、脱离其他元素而独自存在的。元素之间的协调统一，可以使界面简洁化，同时也避免了界面版式的生硬、呆板或杂乱无章。

2. 点、线、面的形式美法则

在平面构成中，点、线、面元素的设计排列要遵循一定的设计规律和原则，主要向公众传达一种秩序上的美感，也可将之称为形式美。形式美是一种基于自然状态，经过人为处理的美的表现形式，是一种对视觉经验进行总结而产生的美的视觉规律。美感是大自然赋予人类最深刻的启示，它传达的一个重要信息就是，任何事物的运动和变化都是有规律可循的。因此，在界面的版式设计当中，如果想要创造美的形态，就要遵守一定的造型法则。

为了让界面的整体布局合理，必须要处理好点、线、面的关系。点、线、面关系的处理既适用于平面设计构成当中的形式美法则，也适用于界面的版式设计：对称与均衡的原则体现在界面的整体效果上，是一种构图原则，有赖于各要素位置的摆放和大小关系的协调；变化和统一的原则可被看作是界面版式布局的总的指导原则，既可当作是界面版式中色彩搭配的原则，也可理解为界面版式中文字大小和文字字体的使用准则。变化强调个性，而统一的目的则是和谐。

下面来欣赏点、线、面结合的经典案例，如图 3-1-33 ~ 图 3-1-35 所示。

图 3-1-33　点、线、面结合的设计

图 3-1-34　线、面结合的设计

图 3-1-35　线、面结合的 Banner 设计

3. 界面版式中的视觉流程

无论是变化太多，还是过分统一，都会让整个界面的版式设计陷入一种极端状态。另外，图形、图片在界面版式中的安排也应遵循一定的比例和分割原理。而文字、图形或图片连续的有规律的变化则体现出视觉上的节奏美和韵律美，增强了界面的感染力。可以说，在进行图文编排的时候，其实已经使用形式美法则进行整体的界面版式设计了。当人们在观看一幅设计作品时，视线会不自觉地沿一种视觉流动顺序移动——首先会纵观全幅作品，接着视线会跟随画面中各要素的强弱变化有序地移动，对画面形成大体上的认知，而后视线会停留在某一感兴趣的点上，最后人们会根据自己的理解来获取信息。这就是通常所说的界面版式设计的视觉流程。

合理的布局和色彩搭配不仅仅可以美化界面的版式，更可以对受众形成视觉上的引导。心理学上的研究表明，人们的视觉流程简单地说是“从上到下”“从左至右”，所以界面的上方、左方、左上和中部最容易引起注意，可将这些部位称为“最佳视域”，如图 3-1-36 所示。视觉流程的建立不仅涉及心理学方面，还可以用平面构成原理来分析。在最佳视域中，通过各种表现手法和形式的合理安排，可以创造出一个引人注目的“点”，从而捕捉受众的目光，可以将其理解为构成要素的空间定位。

视觉流程是受众的视线在某种导向引导下沿着一定的顺序移动的过程。这种顺序由特定的视觉元素决定，视觉元素的编排构成版式的形式语言。理解视觉流程的概念，并依据信息传递的需求建立不同类型的视觉流程，有助于把握版式的逻辑秩序，突出版式设计主题。在版式设计中，常用的视觉流程包括直线流程、曲线流程、导向流程、重心流程、反复流程和散点流程等。

直线流程形式较为直接，最大的特点是直击主题，极具视觉冲击力和感染力。根据直线的方向，直线流程可以分为横向流程、竖向流程、斜向流程、相向流程和离向流程，如图 3-1-37 和图 3-1-38 所示。

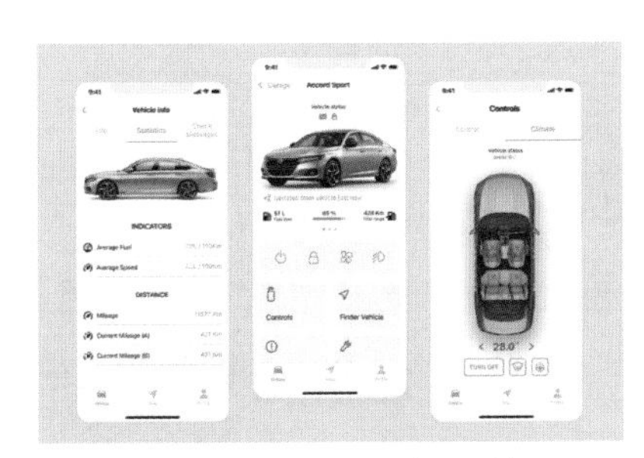

图 3-1-36 app 界面布局设计

图 3-1-37 竖向流程

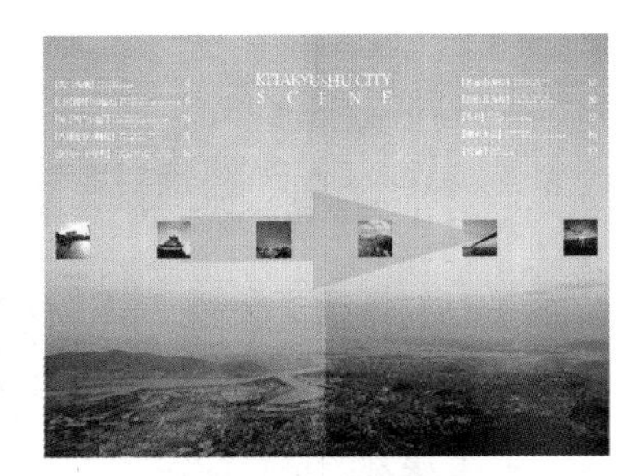

图 3-1-38 横向流程

曲线流程具有灵活变化的形式，因其柔和的形态能使视觉元素的呈现极具美感。曲线流程包括无机曲线和有机曲线。无机曲线需要借助工具绘制，线条规范齐整，如抛物线、S 形曲线等均为无机曲线，版式设计中按无机曲线流程进行设计可使版式视觉元素的编排具有秩序感和节奏感；有机曲线一般为徒手绘制的，自然界中动植物形态的曲线均为有机曲线，版式设计中按有机曲线流程进行设计能充分使版式灵活多样，充满自主性和个性。

导向流程指在版式设计中运用符号、元素或色彩引导受众的视线，使受众能按照设计者的意图完成浏览过程，常用于信息可视化图表中。导向流程分为放射性视觉流程及十字形视觉流程。放射性视觉流程是运用点和线的引导，使画面上的所有元素集中指向同一个点，形成聚焦效果；十字形视觉流程的视觉元素能使读者的视线从版面四周以类似“十”字的形式向中心聚集，即通过横竖交叉浏览的形式达到突出重点、稳定版面的效果。

重心流程是以视觉重心为中心展开版式设计。需要注意的是，视觉重心不一定就是版面中的物理中心，可从向心、离心、顺时针旋转及逆时针旋转等方面来考虑视觉元素的安排。采用重心流程对版面进行设计，可以使版面的主题表现更加鲜明、生动。

反复流程指运用相同或近似的视觉元素，使之多次出现在版面中，形成一定的重复感。反复流程广泛应用于视觉设计，能加深受众印象、突出设计主题。在版式设计中，对视觉进行反复引导，可以增加信息传播的强度，使版面形式有条理，产生秩序美、整齐美和韵律美。

散点流程是将版面中的视觉元素分散排列在版面的各个位置，特别适合呈现轻松、自由、欢快的效果。散点流程应用的关键是形散意不散，需要充分考虑图文的主次、大小、疏密、方向等因素。散点流程分为发射型和打散型。发射型是把版面中的视觉元素按规律向同一焦点集中；打散型则是将完整的个体打散为若干部分并将之重新排列、组合，从而形成新的视觉秩序。

三、视觉焦点与视觉层次

1. 视觉焦点

视觉焦点是受众第一眼就注意到的对象，是传达信息中的重点。界面需要有焦点才能吸引注意力、形成节奏感。如果没有视觉焦点，受众的视线就会游离、飘忽，继而失去兴趣。视觉焦点应用的是隔离效应，在多个相似的对象中，与众不同的那个比其他的更能让人记住，产生深刻的记忆印象。

视觉焦点的形成首先要有视觉的独特性，即视觉焦点元素与其他元素不一样；其次，视觉焦点在整个界面当中所占的区域较大，是一种占据画面视觉中心的设计元素。以下介绍几种制造视觉焦点的方法。

（1）对比形成差异，重复后异化

设计师通常会使用一些对比手法来形成视觉焦点，吸引受众的注意力。比如大小对比、形状对比、色彩对比、位置对比、间距 / 疏密对比、肌理对比、形式对比、角度对比、方向对比、字体对比等，如图 3-1-39 所示。

（2）视线引导

通过具有指向性的元素（箭头、三角形、线条等）、图片（道路、灯光等）、人物视线等，引导受众视线关注到重点内容。如图 3-1-40 所示，左上角元素经线条延伸与右下角元素连接。再如图 3-1-40 所示，人物的奔跑方向以及画面中的箭头指向均为向右。

图 3-1-39 《罗曼蒂克消亡史》海报

（3）特殊视角

不常见的视角会让人感到陌生、新奇，从而吸引人的注意力。比如，对于运动相关内容来说，具有动感的视角会增加视觉吸引力。

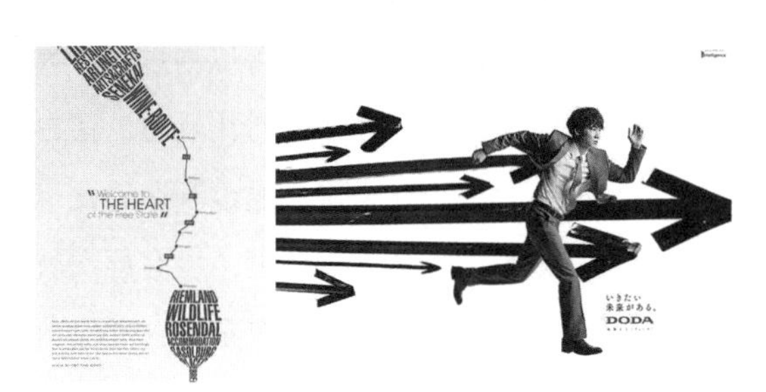

图 3-1-40 视线引导海报

（4）找到合适的焦点位置

设计师一般会将重要信息放置在界面版式中的视觉冲突点上，比如界面的黄金分割点、网格布局的交叉点、左上角到右下角的连线上，如图 3-1-41 和图 3-1-42 所示。

2. 视觉层次

视觉层次是界面版式设计当中的信息识别层级，可通过设计元素来建立视觉信息的结构关系，通过视觉层次展现界面版式设计的主次关系，像音乐节奏一样此起

图 3-1-41 焦点海报

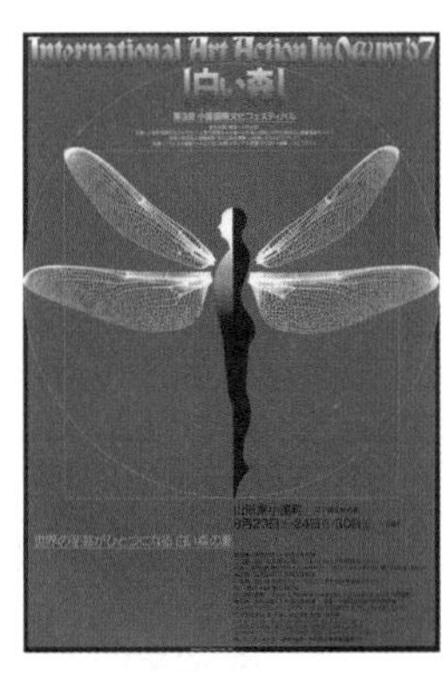

图 3-1-42
佐藤晃一的焦点海报

彼伏，引导人们对界面的信息进行一定层次的获取与理解，实现信息的最佳传播效果。如果界面的信息没有层次，会让视觉效果失去主体性，给人一种乏味的视觉感，受众不能集中注意力。视觉层次是利用格式塔心理学的接近、相似等原则，对内容进行组织，以层次化、结构化的方式，简化信息的复杂度，通过视觉画面的结构层次来引导人们按照预定的设计思维对整个界面的版式进行解读、思考以及信息的获取与组合。这对受众群体有一个好处，就是他们不会因为自身条件（如每个人的知识背景、文化习俗、生活经历和性格等）的差异而造成不同的解读。这个好处在现代商业广告传播当中体现明显，商业广告的目的是向公众传达特定的商业信息，从而增加人们对广告信息的理解，增加商业消费。

丰富的视觉层次能够增加界面的视觉空间及跳跃率，使整个界面的版式更加丰富生动，吸引受众。视觉层次的展现可以通过各式各样的视觉元素组合实现，如文字、图形、背景、色彩等。对于文字而言，视觉层次的划分主要通过字体、字号、颜色、字间距、行距、背景色、图标等方式来区分，可通过调整字与字之间的对比关系实现视觉层次的展现。同样，也可以使用背景与设计主体之间的对比关系来体现视觉层次感，可以通过使用在视觉上较为平淡的背景来突出主题，使整个画面有前后的对比；还可以使用色彩之间的饱和度、明度之间的对比来体现视觉层次感，在画面最前面的视觉元素可以使用饱和度及明度较强的色彩，对依次往后的元素逐渐减弱色彩对比。

对于这些元素而言，一般可以通过尺寸大小、线条粗细、颜色色调与明暗、透明度、模糊程度、复杂程度、与背景的对比反差、留白的大小、阴影、有无装饰元素、边框等来进行视觉层次的区分。也就是说，通过制造对比、形成视觉差异来划分层级。

层次的划分应该适度、合理，没有层次就没有节奏，但是划分得过于琐碎就失去了组织信息的意义。另外层次应该也有重复、呼应，以保持界面的整体感。

3. 视觉设计的三大维度

（1）信息传递

信息传递的作用是将界面的信息直观、简洁地传递给受众，让人们能够明白画面表达的内容，以快速、清晰地获取信息。增强信息传递效果的方法有：对界面进行整合，组织有效的视觉信息；对整体界面进行分层，使界面更加简洁；突出某一视觉元素来拉开视觉层次，突出界面的重点，如图 3-1-43 所示。

图 3-1-43　海报

（2）视觉美化

视觉美化的目的是让人们看得舒服，有美的享受。

视觉美化的方式：

呼应——界面内元素、颜色、形式相互呼应，整体感强烈，界面和谐，而非给人一种拼凑感，如图 3-1-44 所示。

节奏——形式上有所变化，增加韵律感，避免一成不变的乏味感，如图 3-1-45 所示。

饱满——规整的负空间让界面的整体感觉更加满足格式塔心理学中的简洁定律，人们会以最简单的形状来感知内容块，如图 3-1-46 所示。

图 3-1-44　呼应设计

图 3-1-45　节奏设计

图 3-1-46　简洁饱满的设计

（3）创新创意

创新创意的目的是让人们看得惊喜，形成记忆点。

创新创意的方式：

品牌延展——结合品牌形象，强化品牌认知。如图 3-1-47 所示，设计师巧妙地突出帽子的创意点，设计感十足。

图形延展——将语义图形化，增加趣味性和设计感，让人更加容易理解信息，如图 3-1-48 所示。

图 3-1-47　强化品牌设计

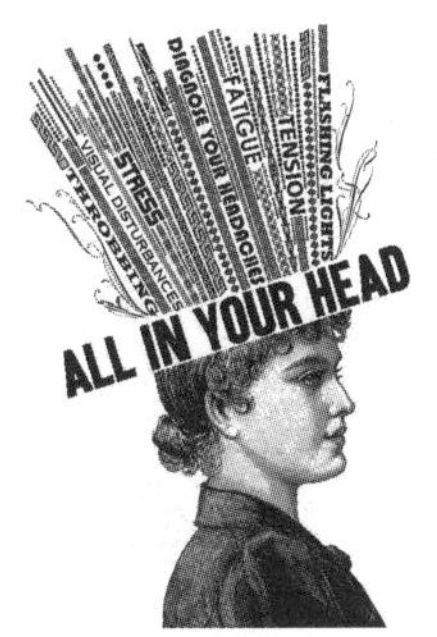

图 3-1-48　图形延展设计

最后，对界面的版式设计进行总结，如图 3-1-49 所示。

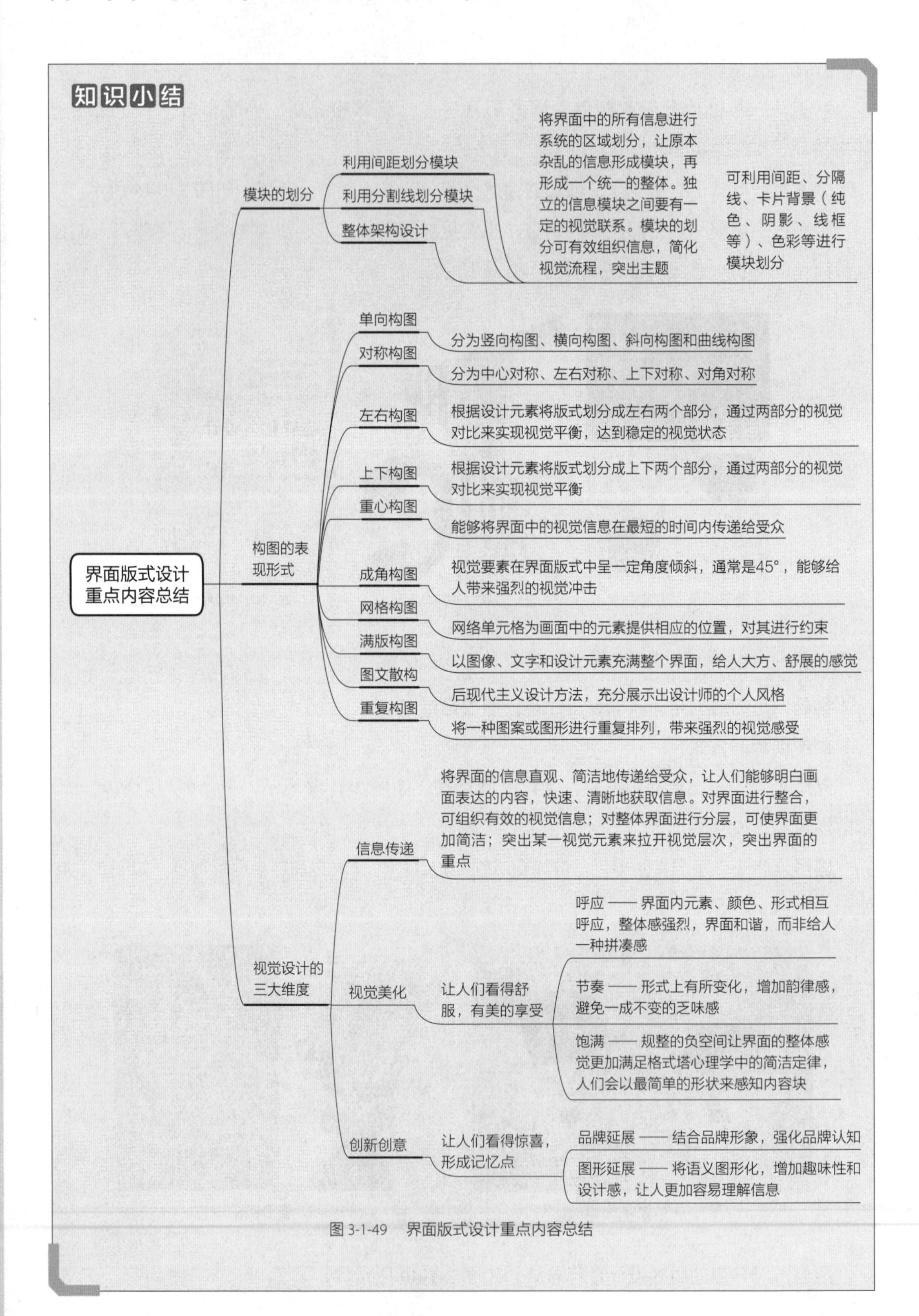

图 3-1-49　界面版式设计重点内容总结

四、界面版式设计的技巧

界面版式设计的技巧有很多种，接下来介绍几种常用的界面版式设计技巧。

1. 大小和比例

比例指的是大小的对比。相关要素之间比例差异越大，对比就越强烈，给人的冲击感也就越强。如图 3-1-50 所示，人物占据一个较大的“面”，与旁边的小字形成强对比，视觉冲击强烈。

图 3-1-50 冲击感强的设计

2. 突出与反差

反差指的是多个要素之间的差异。差异越大，反差越明显，特定要素越显眼；相反，差异不大，反差越不明显，无法体现出重要的元素与重要的信息，不会给人们强烈的印象。突出重点的设计如图 3-1-51 所示。

图 3-1-51 突出重点的设计

3. 节奏与动态

节奏指由强弱元素在空间内有规律或无规律的阶段性变化。在界面设计中，为了表现出作品的节奏，常把许多相同形状的要素以多种角度编排，营造出跳跃的节奏感，如图 3-1-52 所示。

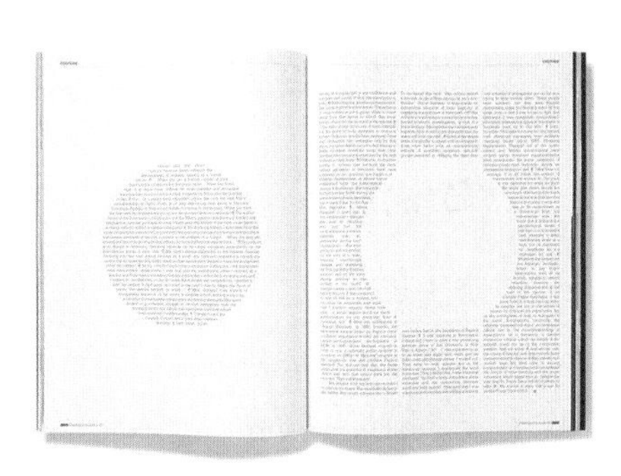

图 3-1-52 节奏跳跃的设计

4. 满排版

满排版可以简单理解为把界面排得满满的，会使界面变得活泼热闹，如图 3-1-53 所示。若要在其中强调某个要素的差异化与重要性，除了可以用线框包围、分隔等方法来寻求差异化。

图 3-1-53 满排版设计

5. 留白

在界面设计时可用在周围留白的方法强调重点元素，也就是用孤立的设计方法进行强调，如图 3-1-54 所示。这种方法在界面版式有充足空间的情况下很有效。在重点元素周围的留白意味着，它与其他要素的内容不同，因此留白一定要足够彻底，要把留白做得足够大。

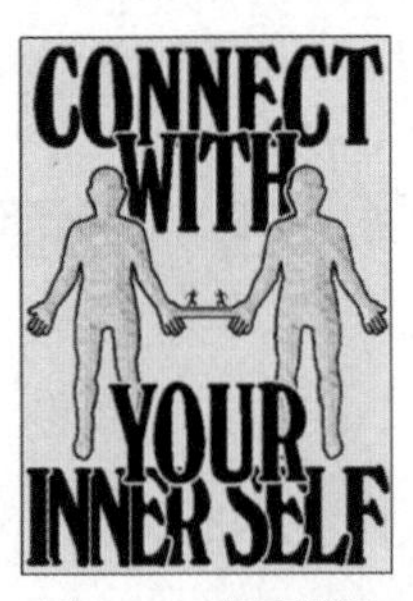

图 3-1-54　留白强调

五、界面版式设计的法则

版式设计法则能使界面版式设计呈现整体而完美、和谐而富于变化的形式美感，通过有效协调各种设计元素之间的关系来满足设计需求。常用的版式设计法则包括统一法则、节奏法则、对齐法则、平衡法则、留白法则、聚拢法则、重复法则、对比法则、层次法则和网格法则等。

1. 统一法则

统一法则指依靠加强或减弱对比因素，使视觉元素协调一致，整体视觉效果趋向缓和，形成和谐的画面。统一法则是界面版式设计中最基础的设计法则。强调统一时应注意度的把握，因为过分统一容易产生呆板感，导致受众产生视觉疲劳。

2. 节奏法则

节奏法则源于音乐的概念，是界面版式设计的常用法则。节奏是在均匀、不断地重复中产生的频率变化，能使单纯的更单纯，和谐的更和谐。界面设计中的节奏感主要建立在以比例、轻重、缓急或反复、渐次的变化为基础的规律的形式上，这种规律的形式一般通过各种视觉要素的逐次“运动”达到和谐美感。

3. 对齐法则

对齐法则在界面版式设计中指视觉元素的位置关系，一般包括左对齐、右对齐、居中对齐和两端对齐。左对齐、右对齐指界面中的元素以左侧或右侧为基准对齐，能给人带来整齐、严谨、区分明显的视觉感受。左对齐是界面版式设计中最常见的对齐方式，也是最符合视觉心理学的、阅读最舒服的方式；相对于左对齐，右对齐不太常用，因为右对齐的方式与人的常规视线移动方向相反，会使受众的阅读效率降低，产生人为干预的感觉。但也正因如此，右对齐方式会彰显个性，能产生与众不同的强烈视觉冲击力。居中对齐指界面中元素以中线为基准对齐，会产生正式、稳重的视觉感受，显得中规中矩，常应用于高端、成熟的品牌宣传品的界面设计。两端对齐是把界面中的元素拉伸或缩放以与其他元素两端平齐，常用于大段落文字的编排，有利于阅读。但如果文字排列用了两端对齐的方式，有可能使文字间产生较大空隙，从而影响视觉体验。

4. 平衡法则

平衡法则指通过对界面素材、色彩、构图等视觉元素的编排，使界面达到稳定的状态，它是形成界面形式美感与布局构图的基本准则，也是界面设计中必须遵循的设计法则。这里的平衡包括物理平衡与视觉平衡。物理平衡指界面元素编排在量和形的维度上相同或相对对称，使界面产生平稳、安定的视觉感受；视觉平衡指通过将理性的分析与感性的体验结合，使界面在视觉及心理上产生相对均衡的形式美感。

5. 留白法则

留白法则不是单独存在的概念，它必须建立在与文字、图片等视觉元素产生关联的基础之上。遵循留白法则而产生的空白能使图片和文字有更好的表现。在中国传统美学思想中有“计白当黑”的说法，其中，“黑”指的是图文编排内容。通常情况下，受众的兴趣一般都集中在图片和文字上。但从美学角度看，留白能很好地放松人的视觉，从而凸显图片和文字信息，引起人们的注意。在界面版式设计中，巧妙地利用留白可以增强界面的空间层次，集中人们的视线，更好地衬托主题。

6. 聚拢法则

聚拢法则在界面版式设计中主要用于信息归类，即通过信息亲疏关系的划分把图文视觉元素分成若干区域，将相关内容聚合在同一区域中以形成相应信息层级来引导阅读。能够有效运用聚拢法则是视觉设计师应具备的信息组织能力——通过视觉手段把内容进行分层重构并形成信息传达的先后顺序，使受众获得高效、有序、精确的视觉体验。

7. 重复法则

重复法则指把界面版式中相同或相似的视觉单元有规律地反复排列，呈现单纯、整齐的美感，其中的视觉单元可以是单个元素，也可以是组合模块。重复的视觉效果取决于对视觉单元的处理，组合视觉单元的重复能产生统一且有变化的效果，重复单个元素时则应考虑如何有效避免单调。

8. 对比法则

对比法则指将两个或两个以上元素比较而产生需要的效果，遵循此法则可使各视觉元素的特点更鲜明、生动，形成强烈的视觉冲击力，使界面版式设计的主题更加突出。对比法则包括大小对比、黑白对比、图文对比、色彩对比和动势对比等。大小对比可以凸显主题内容，是最常用的对比法则，能体现在各种主题的界面版式设计中；黑白对比具有极强的视觉冲击力，表现张力极大，可以明确地传达界面信息，不易产生歧义和误解，使界面更清晰、明朗；图文对比是将文字图形化或用图形来表现文字，通过建立图文的主次关系来确定对比的主体和陪衬因素，明晰界面版式设计视觉语言；色彩对比是依据色彩三要素，即明度、色相、纯度的比较而产生符合不同主题的界面版式设计效果，此外，还包含色彩的面积对比、冷暖对比等；动势对比是运用图文元素运动或发展的倾向对比，使整个界面产生视觉张力和冲击力，能有效打破界面的平淡状态，从而丰富界面的视觉呈现形式。

9. 层次法则

层次法则在界面版式设计中指合理安排界面构成元素的布局关系。根据层次原则，应将不同的图片、文字等进行错落有致的合理排列，从而使界面整体美观、高雅大方。在界面版式设计中，视觉元素的层次体现在版式的整体、造型、色彩及处理方式等方面。整体的层次化建立在对内容的理解上，需要通篇考虑、突出重点，使整个界面安排呈现先后顺序。造型是界面版式构成的具体元素之一，将不同造型形态进行归纳、分类，使界面整齐、统一，实现造型的层次化。色彩的层次化体现在同一界面中应使用相对固定的配色组合，因为过多的色彩会分散受众的注意力，不利于界面整体的统一。处理方式的层次化指对界面视觉设计处理手法的合理应用，过多的处理手法会造成版式语言混乱，应根据主题采用恰当的处理手法使界面视觉效果条理明晰、层次分明。

10. 网格法则

网格法则是最基本的界面版式设计应用系统，也是使界面元素有序排列的基础保障。假如在界面版式设计中没有任何可作参照的标准，编排工作将难以展开，使用网格对界面进行规划会达到事半功倍的效果。网络的分类如图 3-1-55 所示。

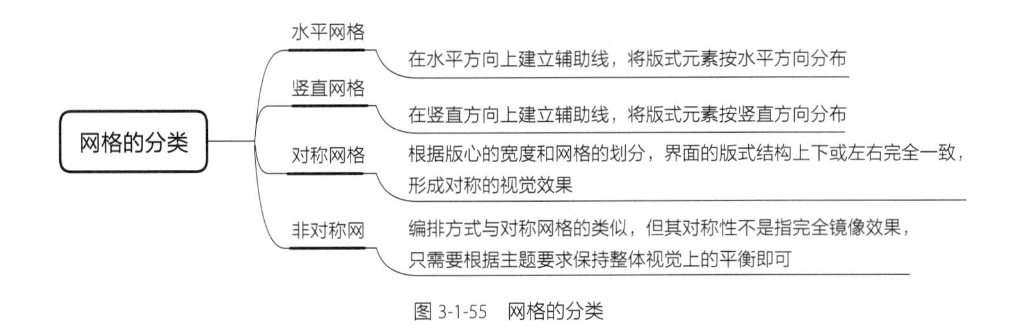

图 3-1-55　网格的分类

六、界面版式设计的要素

界面版式设计的七要素为视觉度、图版率、跳跃率、网格拘束率、版面率、文字元素在界面版式设计中的应用、字体印象。

1．视觉度

界面版式设计的视觉度可以理解为设计画面的视觉表现力、视觉张力，也就是在视觉上给受众的感受。明快的色彩能够给人强烈的视觉印象，此外，图形和插图同样也能给人这种强烈的视觉感，有明快视觉感的元素的视觉度就高；而在视觉形式方面，那些在形式和内容上安静的图片或纯文字等，它们的视觉度低。视觉度高能够给人眼前一亮的感觉，能够拉近设计作品与人的距离，更加亲切、更具亲和力、更“接地气”，能够引起人与作品之间的情感互动，适合用于旨在招募、吸引人参与的活动类界面等。而视觉度较低的界面版式则会和人产生一定的距离感，视觉表现整体上看起来更加高冷，专业性更强，更突出产品的理性特征，不掺杂其他过多的元素，其主要目的就是让人迅速了解产品的特性。视觉度较低的界面版式主要适用于高端奢侈品的宣传界面，主要展现“高大上”的格调。在进行界面版式设计的时候，要先针对设计主题来确定视觉度，依据想要表达的设计风格与气质的差异，从整体上选择合适的视觉度来表现视觉画面。

2．图版率

图版率就是界面版式当中的图片及一些装饰元素在整个画面当中的占比。纯文字的书籍的图版率为 0。如果整个界面中全都是图片，那么它的图版率就是 100%。图版率越高，整体的界面就越活跃，能够引导人们快速浏览整个界面，寻找最为关键的内容，同时，在这个基础上实现信息的有效传播。图版率高的界面版式适用于通过快速浏览来传递信息的设计作品当中，如杂志、报表等，在设计风格上要与图片及主题内容特点相符。若运用留白的表现形式体现出主题内容，较高的图版率能够放大整体界面的气质。图版率较低的界面在视觉表现上会显得安静、和谐、雅致，这种形式大多应用于以文字内容为主的设计作品，主要通过文字来引导人们仔细、认真地阅读信息。

提高图版率的方法有很多，主要可以通过以下几个方面实现：首先，可以将图片重复利用，增加图片的数量以实现区域面积的图版率；其次，可以通过底色的变化来增加色彩面积的对比；再次，就是将视觉信息图形化，比如将数字放大作为图形、使用数据图表代替数字、使用图解图或符号等增加说明性；最后，可以通过图形（点、线、面）、图标、纹理，以及图案来进行装饰，为整体的视觉效果增色。

3. 跳跃率

跳跃率指界面中各部分内容尺寸的比率，也就是某一类元素或者界面中的某一区域在整体画面的视觉跳跃感。界面版式的跳跃率高，界面中各部分的内容就会有明显的差异，从而形成鲜明的视觉对比效果，突出所要表达的信息。跳跃率高能够让设计画面更加多样，界面内容富于变化，具有强烈的节奏感；相反，跳跃率低则会给人一种沉稳、可靠的印象。界面版式设计中的跳跃率没有好坏之分，要针对设计主题使用恰当的跳跃率，展现出设计主题的明显特征即可。界面版式的跳跃率主要包括文字跳跃率和图片跳跃率，这是依据平面构成的理论知识为载体，通过界面版式上的构成关系实现整体界面的版式跳跃。文字跳跃率指通过文字与文字的直接对比来实现文字“跳跃”，主要通过文字的虚实对比、大小之间的对比来实现；图片跳跃率一般指界面中最大图片与最小图片的比例。不过，对于图片而言，图片和界面版式的内容本身就具有一定的跳跃率，其决定了整个界面版式的活力，利用图片跳跃率时，还要结合前边所讲的视觉度来进行对比。视觉度较低的图片，即使将其尺寸放大，也不能体现出整体的活力，而是更加强调了画面的安静氛围。因此，进行界面版式设计时所采用的图片素材要与整体的设计风格一致，体现出画面的和谐感。

对照片而言，如果其面积较大，可以采用特写照片来增强某一区域的视觉效果；相对小的照片可以通过重复的方式，根据区域面积来进行界面的版式调整，同时根据空间感的视觉对比来增加跳跃率，形成具有跳跃距离感的视觉空间，体现出空间深度，使界面更加错落有致、有节奏、富于变化，如图 3-1-56 所示。

除运用图形和图片增强跳跃率之外，还可以运用色彩来增强视觉画面的跳跃率，通过颜色区域面积的对比，以及色彩的明度、纯度、饱和度等的对比，实现视觉画面的“跳跃”，增强画面的视觉效果。

图 3-1-56　跳跃率大的设计

4. 网格拘束率

在进行界面的版式设计之前，先要通过前期的构思确定布局网格，即栅格系统。栅格系统的英文为 Grid Systems，还可以翻译为“网格系统”。运用固定的网格设计界面的布局，版式的风格工整、简洁，这已成为现今出版物设计的主流风格之一。这是一种体现在设计隐性思维的界面版式设计方法，即通过网格系统进行整体的设计构思，也就是构思设计元素之间的位置关系及其在整体布局上的位置变化。原则上，界面中的元素都要依据网格线进行布局，这样的界面版式是被网格约束住的界面版式。当然，有时也会无视网格线，自由配置各元素，形成脱离网格约束的界面版式。这网格控制力的高低就是所谓的网格拘束率。如果网格拘束率高，则会体现出理性、庄重、严谨的感觉，这样的视觉画面比较适合应用于严肃、传统的内容；而网格拘束率低则体现出设计思维的自由，界面版式布局的随和，可营造出一种比较轻松愉悦的氛围。

从界面版式设计的流程来看，应先建立有条理的界面版式秩序，按照规范的栅格系统，根据设计元素及界面的内容依次排布。同时，还可以使用其他辅助元素进行装饰，增添界面版式的变化。然后根据整体的设计风格运用对比等手法，实现最佳的网格拘束率。在界面的版式设计当中，照片的形式包括角版和挖版。角版图受网格系统的规范约束，体现稳定、权威，适用于重要的人物、严谨的规划图。挖版主要是退底，即去掉界面版式当中不合理的元素，比如照片的背景，只保留主题形象，使主题形象与背景更好地融为一体，打破网格的约束，更加自由。通过对角版图和挖版图的不同搭配和对比，可以在严谨、自由、趣味中调节整体界面的氛围。

网格系统的使用原理主要是通过竖向和横向的参考线，将界面分割成大小一致的格子，以网格作为参考来构建具有秩序感的界面版式。目前，在运营设计领域中，一般会使用既有横向又有竖向参考线的交叉网格系统，因为在运营设计方面，要体现出严谨的设计布局，不能有一丝一毫的瑕疵。在网页设计中，主要采用竖向的网格系统，通过网格的列实现对内容的竖向布局，通过构建网格来划分整体的设计内容。这样的操作对于设计师来说，能体现出设计的专业性、简捷性及设计主题的倾向性；对受众来说，通过网格系统来进行区域的划分可以迅速找到自己需求的信息。

网格系统的作用：整理界面内的元素，让界面的版式布局有条理、元素之间的关系紧密。通过设定规则，使同一系统内部的不同页面形成统一，实现部分与整体的统一。网格系统设计示例如图 3-1-57 和图 3-1-58 所示。

图 3-1-57　三重县力美术馆展览海报

图 3-1-58　正木美术馆开馆四十周年纪念展海报

5. 版面率

界面的版面率是所有内容在整体界面中的占比。版面率比较高时，留白较少，界面整体的利用率比较高，让人感觉丰富、热闹；反之，则给人一种宁静、典雅、高端的感觉，如图 3-1-59 所示。

版心指界面版式中，去除周围的白边后内容所占的区域。

界面版式的留白指界面版式中的空白区域，负空间，如图 3-1-60 所示。

图 3-1-59
无印良品的低版面率设计

图 3-1-60　界面版式的留白

6. 文字元素在界面版式中的应用

文字元素在界面版式设计当中主要体现在文字的对齐方式等方面，文字的对齐方式主要包括齐行型/齐左型、居中型、自由型。

齐行型/齐左型：齐行型是两端对齐，合理的、标准的、面向商业的，更加体现出界面版式的规范化，在大多数情况下，齐行型的界面版式设计主要用于商业形式的宣传。齐左型是左侧对齐，比齐行型更加自然、自由，同时还能够根据人们的阅读心理来引导人们进行信息的获取，比自由型更加规范和标准。

居中型：在界面的版式设计中，居中型的文字主要是针对标题性文字，比如主标题和副标题。一般会将标题文字置于整个画面的中央，也就是居中对齐。通过居中对齐的排版方式能够突出设计的主题，引起受众的注意。

自由型：自由型在整个界面的版式中没有具体的对齐中心，视觉中心要根据画面的结构及元素的构成来确定。自由型在形式上不受客观因素的影响。设计师可根据本人的设计思维来进行创作，包括其自身的专业能力及对设计主题的理解。在界面的版式设计过程中，设计师也可以利用图片元素来进行自由型的界面版式创作，如根据图片的变化进行自由排列。但是，这里所说的自由排列要合理地体现出平面构成的设计形式，设计师应根据专业基础来进行自由的设计表达。自由型的版式在作品的设计内涵上体现自由的、随意的、有活力的特征。

7. 字体印象

在界面的版式设计中，字体的视觉形象能够给人留下深刻的印象。字体印象主要包括字体的类型、字号、字间距、行距、颜色、字体跳跃率等，这些都会影响文字整体的气质。比如，无衬线字体给人的感觉比较干净简洁，体现出现代简约的时尚感，而衬线字体则体现出东方的典雅之美，有古朴纯洁的气质。粗字体能够体现出男性气质及力量感，细字体则体现出女性之美，时髦、纤细的感觉。这些感觉也可以用字体的字号来体现。字符与字符之间的距离能体现出整个界面版式的视觉跳跃感及情感印象。颜色作为主观的视觉表达介质，设计师可依据设计主题的内涵及设计思维，将情感应用到色彩上，从而形成字体的视觉印象。字体印象示例如图 3-1-61 所示。

图 3-1-61　字体印象示例

第二节
界面的文字设计

文字设计是将文字按视觉设计的规律进行视觉符号的再造与重组。随着生产力的不断发展，文字设计在界面视觉设计领域的应用越来越广泛，主要包括 Logo 设计、广告设计、包装设计及各类传媒应用软件等领域，并且在信息传播方面发挥着重要作用。

一、文字设计概述

1. 文字的功能

1）信息交流与传播。文字的出现架起了人与人、人与社会沟通的桥梁，随着科学技术的快速发展，文字信息的传播形式更加多样化，这促进了信息的交流与传播。

2）文化象征与传承。文化是一个民族和国家的灵魂，而文字则是文化传播的具体载体，通过文字的传播展现出各个国家、民族特有的文化，文字成为具有代表性的视觉符号和象征。例如，博大精深的书法文化，传承至今，仍然保留着其极高的艺术气息，这是中国独有的文化符号，得以让我们研究、学习前人的艺术创作，丰富精神世界。

3）形象符号与视觉吸引。商业社会的发展赋予了文字全新的功能和用途——商业象征性，应用最为广泛的领域当属企业 Logo 设计、广告设计等领域。

2. 文字设计的含义

文字设计是一种追求文字视觉美感的设计形式，不仅在乎“形”的创造与设计，还要给人视觉上的审美感受。

文字设计包括书法体、印刷体及艺术体三个主要方面，三者既有联系又有区别。因社会意识形态及服务方向的不同，可以将书法体归类为“书写的艺术”；将印刷体归类为“信息传播的艺术”；将艺术体归类为“视觉构成艺术”。三种字体如图 3-2-1 所示。

3. 字体的分类

字体是视觉传达设计的关键元素之一。从视觉形态的角度可把字体分为中文字体和西文字体两大类。中文字体主要包括宋体系、黑体系、圆体系、书法系；西文字体包括旧式体系、现代体系、粗衬线系、无衬线系、手写体系，具体见表 3-2-1 和表 3-2-2。

图 3-2-1　书法体、印刷体、艺术体

表 3-2-1　中文字体的分类

字体类别	视觉特征	应用场景	字例
宋体系	笔画横细竖粗，横线尾和直线头呈三角状，点、撇、捺、钩等有尖端，有衬线	具有古典、文艺、清新的气质，字形端正、刚劲有力，常用于标题及正文	方正标宋、仿宋、中宋、思源宋体
黑体系	笔画横竖粗细一致，横平竖直，无衬线	具有醒目、强调、中性的效果，可用于标题及正文	思源黑体、微软雅黑
圆体系	由黑体系演变而来，拐角处、笔画末端为圆弧状，无衬线	既有黑体的严肃和规矩，又有灵动和活泼，更能明确地表达柔美和爽滑，可用于标题及字量较少的正文	幼圆、方正细圆、方正准圆
书法系	由书法艺术转化而来，每种字体均具有鲜明的个性化特征	在视觉传达设计中主要用于标题或其他装饰形态的表现	篆体、隶体、楷体、行体、草体

表 3-2-2　西文字体的分类

字体类别	视觉特征	应用场景	字例
旧式体系	小写字母的衬线有角度，和主干连接处会有一条线。所有曲线笔画都有从粗到细的变化，有衬线	没有特别强烈的对比，不易分散阅读注意力，常运用在字量比较多的正文	Garamond、Caslon
现代体系	结构严谨，笔画中有强烈的粗细过渡，强调线完全垂直，衬线水平且较细	醒目、冷静、高雅且具有强烈视觉冲击力，常用于标题	Didot、Futura

（续）

字体类别	视觉特征	应用场景	字例
粗衬线系	笔画只有细微的粗细过渡，小写字母上衬线较粗且为水平的	常用于标题，尤其是海报和广告的主题	Humanis、Geometric
无衬线系	笔画末端无衬线且粗细几乎一致，没有粗细过渡	简洁大方、美观、易读性强，广泛应用于正文，也可用于标题，可塑性极强	Arial、Helvetica
手写体系	模仿运用传统西文书写工具的书写字体效果	文艺、细腻，常运用于邀请函或书信。因识别性较弱，不适宜用于正文	Allura、Petit Formal Script

从视觉传达的角度看，字体的笔画可以分别对应为构成中的点、线、面，这些构成元素的组合能呈现出不同的情感特性，可以根据设计需求及主题的不同选择不同字体搭配应用。一般而言，笔画较粗的字体表现稳重、阳刚、硬朗的情感特性，笔画较细的字体则会有文艺、秀气、高雅的情感表现，如图 3-2-2 所示。典型字体呈现的情感特性见表 3-2-3。

大连交通大学艺术设计学院 light
大连交通大学艺术设计学院 regular
大连交通大学艺术设计学院 bold

图 3-2-2　字重带来的情感变化

表 3-2-3　字体的情感特性及应用范例

类别	情感特性	应用举例	字体举例
宋体系	秀气、质感、纤细、随性、细腻、高雅	腾讯新文创	方正博雅刊宋体、思源宋体
黑体系	硬朗、阳刚、粗犷、稳重、大气	腾讯云	方正正黑体、微软雅黑
圆体系	可爱、童趣、稚气、活泼	腾讯游戏、ABCmouse	造字工房悦圆体、雅圆体
书法系	奔放、狂野、力量	王者荣耀职业联赛	篆体、隶体、楷体、行体、草体

要特别说明的是，字体的情感特性并非一成不变，使用时结合设计需求、主题等，在不同的场景及应用要求前提下会产生不同的效果，需具体问题具体分析。

4. 字体的自然属性

字体的自然属性是字体在视觉设计中的相关参数表达，在设计软件中它以数据的方式呈现，方便了设计师进行调整和对照。字体的自然属性决定了字体在视觉设计中的呈现效果，是文字设计的重要影响因素，了解并掌握字体的各项自然属性有助于进行文字设计及运用文字进行信息传达。字体的自然属性包括字体名称、字体大小的单位、字间距、行距、字体样式、字体粗细、文字对齐、文字缩进等，见表 3-2-4。

表 3-2-4 字体的自然属性

类别	概念	应用举例
字体名称	字体的名称一般能直接体现字体的特点	微软雅黑、思源宋体
字体大小的单位	一般用点、像素或毫米来表示字体大小，不同的设计软件略有不同	1 毫米 =11.81 像素 =2.83 点
字间距	字与字之间的距离，一般以字体大小的百分比来表示	以 0 为基准上下浮动正负百分比
行距	段落文字中行与行的间距，用点、像素、毫米或百分比来表示	3.53 毫米 =41.67 像素 =10 点
字体样式	字体在特定视觉需求下产生的倾斜变化，软件默认的一般包括偏斜体、斜体、正常三种状态	—
字体粗细	指字体的笔画粗细，也叫字重。完整的字库包括多种字重以适应不同场景应用。通过软件可对字重进行更改，默认的一般包括正常体、粗体、细体三种状态	思源黑体有 5 种字重，Light、Normal、Regular、Medium、Bold
文字对齐	指段落文字的对齐方式，包括左、右对齐、居中对齐、两端对齐、强制对齐等	—
文字缩进	指段落文字中提前预设的偏离距离	—

二、文字设计三要素

文字设计主要通过图形创造、界面的文字版式及色彩的应用与表达三个方面进行设计形式的表达。

1. 图形创造

图形创造是通过创意思维对设计主题进行隐性思维符号的提取，也就是基于设计师个人的创意思维与主题结合进行创意思维开拓，通过筛选与整理，提取出最具有代表性的主题文化内涵，然后将所提取的隐形思维符号转化成显性的设计符号，也就是具体的图形设计。（注：图形创造过程中对隐性思维符号的提取需要设计师反复训练才能掌握。可以小组合作锻炼个人的创意思维，具体可以采用“头脑风暴”的方法，通过一个主题概念进行创意思维的无限放大，在此基础上进行与主题相符的内涵提取，然后进行图形转化。）

2. 界面的文字版式

界面的文字版式指将单个文字进行组合与排列从而形成一个整体的视觉画面。在进行文字设计时，如果只是将几个字简单排列，不仅使画面单调，而且无法实现信息的有效传播。可将文字进行合理的编排，使其充分发挥视觉要素的作用，从而更符合主题表达的需求。常用的文字版式包括横向排列、竖向排列、左/中/右对齐排列、线性排列和面化排列等。

横向排列是最常用的文字编排方法，也是最符合现代阅读习惯的；竖向排列符合古代用竹简记录文字传承下来的文字阅读方式。当文字字数较多时适宜采用横向排列方式，字数少时则可以用竖向排列方式，如诗歌、书名等，文字竖向排列能有效增强古韵，彰显文化品位。在文字排版设计时需特别注意，横排文字的阅读方式是从左往右，而竖排文字的阅读方式则为从右往左。

左/中/右对齐排列常见于对段落文字的编排，左/右对齐的排列方式有松有紧、有虚有实，让人感觉能自由呼吸、飘逸而有节奏感。文字左/右对齐时，其行首或行尾能产生一条清晰的垂直线，在与图形的配合上易协调和取得同一视点。与文字横向排列时类似，左对齐最符合人们阅读时视线移动的习惯；而右对齐则不太符合人们阅读的习惯及心理预期，但右对齐方式显得新颖有创意，常能有效营造视觉焦点。中对齐指文字以中线为轴线，两侧文字长度相等，其优点是容易集中视线，更能突出中心，整体性更强。用中对齐排列的方式进行图文搭配时，文字的中轴线常与图片的中轴线对齐，以取得版面视线统一。

线性排列及面化排列指把文字排列成为线、面，或群化为图形，强化文字作为图应用的视觉因素，达成图文的相互融合。文字的线性排列和面化排列能增强版面趣味性，是获得良好视觉吸引力的有效方式，能实现形式与内容统一。

在进行字体排版的同时，还可以加入一些辅助元素，使整个版式的细节更加突出。在进行元素搭配时，各部分之间的排版位置、大小比例等细节都是有章可循的，掌握这些排版的规律，可以让文字更加美观、耐看。

界面的文字版式设计原则

1）文字版式应与主题相契合，比如，企事业单位等使用的界面的文字版式应严肃、正规化，让人一目了然。商业文字版式则是以消费人群及商业性质为主要契合点。

2）界面中文字的版式应该留出适当的空白区域，让界面有“呼吸空间”，给受众轻松愉悦的感受。

3）字体的大小应根据设计内容的需要而改变。在界面的文字版式设计过程中，字体的大小由内容决定，要突出主次关系，即主标题——副标题——文案，也就是说，主标题在整个界面的文字版式当中是最突出的，是受众最先注意到的；其次是副标题，副标题在界面的文字版式当中起到对主标题进行一定的补充说明的作用。

4）运用点、线、面的思维进行界面的文字版式设计，增强界面版式的空间层次和视觉感。

5）合理运用平面构成当中的形式美法则。

界面的文字编排技巧

文字是视觉传达设计中不可规避的视觉元素，了解文字设计知识，合理运用文字设计技巧能有效提升视觉冲击力。

（1）运用视觉特效，拓展文字的创意表达

文字设计是从平面出发的视觉创意，但可充分考虑突破平面表达手段的局限。文字设计中的创新立意可以从这一点出发，比如在文字中添加水、火、雷、电等特效来增强字体质感，使文字设计不受平面视觉的局限，也可以运用夸张、梦幻等手法来进行更具张力的设计。

（2）巧妙运用图形穿插编排，强化文字设计效果

巧妙地将文字与图形穿插一起，整体达到图文并茂的版面效果。在这种技巧中，往往文字已经成为图形的一部分，既能提升画面的趣味性，也能传达图与文两种信息。需要特别注意的是，运用这种设计技巧时，需在充分理解设计需求的基础上把图文关系厘清，确保能把图文共融的优势充分发挥出来。

（3）统一图文构图，精准呈现信息表达

在构图上把握好文字设计的手法，精准运用和谐、对比、平衡、重心等设计方式，打造合理的视觉流程，引导受众精准地获取信息。

（4）运用文字错位编排，提升视觉层次感

除正常的横向 / 竖向排列、左 / 右对齐排列外，运用文字的错位组合也是有效提升视觉设计层次感的编排手段，可通过错位编排产生的独特创意表现出文字的节奏感和韵律感。

3．色彩的应用与表达

色彩的应用与表达指将文字设计符号与视觉色彩进行结合，其主要目的是对文字设计的主题进行设计内涵的补充，同时依据色彩心理学的思维进行视觉符号的传播，以达到信息传播的最佳效果。

先要掌握的就是色彩的搭配，色彩的三原色为红、黄、蓝，通过这三种颜色的相互搭配，再结合明度、纯度、色相这三个要素，从而产生不同的色彩表现形式。

三、文字设计的基本原则

文字设计的基本原则主要包括三个方面：可读性、整体性和艺术性。

1. 可读性

文字的主要功能是向社会大众传达意图及各种信息。要达到这一目的，先要考虑的就是文字的视觉效果，即文字是否能给人留下深刻的印象、受众能否直观地感受到文字设计所传达的内涵信息。可读性也可以称为“可识性”，如果文字没有了具体的识别效果，那么文字设计的意义就不存在了。所以，文字设计要让受众能够清晰地识别出具体的文字形态，从而获得更深层次的主题内涵信息。不管创作的形式如何变化，都应该以保持文字的可读性为主要宗旨，如图 3-2-3 所示。

图 3-2-3　保持文字可读性

2. 整体性

通过前面对点、线、面知识的学习可以知道，“点”因形状、排列等形式的不同表现可以转化成“线”和“面”，也就是说，通过“点”的复制与创造可以形成“线”和“面”。那么，在文字设计的过程中，将单个字的设计归为一个整体的话，字的笔画则构成了“点”的形式；同样，如果将词组作为一个整体，那么，单个字就成为“点”的形式。这是以点、线、面进行文字设计的整体性原则的描述。

在文字设计中，整体性原则还有另一种更深层次的表达，即从文字的笔画、字形、结构、色彩，以及表现个性上追求整体统一的视觉画面，不能因为变化而丧失了文字设计的整体感觉。总体的视觉基调应该通过局部之间的对比与协调实现统一，从而实现既有视觉对比效果又有统一的整体效果，符合人们对符号欣赏的心理思维。文字设计整体性示例如图 3-2-4 所示。

3. 艺术性

文字设计的艺术性更加倾向于设计师本人关于设计主题的创意思维，是一种较为主观的表达。当然，在设计师主观思维的基础

图 3-2-4　文字设计的整体性

上，还要结合当今社会发展的时尚需求及受众人群的心理。不同时期的人们对于“美”这一概念有着不同的认知，所以，文字设计的艺术性也随着社会的发展而不断更新。从这个发展现状来看，文字在审美态度、风格特色、形态组成及符号创作等方面有着广阔的变化空间。文字设计的艺术性原则既有设计师的主观意识表达，又有社会发展现状的客观要求。

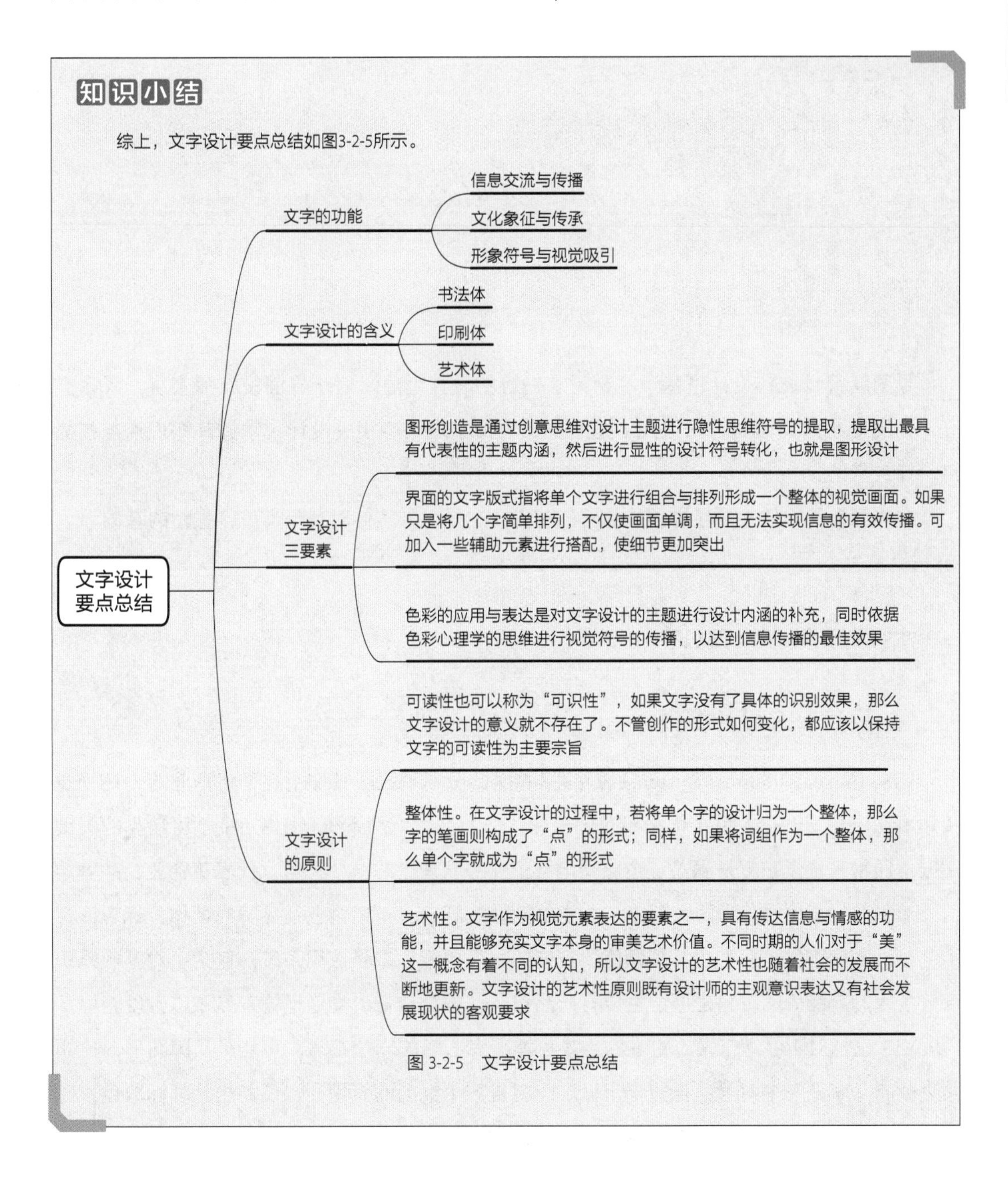

图 3-2-5　文字设计要点总结

第三节
界面相关视觉设计

界面的视觉物料设计是基于主题需求进行的设计延展。对于界面设计师来讲，除了交互、开发等必须要精通的知识外，还需要学习视觉物料等相关设计，掌握其知识点与技能点，夯实基础。

在界面设计中，先要建立的是品牌的 VIS，这是对外宣传时各渠道广告张贴的基础。

一、品牌 VIS 设计

1. 品牌 VIS 设计概述

VIS（Visual Identity System）即品牌的视觉识别系统。其作用在于将企业的一切视觉传达事物进行统一化、系统化和专有化管理。作为品牌识别系统（CIS）中不可缺少的关键部分，通常来说，它就是涵盖了企业文化与企业经营理念的一个符号，代表着企业及品牌的对外形象。VIS 主要分为两大部分：一是基础系统部分，包括企业及品牌的名称、标志、标准字体、印刷字体、标准色、辅助色、宣传口号等要素；二是应用系统，包括了对基础系统部分应用的产品等的物料延展，主要有产品包装、办公设备、交通运输工具和广告设施等。

VIS 设计对于品牌来说，更多的是攻克消费者心智的一个符号，可能是品牌图形，比如耐克标志，就是一个对号，再如李宁标志，就是一个飘扬的旗帜；也可能是品牌标准色，比如，看到黄色会想到美团，看到绿色会想到星巴克；还可能是一个品牌标准字，比如 YSL 品牌由字母设计而成的标志，成为品牌深入人心的符号。这些品牌都依靠着各自的图形，或者色彩，或者标准字与众不同的特征，快速建立起与其他品牌之间的壁垒，并在无形之中起到对品牌或者企业的识别、宣传和推广的作用。

随着现代科技与数字化时代的到来，VIS 以前所未有的广度和深度，向多层次、多样化方向发展。VIS 已经不再仅限应用于标志、企业手册等的管理，还涉及多渠道和多环节的企业视觉形象展示，扩展了品牌传播方式。与此同时，VIS 设计也对设计师提出了更高层次的要求。

2. VIS 视觉元素的创建

图片、色彩、文字是平面设计的三要素，那么在 VIS 中，这三个视觉要素分别对应的就是标准图形、标准色彩和标准字体，它们也就成为 VIS 中的视觉核心。

（1）VIS 图形系统

VIS 图形系统是整个 VIS 的重中之重，包括标志图形、辅助图形和吉祥物三个部分。除此之外，还包括标志标准化制图、标志方格坐标制图、标志及反白效果、标志墨稿、标志预留空间与最小比例限定等，具体如图 3-3-1 所示。

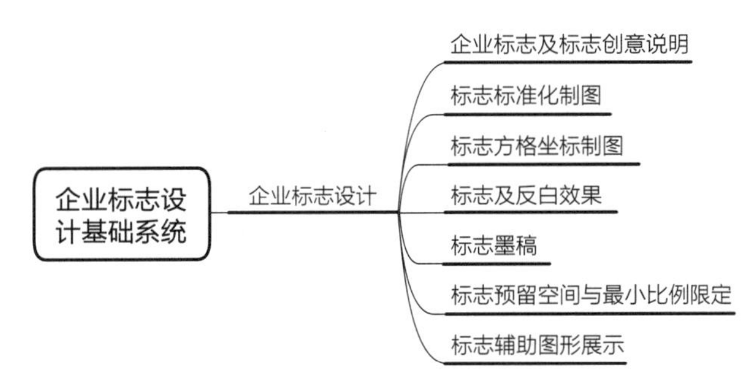

图 3-3-1　企业标志设计基础系统

标志图形

图 3-3-2 是第十设计工作室的标志。因工作室在 208 教室，所以又称“208”设计工作室。工作室的标志是整个工作室视觉识别系统的核心，是工作室精神的凝聚。标志图形由正三角形、圆形、矩形三部分组成。图形部分构成“208”工作室品牌名。这些简单的几何图形，符合现代设计理念，既有简约美而又不失含义。

标志图形的设计方法如下。

1）直接相加。

直接相加指将两个或多个元素的图形拼接或者组合在一起。虽然新图形包含加法中的每个元

图 3-3-2　第十设计工作室的标志

素，但轮廓不是其中任何一个。简单来说，这几个构成新图形的元素都是新图形的子图形。这种加法的关键是找到每个元素可以巧妙连接的点或完美组合的方式。如图 3-3-3 所示，著名汽车品牌劳斯莱斯的标志便是将两个“R”组合到一起，成为一个新的图形。

2）间接相加。

间接相加指将元素 1 融合到元素 2 中，生成的图形在外观上仍然保持元素 1 的一般特征，但元素 2 也完美地融入其中。也就是说，元素 1 是父图形，元素 2 是子图形。这种加法的关键是元素 2 能否完美地集成到元素 1 中。

图 3-3-3　劳斯莱斯标志

3）比喻手法。

比喻手法指将元素 1 变形成为元素 2 的相似造型，也就是说，通过变形元素 1 或添加少量辅助元素，使其在形状上接近元素 2，但仍保持元素 1 的识别性，新获得的图形介于元素 1 和元素 2 之间，如图 3-3-4 所示，公司业务为裁判员技能培训，对于裁判员来说，口哨是最为典型的特征元素，因此标志图形是将视觉形象向口哨靠近。

图 3-3-4　比喻手法案例标志

4）正负形。

正负形也被称为阴阳形，最典型的代表是太极图，即在一个图形中，填充颜色的部分是一个图形，没有填充颜色的部分也可以形成一个图形。正图形和负图形通常是被包围或半包围的关系。因此，正负形设计的关键不仅在于使正图形清晰地呈现，还在于使正图形的负空间成为图形。因为负图形形状不引人注目，所以负图形形状的轮廓必须尽可能简洁且易于识别。如图 3-3-5 所示，苏州地铁正形图案为 1 号线与 2 号线的主要设计元素，中间空白负形图案则构成“s”，代表了苏州。整个标志参考“互”字进行设计，寓意为地铁一来一回的互动，传达出苏州地铁轨道交通的快速与便捷性。

5）图像描摹。

依据图像本身的形象进行描摹，这种方式通常会用在人物身上，最著名的标志便是肯德基，如图 3-3-6 所示。

图 3-3-5　苏州地铁标志

标志图形设计有很多方法，可以通过看大量的作品来总结。然而，最重要的不是知道这些方法，而是知道如何正确使用它们来设计优秀的图形，也就是要用不同的方式观察不同的事物，并尝试用不同的方式表达它们。

图 3-3-6　肯德基标志

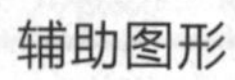

辅助图形

辅助图形也叫作辅助图案，它是 VIS 中不可或缺的一部分。在标志设计逐渐趋向扁平化的时候，它可以弥补图形要素在应用系统中运用的不足。尤其是在传播过程中，它可以强化整个品牌的视觉形象，丰富整体的视觉内容。辅助图形对于企业或者品牌来说，就犹如“第二张脸”。它能够快速地抓住受众的视线，强化整个品牌视觉识别系统的诉求力，引起受众的兴趣和认同，从而传递企业的经营理念和品牌文化。同时，辅助图形可以在标志图形不适用的场所起到辅助、陪衬标志的作用。它在标志的基础部分与标志的地位几乎是相等的。辅助图形不是纯粹的装饰图案，而是与品牌的基本视觉元素（尤其是品牌标识）密切相关的。其设计主题可以是以企业标志的形状为基础矩阵，或以企业概念的含义为基础矩阵来设计符号图案。

同样，以第十设计工作室的辅助图形为例，如图 3-3-7 所示。标志应用媒体种类繁多，形式各异，仅用标志图形无法兼顾各个应用范畴，难以达到完善的视觉效果。由标志的特性衍生的辅助图形可对工作室视觉识别系统起到补充、强化和丰富的作用。设计师在设计主标志的基础上，采用不同种类的纹样对辅助图形进行设计，可适用于大部分的应用场景。表现方式可自行选择，但不得改变表现形式的整体效果。

图 3-3-7　第十设计工作室的辅助图形

1）直接使用完整的品牌标志形状。

该方法直接将品牌的图形标志或文字标志放大为品牌的辅助图形，并通过填充不同的颜色使其“图案化”。这样不仅扩展了品牌标志的应用范围，还进一步增强了标志的视觉识别性。如图 3-3-8 所示，对于同一个产品，放大标志，并为其填充不同的辅助图形，也是辅助图形应用的一种有效方式。

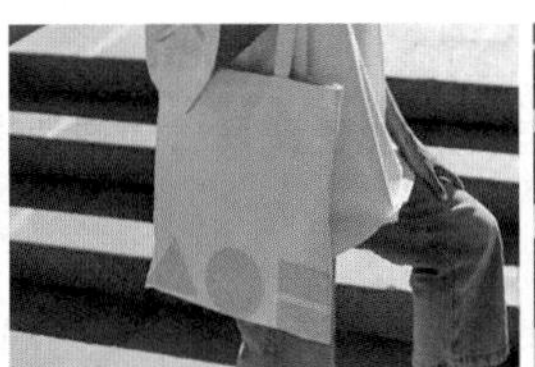
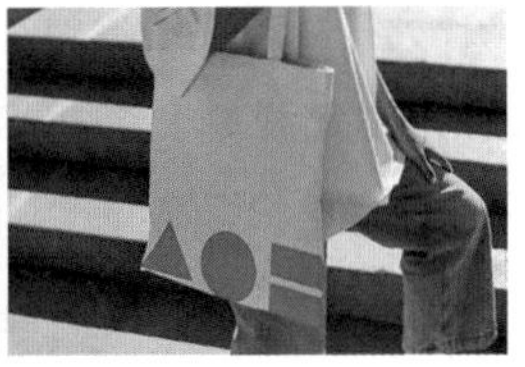

图 3-3-8　第十设计工作室辅助图形的应用 1

2）将品牌标志排列组合成“新图案”。

图 3-3-9
第十设计工作室辅助图形的应用 2

品牌标识与图案的组合采用了标识的重复排列和组合方式，使标识图案退化为具有装饰意义的“背景”，也增强了人们对标识的认知。如图 3-3-9 所示，在产品中直接、持续、反复地将品牌 Logo 图形组合成有节奏的图案，作为外观装饰，既有美感，又有品牌效应。

3）局部放大标志图形。

采用部分标志图形并将之放大，仍然可以提醒人们注意品牌标志。同时，一些局部的图形也会让人们关注图形标识的独特性和美感。这是一种受大多数品牌欢迎的辅助图形创建方法。如图 3-3-10 所示，局部放大标志的蓝色部分，使整个标志极具张力。但值得注意的是，放大某个局部，并不是说“随意”地放大标志的一部分，设计师要选取标志中最能表达品牌文化和观念信息的部分，这样不但可以起到丰富视觉效果的作用，也起到了统一品牌形象的作用，形成品牌的记忆点和视觉主线。

图 3-3-10
第十设计工作室辅助图形的应用 3

4）在标志图形的基础上设计与其形象相关的辅助图形。

通常情况下，设计师会在标志图形的基础上对其进行纹样的改造或者灵活的变形。在这一情况下设计出来的辅助图形不但在一定程度上发挥了标志的识别作用，也在运用上比标志图形拥有了更多的灵活性。如图 3-3-11 所示，利用不同的纹样在标志图形的基础上丰富了辅助图形表现形式。

图 3-3-11
第十设计工作室辅助图形的应用 4

辅助图形是配合基本要素在各种媒体中广泛应用而设计的。在内涵上，辅助图形要体现企业精神，在树立和强化企业形象方面发挥作用。通过丰富的符号模式造型，补充符号所建立的企业形象，使其意义更加完整、易于识别、更具表现力。在辅助图形的具体开发中，从品牌特色和实际应用适用性的角度，应注意以下一些事项。

- 无论是辅助图形中一个核心元素的构图风格，还是将几何造型细化、转化为辅助视觉图形，辅助图形作为符号的意义和独立性都不能超越标志图形。
- 辅助图形的设计不应仅是一种纯粹的装饰符号，而应具有一定的思想内涵，从而丰富整个设计元素的文化底蕴和审美价值。
- 辅助图形的设计需要从实用性的角度考虑实际使用中的问题。此外，作为设计基本要素中的一个辅助要素，辅助图形不能单独、孤立地进行设计，必须考虑它与基本要素的结合是否恰当。

- 辅助图形是为了满足各种宣传媒体的需要而设计的，但应用设计项目多种多样、形式各异、图片大小可变，这就要求符号图案的造型是灵活的，它可以根据不同的媒体或界面版式面积的大小变化进行适当的调整，而不是刻板的、单一不变的图案。

（2）VIS 色彩系统

VIS 色彩系统主要包括标准色彩和辅助色彩。除了这两个主要部分外，在企业 VIS 手册中还需要对下属产业色彩识别、色彩搭配组合专用表、背景色使用规定、背景色色度和色相等做相应的规范。企业色彩系统如图 3-3-12 所示。

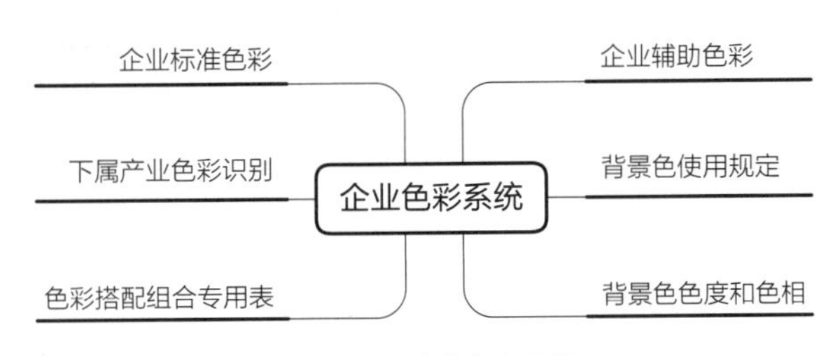

图 3-3-12　企业色彩系统

企业标准色彩是品牌在表达个性时最重要的视觉元素，也是企业色彩系统的核心所在。

同时，企业标准色彩代表了企业对外形象视觉系统的主色调。不同的行业有不同的特征，不同的企业也有各自的形象定位。在选择标准色彩时，设计师要根据行业调性，选择有别于其他同行标志色彩的色系，使标志既符合行业基调，又便于传播和使用。

人们对不同的色彩会产生不同的情感联想，因此，一个成功的标准色彩方案就是在企业定位与色彩联想之间建立起合适的链接。为企业选择什么样的标准色系，要考虑企业自身的文化、历史、形象定位和经营理念等因素，基本原则是突出企业自身的风格，反映企业的性质、宗旨和经营战略，并通过制造差异化来展示企业的个性，符合受众心理，迎合国际化趋势。

同样以第十设计工作室为例，如图 3-3-13 所示，其标准色彩为红色、黄色、蓝色。红色、黄色、蓝色是色彩系统的三原色，有着质朴却又包含万色的品质，寓意第十设计工作室简单、踏实、一心一意做设计的精神。在选择色彩之后，设计师需要在 VIS 手册中对其 CMYK 颜色模式或者 RGB 颜色模式做出标准化界定，方便统一化使用。

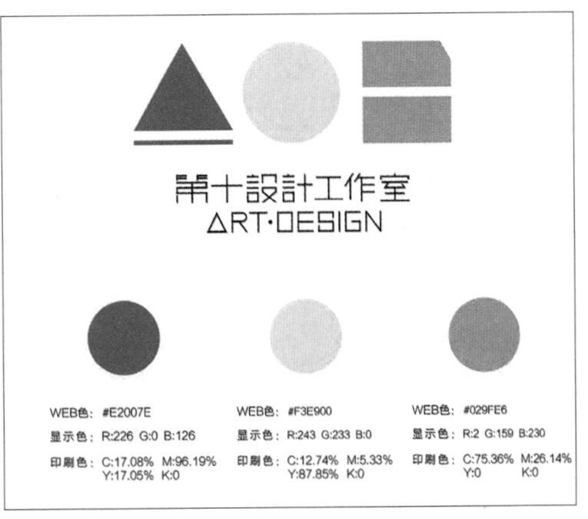

图 3-3-13　第十设计工作室的标准色彩

行业色彩偏好

对于不同的行业，人们会有不同的颜色喜好倾向。对于食品行业，人们习惯于接受红色等暖色调；对于化妆品行业，人们习惯于接受中性的素雅色调，如桃红给人温馨、优雅和清香感；而对于药品行业，人们则习惯于接受中性偏冷的色调，尤以蓝色、绿色居多；对于机电行业，人们习惯于接受黑色、深蓝色等稳重、沉稳、朴实的色调。

表 3-3-1 总结了一些可借鉴的色彩与行业的联系。

表 3-3-1　色彩与行业的联系

色彩	行业
红色	食品业、交通业、百货业
橙色	食品业、建筑业、石化业、百货业
黄色	建筑业、百货业
绿色	金融业、农林业、建筑业
蓝色	药品业、交通业、百货业、化工业、海洋业
紫色	美容业、服装业、出版业

标准色的设定

1）单色标准色。

对于企业的色彩选择而言，单色标准色拥有强烈、刺激、追求单纯简洁的视觉效果，容易在消费者心中形成记忆点，是企业最为常见的标准色形式，如图 3-3-14 和图 3-3-15 所示。

2）复色标准色。

标准色不局限于单一色彩的表现，很多企业通常会采用两种及以上的色彩搭配，以追求色彩对比、调和的视觉效果，增加标志色彩的动感，更加突出企业的特征，如图 3-3-16 和图 3-3-17 所示。

图 3-3-14　中国联通标志

图 3-3-15
中国农业银行标志

图 3-3-16
中国移动标志

图 3-3-17　圆通速递标志

3）多色系统标准色：标准色彩 + 辅助色彩。

许多企业都建立了多色系统作为标准色，主要利用颜色的差异性和可读性来区分集团公司和分公司、公司内部各部门，以及不同类型的商品。

（3）VIS 字体系统

在 VIS 中，字体系统也发挥着举足轻重的作用。对于很多企业标志而言，图形与字体是一起使用的，更有一些标志就是以文字作为标志图形。当然，在产品包装上或者集装箱上单独使用字体元素的企业也不在少数。在 VIS 手册中，企业 VIS 字体系统可以分为标准字体、印刷字体和品牌字体三个主要部分，除了这三个主要部分，还需要在手册上体现的有企业全称英文字体、企业简称英文字体、企业全称中文字体方格坐标制图、企业全称英文字体方格坐标制图、企业简称中文字体方格坐标制图、企业简称英文字体方格坐标制图等，具体如图 3-3-18 所示。

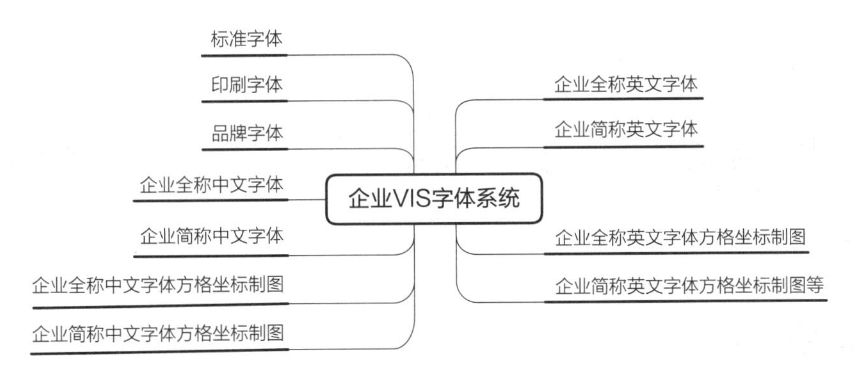

图 3-3-18　企业 VIS 字体系统

以第十设计工作室标准字体为例，如图 3-3-19 所示，应规范标准字体设计，确定标准字体的独特性和不可侵犯性。另外，在 VIS 手册中，还需要对第十设计工作室的印刷字体做出详细规定，如图 3-3-20 所示。

图 3-3-19　第十设计工作室标准字体

第十设计工作室
第十设计工作室
第十设计工作室
第十设计工作室

图 3-3-20　第十设计工作室印刷字体规定

标准字体

VIS 中的标准字体指为代表企业名称或品牌而专门设计的字体。标准字体的设计可分为书法标准字体、常见标准字体和英文标准字体三个类型。

1）书法标准字体。

书法作为汉字表达艺术的主要形式，距今已有 3000 多年的历史，书法字体既有艺术性又实用。我国一些企业喜欢使用政治领导人、名人和书法家的书法字体作为企业名称或品牌的标准字体，如中国国际航空公司、健力宝等标志的字体，一些大型银行或者高等学府标志的标准字体也是采用此类字体，如图 3-3-21 和图 3-3-22 所示。

2）常见标准字体。

在近年设计行业逐渐变强的背景下，字体设计公司也越来越多，以方正字体为首的方正系列字体，包括方正兰亭系列、方正黑系列等都是可供企业选择的标准字体，虽然这些商用字体在一定程度上已经满足了企业的需要，但是却缺乏独特性，因此企业往往会在这些字体的基础上再进行装饰、变化和加工。设计师可以根据企业经营的性质进行设计，从而加强文字与企业之间的链接，如图 3-3-23 和图 3-3-24 所示。

图 3-3-21 书法标准字体 1

图 3-3-22 书法标准字体 2

图 3-3-23 有衬线标准字体

图 3-3-24 无衬线标准字体

3）英文标准字体。

对于我国企业走向国际化进程而言，英文字体也是不可或缺的一部分，如上面所展示的案例图所示，每一个企业都进行了英文标准字体的设计。英文标准字体和中文标准字体有异曲同工之妙。

印刷字体

印刷字体是企业用字样式和方式的规范。在企业的内部使用和对外宣传等用字环节中，印刷字体需要有明确的字体、字型，甚至用字大小的规定，以确保企业视觉形象的统一性和完整性。

品牌字体

品牌字体是企业针对自己的名称所进行的字体标志设计，无论是中文字体还是英文字体，在国内都比较常见，如图 3-3-25 和图 3-3-26 所示。

图 3-3-25 中英文标准字体

图 3-3-26 汉字标准字体

对于 VIS 来说，图形、色彩、字体三者缺一不可，这三个视觉元素可以在不同的场景中采用不同的组合方式，无论是两两组合或者是三者组合，都可以增加标志的灵活性，丰富企业的视觉形象。

综上所述，本部分以第十设计工作室的图形系统、色彩系统和字体系统为例进行了分析，其 VIS 基础部分如图 3-3-27 所示。

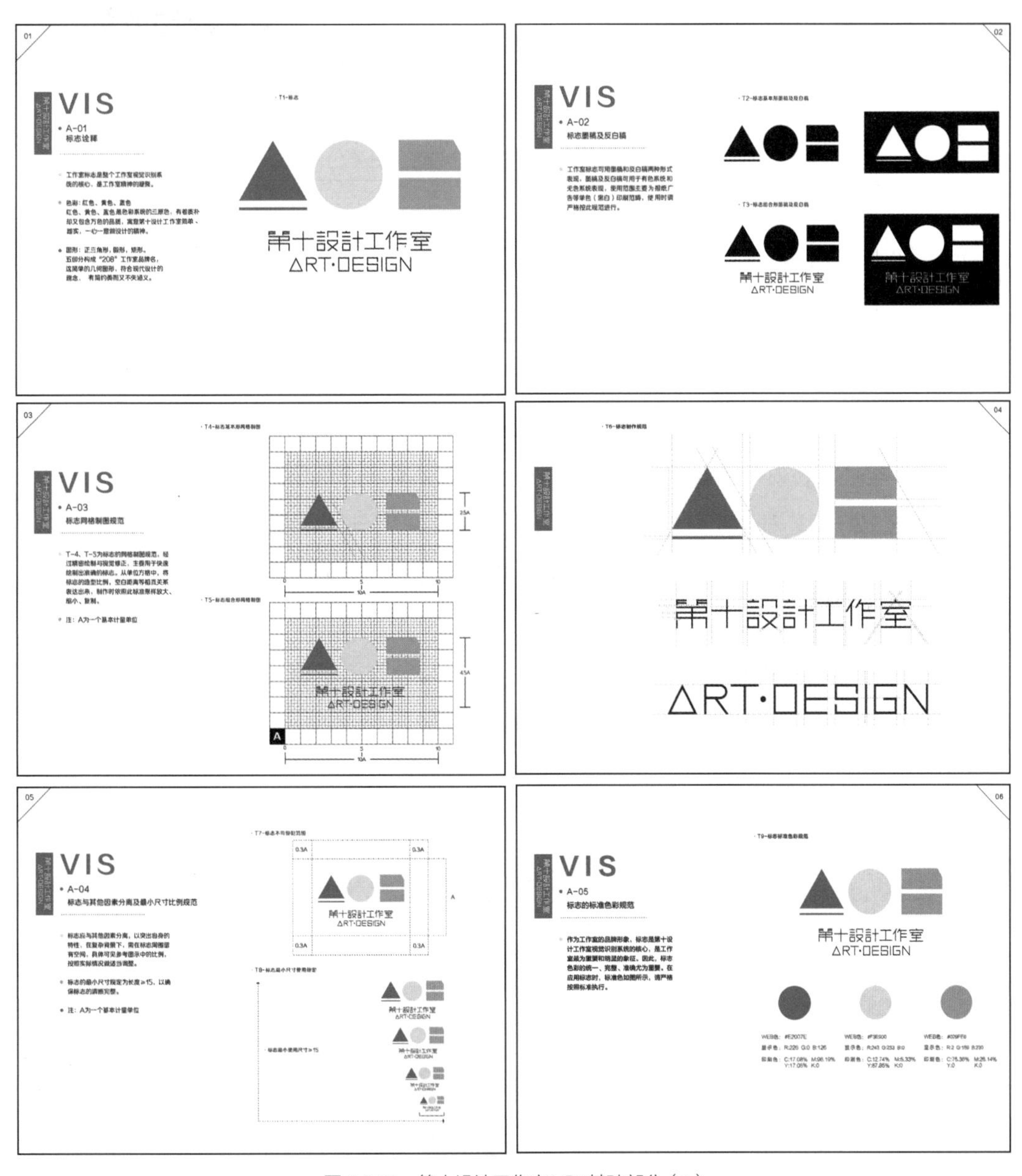

图 3-3-27　第十设计工作室 VIS 基础部分（1）

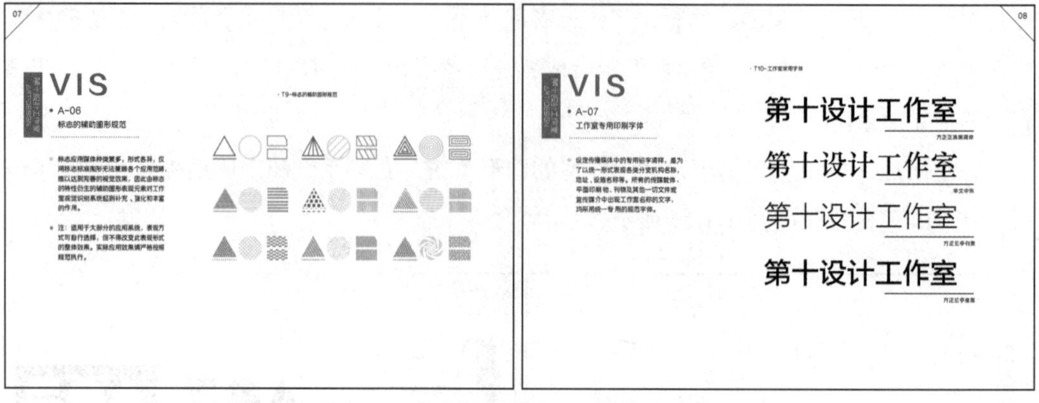

图 3-3-27　第十设计工作室 VIS 基础部分（2）

3. VIS 视觉元素与载体

VIS 除了基础部分还包括应用部分。应用部分指将企业文化、经营理念，以及基础部分设计好的品牌视觉元素，统一设计规范，利用整体性传达给企业内部员工与公众。一方面，对于企业自身来说，统一的 VIS 设计可以增强企业员工的归属感，适合营造符合企业价值观的各种环境氛围；对于产品来说，不仅可以给产品更准确的定位，最重要的是提高产品的附加值。另一方面，对于企业的客户和目标群体来说，统一、高度美观的 VIS 设计可以增强他们对公司产品的信心，增加他们对品牌的黏性和依赖性。同时，VIS 设计还可以明确目标人群的定位，使公司拥有稳定的消费群体。

VIS 应用部分的载体根据公司内、外两个方面可以分为五个部分，分别是办公事物用品类、公共关系赠品类、企业车体外观类、标识符号指示类和企业广告宣传类，具体列单见表 3-3-2 ~ 表 3-3-6。

表 3-3-2　办公事物用品类

办公事物用品类			
名片	信封	纸杯	规范合同书
签呈	笔记本	茶杯、杯垫	文件
考勤卡	信纸	意见箱	票据夹
出入证	及时贴标签	办公桌标识牌	规范直式、横式表格
企业徽章	备忘录	礼品杯	合同夹
名片台	办公文具	电话记录	文件夹
工作帽	工作证	档案袋	岗位聘用书
胸牌	制服	—	—

表 3-3-3　公共关系赠品类

公共关系赠品类			
贺卡	手提袋	鼠标垫	挂历
邀请函及信封	塑料提袋	小型礼品盒	台历
标识伞及雨具	包装纸	礼赠用品	明信片
钥匙牌	—	—	—

表 3-3-4　企业车体外观类

企业车体外观类	
公务车	大型运输货车
班车	集装箱运输车
面包车	—

表 3-3-5　标识符号指示类

标识符号指示类		
企业大门外观	楼层标识牌	户外立地式灯箱
公司名称标识牌	公共设施标识	立地式道路导向牌
活动式招牌	立地式道路导向牌	车间标识牌与地面导向线
方向指引标识牌	接待台及背景板	布告栏
警示标识牌	专卖店设计规范手册	—

表 3-3-6　企业广告宣传类

企业广告宣传类	
电视广告标志定格画面	杂志广告
大件商品运输包装	系列主题海报
包装纸	合格证
直邮DM宣传页	桌上旗
POP 挂旗	—
广告遮阳伞	—

除了以上所列的相关应用物料，随着消费升级，VIS 应用载体已经不只是企业自身线下的一些实物，还有包括品牌联名场景下，品牌与品牌之间的相应 VIS 规范系统。为了更好地合作共赢，品牌之间应达到协调统一。

本部分仍以第十设计工作室的 VIS 为例，此品牌所需要的应用物料以办公事物用品类为主，包括但不限于名片、信封、手提袋、办公文具等。部分应用部分展示如图 3-3-28 所示。

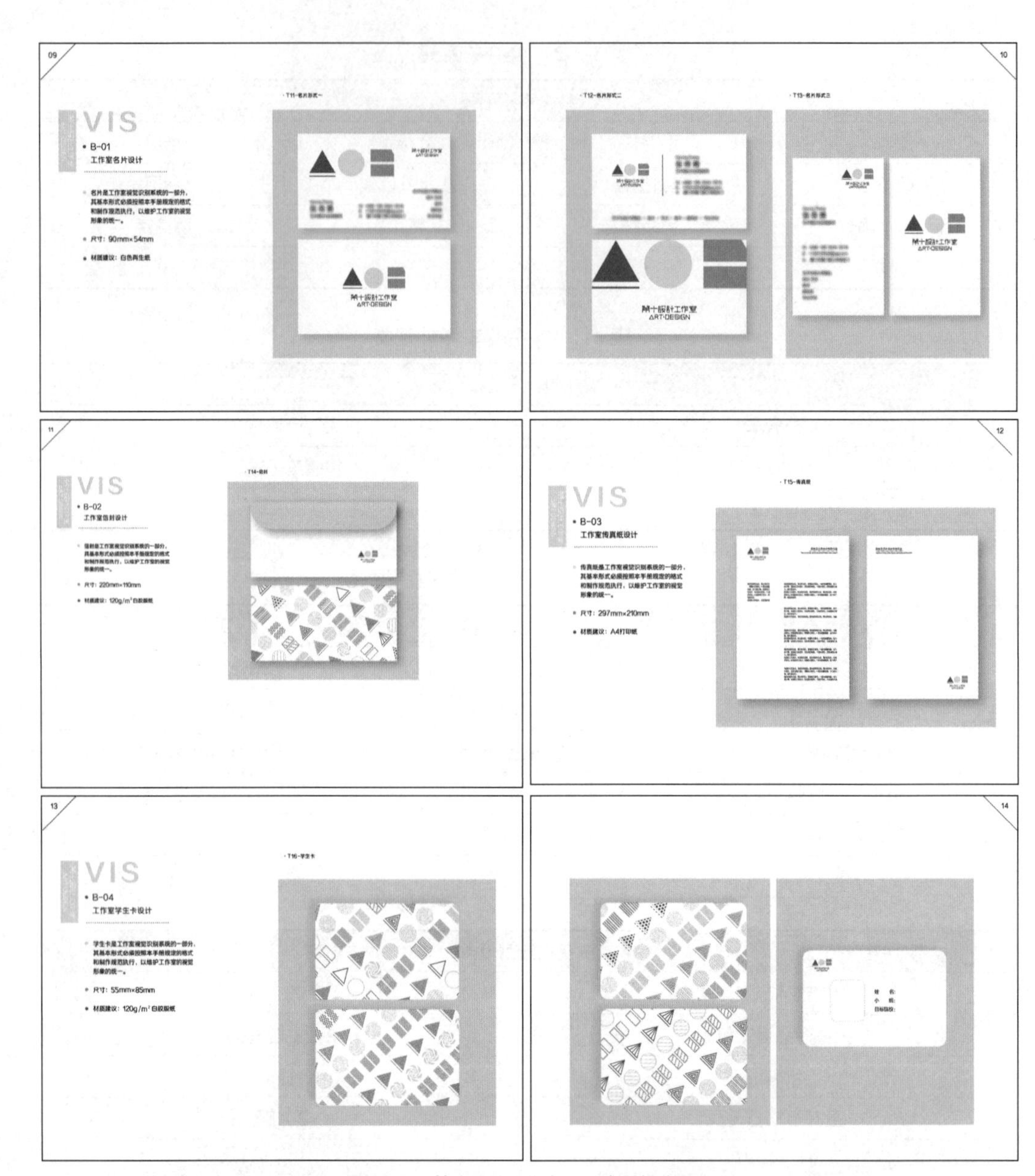

图 3-3-28　第十设计工作室 VIS 应用部分展示

4．VIS 视觉元素与网络基础

随着互联网普及，VIS 已经不再局限于线下物料手册规范，还包括线上移动端 app、网页端和 PC 端（计算机端）的相关规范。本部分从图标、色彩和字体三个方面出发，以壳牌公司的线上视觉识别规范为例进行讲述。

（1）图标规范

建立完整的视觉规范与建立 VIS 一致，先要先确定移动端或者 PC 端使用的品牌图标。线上图标在某种程度上可以说是标志图形在线上的一种应用。图 3-3-29 和图 3-3-30 所示，壳牌公司的标志在移动端和网页端的应用。关于线上图标的尺寸规范，后续会详细讲解。

图 3-3-29　壳牌公司的标志在移动端的应用

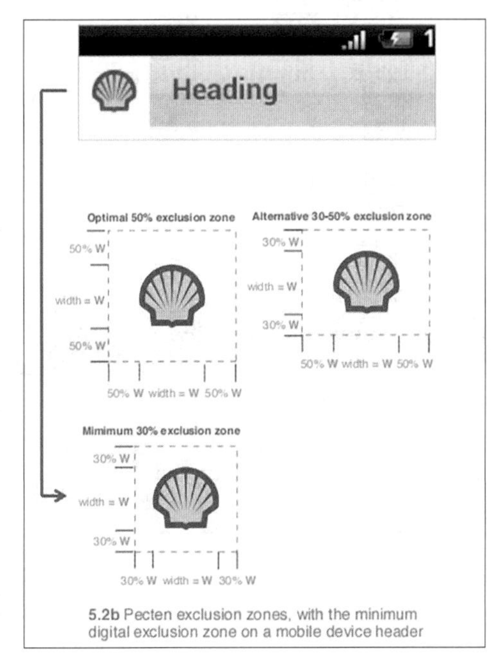

图 3-3-30　壳牌公司的标志在网页端的应用

（2）色彩规范

在线上使用的色彩规范与在实体上使用的色彩规范是一样的，都是以品牌色为主要色彩体系，并添加辅助色。壳牌公司的网页端就是以品牌黄色为主要色彩，以灰色与红色为辅助色彩，如图 3-3-31a 所示。同样，在移动端也是如此，如图 3-3-31b 所示。建立统一的视觉规范有利于加深品牌在消费者心中的印象，提升影响力。

（3）字体规范

对于字体来说，除了品牌字体，线上使用的字体一般会随着设备操作系统的不同而改变。在移动端，对于 iOS 来说，最常用的是苹方系列，而对于 Android 系统而言，最常用的是思源黑体系列。这些字体的大小和粗细会根据标题的层次来区分，如图 3-3-32a 所示。而网页端也同样，设计师需要对字号的大小做出明确的规定，如图 3-3-32b 所示。

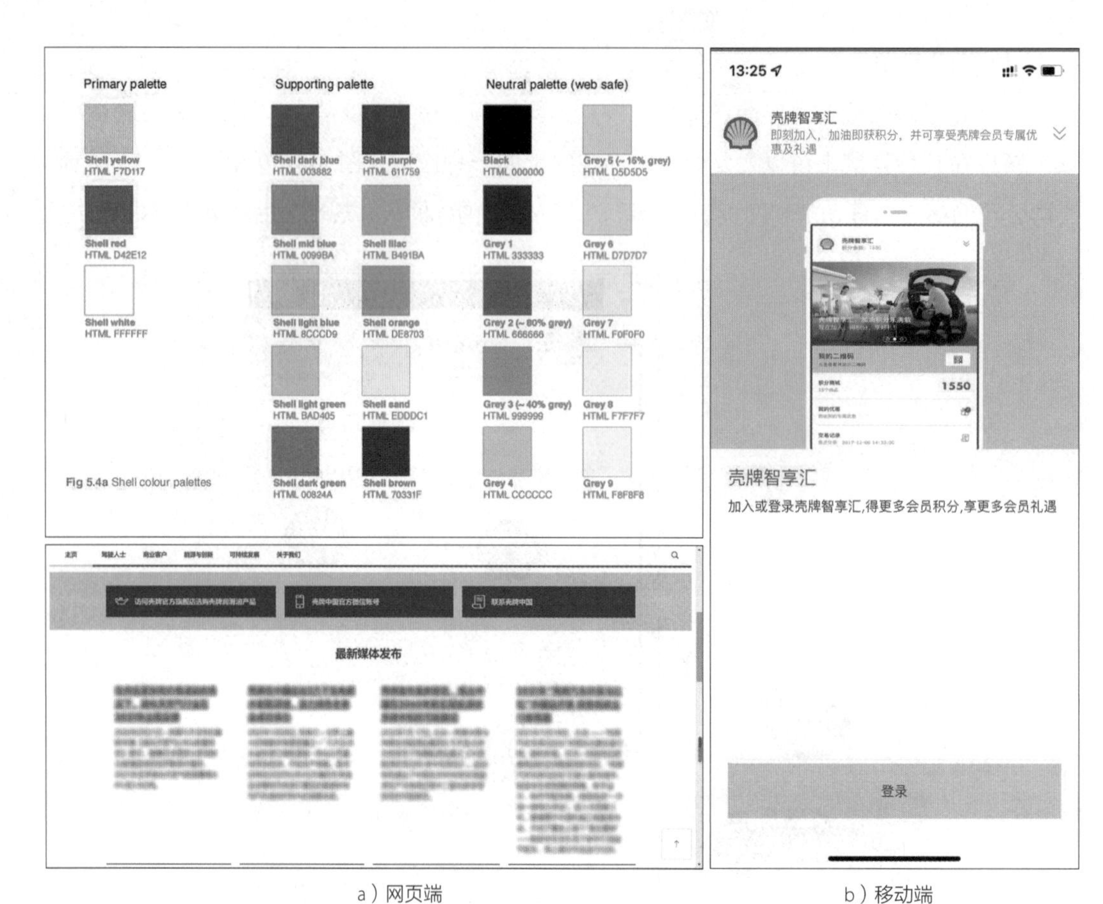

a）网页端　　b）移动端

图 3-3-31　壳牌公司的标准色彩和辅助色彩应用

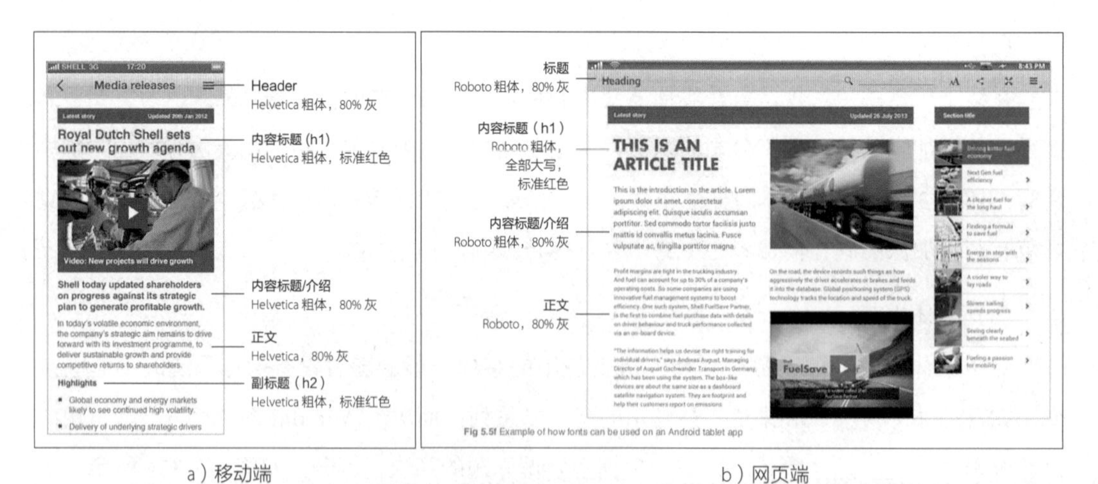

a）移动端　　b）网页端

图 3-3-32　壳牌公司的字体应用

5. 三亚海墅度假酒店 VIS 手册设计

通过上述讲解，下面以设计三亚海墅度假酒店 VIS 手册为例，实现理论知识在实际创作中的应用，开拓创意设计思维，提升对设计工作的了解。

说明：三亚海墅度假酒店品牌为虚拟品牌，在设计过程中的实际市场性不具有真实性。

（1）设计需求

1）突出三亚海墅度假酒店的行业调性。

2）传达出三亚海墅度假酒店的文化价值和企业经营理念。

3）展现出满足消费者与企业内部员工需求的设计意图。

（2）设计要求

1）在标志系统、色彩系统、字体系统等方面要体现出合理性，符合视觉设计的标准。

2）体现出品牌视觉的统一性与一致性，手册整体的界面版式要有创意性。

3）色彩运用要区别于竞品，在同业的视觉识别系统中具有独特性。

（3）实施步骤

1）调查阶段。

通过网络调查和线下实地探访，可以了解到三亚海墅度假酒店地处国家海岸海棠湾，设计主张清逸的现代海岛风情。在酒店的开放式大堂，能够将海景一览无遗。三亚海墅度假酒店在 2020 年获得金触点·全球商业创新大奖，迎合年轻人的喜好，引领新消费时代潮流。

酒店品牌致力于创造民族品牌，用真情回报社会。酒店的经营理念在于视客人为家人。

2）设计阶段。

根据调查阶段所了解到的信息，可以归纳总结出：三亚海墅度假酒店作为海景酒店，首先可以确定的是品牌的主体色彩是蓝色，如图 3-3-33 所示。标志的元素可以选取海洋的相关联想元素，如海水、鲸鱼、沙滩等，并且需要充分表现出酒店品牌的文化内涵。在设计应用方面，根据品牌的行业特征，最主要的设计载体就是酒店房间的牙刷包装袋、梳子包装袋、免打扰挂牌等，其次是办公相关的应用，如文件纸张、档案袋及名片等，然后是相关导视载体，如门牌号、楼层号等导视系统的相关物料。

图 3-3-33　三亚海墅度假酒店标准色

对线下物料进行设计和延展后，需注

意，移动端 app 与官方网站通常也是客户常使用的，因此建立网络统一视觉体系也十分重要。

综合以上分析，三亚海墅度假酒店 VIS 手册可以分为三个篇章进行设计，分别是基础设计系统、网络基础设计系统，以及应用设计系统，如图 3-3-34 所示。

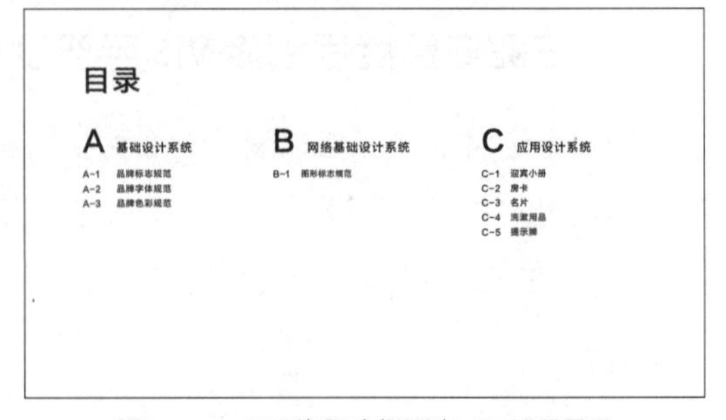

图 3-3-34　三亚海墅度假酒店 VIS 手册目录

（4）实施操作

1）基础设计系统。

Step 01 打开 Illustrator CC2019软件，新建一个文档，并将之命名为“三亚海墅度假酒店V I S视觉识别规范手册”，尺寸为374mm × 206mm，如图3-3-35所示。

图 3-3-35 新建文档

Step 02 根据酒店品牌属于海景酒店的特性，可以联想到海豚或者鲸鱼这类代表海洋的元素。除此之外，酒店的经营理念在于让顾客有舒适、宾至如归的入住感觉，所以可联想到沙发躺椅等，再结合沙滩这样一个特征，沙滩椅的造型便是最佳的标志骨架元素。至此，设计师可以将鲸鱼与沙滩椅的造型利用间接相加这一图形组合方式进行设计，如图3-3-36所示。

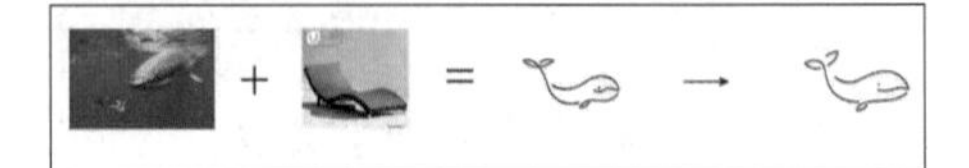

图 3-3-36　标志创意来源

在确定了标志的主体造型之后，对标志进行规范化设计，使其线条看起来更流畅，如图3-3-37所示。

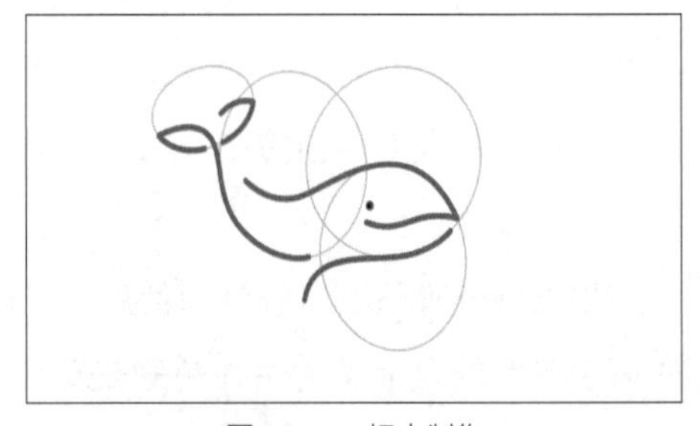

图 3-3-37　标志制作

Step 03 确定了标志图形之后，就是品牌字体的设计。设计师在设计字体的时候，需要注意，品牌字体要与标志图形保持风格一致，比如三亚海墅度假酒店的标志图形是以线条为主的，那么品牌的标准字体设计也需要在此基础上相应开展。三亚海墅度假酒店在企业愿景上表达出要做民族品牌，那么对于品牌名来说，需要偏国际化。根据其酒店特征，三亚海墅度假酒店的名称可叫作“seahouse”。

综上，对标准字体规范化设计时，先形成字形的初稿，如一个完整的圆形和圆角矩形，或者一条直线，如图3-3-38所示。接着，再对这一初稿进行断开和不断开的调整。一般情况下，“e”字母是正常的角度，但是为了增加品牌字体的设计感，将“e”进行了30°旋转。同理，对于字母“s”来说，上下两个圆形的半径如果一模一样会显得比较死板，将下方的“o”设计得大一点儿会增加“s”字母造型的稳定性和设计感。最后，设计师需要对所有设计好的字母和字间距进行调整。从数字量化的程度上来说，每个字母之间的距离是同样的，但是从设计的角度来说，“a”和“h”之间两条“|”的距离应相对偏大一点儿，这样在视觉上可保持和谐，如图3-3-39所示。同理，中文品牌字体也采用与标志图形风格一致的标准字体，以求得整体的和谐，最终效果如图3-3-40所示。

图 3-3-38　标准字体设计初稿

seahouse

图 3-3-39　标准字完成

图 3-3-40　标准字组合

Step 04 对于标志的色彩设计来说，一种合适的色彩需经过反复调试，才能达到符合品牌调性的色值。对于三亚海墅度假酒店，可以先确定的是选用蓝色系作为品牌标准色。而辅助色一般会选用对比色或者相近色。对于三亚海墅度假酒店来说，选用与深蓝色与浅蓝色的搭配，符合品牌调性又不失质感。所以对于深蓝色与浅蓝色的使用，在品牌字体中可以体现出来。整体展示如图3-3-41所示。

图 3-3-41　标志图形和标准字的组合

Step 05 标志确定好之后，就可以制定基础设计系统的相关规范了。

- 标志标准组合。品牌标志是企业品牌的重要表达，它以独特的方式体现了品牌愿景和品牌信念，如图3-3-42所示。

图 3-3-42　标志标准组合

- 标志图形不同组合形式。不同的组合形式可以方便标志在不同场景中的灵活应用，如图3-3-43所示。

图 3-3-43 标志图形不同组合形式

- 标志墨稿及反白稿。为适应媒体发布需要，除色彩图例外，亦应制定标志黑白图例，保证标志在对外的形象的一致性。其主要应用于报纸、广告等单色（黑白）印刷等。效果如图3-3-44所示。

图 3-3-44 标志墨稿及反白稿

- 标志安全空间与最小尺寸。为确保标志的视觉效果不受影响，标志不得与文字或其他图形部分连接或过于接近。在标志使用过程中，不可避免地会缩小，按照比例缩小时，标志中的元素会互相连接。为保证标志的最佳视觉传达效果，应限定标志最小尺寸，如图3-3-45所示。

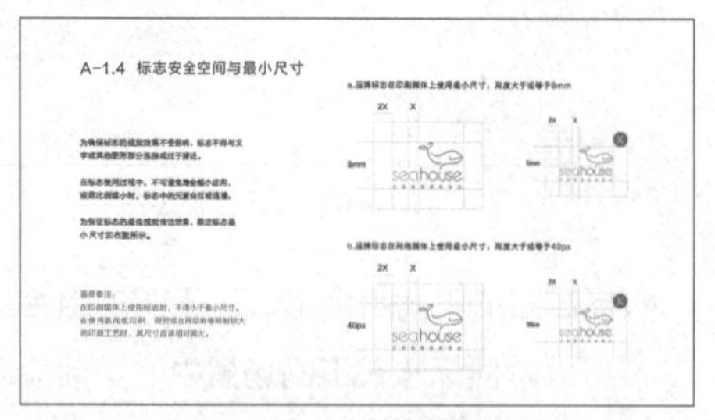

图 3-3-45 标志尺寸应用规范

需要注意的是，在印刷媒体上使用标志时，不得小于最小尺寸。在使用新闻纸印刷、熨烫或丝网印刷等限制较大的印刷工艺时，其尺寸应该相对调大。

- 标志正确应用。确保制作品牌标志时，使用的是标志的正确格式。彩色标志印刷在白色底色上的样式应是优先选择的制作方法。应尽量使用此样式，以使企业视觉形象在不同情况下都能始终保持统一。黑白两版本的标志不可替代蓝色的标志。标志颜色优先使用级为：蓝色→白色→黑色。标志正确用法，如图3-3-46所示。

图 3-3-46 标志正确应用

- 标志错误应用。标志的基本要素在应用中通常会受到一些行为习惯或个人意见影响，基本要素的不当使用将影响品牌对外形象传播的一致性。除视觉识别规范规定允许的情况外，禁止对标志、标准字等基础元素做任何变形，在实际应用过程中应避免使用预先演练的错误使用方式及类似的使用方式，如图3-3-47所示。

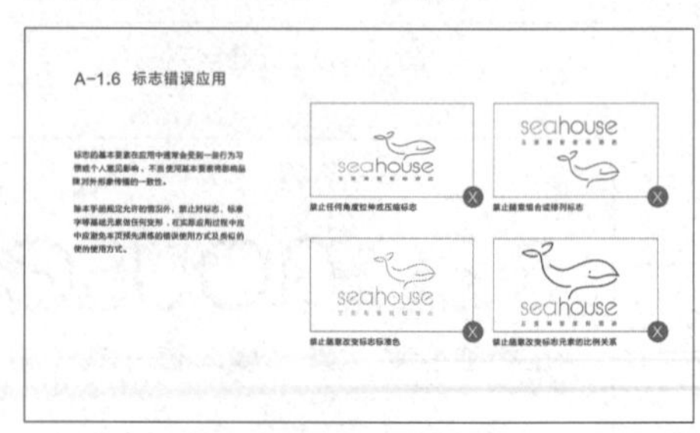

图 3-3-47 标志错误应用示例

- 品牌字体。字体是品牌视觉识别系统的重要元素，有助于受众认识三亚海墅度假酒店品牌，在各种传达项目中形成统一格调。规范的字体适用于企业文具、广告、市场推广等各项应用，如图3-3-48所示。需要注意的是，该字库只允许以制作图像方式使用，不适应于app系统字库。app系统使用字体为苹方（iOS）和思源黑体（Android）。

图 3-3-48　字体应用规定

- 标准色及辅助色。标准色系统内各色系各司其职。标准色是使用率最高且应用面积最大的颜色。所有应用项目都会应用标准色，如此才能达到品牌独有的色彩视觉。辅助色是用来支持品牌标志的色彩，可创造更精彩的视觉效果。辅助色不可用其他颜色替换，任何情况下都必须使用矢量设计源图，以确保色彩和品牌外观一致。具体规定如图3-3-49所示。

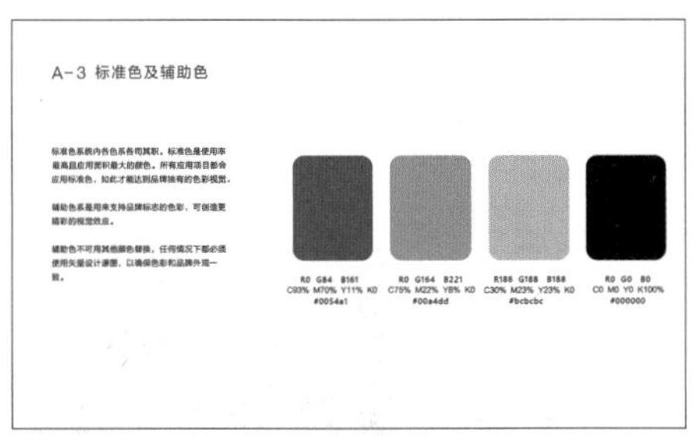

图 3-3-49　标准色及辅助色规范

2）网络基础设计系统。

品牌推广的各种应用中，标志的应用范围非常广泛，可以运用不同的复制技巧将之放大或缩小成各种尺寸，统一标准地展开设计标志是必要的。标志的字形格式、轻重比例和空间布局不得随意变更。标志的复制与再现必须根据视觉规范所设定的复制规范进行。图形标志的具体应用规定如图3-3-50所示。

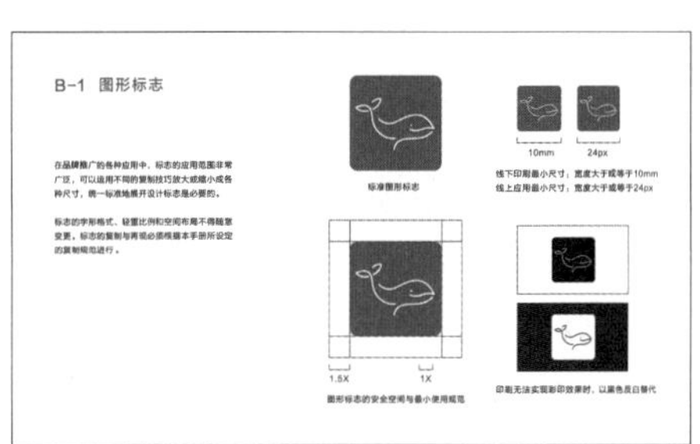

图 3-3-50　图形标志的应用规定

3）应用设计系统。

在应用阶段，视觉识别系统在不同载体上的延展应该严格遵循基础设计阶段的相关规范，并根据不同载体的尺寸和材质设定标准。

- 迎宾小册。作为接待来宾的首要宣传稿，要介绍酒店的位置、电话等重要信息，一般多为折页，也有展示餐厅菜单等详细信息的胶装小册。对于三亚海墅度假酒店来说，比较合适的小册材质和规格如下，其封面设计如图3-3-51所示。

材质：120（g/m^2）胶版纸。

规格：180mm×180mm。

色彩：按规定标准色、辅助色应用。

工艺：正背四色印刷。

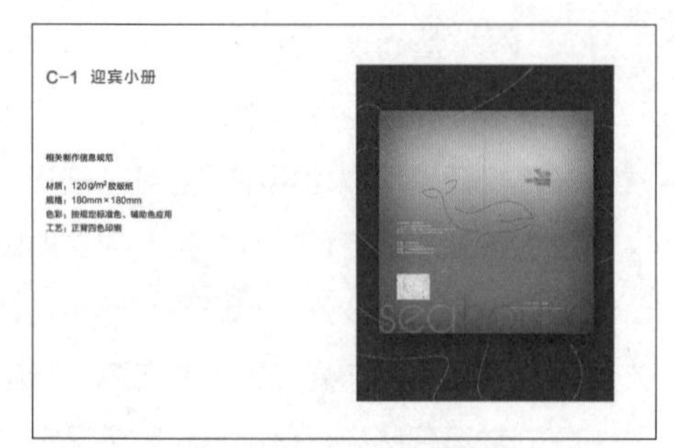

图 3-3-51　迎宾小册封面设计

- 房卡。这一物料是酒店的重中之重，除了样式，还应该注意房卡的材质。客户在进门时，需要将房卡中的 IC磁片贴在房门的相应位置来打开门，或者打开房间内的电器等。具体设计及材质如图3-3-52所示。

  材质：PVC。

  规格：85.5mm × 54mm。

  色彩：按规定标准色、辅助色应用。

  工艺： IC加瓷。

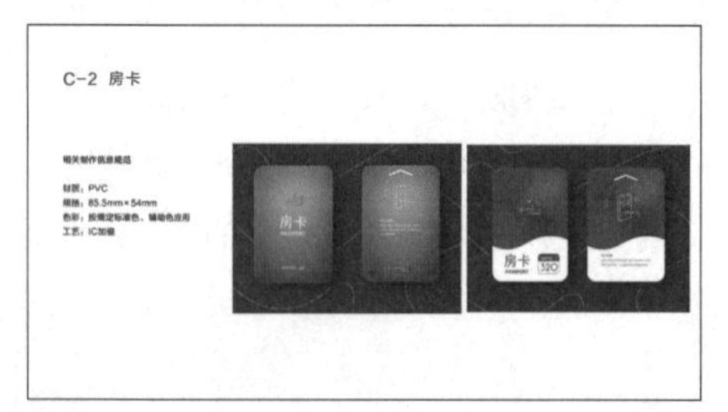

图 3-3-52　房卡设计

- 名片。名片是身份信息传达的最有效的手段，对于三亚海墅度假酒店这样一个比较大的企业来说，不同职能部门相互分工，彼此合作。同时对于顾客来说，通过名片了解酒店职员的相关通信信息，也是一种比较方便的方式。具体设计及材质如图3-3-53所示。

  材质：PVC。

  规格：89mm × 54mm。

  色彩：按规定标准色、辅助色应用。

  工艺：亚光。

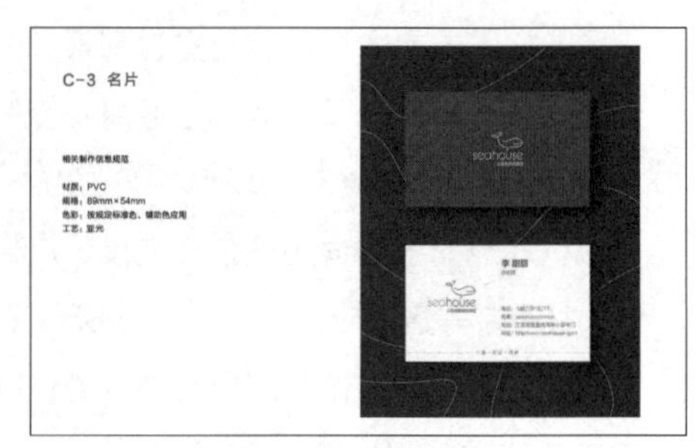

图 3-3-53　名片设计

- 洗漱用品。房间内的用品也是传达酒店文化内涵和价值观的一种方式，统一的视觉规范，更能够给顾客带来好的体验感。具体设计及材质如图3-3-54所示。

牙具

材质：塑料。

规格：200mm × 76mm。

色彩：按规定标准色、辅助色应用。

工艺：塑料压印。

梳子

材质：塑料。

规格：200mm × 45mm。

色彩：按规定标准色、辅助色应用。

工艺：塑料压印。

香皂

材质：塑料。

规格：100mm × 100mm。

色彩：按规定标准色、辅助色应用。

工艺：塑料压印。

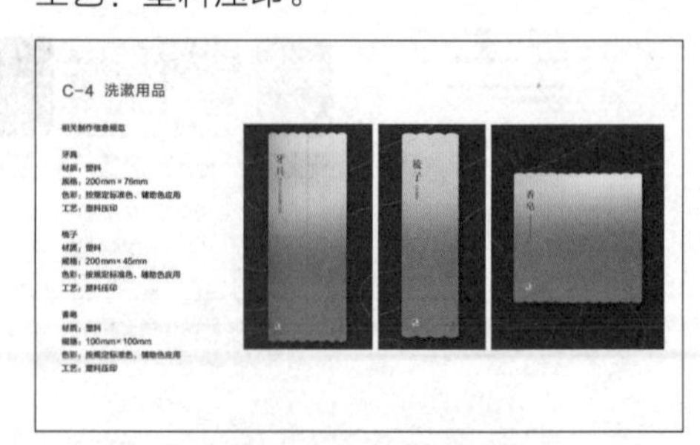

图 3-3-54　洗漱用品包装设计

- 提示牌。具体设计及材质如图3-3-55所示。

  材质：PVC。

  规格：200mm × 50mm。

  色彩：按规定标准色、辅助色应用。

  工艺：塑料压印。

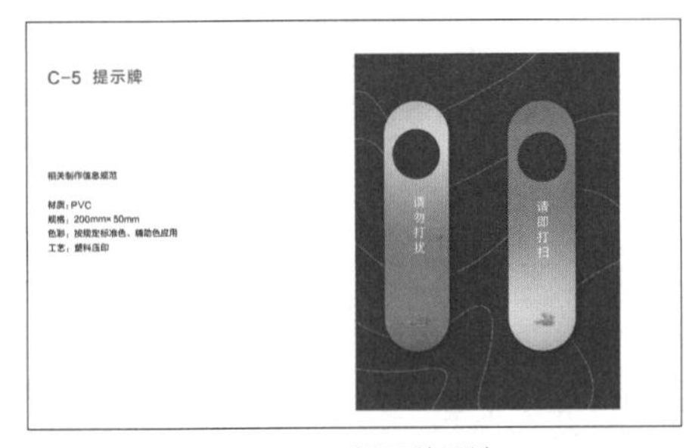

图 3-3-55　提示牌设计

设计实施阶段是一个长期且要定期复盘的过程。比如，三亚海墅度假酒店在品牌创建以后的发展中会不断完善品牌视觉识别系统设计，并根据业务线的不同产生子品牌，那么子品牌相关设计也要在品牌视觉识别系统中寻求标准，并不是完全脱离开来的。除了业务线的拓展，酒店可能随着规模的扩大，进行定期的品牌视觉重塑或者品牌视觉升级。这个升级过程会随着时代发展的潮流而改变，比如宝马汽车的品牌标志，逐渐从具象变得扁平化，如图 3-3-56 和图 3-3-57 所示。

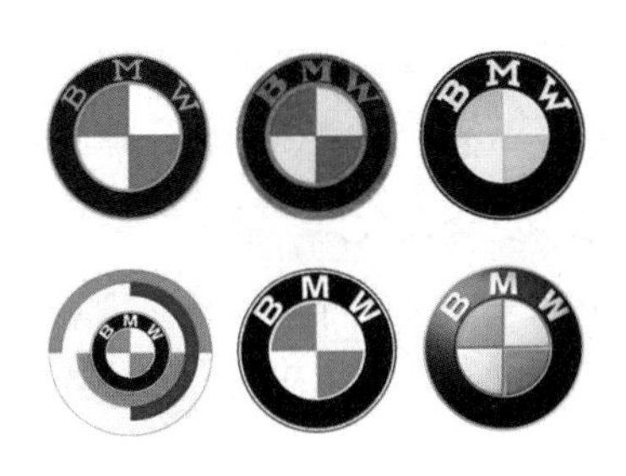

图 3-3-56　宝马汽车标志演变

图 3-3-57　宝马汽车标志风格演变

品牌 VIS 设计知识点总结如图 3-3-58 所示。

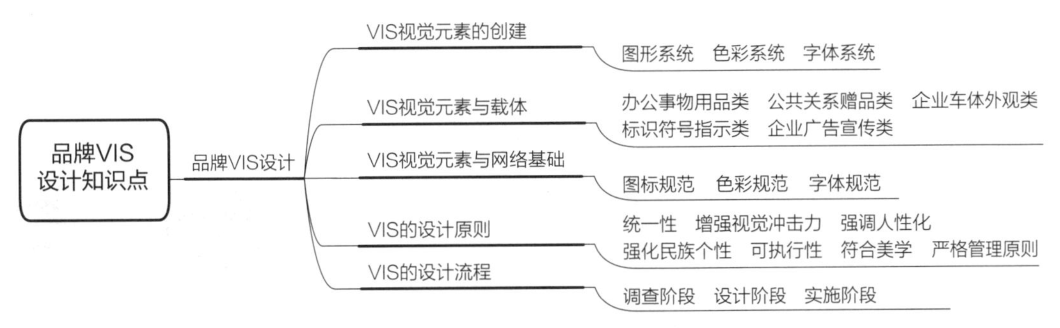

图 3-3-58　品牌 VIS 设计知识点

二、插画设计

1. 插画的表现形式

（1）写实表现形式

“写实”顾名思义就是通过细节的刻画真实地、形象地还原出事物的外在面貌。这种表现形式主要适用于为以产品为主的宣传而进行的插画创作。写实表现形式能较好地还原画面面感，它的直观感使人感觉真实、可信。写实的插画主要包括两个方向：一种是线下写实插画，也就是手绘插画，大多数采用素描铅笔、彩铅、水粉、水彩、油画、马克笔、丙烯、水墨工具在纸张等平面形式的物质载体上进行绘画创作；另一种是运用计算机手绘软件进行写实的插画创作，这里会用到软件工具结合手绘的方式进行绘画创作。写实表现形式通俗易懂，使受众者能全面理解设计者的创造力和浓郁的感情色彩，同时也能真实地传达出创作主题。

（2）抽象表现形式

抽象是相对于写实而言的一种表现手法，抽象表现形式更加注重表现意象，并且这种表现手法可以给设计师带来广阔的想象空间。换句话来说，抽象就是通过设计师的主观表达进行视觉语言的传达。这是一种内在精神的交流，比写实更有说服力。抽象风格的插画具有明显的时代感，而且也给人留下不同的想象。但是运用抽象手法进行插画设计可能在主题的表达上不能直接明了，受众可能在短时间内无法分析出插画作品所传达的主题内涵，需要经过一定时间的思考才可能获得抽象图形当中的真正文化内涵。其实这一段时间的思考也是受众通过插画作品与作品背后的设计师进行的一种隐性交流。人们通过插画了解设计师最初进行抽象创作时头脑中的创意思维，这也是设计的最终目的，即引发受众对作品当中深层文化内涵的思考，读懂设计师的创意设计思维。

（3）夸张表现形式

“没有夸张就没有艺术”，采用夸张和变形的方式进行的创作能够加强画面的幽默感，使得视觉形象更突出设计师从生活中获取灵感，把生活感受轻松、夸张地表达出来，营造诙谐、幽默的气氛，使得画面更独特。夸张有两个特点：一是以自然界的客观物体作为基本元素；二是以夸张化强化信息传达度，起到简洁明了的指引作用。夸张表现形式的插画示例如图 3-3-59 所示。

图 3-3-59　夸张表现形式的插画示例

（4）趣味性表现形式

趣味性是一种非常巧妙的设计表现手法，它主要通过不同的视觉语言进行表达，比如曲折、含蓄等手法，能够让受众在感受设计趣味性的同时引起情感上的互动。这种表现手法具有极高的艺术感染力，将生动活泼的视觉形象传达给受众，让人们在视觉趣味中感悟艺术形象的合理性。在视觉上将趣味性融入图形创造及色彩表现之上，在此基础上，将趣味性的内涵表达融入设计主题当中，这是一种视觉艺术戏剧化的表现。随着社会的不断发展，人们的审美水平和审美意识不断提升，在汹涌而来的海量信息面前，那些形象生动、富有趣味性的艺术作品能够很快地抓住受众的兴趣点，能使受众在观看后放松，留下生动有趣的印象，在传达幽默风趣的视觉画面的同时也能达到宣传效果。为了能够吸引受众的眼球和获得艺术市场，趣味性成了插画在平面设计中最主要和最突出的表现形式。优秀的作品既能传达出插画设计师的设计理念和艺术观点，还可以通过图案的色彩、形象使作品和谐、有整体感，具有美感和艺术性，同时，又能让复杂的理念和属性内容，在淡淡的趣味性中得以直观、准确地展现。运用趣味性插画进行广告创作所展现的内容使人们容易兴奋，为之触动，产生思想与情感上的沟通。趣味性插画示例如图 3-3-60 所示。

图 3-3-60　趣味性插画示例

2. 数位板绘画基础知识

数位板又名绘图板、绘画板、手绘板等，是计算机输入设备的一种，通常由一块板子和一支压感笔组成。用于绘画创作时，数位板就像画家的画板和画笔，比如，在动画电影中常见的逼真的画面和栩栩如生的人物，就是通过数位板一笔一笔画出来的。数位板的绘画功能是键盘和手写板无法媲美的。数位板主要面向设计、美术相关专业人员、广告公司与设计工作室的使用者，以及 Flash 矢量动画制作者。常见的几种数位板如图 3-3-61 所示。

Wacom 影拓 Pro

Wacom 影拓 Pro 纸张版

Intuos Draw

Intuos Art

Intuos Comic

One by Wacom S

One by Wacom medium

Intuos 3D

图 3-3-61　常见的几种数位板

三、图形设计

1. 图形的概念

著名设计理论家尹定邦先生在《图形与意义》中对图形做出如下定义："所谓图形，指的是图而成形，正是这里所说的人为的创造的图像。"图形（Graphic）是由绘画、记写、雕刻、拓印或数字技术等手段产生的能传达信息的图像记号，是设计作品的表意形式，是设计作品中敏感和倍受关注的视觉中心，其存在的价值是传达相关信息。

图形与纯绘画作品有本质区别，图形是作为一种交流信息的媒介而存在的，而纯绘画作品主要是通过描绘来展示画家对生活的理解、对社会的看法或情感的表达。图形有很强的功能性，和文字语言等媒介一样含有大量信息，是为了传播概念、思想或观念而存在的。图形可通过现代传播工业手段实现大规模复制并广泛传播，以达到信息传达的目的。

2. 图形创意的概念

图形创意中的"创"指创造、独创，"意"即主意、意念，因此图形创意是指将意念转化成具有创新精神的设计形式的思维过程，是以图形为造型元素，经一定的形式构成和规律性变化，赋予图形本身更深刻的寓意和更宽广的视觉心理层面的创造性行为。图形创意是图形设计的核心，要求打破思维方式上的惯性，另辟蹊径地思考。出色的图形创意能达到意料之外、情理之中的效果，既符合逻辑又超乎想象，在构思上观点新颖、立意巧妙，在说明问题的同时也能产生深刻寓意。

3. 图形的功能与意义

图形具有传递信息的功能，这一功能是通过视觉系统具象呈现的，是不需要通过阅读文字而进行转译的抽象思考。图形被称为"世界语"，其信息传递功能能跨越民族、地域、国家。图形能够准确、生动、直观地表达情感、思想、警示等信息，具有易理解、好辨识、强记忆等特性。

图形的信息传递功能具有重要意义，具体包括如下几方面。

1）直观意义：图形是简练、感性、单纯的视觉语言，它能够被大多数人所认知，可以强烈、直观地传递信息。

2）象征意义：图形是隐喻、寓意、内涵的符号，通过引起受众的想象达到思想与情感的交流，其传播效果具有象征性。

3）指示意义：图形中特定的符号、颜色具有警示、提示功能，能快速、直接地呈现指示作用。

4）广泛意义：图形的应用渠道非常广泛，从传统纸媒到移动互联媒体，能广泛突破时间与空间的限制。

5）易读意义：受众通过视觉感知接收到图形传播的信息，并且理解图形所传达的思想，比起文字渠道有更快速、凝练的易读性。

6）审美意义：经过设计的图形作品不仅能准确传递信息，同时具有设计感、形式美、艺术性，能给受众带来愉悦感和美感。

4. 图形的设计方法

（1）图形设计的表现手段

与文字相比，图形最重要的优势在于，可以通过有效的提炼和挖掘手段赋予其相关的视觉内涵，使受众更直观地感受到传达的关键信息。在图形创意过程中，提炼和挖掘图形意义着重于运用图形语义符号的组合和创造技巧，具体包括比喻、象征、比拟、夸张、幽默等手段。

比喻手段是用跟 A 事物有相似之处的 B 事物来描绘或说明 A 事物。比喻的结构一般由本体、喻体和比喻词构成。比喻的本体和喻体必须是相互之间有相似点的不同事物。运用比喻可以使平凡变动人，使繁复变简洁，使抽象变具体。相对于平铺直叙的方式，在图形创意中用灯泡来比喻人的大脑的创意无限，或用仙人掌比喻出口伤人的言论，使得图形作品更加含蓄。好的图形作品留给受众想象空间的同时，亦不妨碍其对作品本身意义的理解。

象征指用简明、可视的图形去表示复杂、抽象的事物。在日常生活中，人们对某些物件、符号或者现象会形成某些共识与联想，如绿色象征生机、红色象征喜庆、白色象征纯洁、白鸽象征和平、枪炮象征战争、心形图形象征甜蜜等。象征手法的作用体现在通过简洁图形或简易形态来表达抽象的难以描述的概念或现象，如图 3-3-62 所示。

图 3-3-62　毕加索画的和平鸽

比拟包括拟人和拟物。拟人是赋予物以人的情绪、感受和行为等；拟物是把人当物或把 A 物体当 B 物体来描述。运用比拟，可使人或物个性鲜明、生动、内涵丰富。在图形创意中常用比拟进行图形意义的提炼，从而将事物在本身与内涵之间进行迁移和关联，让受众能快速产生联想。

夸张以反常态、反比例的关系出现，突出事物的本质特征，通过图形信息表达强烈的思想感情，引发受众联想。图形夸张的作用是烘托气氛，增强联想，给人启示，增强表达效果。在图形创意中，常用夸张手法对图形形态进行夸大或缩小，以强烈的图形视觉冲击效果来表达作品的主题。

幽默最能体现“意料之外、情理之中”的图形意义，也最能引起观众的兴趣，从而引导人们对作品本身的关注。在图形创意中，常采用怪诞、惊奇等情感来强调图形的视觉冲击力。富有幽默感的图形创意往往能持久、深入地吸引受众注意。设计具有幽默感的图形要依靠巧妙的视觉流程使受众首先注意表面的“正常现象”，然后通过制造矛盾或冲突或关联巧合呈现幽默效果。幽默的手法在图形创意中是较高级的应用，其核心意义不在幽默本身，而是具有与讽刺艺术相似的效果，目的是引发受众进行深层次思考。

（2）图形创意表现手法

在图形创意设计中，常运用独特的图形创意表现形式与手法创造出富含趣味性和冲击力的图形形态，在营造新颖的视觉效果的同时打破事物固有的造型设计，让图形更具创造力和吸引力。常见的图形创意表现手法有正负图形法、双关图形法、异影图形法、减缺图形法、多维图形法、共生图形法、悖论图形法、聚集图形法、同构图形法和文字图形法等。灵活、合理地运用这些方法可以增强图形设计的视觉感染力，突破单一图形创意设计的平淡乏味，使视觉形象引发受众的共鸣。

正负图形法是正形与负形相互借用，形成在大图形结构中隐含着小图形的效果。正负图形具备主体图形和衬托图形两部分。属于图形的部分称为“图”，背景的部分称为“底”，“图”具有明确的视觉形象和较强的视觉张力，“底”则给人以虚幻、模糊之感。从视觉关系上来说，“图”在前，而“底”在后。在如图 3-3-63 所示的设计大师福田繁雄的海报作品中，他把正负形和谐、共融地组织起来，使人们找不到无谓的空间，所有的视觉形态都是有形且都有必要。

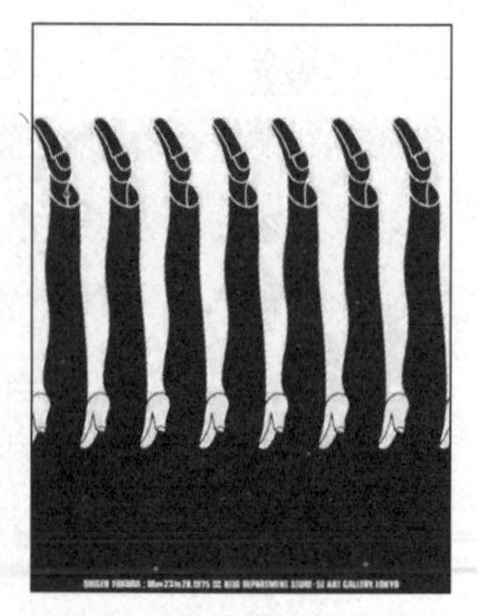

图 3-3-63
福田繁雄正负图形作品

同构图形法通过图形强调独创性，完成图形形态的连接与转化。以生活中的元素为例，同构图形法对来自生活中的创意元素加以创造性地改造，并非追求真实性，而是关注创意上的艺术性和内在联系，体现艺术美学的整体感，追求哲理性的创意理念，合理地解决物与物、形与形之间的对立、矛盾关系，使之协调、统一地在同一空间中表达各自的信息内涵。同构图形法强调“创造”的观念，把不同的但相互间有联系的元素，可能是矛盾的对立面或对应相似的物体巧妙进行结合，这种结合不再是物的再现或并举，而是相互展示个性，将共性物合二为一，产生明了、简洁的创意效果。

文字图形法是通过对文字结构的分解重构，重新进行形态的重组与变化，使其与所要表达的字意协调一致。在进行文字笔画的空间或部首结构的设计安排中，要充分考虑视觉美感，无论采用写实或抽象的表现手法，变化的准确性都是至关重要的。优秀的文字图形在传播过程中能有事半功倍的效果，能有效地增强视觉冲击力和传播力度。

图形创意表现手法概览见表 3-3-7。

表 3-3-7　图形创意表现手法

表现手法	概念
正负图形法	通过彼此结合起到相互衬托的作用，因受众的视点不同而产生两种观感
双关图形法	同一图形能同时解读出两种含义，除了表面的寓意，还包含另一层含义
异影图形法	光使物体产生影，将影进行具有创意的处理，形成具有深刻寓意并凸显主题的图形
减缺图形法	将图形进行减缺处理，并引导受众利用惯性思维在心理上补全图形，图形缺少的部分往往能给予受众更丰富的想象空间
多维图形法	使图形在二维与三维之间进行转换，从视觉上突破空间的限制
共生图形法	两个或两个以上的图形元素相互依存，图形的结合能产生新的创意元素
悖论图形法	利用视觉上的错觉在二维空间中通过图形的结合使画面形成矛盾的空间效果
聚集图形法	将同一或相似的图形反复应用，通过反复强调图形来强化含义
同构图形法	通过把有关联的两个或多个元素相互结合，创造出具有创新含义的图形形态
文字图形法	将文字作为图形看待，或将文字进行创意排列，使画面产生新的创造力和感染力

图形是视觉设计的关键元素，图形在版面中与其他元素产生相应关系会对整体视觉效果产生决定性影响。比如，年会徽章分别采取三款独立包装设计，若把徽章本身视作核心图形，徽章会跟包装产生图形与版面的位置、比例等关系。版面效果受图形与版面的组合方式的影响。

图形与版面的组合方式见表 3-3-8。

表 3-3-8　图形与版面的组合方式

图形与版面的组合方式		
标准型	圆图型	切入型
标题型	图片型	交叉型
中轴型	重复型	对角型

（续）

图形与版面的组合方式		
斜置型	指示型	分割型
放射型	散点型	—
网格型	文字型	—

图形创意是视觉设计的重要表现形式，能使设计作品具有强烈且令人瞩目的视觉中心，图形能够直观、具体、清晰、准确地向受众传达设计主题，通过图形元素能简洁、有效地展现出具有感染力和渗透力的视觉效果，并能使受众对内涵与主题清晰明了。

本章课后习题

（共 25 个答题点，每个答题点 4 分，共 100 分）

一、选择题

1.（　　）是指将界面版式中的视觉元素按着树直方向排列。

A．对称构图　　B．满版构图树　　C．重心构图　　D．竖向构图

2．运用相同或近似的视觉元素多次出现在版面中形成一定的重复感的是（　　）。

A．重心流程　　B．反复流程　　C．散点流程　　D．直线流程

3．通过设计元素来建立视觉信息的结构关系主要是为了建立（　　）。

A．视觉流程　　B．视觉焦点　　C．视觉层次　　D．视觉美化

4．具有装饰角的字体体系是（　　）。

A．宋体系　　B．黑体系　　C．书法系　　D．圆体系

5．药品业一般选择的色彩是（　　）。

A．红色　　B．蓝色　　C．橙色　　D．黄色

二、填空题

1．在界面的版式设计中，单向构图多以________、________、________和________为主要表现形成。

2．视觉设计的三大维度分别是________、________和________。

3．层次之间应该也有________、________来保持整体感。

4．________、________、________是平面设计的三要素。

5．VIS 色彩系统主要包括________、________两个主要部分。

6．插画的表现形式包括________、________、________和________。

7．________是正形与负形相互借用，形成在大图形结构中隐含着________的效果。

A BASIC COURSE
IN GRAPHIC DESIGN

第四章

界面设计的相关概念

第一节
界面设计的概念与发展

一、界面设计的概念

界面设计（UI）指对软件的人机交互、操作逻辑、视觉美感的整体设计。日常生活中常见的界面包括移动端 app 界面、PC 端应用界面、Web 界面或者小程序、智能终端设备的软件界面等，如图 4-1-1 所示。好的界面设计不仅能让软件变得有个性、有品位，更重要的是让软件的操作变得舒适、简单、方便，并能充分体现软件的定位和特点。

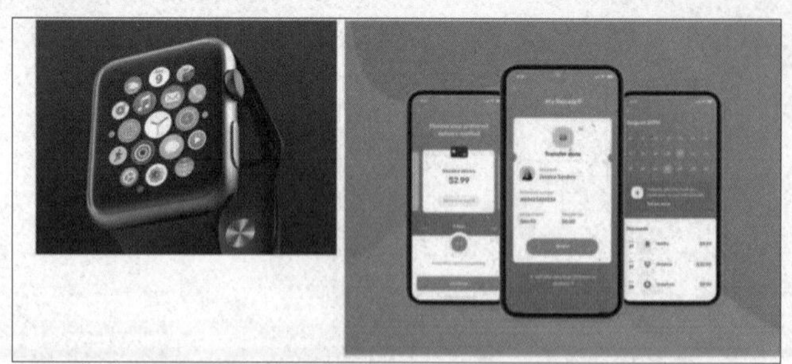

图 4-1-1　界面设计示例

UI 的全称是 User Interface。其中，“U”是指“User”，即用户；“I”是指“Interface”，即界面。除了用户与界面两部分，还有在 UI 设计中将两者连接起来的用户与界面之间的交互关系，如图 4-1-2 所示。

对于一个 app 来说，不管是打造一个全新产品，还是对已有的产品进行更新迭代，都需要从用户体验（User Experience，UE/UX，即用户在使用产品过程中建立起来的主观个人感受）、交互设计（Interaction Design，IaD，基于界面而产生的人与产品间的交互行为）和图形用户界面（Graphic User Interface，GUI 全称为人机交互图形化用户界面）三个方向来完成，如图 4-1-3 所示。

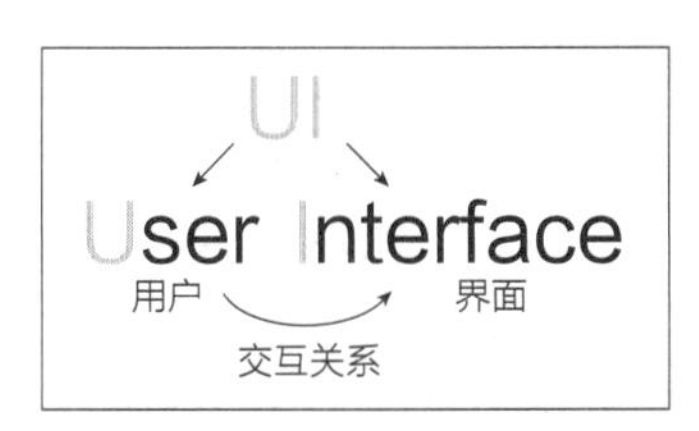

图 4-1-2　UI设计概念示意图

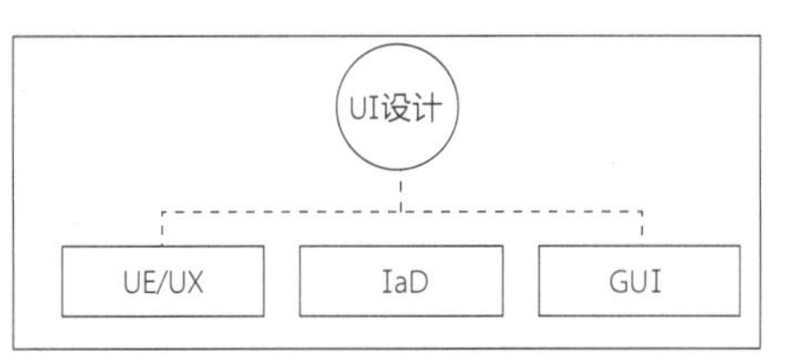

图 4-1-3　UI设计的三个方向

1. 用户体验

为了实现用户在界面中与系统进行自然的交互，沉浸在他们喜欢的内容和操作中，忘记界面的存在，这就需要研究用户心理和用户行为，从用户的角度来进行界面的结构、用户行为和视觉等层面的设计。用户体验研究指导着 app 设计的整个流程。

用户体验研究包括两个方面：一是可用性工程学（Usability Engineering），研究如何提高产品的可用性，使系统的设计更易于人们使用、学习和记忆；二是通过可用性工程学研究，探索用户的潜在需求，为技术创新提供另一种思路和方法。

2. 交互设计

这一部分指基于人机交互工程，包括信息的采集与反馈、输入与输出，主要围绕解决产品能不能用，以及怎么用的问题。

3. 图形用户界面

图形用户界面是以视觉为主体的界面，对其进行设计强调的是视觉元素（包括图形、图标、色彩和文字设计等）的组织和呈现，这属于物理表层上的设计。

软件界面设计就像工业产品中的工业造型设计一样，是产品的重要购买点。友好、美观的界面能给人们带来舒适的视觉享受，缩短人与设备之间的距离。界面设计不是一幅简单的艺术画，它需要定位用户、使用环境和使用模式，并为最终用户进行设计。评判界面的标准不是项目开发团队负责人的意见或项目成员的投票结果，而是最终用户的感受。因此，界面设计应该与用户研究紧密结合，界面设计是一个不断令最终用户满意的视觉效果设计过程。界面设计相关术语见表 4-1-1。

表 4-1-1　界面设计相关术语

中文术语	英文术语	应用
用户界面	User Interface（UI）	在用户与系统的硬件或软件间传递信息的桥梁
交互	Interaction	用户与设备之间的双向信息交流
界面设计	UIDesign	对软件的人机交互、操作逻辑、视觉美感的设计
原型设计	Prototype Design	产品面市前的框架设计，将界面的模块、元素、人机交互的形式，利用线框描述的方法进行表达
交互设计	Interaction Design（IaD）	定义了两个或多个互动的个体之间交流的内容和结构，使之互相配合，共同达成某种目的
可用性设计	Usability Design	在以用户为中心的宗旨下，进行产品（系统）的设计，使产品满足功能需要、符合用户的行为习惯和认知，同时能高效、愉悦地完成任务和工作，达到预期的目的
用户体验设计	User Experience Design（UED）	以用户为中心的一种设计手段，以用户需求为目标。设计过程注重以用户为中心，用户体验的概念从开发前期开始，贯穿始终
产品需求文档	Product Requirement Document（PRD）	产品需求的描述，包含产品定位、目标市场、目标用户、竞争对手等
商业需求文档	Business Requirement Document（BRD）	基于商业目标或价值所描述的产品需求内容文档（报告），其核心的用途是，在产品投入研发之前，企业高层作为决策评估的重要依据
市场需求文档	Market Requirement Document（MRD）	对年度产品中规划的某个产品进行市场层面的说明
响应式网页设计	Responsive Web Design	一种网络页面设计布局，其理念是：集中创建页面的图片排版大小，可以智能地根据用户行为以及使用的设备环境进行相应的布局调整
瀑布流	Masonry Layout	比较流行的一种网站页面布局，视觉表现为参差不齐的多栏布局，随着页面滚动条向下滚动，这种布局还会不断加载数据块并将之附加至当前尾部。国内大多数网站都采用这类形式
控件	—	是一种基本的可视构件块，被包含在应用程序中，控制着该程序处理的所有数据，以及关于这些数据的交互操作

（续）

中文术语	英文术语	应用
布尔运算	Boolean Calculation	设计软件中的运算法则。可以合并形状、减去顶层形状、与形状区域相交、排除重叠形状、合并形状组件，从而获得新的图形，常用来绘制图标或图形
材料设计	Material Design	融合了经典的设计法则及前沿科学技术创建的一门新的视觉设计语言，它是一个能够统一跨平台和不同尺寸设备之间体验的底层系统。基于移动端的基本准则，充分利用触摸、声音、鼠标和键盘等输入方式
情感化设计	Emotional Design	旨在抓住用户注意力，诱发其情绪反应，以提高执行特定行为的可能性的设计

二、界面设计的发展与作用

当今，移动媒体技术发展较快，界面设计也达到了新的高度——向实用型方向转型，人们开始将移动媒体与界面设计结合。界面设计的飞速发展主要体现在它的应用范围上，移动媒体时代下的界面设计，具有适应力强、实用性好、应用面广的优点。在多数使用移动媒体的情况下，受众的视觉、触感及心理感受都被锁定在小小的界面中，界面设计这种融合了视觉传达和交互状态的设计方式，无疑成为移动媒体里不可或缺的角色。如今，它的身影无所不在，小到类似于图 4-1-4 所示的 AirPods 这样的便携式音乐播放设备，大到图 4-1-5 所示的街边触屏广告牌这样的大型公共传媒设施，都要用到界面设计。大量的界面设计渗透到人们生活的方方面面。

图 4-1-4　AirPods

图 4-1-5　街边触屏广告牌

第二节
界面设计的原则、特点与分类

一、界面设计的原则

界面设计是一个复杂的有不同学科参与的工程，认知心理学、设计学、语言学等在其中都扮演着重要的角色。用户界面是用户与系统沟通的唯一途径，要能为用户提供方便、有效的服务，其核心原则是以用户为中心。

用户界面设计的三大原则：置界面于用户的控制之下、减少用户的记忆负担、保持界面的简洁和一致性。

1．置界面于用户的控制之下

界面设计中要使用能反映用户本身的语言，让用户可通过已掌握的知识来使用界面，不超出一般常识范畴，简洁易懂。用户是使用的主体，设计师应从用户的角度出发设计界面，使用户便于使用和了解，并减少用户发生错误选择的可能性。

不同技能水平的用户应该能够与不同水平的产品进行交互，不要为了让新手或临时用户易于使用而牺牲有经验的用户。相反，要尝试针对不同用户的需求进行设计。因此，用户是有经验的用户还是新手并不重要。添加教程和解释等功能对新手用户非常有帮助。一旦用户熟悉了产品，他们就会寻找快捷方式来加快常用操作的速度。设计师应该提供能让有经验的用户使用的快捷方式，从而为他们提供快速操作路径。

设计规则：提供清晰的标示。

这条原则涉及直观的布局和清晰的信息标签。浏览程序不应以任何方式令人困惑，对于初次使用的用户也应如此。相反，对界面的探索应该是有趣的，并能让用户在不知不觉中舒适地学会。确保页面架构简单、合乎逻辑且有清晰的标示。用户永远不必疑惑他们打开的界面在软件中的位置，也不必不断思考才能确定如何到达他们想去的界面位置。

2. 减少用户的记忆负担

人脑不是电脑，在设计界面时必须要考虑人类大脑处理信息的限度。人类的短期记忆极不稳定，所以对用户来说，浏览信息要比记忆信息更容易。除此之外，高效率和用户满意度是人性化的体现。在进行界面设计时，可让用户依据自己的习惯定制界面，并能保存设置。

设计规则：以尽可能少的步骤和屏幕内容为目标。

使用诸如底部工作表和模式窗口之类的形式来压缩数据并减少应用程序占用的空间。同时，要确保以自主和独立的方式组织信息。可以将任务和子任务组合在一起，但需要注意的是，不要将子任务隐藏在用户想不到的页面上。根据清晰且合乎逻辑的分类组织界面结构及内容。同样，始终遵循将完成任务所需的步骤数量减少到最小值的原则。

当只需要一两步操作时，不要让用户经历烦琐的单击障碍。三击规则是最实用的 UI 设计原则之一，它指出用户应该能够通过在应用程序内的任何位置单击不超过 3 次来实现任何操作或访问他们需要的任何信息。最重要的是，永远不要要求用户重新输入他们已经提供的信息。否则，可能让用户直接放弃使用。

3. 保持界面的简洁和一致性

一个有序的界面能让用户轻松地使用。使用一致的术语、一致的步骤、一致的动作，让用户始终用同一种方式思考与操作，不应每换一个界面就更换一套操作命令与操作方法。界面的结构必须清晰且一致，在视觉效果上便于理解和使用。

设计规则：提高视觉清晰度。

良好的可视化组织提高了可用性和易读性，使用户能够快速找到他们正在寻找的信息并更有效地使用界面。设计布局时，避免一次在屏幕上显示太多信息。构建网格系统设计以避免视觉混乱。应用内容组织的一般原则，如将相似的项目组合在一起、对项目进行编号，以及使用标题和提示文本。

除了上述三个原则外，还应注意保持界面设计的安全性和美观性。用户能自由地做出选择，且所有选择都是可逆的；在用户做出危险的选择时应有提示信息。对于美观性，使用一种或两种基本色调中的多种颜色是突出或中和元素且不会使设计混乱的可靠方法，如图 4-2-1 所示。

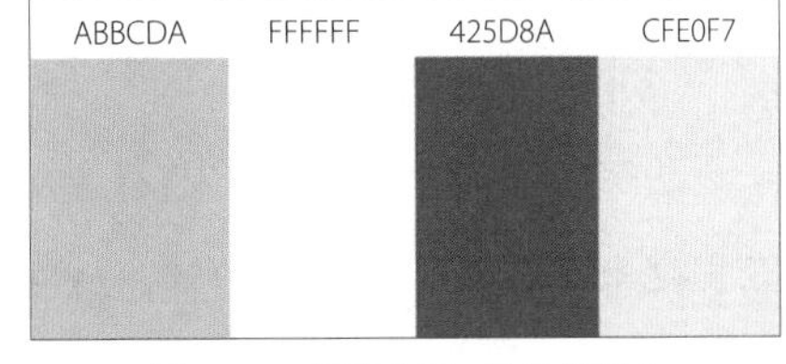

图 4-2-1　保持色调一致性的配色

4. 雅各布·尼尔森“十大可用性设计原则”

雅各布·尼尔森是毕业于哥本哈根的丹麦技术大学的人机交互博士，他于 1995 年提出了“十大可用性设计原则”，见表4-2-1。

表4-2-1　尼尔森的“十大可用性设计原则”

原则	解释
状态可见原则	系统应该在适当的时间内做出适当的反馈，告知用户当前的系统状态
环境贴切原则	产品设计应该使用用户的语言，即用户熟悉的词、句、概念，还应该符合用户在真实世界中的使用习惯
用户可控原则	用户经常会在使用功能的时候发生误操作，这时需要一个非常明确的“紧急出口”来帮助他们从当前的情境中返回，需要支持取消和重做
一致性原则	同一产品内，产品的信息架构导航、功能名称和内容、信息的视觉呈现、操作行为交互方式等方面应保持一致，产品与通用的业界标准应一致
防错原则	在用户选择动作发生之前，就要防止用户出现容易混淆或者错误的选择
易取原则	尽量减少用户需要记忆的事情和行为，提供可选项让用户确认信息，系统识别胜过用户记忆
灵活高效原则	系统需要同时适用于经验丰富的和缺乏经验的用户
优美且简约原则	界面中不应该包含无关紧要的信息，每个多余的信息都会分散用户对有用或者相关信息的注意力
容错原则	当系统能够帮助用户自动甄别出错误并及时进行修正时，将给用户带来极大的便利
人性化帮助原则	提供帮助信息。帮助信息应当易于查找，聚焦于用户的使用任务，列出使用步骤，并且信息量不能过大

5. 交互设计九大定律

随着交互体系不断完善，交互设计七大定律也逐渐拓展到九大定律，包括菲茨定律、席克定律、米勒定律、临近性原则、复杂度守恒定律、奥卡姆剃刀原理、防错原则、蔡格尼克记忆效应和雅各布定律。

（1）菲茨定律

将日常看到的界面元素进行去色彩化和去信息化，把这些控件/元素等都变成灰色色块，就变成了最简单的原型图。这些灰色色块只显示位置和大小。菲茨定律指，要通过控制色块或者界面元素的大小和位置（绝对距离和相对距离）来设计界面布局，进而控制交互时间。

（2）席克定律

决策所需要花费的时间随着选择的数目和复杂性的增加而增加。需要通过控制数目和复杂程度来左右界面布局的形式，从而缩短交互时间，达成良好的用户体验。

（3）米勒定律

在短时记忆中，人平均只能记忆7（±2）个信息。米勒定律对人的记忆信息数目进行了定量的研究，即5~9个信息是人脑接受起来比较合适的，多了就容易混乱。

（4）临近性原则

彼此靠近的元素倾向于被视为一组。也就是说，在界面布局的时候性质相同的事物要相邻，不相同的要互相远离，这样更符合人们的既定认知。

（5）复杂度守恒定律

任何事物都有其复杂性，不可避免。某些事物一旦失去其复杂性，其本质作用就可能失去效果。不要抱怨某些流程和工作，它们的复杂性是其发挥作用所必然具有的，所以才需要优化和简化。

（6）奥卡姆剃刀原理

如无必要，勿增实体。也就是说，在相同前提下选择最简单、有效的方法，单纯的“炫技”会降低用户的使用效率。

（7）防错原则

人不可能避免出错，但必须及时发现并纠正，防止差错形成缺陷。防错原则认为大部分的意外都是由设计的疏忽导致的，而不是人为操作疏忽引起的。通过改变设计可以把失误率降到最低。

（8）蔡格尼克记忆效应

人们对未完成任务的记忆比已完成的更深刻。这一点可体现在产品设计上，通过对未完成任务的提醒，获取用户的注意力，进而达到商业目的。

（9）雅各布定律

用户希望你的产品跟别人的有相同操作方法和使用模式。这一定律明确指出了一致性的根本原因。用户的心理就是“我希望你的使用方式 / 操作和主流一致”，超出预期的产品就会有人不接受，就会有用户流失。

二、界面设计的特点

界面设计有实用性、互动性、真实性、共性与个性的统一，以及声画相携等特点。我们不能简单地将界面设计理解为一件科技的华丽外衣，它不仅具有表达功能，还具备明确的目的性，所有设计的细节都与某个产品或功能的内在理念相结合。除此之外，还要考虑用户的操作体验，使用户更加真实地融入环境，与之互动。移动媒体技术的兴起和科学技术的不断更新，让设计更加注重时效性，体现方便快捷，关注情感和交互。

实用性指事物具有使用功能是其最基本的性质。事物的实用性满足了人的物质需要以后，人们才会关注事物的其他功能。可见实用性是任何事物所必须具有的最基本的性质。所以，界面设计的实用性也是其重要的特性之一。

互动性是非物质社会的主要特征之一。现在智能化电子产品提供的不仅仅是能够满足人们某种使用功能的产品，而是一个能够让人机互动和交流的平台。可以通过情景和行为来完成人们与智能机器的互动。

界面设计应当强调具备一定的真实性，只有使界面设计的场景环境更加真实，才能够让用户有更好的体验。

界面上的图形、按钮、操作等应该有共性，给人和谐的感受。界面设计的个性则体现在很多方面，包括与产品基调一致的色调处理，独一无二的动效等。

声画相携是界面设计的又一大特征。界面设计不能只是单纯地强调画面，除了注重画面的色彩搭配及构图，还要融入设计师的情感，这种情感体现在多方面，其中就包括声音。

三、界面设计的分类

1. 移动端 UI 设计

移动端一般指可移动的互联网终端设备。在移动互联网时代，终端多样化成为移动互联网发展的一个重要趋势，除手机之外，移动端还包含 iPad、智能手表等。

目前，移动端 UI 多是指手机 UI，其大致可以分为手机源生 UI、app UI、小程序 UI 三大类，如图 4-2-2 所示。

手机源生UI

app UI

小程序UI

图 4-2-2　手机 UI

2. PC 端 UI 设计

PC 端 UI 设计通常指个人计算机端的 UI 设计。比如，系统界面、软件界面、网页的一些按钮和图标等的设计都属于 PC 端 UI 设计，如图 4-2-3 所示。

图 4-2-3　PC 端 UI设计

3. 游戏 UI 设计

游戏 UI 设计针对的是游戏玩家，界面指的是游戏中的画面、场景、人物、个人装备属性等的界面。

第三节 界面设计师

作为界面设计师，其核心职责是视觉表现，具体工作包括界面的图标设计、布局、色彩搭配、Banner 设计、专题、品牌形象设计等。

界面设计师的主要的工作任务：①负责软件界面的美术设计、创意工作和制作工作；②根据各种软件的用户群，提出构思新颖、有高度吸引力的创意；③对页面进行优化，使操作更趋于人性化；④维护现有的应用产品；⑤收集和分析用户对于图形用户界面的需求等。

但是随着用户体验行业的不断发展，在实际工作中，界面设计师的工作不再局限于原本的视觉执行层面，他们还要参与到产品开发的整个流程中。界面设计师上承交互设计和产品经理，下接前端开发，因此界面设计行业对设计师提出了更高的要求：晓体验、懂交互、精设计。

一、界面设计师的工作职能和流程

在产品开发过程中，界面设计师的工作职能主要有以下四点。

1）根据产品需求文档和原型图对交互路径进行优化。

2）根据产品需求分析完成视觉设计和设计规范。

3）根据技术需求完成标注、切图、命名设计文件及导出文件、动效设计等工作。

4）担任与公司和产品运营相关设计、企业形象设计、线上 / 线下宣发物料等设计工作。

因此，在日常的界面设计工作中，产出物一般包括移动端界面设计成果、小程序界面设计成果、H5 界面设计成果、网页设计成果、大屏幕数据展示界面设计成果、电商界面设计成果、运营活动相关的界面设计成果，以及图标设计成果、界面视觉规范、切图标注、基础的信息架构图、流程图、原型图和线下宣发的物料等。

由于职位对应的工作范围日趋交叉化和多元化，界面设计师负责的视觉界面工作可以分出十分细致的工作流程：设计定位→风格探索→设计制作→设计交付→设计走查→设计总结和复盘，如图 4-3-1 所示。界面设计师根据对产品的判断进行风格设定，根据高保真原型完成设计稿，规范交付文档，同时邀请需求方、开发团队、用户体验设计人员对视觉设计稿进行最终的确认。最后，要做好设计稿还原工作，并对整个产品项目进行文件整理、迭代组件库和设计总结。界面设计师与交互设计师岗位产品能力分析请参考表 4-3-1。

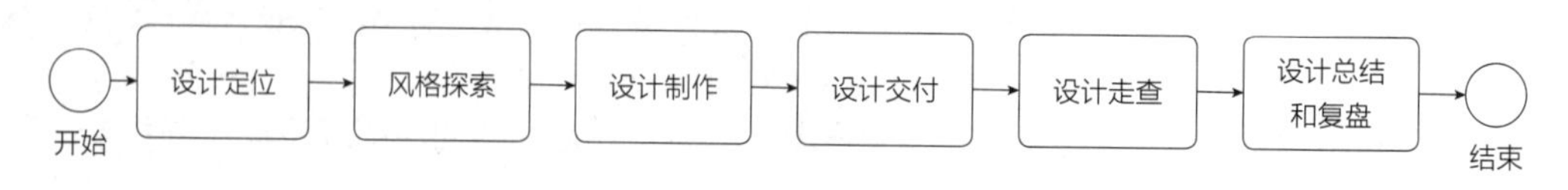

图 4-3-1 界面设计师工作流程

表 4-3-1 界面设计师与交互设计师岗位产品能力分析

<table>
<tr><th colspan="3">项目名称</th><th>实习人员
（交互设计 / 界面设计助理）</th><th>初级界面设计师</th><th>初级交互设计师</th><th>中级界面设计师</th><th>中级交互设计师</th></tr>
<tr><td rowspan="4">产品基础</td><td rowspan="2">交互设计</td><td>流程梳理</td><td colspan="2">了解流程图、逻辑图、组件、功能等基础知识</td><td colspan="2">具备产品信息架构、界面功能与逻辑的梳理与绘图能力</td><td>具备分析复杂场景的业务流程及逻辑绘图能力，完成用户体验地图。理解交互用例</td></tr>
<tr><td>原型设计</td><td colspan="2">能绘制简单模块原型</td><td colspan="2">根据指定需求绘制产品原型</td><td>能根据团队与产品的情况，搭建产品原型工程</td></tr>
<tr><td>用户研究</td><td>定性研究</td><td colspan="2">能配合用户测试工作</td><td colspan="2">了解定性用户研究方法，如访谈、问卷等</td><td>参与用户测试，实施访谈、问卷、观察、A/B 测试、焦点小组等用户研究方法</td></tr>
<tr><td>数据分析</td><td>行为数据分析</td><td colspan="2">能接受数据验证工作</td><td colspan="2">能解读行为数据，有分析能力（点击率、展现率、功能使用、跳出、流失、活跃、留存等基础与进阶行为数据）</td><td>有多维数据交叉分析能力，掌握行为数据分析工具</td></tr>
</table>

（续）

<table>
<tr><th colspan="3">项目名称</th><th>实习人员（交互设计/界面设计助理）</th><th>初级界面设计师</th><th>初级交互设计师</th><th>中级界面设计师</th><th>中级交互设计师</th></tr>
<tr><td rowspan="6">产品全局</td><td rowspan="2">产品设计</td><td>市场分析</td><td>—</td><td>—</td><td colspan="3">了解分析市场的方法。基本掌握分析细分业务方向的基础知识</td></tr>
<tr><td>产品分析</td><td>—</td><td>—</td><td>—</td><td colspan="2">具备产品功能、使用场景、用户定位，触点等层面的分析能力</td></tr>
<tr><td rowspan="2">产品运营</td><td>用户运营</td><td>—</td><td>—</td><td>—</td><td colspan="2">能配合运营和产品设计，进行线上场景运营（产品上线后）</td></tr>
<tr><td>活动运营</td><td>—</td><td>—</td><td>—</td><td colspan="2">参与活动策划（产品上线后）</td></tr>
<tr><td rowspan="2">开发实施</td><td>前端开发</td><td>理解交付流程</td><td>理解前端开发</td><td>理解前端页面重构基础</td><td colspan="2">有能力完成普通网页前端页面重构，对前端开发的理解度达到初级前端设计师的等级，与前端开发工程师工作配合顺畅</td></tr>
<tr><td>后端开发</td><td>理解交付流程</td><td>理解开发基本原理</td><td colspan="2">理解后端开发基础，理解动态数据，在界面设计时考虑与后端开发有关的界面问题</td><td>在设计上能考虑到后端实现成本问题</td></tr>
</table>

设计师的日常工作包括视觉设计、线框设计、原型设计、设计规范、品牌设计、运营设计管理和文案设计。目前，视觉设计和界面设计还是设计工作中最重要的、能被用户感知的工作。由于终端类型及交互形式不断增加，保持产品在视觉和交互上的一致性和流畅性的要求越来越高。更多的企业与项目要求高级设计师除了完成设计需求与设计规范工作，也要能理解各岗位的工作，甚至要参与到视觉设计之外的其他工作中，这就要求设计师延展自己的能力树，包括研究、逻辑分析，甚至是编程的能力。

二、产品团队人员分工

1. 产品经理的工作

产品经理（Product Manager，PM），专门负责产品管理，具体负责市场调查并根据市场及用户等的需求，确定开发何种产品，选择何种业务模式、商业模式等，并推动相应产品的开发。此外，还要根据产品的生命周期，协调研发、营销、运营等，确定和组织实施相应的产品策略，以及其他一系列相关的产品管理活动。产品经理是推动开发进程的专职人员。

2. 用户研究员的工作

用户研究员通过一定的方式对用户进行观察和分析，给出建议和方案，从而使产品设计有更贴合实际的依据。用户研究员的工作贯穿了整个 app 开发流程。产品设计前期，用户研究员调研用户需求，了解用户真正想要的东西，以此明确产品的功能目标；在产品设计中期，收集调研用户在使用相关产品时的行为数据，以此了解用户的行为，明确用户的使用动机；在产品上线以后，用户研究员调研产品在市场上的整体反馈和用户满意度。

3. 交互设计师的工作

交互设计师不仅要输出设计方案，还需要参与前期的需求讨论、后期的开发和测试等产品设计和实现的多个环节。交互设计师的输出物主要有用户研究文档、用户画像、产品功能列表和交互文档等。

4. 界面设计师的工作

界面设计师根据各平台的设计规范，将原型图转化为具有一定美感的视觉页面；定稿后需要提供切图及标注给技术开发人员，并出一套产品的界面设计规范，方便其他成员查看，也方便后续产品的迭代升级。

5. 前端工程师的工作

前端工程师主要根据界面设计师交付的文档完成客户端编译，然后和后端工程师联合协调后使产品上线。前端工程师关注的是需求在前端页面的实现方式、速度、兼容性和用户体验等。

6. 后端工程师的工作

后端工程师主要实现开发项目后台的交互，负责数据存储和管理及数据库体系。后端工程师关注的是高并发、高可用、高性能、安全、存储和业务等。

7. 测试工程师的工作

测试工程师在产品开发流程中担任测试阶段执行者，测试工程师需要具备测试设计能力、测试代码能力、自动化测试技术、质量流程管理、行业技术知识、业务知识等。

8．商务运营人员的工作

产品上线后进入运营阶段，商务运营人员通过内容建设、用户维护及活动策划等推进当前产品的优化和推广。

三、界面设计师的必备能力

界面设计、动效设计、交互设计和平面设计被逐渐整合成为一个职位，“全链路设计师”成为界面设计师的新代名词，同时对设计师的能力要求也越来越高。那么，对于界面设计师来说，必备的两大块技能是专业技能和职业技能。

1．专业技能

界面设计师必备的专业技能主要包括设计软件操作技能、视觉设计技能、交互设计技能三个方面。

（1）设计软件操作技能

一名成功的界面设计师，必然精通 Photoshop、Illustrator、After Effects、C4D、InDesign、Axure RP 等软件。设计软件操作技能是界面设计师不可缺少的技能。界面设计涉及的内容虽然不难，但是量比较大，需要掌握的设计软件有多种，如图 4-3-2 所示。

（2）视觉设计技能

一般来说，界面设计师的视觉表现能力主要集中在图标设计能力、图形设计能力、设计编排能力、设计提案能力、海报 /Banner 设计能力、界面设计能力等许多方面，所以对于界面设计师而言，拥有审美能力、配色能力、构图能力、手绘能力、排版能力是必须的，如图 4-3-3 所示。

图 4-3-2　界面设计师应掌握的设计软件

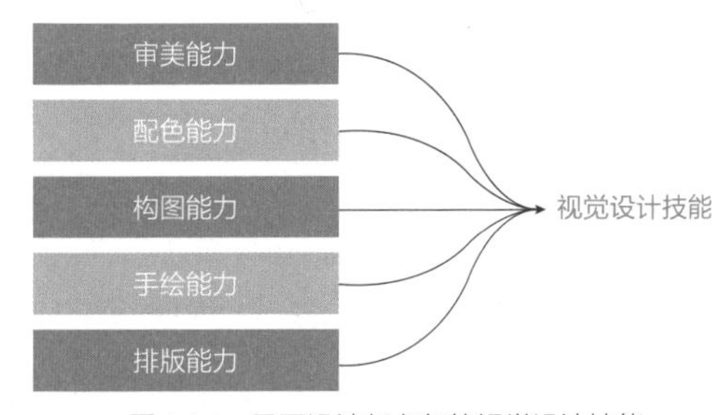

图 4-3-3　界面设计师必备的视觉设计技能

审美能力

没有审美能力的设计师不是个好设计师。设计师想要提高自己的审美能力，可以多去一些优秀的设计网站上学习好的设计作品，比如国内的站酷、花瓣等网站，国外的 Behance、Dribbble、Pinterest 等网站。可对好的作品进行分析，并运用这些作品的好方法加以练习或创新，然后分类收藏，建立灵感库。

配色能力

每个产品和品牌都有它独特的、要呈现的调性，那么色彩在其中就充当着很重要的角色。红色代表激情、有活力、开放、喜庆，但同时也有危险、血腥、死亡等含义。明色调的搭配色系代表清爽、年轻、朴素、小清新、舒适、干净等，但同时也有浮躁、轻飘、软弱、廉价、幼稚等含义。再如，明度高的背景上不能放明度高的字体，明度低的背景上不能放明度低的字体，等等。所以，在设计产品颜色时，界面设计师不但要能正确使用颜色（符合基础配色规则），同时更需要根据产品或品牌的行业、受众人群及调性合理运用色彩。

构图能力

不管是运营海报、闪屏页，还是网页 Banner，好的构图总是能让人感受到美好的事物。无论是按照黄金比例还是视觉平衡法则，恰当的方法总能让你的作品脱颖而出。平时多分析好的作品并加以练习，不但能提高自己的审美意识，也能把这种意识映射到自己的作品中来。

手绘能力

绘画技巧能提高构图能力，如光影的运用、大小远近的表现关系等。有一定的手绘能力不仅能节省寻找素材的时间，也更具有创造力，而且还能增加产品的趣味性。

排版能力

界面设计师的排版能力直接体现在产品信息的层次关系、布局结构及易用性等方面，而且直接关系到用户的体验。应结合产品需求信息合理布局、排版，结合设计原则中的亲密性、重复、对比来打造好的用户体验。

（3）交互设计技能

从严格意义上说，界面设计师主要做的是图形用户界面，也可以称为图形用户界面设计师；而交互设计师主要做人机互动的界面，任何与机器打交道的过程，都需要交互设计师来参与。

在现在的 app 中，界面和交互已经不能完全、清楚地剥离开来。一个好的产品，需要美观的界面和顺畅的交互，也就离不开设计师两种能力相辅相成了。

2. 职业技能

界面设计师必备的职业技能主要包括：沟通协调能力、需求理解能力、思维逻辑能力、文件整理能力、学习能力、抗压能力、自驱力，如图 4-3-4 所示。

从接到需求到产品完整上线，是一个相关人员不断沟通的过程。在设计过程中，设计师遇到问题时要及时去沟通、确认；在设计稿确定后，设计师将文件交给开发人员的同时也要与其讲解其中的交互逻辑等；在开发完成后，设计师也应及时主动地跟进实现效果，根据交互图或效果图来验收结果，未达到理想效果时也要和开发人员及时沟通以调整。

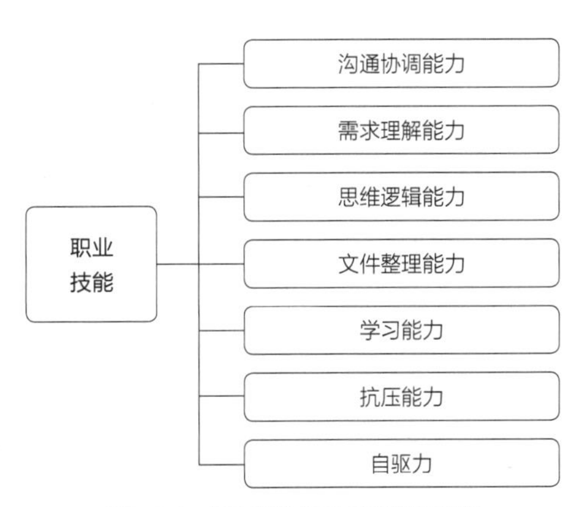

图 4-3-4　界面设计师必备的职业技能

不管是第三方的需求还是本公司的需求，都应该先去了解需求背后的项目背景，只有在了解项目的基础上才能有效地理解需求和背后的动机。

保持学习和思考对于任何一个人来说都是很重要的，也是不能停止的。学习能力是在工作中保持竞争力的基础。这对于公司业务的不断深入学习，专业技能上的不断提升，都是很有必要的。

自驱力体现在积极主动的、自发的去做一些事情，如主动提出优化方案去迭代原有的产品，或者对产品设计有更好的方案时主动去沟通。不断挑战自己，不断跟过去的自己较真，只有这样才能把产品设计越做越好，同时也能有效地达到不断自我提升的目的。

四、界面设计师常用工具

基于界面设计师的工作职能和所要掌握的职业技能，可从思维导图、原型图设计、界面设计、动效设计、切图标注和网页设计这 6 个方面出发，在每个方面至少熟练掌握一个软件工具，如图 4-3-5 所示。不管是哪个软件工具，基本操作很多都是相通的，关键在于把优秀的创意和灵感用合适的视觉表现表示出来，符合好界面的标准，同时完美诠释产品，并对产品产生高质量的溢价价值。

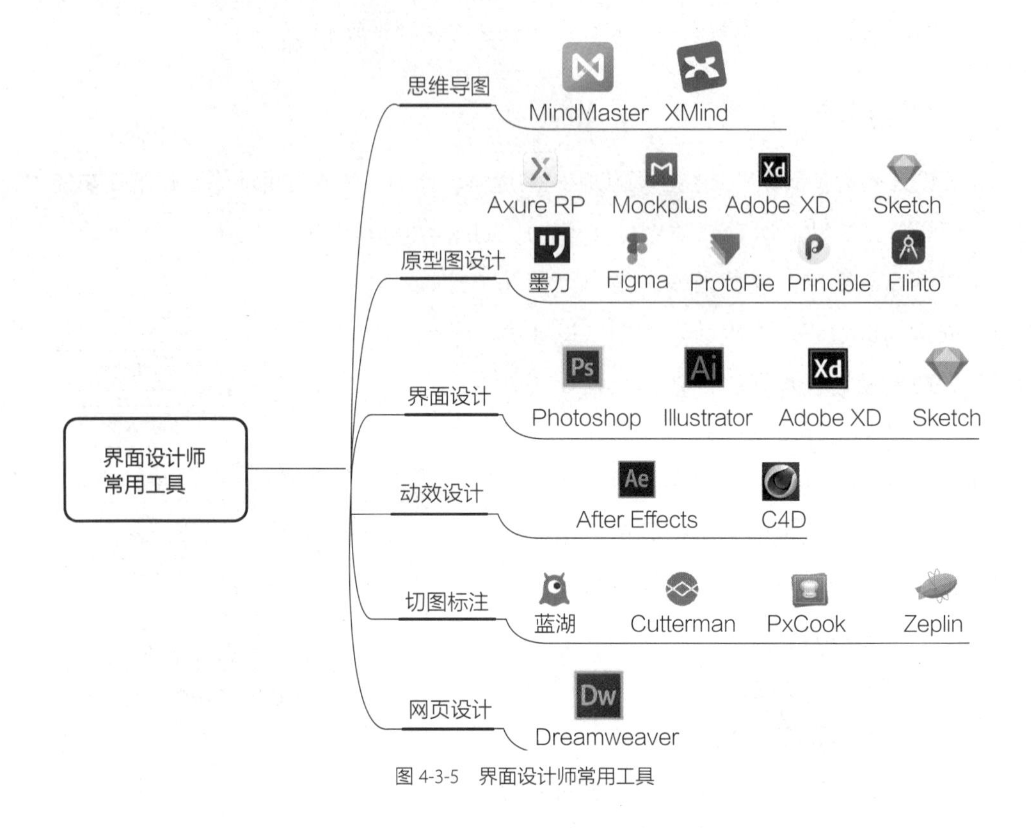

图 4-3-5　界面设计师常用工具

1. 思维导图工具

界面设计师在接到一个项目需求文档后，如果没有交互设计师参与，就需要自己根据需求文档进行产品功能框架和界面流程梳理，这个时候就需要用到思维导图。思维导图软件有助于快速整理思路，提高思维梳理效率。在如今的市面上，有很多好用的思维导图软件。使用这些思维导图软件，不仅可以在计算机上制作思维导图，还可以在移动端制作思维导图，十分方便。思维导图软件工具示例如图 4-3-6 所示。

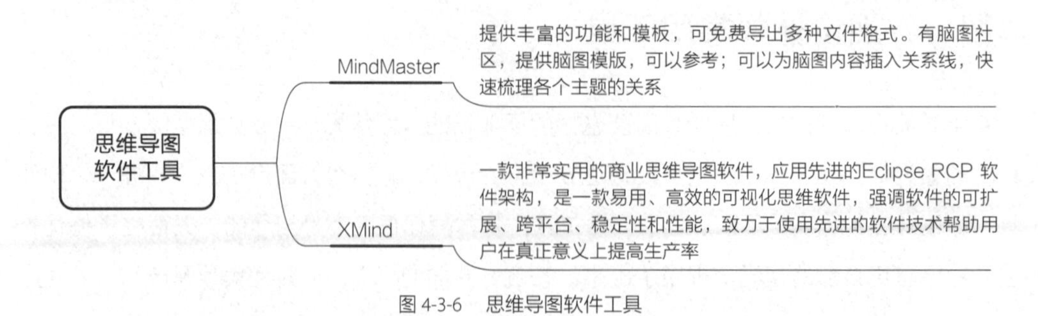

图 4-3-6　思维导图软件工具

2. 原型图设计工具

一些中小企业通常不会花大量资金单独招聘交互设计师和视觉设计师，而是要求界面设计师具备交互设计和视觉设计两方面的工作能力。不仅要负责界面相关规范设计的工作，有时候也会对产品的交互原型进行设计。

原型图设计工具比较多，如 Axure RP、Mockplus、Adobe XD、Sketch 等都可以做常规的交互原型图。但是要想做质感高级的动效交互原型图，建议使用 ProtoPie、Principle 和 Flinto。而当 app 项目比较大时，会需要团队合作进行交互设计，墨刀和 Figma 作为团队协作原型图设计工具，多被设计师所采纳。原型图设计工具功能介绍如图 4-3-7 所示。

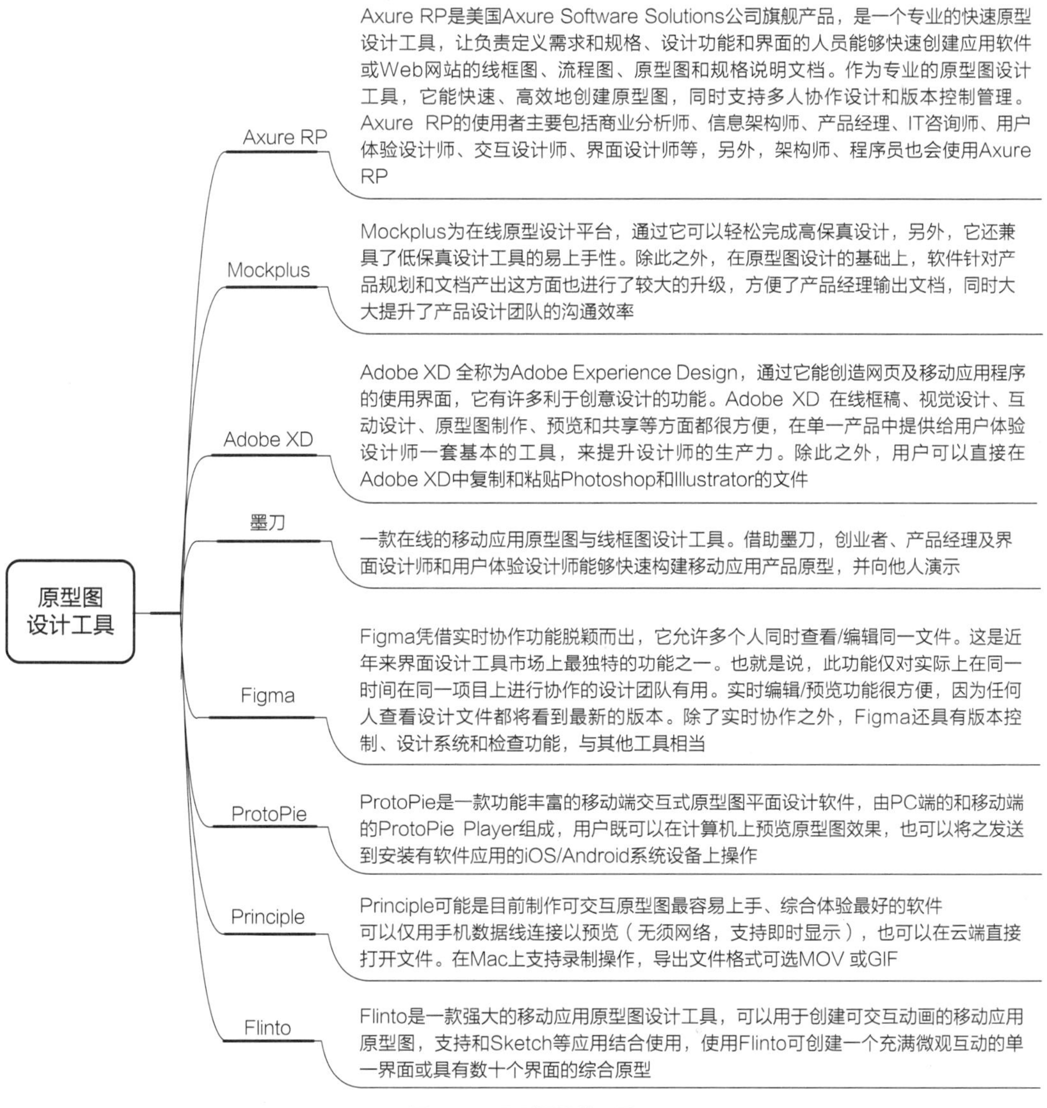

图 4-3-7 原型图设计工具

3. 界面设计工具

界面设计是界面设计师最基本的工作。目前行业里界面设计主要还是使用 Sketch 或者 Adobe XD，而处理图片（宣传运营、活动页之类）的工具还是以 Photoshop 为主。这些是看得着的软件工具，还有一系列的思考和分析的方法，同样也需要设计师能够把这些方法运用起来形成一定的思维模式，以通过有形的工具结合无形的方法做出好设计。常用界面设计软件工具如图 4-3-8 所示。

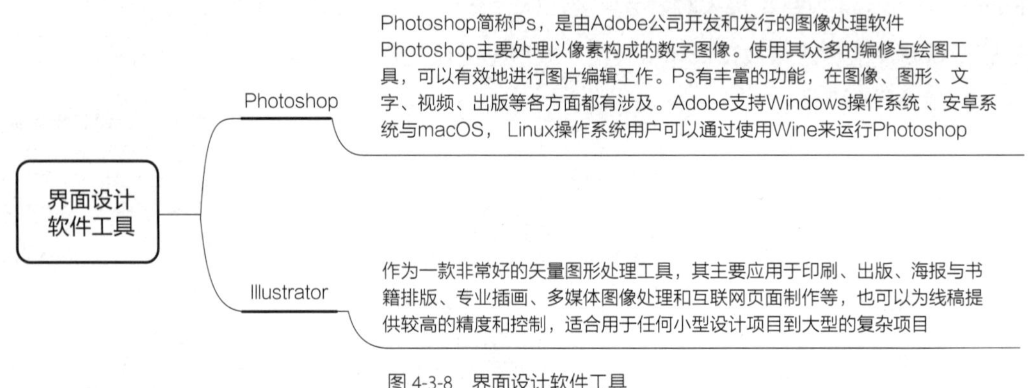

图 4-3-8 界面设计软件工具

4. 动效设计工具

在产品的动效设计方面，最常用的还是 After Effects 软件。而 C4D 属于比较容易上手的软件，使用它在 Banner、海报和闪屏页等视觉设计中所展现出来的 3D 效果表现不俗。同时，C4D 还可以无缝衔接 After Effects，是界面设计师技能加分“神器”。常用动效设计软件工具如图 4-3-9 所示。

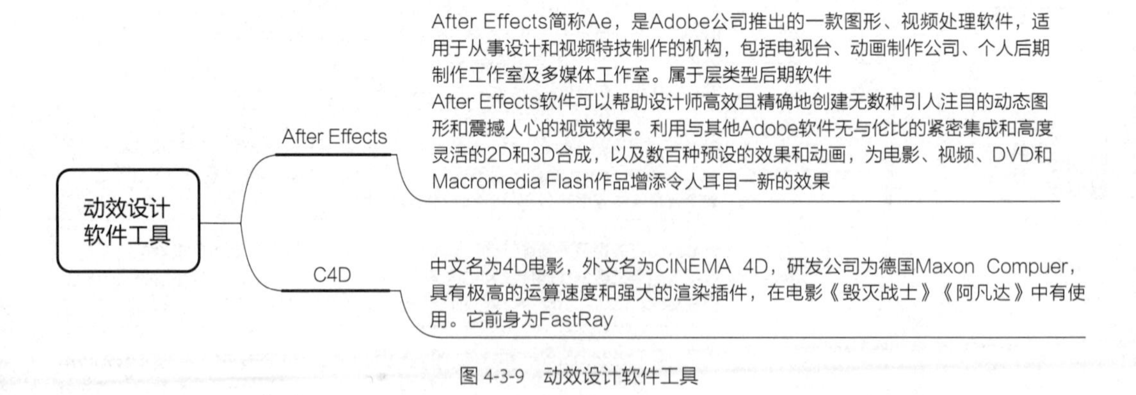

图 4-3-9 动效设计软件工具

5. 切图标注工具

在确定了高保真界面以后，界面设计师需要对设计稿进行交付。此时，界面设计师可利用切图标注工具对设计稿完成标注、切图和命名。而切图标注工具基本上是以界面设计工具为载体的插件，对初级界面设计师来说学习成本比较低，可选择的工具也比较多。比较常用的有蓝湖、Cutterman、PxCook 和 Zeplin 等，如图 4-3-10 所示。

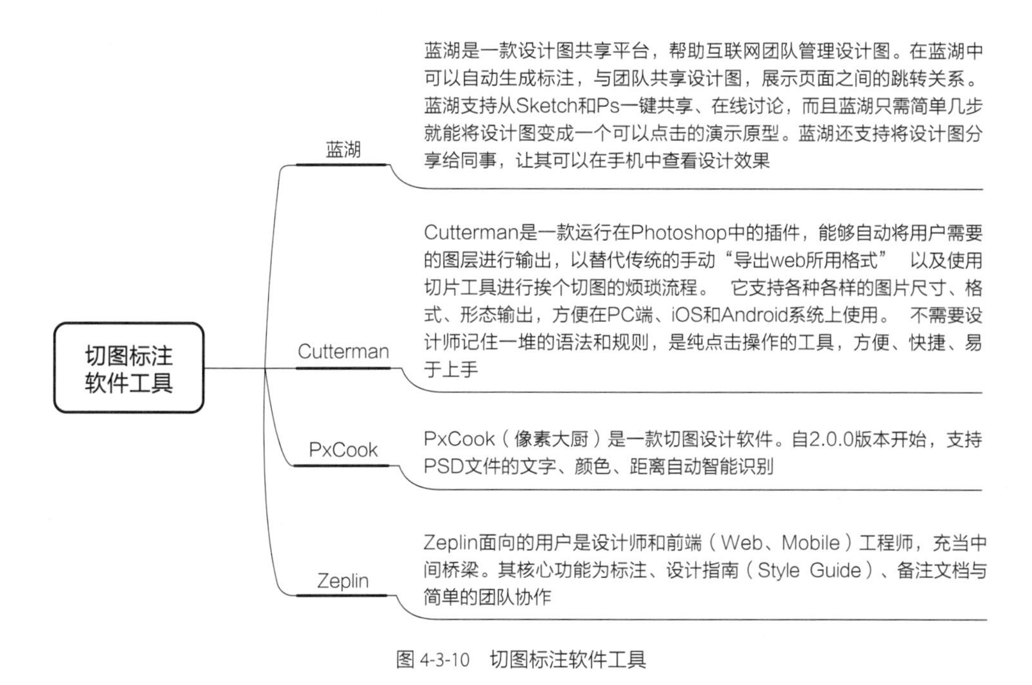

图 4-3-10 切图标注软件工具

6. 网页设计工具

除了移动端 app 产品项目，界面设计师的职责范围还有网页设计，采用的软件工具与移动端的相比，不算很多。Dreamweaver 对于初级界面设计师来说，已经可以满足基本的设计需求，具体功能介绍如图 4-3-11 所示。

Dreamweaver（简称DW），中文名称为“梦想编织者”，最初由美国Macromedia公司开发，2005年被Adobe公司收购。DW是集网页制作和管理网站于一体的所见即所得网页代码编辑器。利用对HTML、CSS、JavaScript等内容的支持，设计人员和开发人员可以在几乎任何地方快速制作和进行网站建设
Dreamweaver使用所见即所得的接口，亦有HTML（标准通用标记语言下的一个应用）编辑的功能，借助经过简化的智能编码引擎，轻松地创建、编码和管理动态网站。访问代码提示，即可快速了解HTML、CSS和其他Web 标准。使用视觉辅助功能可减少错误并提高网站开发速度

图 4-3-11 网页设计软件工具

知识小结

界面设计的相关知识点总结如图4-3-12所示。

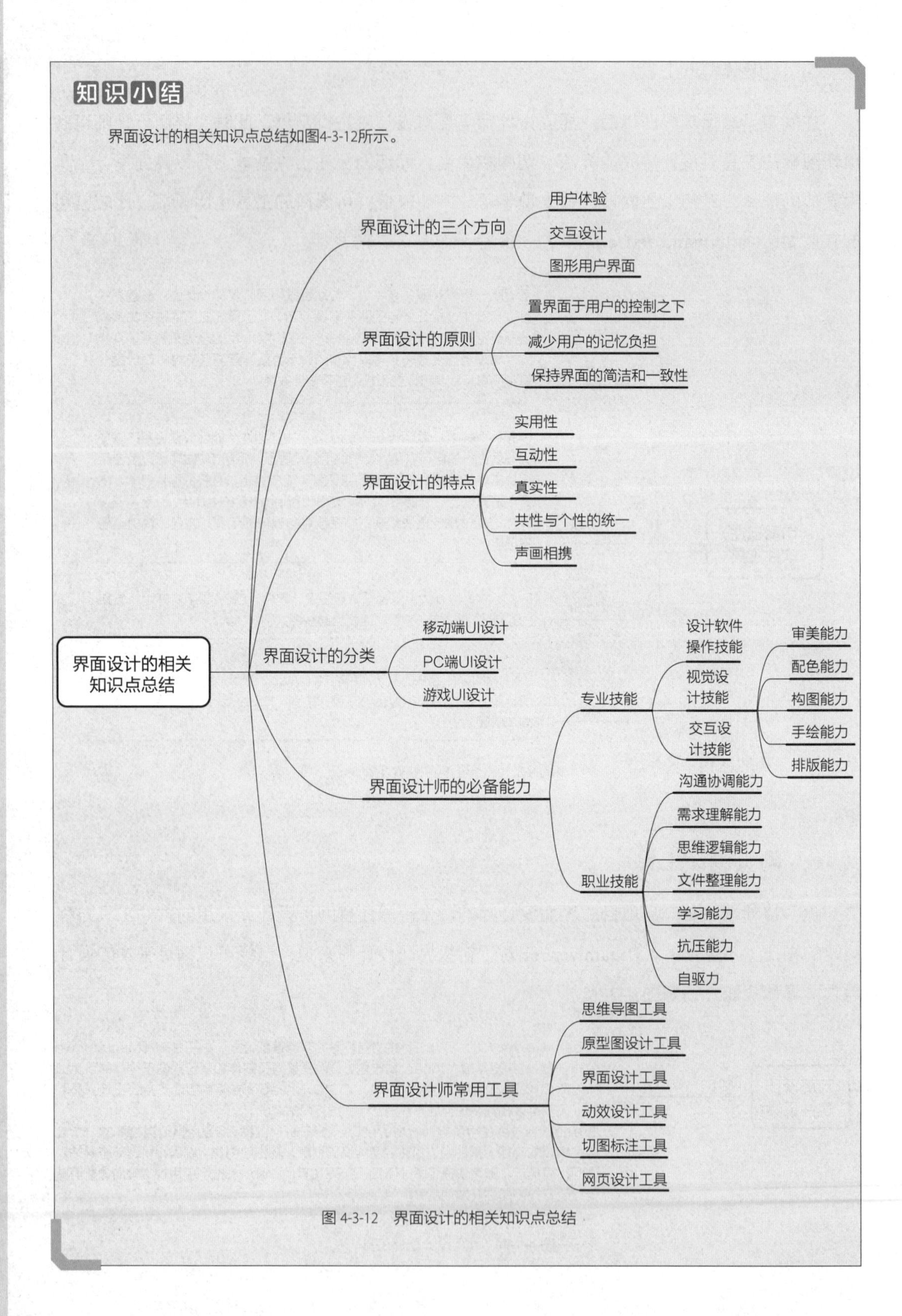

图 4-3-12　界面设计的相关知识点总结

界面设计核心知识信息架构如图4-3-13所示。

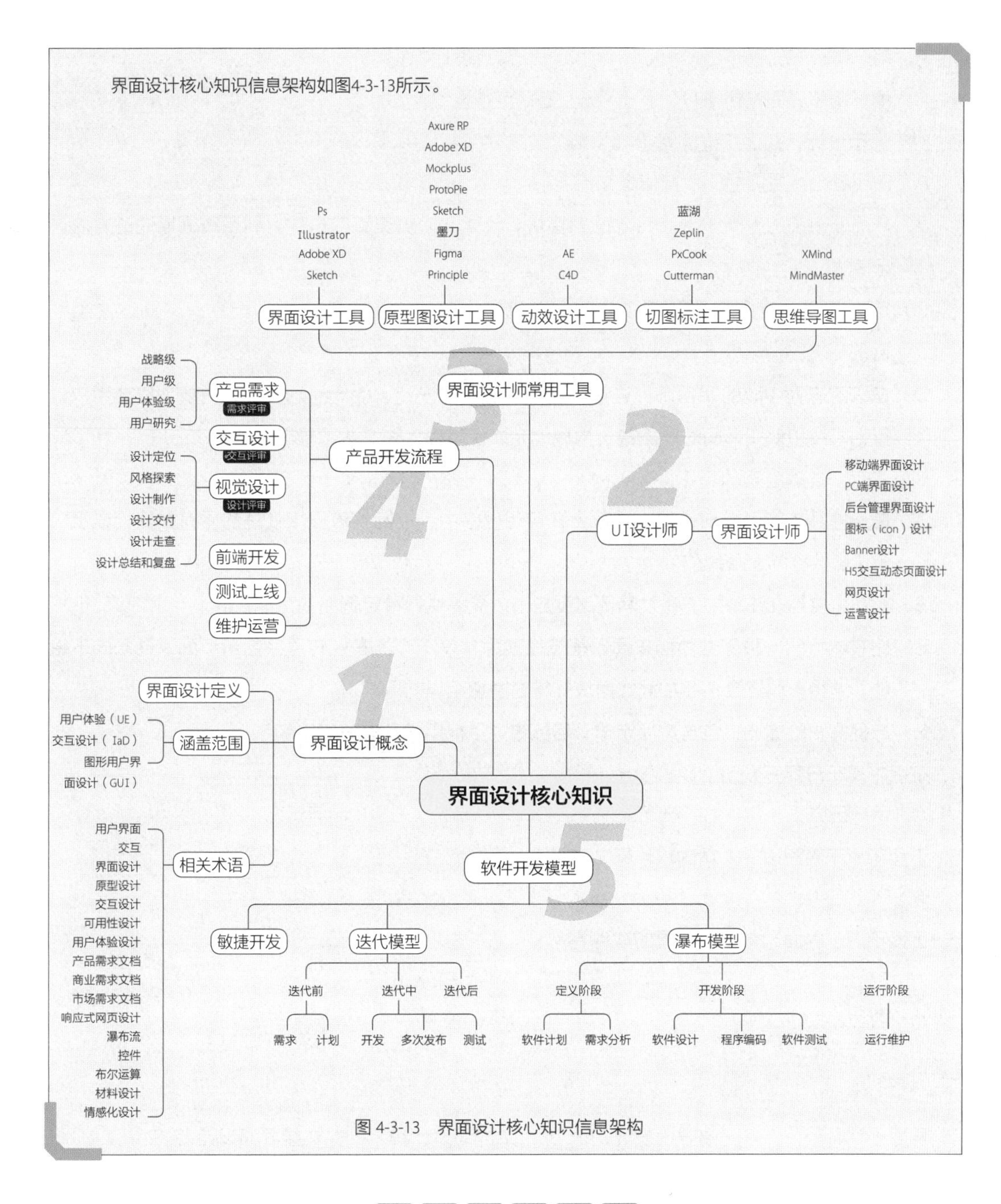

图 4-3-13　界面设计核心知识信息架构

本章课后习题

（共 25 个答题点，每个答题点 4 分，共 100 分）

一、选择题

1. UI设计的三个方向中，不包括（　　）。

A. 用户体验 UE　　B. 交互设计 IaD

C. 图形用户界面设计 GUI　　D. 可行性设计 UD

2. 对于原型设计，描述正确的是（　　）。

A. 使用者与器具之间的双向信息交流

B. 产品面市前的框架设计，将界面的模块、元素、人机交互的形式，利用线框描述的方法进行表达

C. 定义了两个或多个互动的个体之间交流的内容和结构，使之互相配合，共同达成某种目的

D. 在以用户为中心的宗旨下，进行产品（系统）的设计，使产品满足功能需要、符合用户的行为习惯和认知，同时能高效、愉悦地完成任务和工作，达到预期的目的

3. 对于控件，描述正确的是（　　）。

A. 是一种基本的可视构件块，被包含在应用程序中，控制着该程序处理的所有数据，以及关于这些数据的交互操作

B. 旨在抓住用户注意力，诱发其情绪反应，以提高执行特定行为的可能性的设计

C. 比较流行的一种网站页面布局，视觉表现为参差不齐的多栏布局，随着页面滚动条向下滚动，这种布局还会不断加载数据块并将之附加至当前尾部

D. 产品需求的描述，包含产品定位、目标市场目标用户、竞争对手等

4. 下面不属于产品开发团队职位的是（　　）。

A. 用户研究员　　B. 产品经理　　C. 客户经理　　D. 商务运营

5. 下面不属于界面设计工具的软件是（　　）。

A. Photoshop　　B. Illustrator　　C. InDesign　　D. Sketch

6. 下面不属于界面动效设计工具的软件是（　　）。

A. Zeplin　　B. After Effects

C. Flinto　　D. Keynote

二、填空题

1. 界面设计分为________端界面设计、________端界面设计和________端界面设计。

2. UI是指________和________的相互关系。

3. 界面设计有________性、________性、________性和________性等特征。

4. 产品开发流程中的产品需求包括________、________、________和________。

5. 互联网视觉设计师应该到达________、________、________。

6. 常用的 UI设计工具包括________、________、________等。

第五章

移动端 app 界面设计

第一节
初识移动端 app 界面设计

一、产品开发流程

对于移动端 app，不管是从零开始研发产品还是产品的优化升级，都需要团队围绕产品进行设计、开发、上线、运营和维护。而针对不同的环节，会有相对应的职责部门。一般情况下，app 的研发是由市场部、产品部、设计部、程序部和测试部共同协作完成的，如图 5-1-1 所示。

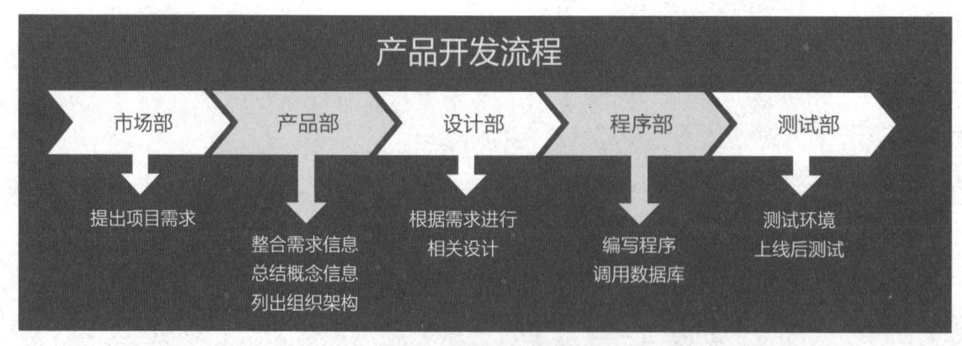

图 5-1-1　产品开发流程

具体来说，可以将整个产品开发流程细分为 8 个阶段：准备、探索、定义、设计、开发、发布、验证和管理。具体见表 5-1-1。每个阶段的具体操作可以根据实际开发的需求进行灵活排列，也可以随机组合。也就是说，在一个实际项目当中，产品开发流程并不是一成不变的。当一个 app 项目比较大时，流程可能比较完整；而项目比较小的时候，流程就会被精简，适当地减少步骤以贴合业务。在产品开发的每个阶段中，每完成一个任务就会进行评审，以便在开发过程中各个岗位都能够围绕产品达成一致，使产品快速完成。

表 5-1-1 产品开发流程

流程	准备	探索	定义	设计	开发	发布	验证	管理
具体操作	启动项目	需求分析	产品规划	产品设计	产品开发	产品发布	验证 / 追踪	项目管理
实际内容	产品立项 （商业分析） · 商业价值 · 项目目标 · 项目干系人 · 项目风险	①市场环境分析 · 市场分析 · 竞品分析 ②用户分析 · 用户需求收集 · 用户需求分析 · 用户建模	①产品规划 · 商业模式设计 · 业务逻辑梳理 · 内容规划 ②设计洞察与概念设计 · 用户画像 · 行为旅程设计 · 用户场景设计 · 定义设计机会点 · 创意发散与收集 · 概念设计与验证	①功能 / 内容规划 · 信息架构设计 · 功能和流程设计 · 范围和优先级规范 · 原型设计 · 交互原型 · 原型测试 ②视觉设计 · 视觉风格设计 · 视觉效果图设计 · 动效设计 · 品牌设计 · 相关物料设计	①开发 · 代码开发 · 埋点开发 · 测试验收 · 部署流水线 ②检验 · 设计还原走查 · 业务逻辑走查 · 可用性测试	发布计划 · 发布时间规划 · 发布渠道规划 · 通知相关人员 · 风险预判 · 运营策略	上线后追踪及验证 · 用户研究 · 收集反馈 · 数据总结 · 数据分析 · 设计总结 · 项目复盘	①产品管理 · 需求管理 · 开发任务管理 · 项目进度管理 ②设计管理 · 设计规范管理
参与人员	PM、UX、UI、DEV、TEST、OP、MKT	PM、UX	PM、UX	UX、UI、PM	DEV、TEST、PM、UX、UI	PM	PM、UX、OP、MKT	PM、UX、UI

注：PM—产品经理，UX—用户体验设计师，UI—界面设计师，DEV—开发人员，TEST—测试人员，OP—操作人员，MKT—市场经理。

1. 准备——启动项目

产品立项阶段，市场部对市场进行整体分析，确定产品设计的商业前景，是否有落地价值，是否有市场空缺，评估项目风险。在这个阶段，产品经理与市场经理占据主导地位，同时用户体验设计师、界面设计师，以及开发人员、测试人员和操作人员都参与其中，进行评估，考虑产品的可用性、机会点和可实施性。

2. 探索——需求分析

在产品需求阶段，产品经理处于主导地位，全程参与产品功能需求的挖掘工作，用户研究员辅助产品经理做需求的市场环境分析和用户分析。产品团队在最初的需求阶段需要在进行市场分析与竞品分析以后，利用访谈用户等方式来挖掘用户需求，并输出产品需求文档。产品需求一般包括战略级产品需求、用户级的需求和用户体验级需求三种。

- 战略级产品需求：根据特定目标人群的痛点制定用户目标，然后将用户目标转化为产品目标，从而达到商业化的目的。这是产品需求中最核心的部分，它关系到整个产品模型，影响到产品的运营和商业模式。
- 用户级的需求：通过收集用户的反馈意见和痛点，从而得到产品的需求优化清单。
- 用户体验级需求：通过用户体验设计团队制定的体验优化方案，做用户体验方向的需求优化。

通过对产品经理的需求文档的评审，讨论产品需求的可行性，是否满足产品的商业目标、用户目标和产品目标等。在需求评审中产品经理需要接受各个角色的“挑战”，如业务方、开发人员、设计人员等。当各方达成一致后就进入产品的规划阶段。

3. 定义——产品规划

产品经理在对需求文档进行输出以后，用户体验设计师开始对产品进行规划，确定产品的商业模式及业务线。交互设计师参与设计洞察与概念设计，对用户进行深入研究分析，做出用户画像与用户行为旅程图。在这个过程中，先梳理产品用户的使用场景，寻找场景中可以发掘的设计机会点。最后，将完整的用户研究与产品规划输出产品概念项目文档，交付给交互设计师进行交互流程和原型设计。

4. 设计——产品设计

交互设计师在得到需求文档和产品概念文档后开始建立项目的信息框架、交付功能和流程图设计（包括界面布局、操作手势、反馈效果、元素的规则定义等），以及交互原型。交互评审时一般会有产品经理、视觉设计师、业务方和开发人员参与。交互设计师在评审过程中要学会拆分使用场景来讲述交互方案。最开始讲解整个设计的背景（包括业务背景、技术背景）、适用人群，以及整个交互设计解决了哪些问题；然后再讲需求，即拆分不同的使用场景和对应的功能流程图；最后，依据对应的场景，将功能流程图和最后的交互原型一一对应。

交互评审通过以后，视觉设计师可以对项目进行视觉风格探索尝试、素材搜集整理和初稿的构思设计。由于交互评审的时候视觉设计师在场，所以视觉设计师对交互文档会有一定的印象。交互设计师和视觉设计师是紧密相连的，视觉设计师在完成视觉稿时需要交互设计师核对，以免视觉设计师在设计过程中发生错误。在交互方案确认后，视觉设计师开始视觉层面的定稿设计，完成后需要交付给交互设计师和产品经理分别进行评审，确认后完成视觉资源输出（如切图标注等）。

对于一个全新的产品，视觉评审时会花大量时间去讨论产品的设计风格和主配色，在确定视觉稿没有交互问题后，就讨论视觉设计稿的细节。在产品功能迭代的情况下，评审的都是整体视觉风格的继承性和视觉稿的细节，比如对交互设计的理解是否到位、逻辑是否正确、视觉层次是否正确等。

5．开发——产品开发

交互原型完成后，交互设计师需要与产品经理、相关开发团队成员一起进行技术评审，完成整体方案的开发评估。在视觉方案最终确认后，视觉设计师需要与产品经理、相关开发团队成员一起进行需求方案宣讲和技术评审，确认开发团队的最终排期。设计部门需要配合开发联调视觉样式，提前确保设计质量。

在产品正式版发布之前，交互设计师和视觉设计师需要对线上测试版本进行走查，交互设计师走查交互问题，视觉设计师走查视觉问题。两者在走查过程中将问题汇总起来，对走查的各个问题给出对应的评级（非常严重、严重、良、一般），生成一个走查报告，并发给开发人员和产品经理。通过交互全流程走查、视觉还原走查，提出界面实现上的视觉问题（UI bug），在测试阶段全面解决，以保证设计稿精确还原。对于线上的版本，还需要用户研究人员与交互设计师一起制定可用性测试的脚本，通过测试用户一系列操作验证线上产品的易用性。

6．发布——产品发布

评审和测试保证产品能正常使用，无任何问题之后，产品经理便可以对项目做出发布计划，协调多方人员确定发布的时间和渠道。同时，通知相关人员，做出风险预判，最重要的是要做项目的运营，以及各渠道的宣传，保证产品具有足够的曝光量和使用量。

7. 验证——验证追踪

在发布之后对上线数据进行验证，进行数据的收集、分析和总结，了解各种数据指标及相应的意义，利用数据分析结论指导设计。最后，收集、分析、决策用户反馈，对整体项目进行总结复盘，为下一阶段的迭代优化做准备。

8. 管理——项目管理

在产品开发完成后，产品经理还需要做最后一步——对产品进行项目管理，复盘整理整个项目的需求、目标任务和进度，以及确定产品的设计规范。只有整个项目在统一的制度和规范下，app 项目才能有良好的设计闭环。

设计存在于设计流程中，团队成员的工作也是基于此。一个详细且完善的设计流程可以帮助人们了解产品完整的设计周期，同时明确每个个体在整个项目周期中所承担的工作。每个个体在产品开发环节中各自展现自身能力，实现自我价值。同时，个体又通过这一严密的“工作流”聚合成为一个整体，打造高颜值、优体验，又能切实解决用户实际问题的好产品，实现产品价值和商业价值。

二、iOS 和 Android 系统

首先来了解一下关于移动端界面尺寸的相关概念，见表 5-1-2。

表 5-1-2　移动端界面尺寸的相关概念

名称	释义	功能及用途
in（英寸）	屏幕的物理长度单位（1in=2.54cm）。手机屏幕常见的尺寸有 4.7in、5.5in、5.8in 等，这里的尺寸指手机屏幕对角线的长度	—
px（像素）	屏幕上的点	物理像素，单位为 pt。使用 Photoshop 设计时的单位是 px
pt（磅）	1pt=1/72in，通常用于印刷业	逻辑像素，单位为 pt，是按照内容的尺寸计算的单位。iOS 开发工程和使用 Sketch、Adobe XD 软件设计界面时使用的单位是 pt
ppi	每英寸的像素数。该值越高，则图像越细腻	ppi 影响图像的显示尺寸。ppi 值越高，屏幕每英寸能容纳的像素颗粒越多，该屏幕的画面细节越丰富
dpi	每英寸有多少点。该值越高，则图像越细腻	dpi 影响图像的打印尺寸

移动端界面设计会涉及分辨率的概念，但界面设计中的分辨率并不是指多少像素 / 英寸，而是指横向像素点和纵向像素点的合集，常表示为（×××px）×（×××px）的形式，比如适用于 iPhone X 屏幕的界面分辨率为 1125px×2436px。

表 5-1-2 中的逻辑像素又叫逻辑分辨率，是软件在设计时实现的分辨率的值。物理像素又叫物理分辨率，为硬件设备可实现的分辨率的值。物理像素的值大于逻辑像素的值，是逻辑像素的整数倍，这样的好处是，可以节省移动设备的计算时间，提高响应速度。常以“倍率 @2x”或“倍率 @3x”的形式表示。具体如图 5-1-2 所示。

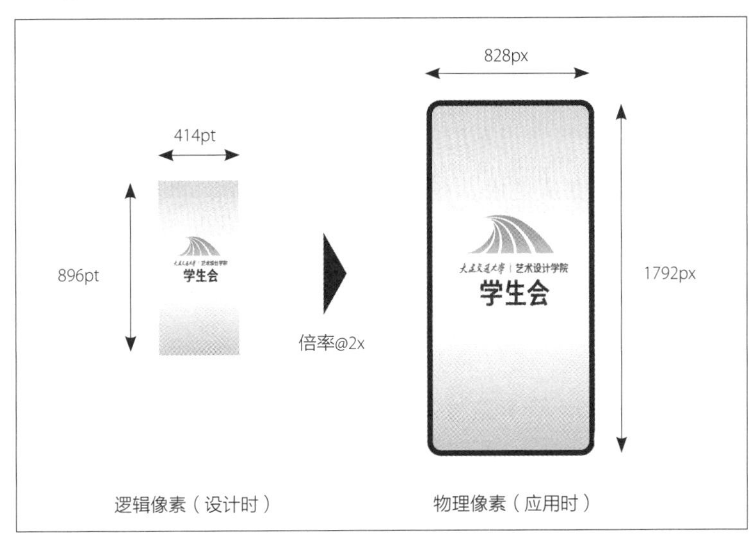

图 5-1-2 逻辑像素和物理像素

1. iOS 设计规范

iOS 是由苹果公司开发的移动操作系统 。iOS 不仅是苹果手机系统，也是所有苹果公司移动端产品采用的系统，这也使苹果更容易地做到 iOS 生态圈，为 iMac、iPhone、iPad 等苹果产品无线交互增加了可能性。

iOS 的优点有如下一些。

1）系统稳定。iOS 是一个完全封闭的系统，不开源，有它自己严格的管理体系，比如 App Store 的 app 应用，有自己的评审规则。另外，很多软件是需要收费的，这在一定程度上也说明平台系统的缜密性。

2）安全性。保护用户数据，实现不同程序之间的隔离。对于用户来说，保障移动设备的信息安全具有十分重要的意义，不管这些信息是企业信息、客户信息，或者是个人照片、银行信息或地址等，都必须保证其安全。苹果对 iOS 生态采取了封闭措施，并建立了完整的开发者认证和应用审核机制。

3）软件与硬件整合度高，增加了整个系统的稳定性，移动设备很少出现死机、无响应的情况。

4）界面美观、易操作。iOS 致力于为使用者提供最直观的用户体验，界面简洁、美观、有气质，并且操作简单，用户上手快。

5）应用数量多、品质高。

iOS 的缺点有以下一些。

1）封闭性带来的问题。iOS 系统存在封闭性，无法像 Android 这样的开源系统一样任由用户更改系统的设置，因此系统可玩性就相对弱一些。

2）过度依赖 iTunes，会让很多用户觉得操作起来相对烦琐。

iOS 系统经过不断地更新迭代，在尺寸、界面、图标、界面边距和间距、色彩、字体、控件、命名规范等方面发生了一系列的变化，设计师也可以从这几个方面与 Android 系统进行详细的比较和了解。

（1）尺寸

表 5-1-3 所列为 iPhone 现有型号及屏幕尺寸。其他 iOS 设备的尺寸规定和界面色彩、字体等规定请参考 iOS 人机交互指南。另外，应用统计分析平台“友盟”对于界面设计师也非常有用。

表 5-1-3　iPhone 现有型号及屏幕尺寸

手机型号	屏幕尺寸（对角线）/in	逻辑分辨率 /pt	物理分辨率 /px	缩放因子
iPhone 11	6.1	414 × 896	1792 × 828	@ 2x
iPhone 11 Pro	5.8	375 × 812	2436 × 1125	@ 3x
iPhone 11 Pro max	6.5	414 × 896	2688 × 1242	@ 3x
iPhone 12 mini	5.4	375 × 812	2340 × 1080	@ 3x
iPhone 12	6.1	390 × 844	2532 × 1170	@ 3x
iPhone 12 Pro	6.1	390 × 844	2532 × 1170	@ 3x
iPhone 12 Pro max	6.7	428 × 926	2778 × 1284	@ 3x
iPhone 13 mini	6.1	390 × 844	1170 × 2532	@ 3x
iPhone 13	5.4	360 × 780	1080 × 2340	@ 3x
iPhone 13 Pro	6.1	390 × 844	1170 × 2532	@ 3x
iPhone 13 Pro max	6.7	428 × 926	1284 × 2778	@ 3x

（2）状态栏和导航栏

iOS 移动端界面主要由状态栏、导航栏、内容区域和标签栏四大部分组成，如图 5-1-3 所示。

状态栏位于界面最上方，用于显示时间、电量、网络情况等。导航栏在状态栏的下方，通常放置页面标题、导航按钮，搜索框等。在设计 iOS 应用时，还有一个安全区域，即除去状态栏后剩下的内容设计区域，如图 5-1-4 所示。

导航栏中的元素必须遵守如下几个对齐原则。

1）“返回”按钮必须在左边对齐。

2）当前界面的标题必须在导航栏正中。

3）其他控制按钮必须在右边对齐。

图 5-1-3　iOS 移动端界面构成

图 5-1-4　安全区域示意图

（3）标签栏 / 工具栏

标签栏在屏幕的底部。在 iOS 规范中，标签栏一般有 5 个、4 个、3 个的图标形式，如图 5-1-3 所示，一般为“纯图标标签”和“图标 + 文字标签”形式。标签栏在任何页面中的高度是保持不变的，规定高度为 98px，如图 5-1-5 所示。但是，在 iPhone X 之后的全面屏手机中引入了 Home Bar，所以在设计时一般会加上 Home Bar 自身的高度 68px，以防止手势操作遮挡，如图 5-1-6 所示。

图 5-1-5　标签栏高度

图 5-1-6　加入 Home Bar 后的标签栏高度

（4）icon 尺寸

iOS 的 icon（图标）是不需要切圆角的，系统会自动处理。常规的 icon 全套图标尺寸共有 8 套，分别是 40px×40px、60px×60px、58px×58px、80px×80px、87px×87px、120px×120px、180px×180px 和 1024px×1024px。

（5）界面边距和间距

在移动端界面设计中，界面中元素的边距和间距的设计规范是非常重要的，界面是否美观、简洁，是否通透和边距、间距的设计规范紧密相连。全局边距指界面内容到屏幕边缘的距离，整个应用的界面都应该以此来进行规范，以达到界面整体视觉效果的统一。在实际应用中，应该根据不同的产品气质采用不同的边距，让边距成为界面的一种设计语言。常用的全局边距有 32px、30px、24px 和 20px 等。当然，除了这些，还有更大或者更小的边距，但上面说到的这些是常用的，而且全局边距的特点是数值全是偶数。全局边距的设置可以更好地引导用户竖向向下阅读。边距示意图如图 5-1-7 所示。

在移动端界面设计中卡片式布局是非常常见的布局方式。卡片和卡片之间的距离的设置需要根据界面的风格及卡片承载信息的多少来定，如图 5-1-8 所示。通常卡片间的距离不小于 16px，过小的间距会使用户产生紧张情绪。使用最多的卡片间距是 20px、24px、30px 和 40px。当然，卡片间距也不宜过大，过大的间距会使界面变得松散。间距的颜色设置可以与分割线一致，也可以更浅一些。

图 5-1-7 边距示意图

图 5-1-8 卡片间距示意图

（6）色彩

iPhone 的显示色域比设计师制图时的 RGB 色域广，所以在 iPhone 上进行颜色设置时，可从不同角度出发，自由设置。

(7)字体

iOS 的英文字体是 San Francisco（SF）字体，中文使用的是苹方黑体，字体粗细的使用则主要考虑信息的层级。iOS 字体的信息层级可以分为标题、副标题、正文、辅文、注释等，见表 5-1-4。在界面设计时，设计师需要根据用户的使用情景、导航栏或者标签栏等，在不同情况下选择不同的字号。字体详细使用情况见表 5-1-5。

表 5-1-4　iOS 字体建议

文字位置	逻辑像素 /pt	实际像素 /px（@ 2x）
标题	17~18	34~36
副标题	15~18	30~36
正文	14~17	28~34
辅文	10~14	20~28
注释	10~12	20~24

表 5-1-5　iOS 不同层级字体推荐

文字层级	逻辑像素 /pt	实际像素 /px（@ 2x）
导航标题	17~18（主标题） 15~18（副标题） 34（大标题）	34~36（主标题） 30~36（副标题） 68（大标题）
标题栏文字	9~10	18~20
Tab 导航文字	14~17（未选中状态） 15~25（选中状态）	28~34（未选中状态） 30~35（选中状态）
搜索栏文字	14~17	28~34
icon 文字	12~14	24~28
列表文字	17	34
图片配文	13	26

(8) 控件

控件包括按钮、选择器、滑块、开关和文本框等。一般情况下，苹果开发者网站提供有多种格式的 UIKit 组件，原型设计软件上也提供多种样式的设计组件，如图 5-1-9 所示。设计师可以在无须过多体验设计感的页面中选择系统默认控件。

(9) 命名规范

通用的切片命名规范是：组件_类别_功能_状态 @2x.png（模块_类别_功能_状态 @2x.png）。名称应该使用英文命名，不使用数字或者符号作为开头，使用下划线进行连接，如

tabbar icon home default @2x.png（标签栏 图标 主页 默认 @2x.png）。命名原则是要清晰地表达出切片的具体内容并且没有重复的内容名称。为了确保命名的正确性，设计师需要与开发人员进行沟通、确认。

关于 iOS 的其他设计尺寸及规定，可在网络搜索《iOS 人机交互指南》，这是苹果公司官方给出的视觉设计规定，必须严格遵守。

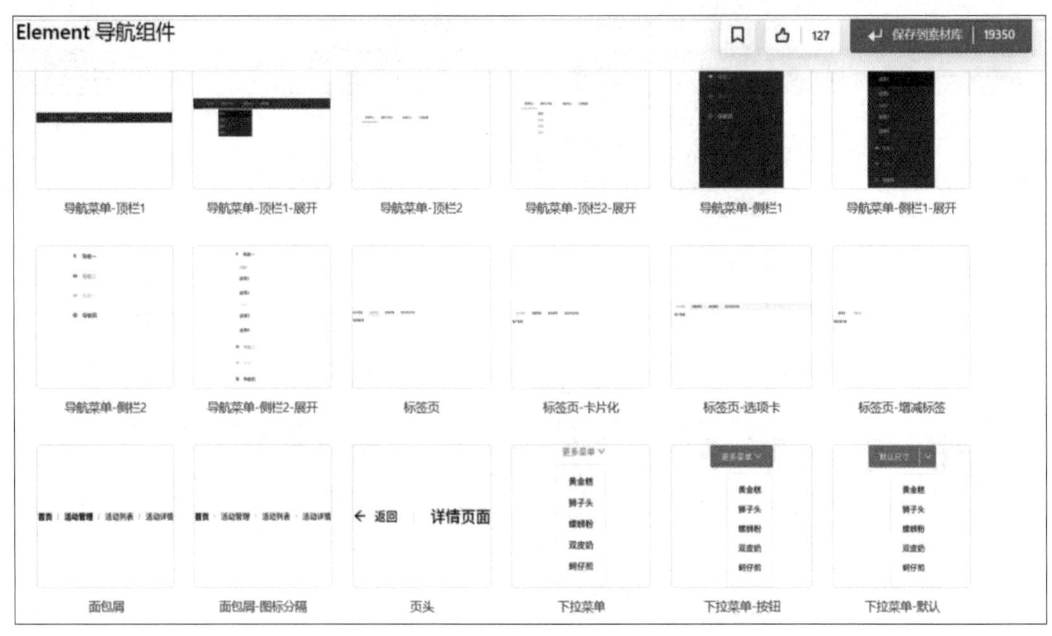

图 5-1-9　组件示意图

2. Android 系统设计规范

Android（安卓）系统是一种基于 Linux 的开放源代码的操作系统，是目前常见的操作系统之一，由美国 Google 公司和开放手机联盟领导及开发。Android 是目前智能手机中使用广泛的手机操作系统，其优点有如下几点。

1）开源。相比 iOS 来说，Android 是开放式的系统，这是 Android 能够快速成长的最关键因素。该系统完全开放，留了更多空间给手机厂商、手机应用厂商和手机用户。但该系统对后台基本无管控，很多应用程序占用系统资源多。

2）联盟。联盟战略是 Android 系统能快速发展的另一大法宝。Google 公司为 Android 系统成立的开放手机联盟（OHA）不但有众多大牌手机厂商拥护，还受到了手机芯片厂商和移动运营商的支持。

3）技术。Android 系统的底层操作系统是 Linux 系统，Linux 系统作为一款免费、易得、可以任意修改源代码的操作系统，吸收了全球无数程序员的技术精华。

4）应用。Android 系统拥有的应用软件十分丰富。据统计，Android 系统的应用软件多达几十万。这个庞大的数字为 Android 系统提供了巨大的优势。

Android 系统的缺点包括以下几点。

1）Android 系统的应用软件虽然数量非常多，但是质量并不是很高。很多版本的应用软件，都只是针对手机平台而开发的，在平板电脑上虽然可以运行，但是体验感下降了很多。

2）开源导致产品体验差异很大。开发门槛低导致应用软件数量虽多，但质量参差不齐，甚至出现不少恶意应用软件，导致一些用户受到损失。

3）运行效能不高。

（1）Android 系统界面设计尺寸

Android 是现在主流的一种手机操作系统，且是开源的，因此使用 Android 系统的设备屏幕尺寸比较繁杂，见表 5-1-6。

表 5-1-6　Android 系统界面设计尺寸

分辨率 /px	dpi	密度	dp 对应 px	状态栏 /px	导航栏 /px	标签栏 /px
720 × 1280	xhdpi	720P	1dp=2px	50	96	96
1920 × 1080	xxhdpi	1080P	1dp=3px	60	144	150
3840 × 2160	xxxhdpi	4K	1dp=4px			

其中，xhdpi、xxhdpi 和 xxxhdpi 都是表示屏幕密度，x 越多，密度越大，其分辨率越高。

- dp是Android系统专用的长度单位，是设备独立像素的意思。不同设备有不同的显示效果，这和设备硬件有关。多为图标使用。
- 文字大小单位则用sp（独立放大像素），主要用于字体显示。

（2）icon 尺寸

不同手机品牌的 icon（图标）的标准是不一样的，对应不同分辨率的 Android 系统图标尺寸示例见表 5-1-7。

表 5-1-7　Android 系统图标尺寸

分辨率 /px	启动图标 /px	操作栏图标 /px	上下文图标 /px	系统通知图标 /px	最细笔画 /px
720 × 1280	96 × 96	64 × 64	32 × 32	48 × 48	不小于 4
1920 × 1080	144 × 144	96 × 96	48 × 48	72 × 72	不小于 6

（3）字体

在 Android 系统中，中文使用的是谷歌思源黑体，英文使用的是 Roboto。思源黑体是一种非衬线字体，Adobe 公司称之为 Source Han Sans，Google 公司称之为 Noto Sans CJK。思源黑体包含 7 个字重，也就是有 7 种不同粗细的字体。

对于字体的大小，在界面设计过程中需要统一，比如所有正文字体统一大小，所有标题字体统一大小。不同风格的字体大小给人的感觉也是不同的，要学会灵活应用。关于 Android 系统字体的建议见表 5-1-8。

表 5-1-8　Android 系统字体大小推荐

文字位置	文字名称	逻辑像素 /sp	实际像素 /px（@ 2x）
顶部栏	大标题文字	18~20	36~40
	选项卡文字	18~20	36~40
	二级菜单文字	16	32
正文	正文标题文字	16~18	32~39
	正文文字	14~16	28~32
	普通文字	14	28
	装饰文字	12	24
底部栏	菜单栏文字	10	20
其他	最小中文	10	20
	最小数字	8~10	16~20

（4）切图

需要注意的是，Android 系统的单像素图像会出现边缘模糊的情况，所以切图的长度数值必须为双数。另外，“.9”切图是 Android 系统开发过程中的一种特殊图片形式，文件名可以扩展为“.9.png”。使用该图片的好处是设计师做的“.9”图标可以让开发人员清楚哪些部分可以拉伸，哪些部分需要保留。

3．iSO 和 Android 系统的设计差异

（1）设计语言不同（见表 5-1-9）

表 5-1-9　iOS 与 Android 系统的设计语言

系统	iOS	Android
设计语言	扁平化设计（Flat Design）	质感设计（Material Design）

(2) 动效不同（见表 5-1-10）

表 5-1-10　iOS 与 Android 系统的动效

系统	iOS	Android
动效	建立在镜头运动和景深变化上，近实远虚，对焦物体清晰，背景采用高斯模糊 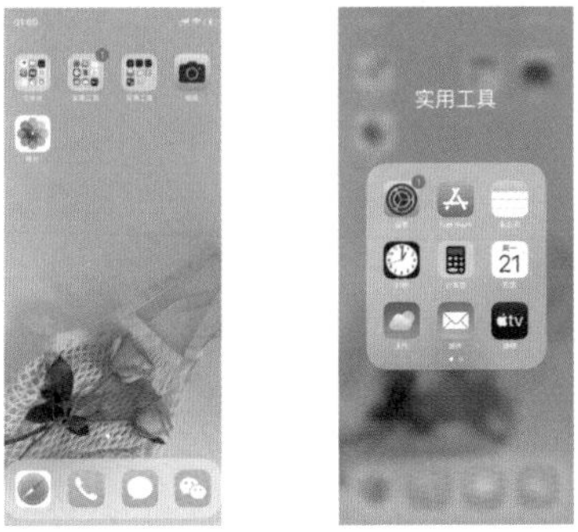	强调缓动 

(3) 单位不同（见表 5-1-11）

表 5-1-11　iOS 与 Android 系统的单位

系统	iOS	Android
开发单位	pt（1pt=1/72in）	dp（密度无关像素）
字体单位	pt	sp（独立比例像素）

(4) 设计起稿尺寸不同（见表 5-1-12）

表 5-1-12　iOS 与 Android 系统的设计起稿尺寸

系统	iOS	Android
起稿尺寸	750px × 1334px	1080px × 1920px
	375px × 660px	360px × 640px

(5) 字体规范不同（见表 5-1-13）

表 5-1-13　iOS 与 Android 系统的字体规范

系统	iOS	Android
英文字体	San Francisco（SF）	Roboto
中文字体	苹方	思源黑体（相同字重上，思源黑体更粗一点儿）

（6）控件应用差异

组件的种类繁多，这里只从 Bar 展开分析两个系统之间的差异，具体见表 5-1-14 和表 5-1-15。

表 5-1-14　组件名称

iOS 组件名称	Android 组件名称
Bar（栏） Button（按钮） Selection Control（选择控件） Text Field（文本栏） List（列表） Dialog（对话框） Action Sheet（动作面板） Menus（菜单） Page Control（页面控件）	Navigation（导航） Picker（选择器） Refresh（刷新） Slider（滑块） Grid（网格） Progress（进度条） Divider（分割线）

表 5-1-15　组件分类

iOS 组件分类（按功能分类）	Android 组件分类（按位置分类）
Navigation Bar（导航栏） Tab Bar（标签页栏） Tool Bar（工具栏） Search Bar（搜索栏）	Top Bar（顶部应用栏） Bottom Bar（底部应用栏）

（7）一套界面适配两种操作系统的方法

通常人们使用 iOS 规范制作移动端界面，然后再将界面设计尺寸（大部分采用 750px×1334px）改成 Android 系统的尺寸（大部分采用 1920px×1080px），然后将字体改为思源黑体和 Roboto，将状态栏改为 Android 系统样式，并使用切图工具（如 Cutterman）切出 Android 系统所需的各套切图（一般为 xhdpi、xxhdpi、xxxhdpi 三套或更多），如此即可使界面粗略地适配 Android 系统。

UI 设计适配 iOS 与 Android 系统的主要方法有以下 3 种。

方案 1：iOS 与 Android 共用一套效果图（1242px×2208px）。

iOS 常用效果图尺寸为 1242px×2208px、750px×1334px 和 640px×1136px。其中，750px×1334px 和 640px×1136px 的效果图都对应 @2x，1242px×2208px 的效果图对应 @3x，所以 750px×1334px 和 640px×1136px 的效果图只做一套 640px×1136px 的即可。

Android 系统常用效果图尺寸为 1080px×1920px、720px×1280px 和 480px×800px，相对应尺寸之间是 1.5 倍的关系，即 1080 除以 1.5 等于 720，720 除以 1.5 等于 480。因此，这三个尺寸可以等比缩放，只做一套 1080px×1920px 效果图就可以了。

方案 2：iOS 与 Android 共用一套效果图（750px×1334px）。

上面提到，iOS 中的 750px×1334px 和 640px×1136px 的效果图都对应 @2x，所以它俩用同一套图标、同一套字体即可，至于其他尺寸的效果图，只要随尺寸延伸即可。而将 750px×1334px 的尺寸应用到 1242px×2208px 的屏幕上，则需要把 @2x 的图标放大，导出成 @3x 图标，也就是把字体图标放大 1.5 倍，把其余的图标直接放大到 1242px 即可。而对于 Android 系统的设计，可以把 1242px×2208px 直接换算成为 1080px×1920px，1px 之差可以忽略，如此，Android 系统适用的其他尺寸效果图也可做好了。交付物只要 1 套效果图与 5 套切图，1 套效果图尺寸为 750px×1334px，5 套切图尺寸为 1242px、640px、1080px、720px 和 480px。

方案 3：iOS 与 Android 各做两套效果图。

方法跟方案 1、方案 2 差不多。为了追求细节上的完美，可以多做一套效果图，即两套效果图，尺寸分别是 1242px×2208px 与 640px×1136px。1242px×2208px 的尺寸适配 iPhone 6 和 Android 系统设备的三种尺寸：1242px×2208px 除以 1.15^2 等于 1080px×1920px，1080px×1920px 除以 1.5^2 等于 720px×1280px，720px×1280px 除以 1.5^2 等于 480px×800px。640px×1136px 的尺寸适配 iPhone 6、iPhone 5、iPhone 5S 等的屏幕尺寸。

Material Design 将 app 从头到尾的各个细节都做了指引，并给出了参考及规范，该规范一直根据生态环境在更新。对于每位设计师来说，学习 Material Design 设计规范都是一个能力提升的过程。Android 系统界面设计和 iOS 界面设计相比，需要注意的问题更多，同时带来的挑战也多，当然，设计师的设计能力也会因此得到提升。

三、用户体验

用户体验设计就是“以用户为中心的设计”。杰西·詹姆斯·加勒特（Jesse James Garrett）大师围绕“以用户为中心的设计”得出一套产品设计的思维方式，即从抽象到具体逐层击破五个层面，包括战略层、范围层、结构层、框架层和表现层，最终达到用户体验设计的目的，如图 5-1-10 和图 5-1-11 所示。

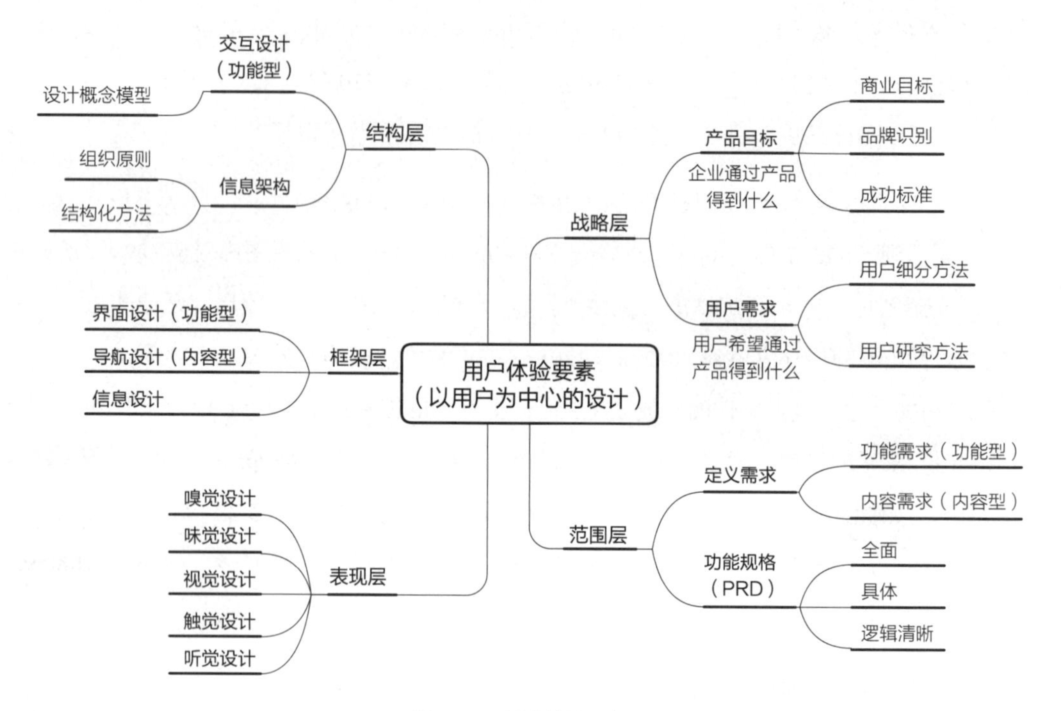

图 5-1-10　用户体验要素

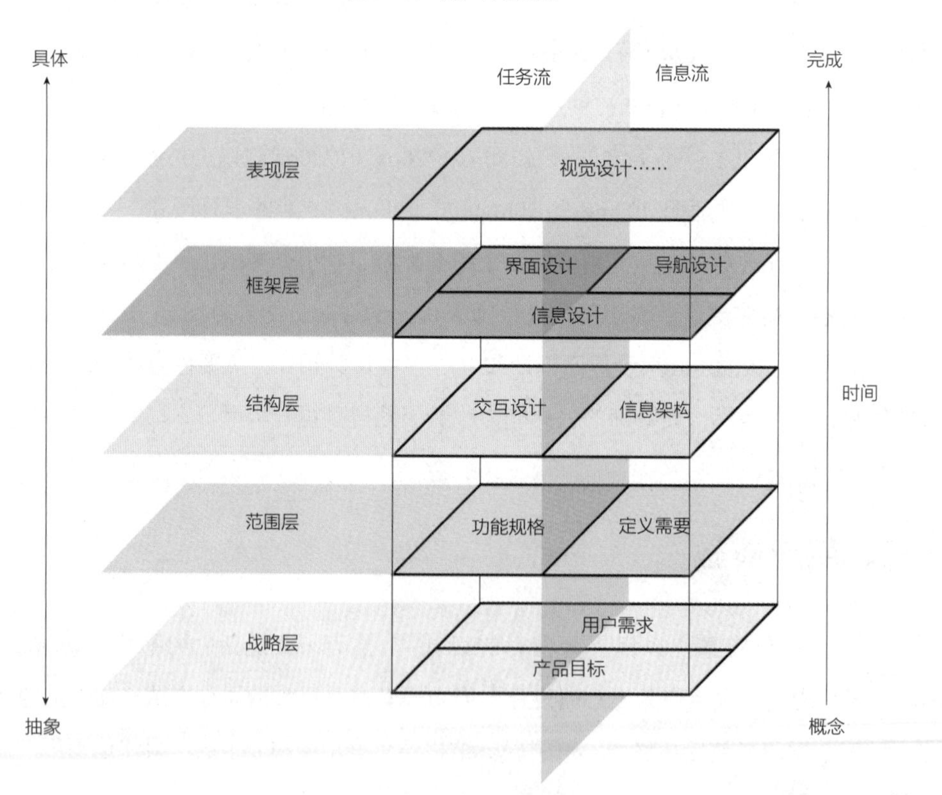

图 5-1-11　用户体验五层模型

1. 战略层

要了解产品设计的战略层，必须清楚地知道经营者想要什么，用户想要什么，什么是商业需求，以及什么是用户需求。这样才能准确了解产品设计的商业价值和用户价值，透彻理解产品设计的战略层内容。

战略层的制定决定了产品设计的基本方向。它是以企业目标为前提，根据产品目标和用户需求来制定的。

（1）产品目标

产品目标即企业要通过产品得到什么，主要通过三个方面来衡量：商业目标、品牌识别和成功标准。以下以支付宝的蚂蚁森林为例来说明产品目标的三个方面，如图 5-1-12 所示。

- 商业目标：商业目标简单说就是，替企业赚钱或替企业省钱。蚂蚁森林属于后者，它不是营利性产品，但是它属于支付宝产品的战略支持层面，它的商业价值是提升整个支付宝产品的用户活跃度。
- 品牌识别：品牌识别可以是概念系统，也可以是情绪反应，用户与产品产生交互时不可避免地在脑海中形成品牌形象。比如，蚂蚁森林有助于支付宝竖立正面的品牌形象，通过与公益项目的结合，提升“企业道德”，获得用户好感。
- 成功标准：指一些可量化、可追踪的指标，用来显示产品是否满足了产品目标和用户需求。比如，蚂蚁森林本身的日活（每日活跃程度）、月活（每月活跃程度）等，以及它上线后对支付宝产品用户活跃度的提升、对阿里巴巴和支付宝品牌形象的提升等。

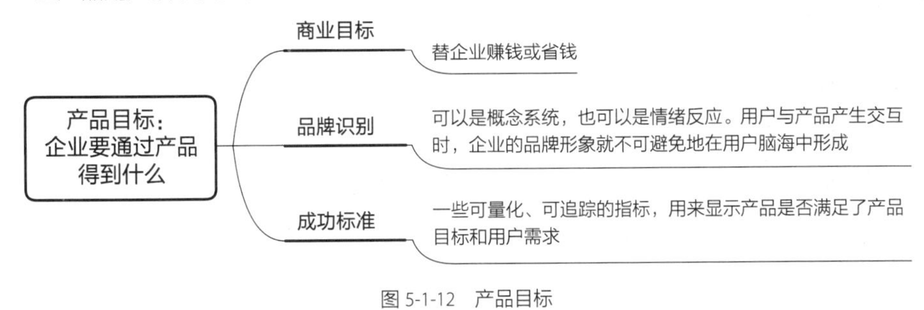

图 5-1-12　产品目标

（2）用户需求与用户画像

用户需求即用户希望通过产品得到什么。而战略层制定的一项重要工作就是确定用户需求，主要包括用户细分和用户研究两个方面。

1）用户细分方法：通过用户细分确定目标用户群。

- 人口统计学：包括性别、年龄、教育水平、婚姻状况和收入等。

- 消费心态档案：用来描述用户对这个世界，尤其是与产品有关的某个事物的观点和看法的心理分析方法。
- 用户认知程度：用户对于互联网产品的熟悉程度和适应程度，确定用户是新用户还是成熟用户。

2）用户研究方法：通过用户研究确认用户需求。

- 市场调研方法：问卷调查、用户访谈、焦点小组等。
- 现场调查：一整套完整、有效且全面的方法，用于了解在日常生活情境中的用户行为。
- 任务分析：每一个用户与产品的交互行为都发生在执行某一任务的环境中。
- 用户测试：请用户来帮忙测试产品，最终目标是寻找令产品更容易使用的途径，具体可参照《点石成金：访客至上的Web和移动可用性设计秘笈（原书第3版）》（*Don't Make Me Think, Revisited: A Common Sense Approach to Web Usability*）一书。

设计师通过用户细分和用户研究得到用户的需求，并将在这些过程中得到的分散资料关联起来，形成人物的面孔和名字，创建出代表真实用户需求的虚构人物，这一过程可以称之为构建用户画像。

用户画像代表了目标用户有哪几类人、有哪些行为目标。如果产品处在“从 0 到 1”的探索期，产品的实际用户还太少，需要做定性的用户画像。而当产品进行到“1 以上”的发展期，用户数据已经达到一定规模，此时就很有必要采取定量验证的方式来迭代用户画像。

2. 范围层

制定完战略层可对“企业想要从产品获得什么”和“用户想要从产品获得什么”有了较清晰的认知。接下来，需要收集潜在需求，确定产品提供的核心功能，并评估其是否满足战略目标。在讨论产品包含的具体功能时，要明确产品功能范围边界，梳理得到核心功能。划定界限，什么功能和内容可以做，什么不能做，什么暂时不需要做或后期做，评定优先级和排期。

在这一阶段，还需要对目标用户进行更深入的用户研究以预测用户对产品可能产生的反应。目标用户越清晰，特征越明显，用户画像越准确，产品的核心功能就能完全发挥，解决用户痛点需求，从而完成商业目标。

（1）功能需求

在功能方面考虑的主要是具体满足用户哪些需求。用户需求大致可以分为三类：障眼需求、根本需求和潜在需求。

举个例子，一个人希望安装第三只手，原因是这样他就可以一只手拿馒头、一只手夹菜、一只手做作业，这就是障眼需求。他的根本需求是边吃饭边做作业，而实现起来有很多更好的方案，比如把馒头和菜整合一起做成包子，这样就可以一只手拿包子、一只手做作业，而不需要安装第三只手。通过这个需求可以发现，这个人的潜在需求是提升做作业的效率，而不是占用吃饭时间做作业。

（2）内容需求

在内容方面需要与功能需求相配合、融合，有效地收集和管理内容资源。内容包括但不局限于音 / 视频、图片和文字，内容特性计划达到的规模，将对用户体验决策产生极大的影响。以滴滴打车 app 界面为例，如图 5-1-13 所示，在首页中，打车为主要的内容需求，因此最重要、最显眼的展示内容就是目的地的输入栏和地图，且可自动定位出发地，为用户提供便利。

图 5-1-13　滴滴打车 app 界面

（3）确定优先级

范围层决策的一项重要工作就是确定优先级。在调研过程中会发现大量的用户需求，有时候一个目标会对应多个需求，一个需求会对应多个功能，但是在快节奏的互联网环境下，留给产品上线或迭代的时间很有限，所以必须学会确定功能的开发优先级，以快速迭代产品。

（4）功能规格说明

功能规格说明不需要包含产品的每个细节，只需要包含在设计或开发过程中出现的有可能混淆的功能定义。

3. 结构层

结构层就是将范围层中那些分散的需求 / 功能组成一个整体。

结构层关注交互设计和信息架构，如流程的进行方式、导航的布局原则、界面元素的位置逻辑等。这是交互设计师应重点关注的层面，要根据用户的使用场景、行为、思考方式等将范围层中的功能和内容建立一种有序的结构，让用户高效、顺畅地实现需求。在该阶段一般会输出功能架构图，然后对每个功能点、任务点输出完整的流程图（功能流程图、业务流程图、页面流程图等）。这里以东风出行老年版 app 为例对此进行说明，如图 5-1-14~图 5-1-16 所示。交互设计设计师需要准确把握商业价值、用户价值，理解产品的核心功能特性，有效、高质量地描述整个产品的结构、节奏和特质。

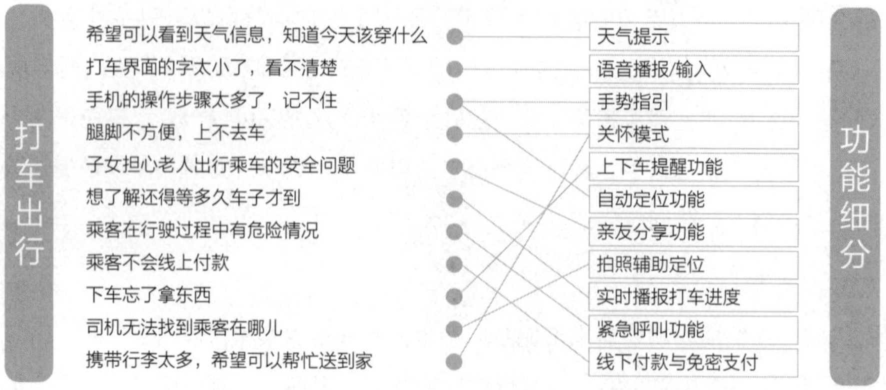

打车出行
希望可以看到天气信息，知道今天该穿什么
打车界面的字太小了，看不清楚
手机的操作步骤太多了，记不住
腿脚不方便，上不去车
子女担心老人出行乘车的安全问题
想了解还得等多久车子才到
乘客在行驶过程中有危险情况
乘客不会线上付款
下车忘了拿东西
司机无法找到乘客在哪儿
携带行李太多，希望可以帮忙送到家
天气提示
语音播报/输入
手势指引
关怀模式
上下车提醒功能
自动定位功能
亲友分享功能
拍照辅助定位
实时播报打车进度
紧急呼叫功能
线下付款与免密支付
功能细分

图 5-1-14 东风出行老年版打车 app 用户需求与产品功能

打车
自动起点定位
拍照
一键叫车
匹配车辆
时间距离实时显示
订单信息
支付
下车提醒
通话
取消订单
取消叫车
确认取消
继续等待
亲密账号
新增亲密账号
备注
电话号码
确认绑定
默认亲密账号
设置规则
教程指引
手势开关
目的操作
关怀模式
模式开关
模式选项
紧急联系
拨打110
拨打亲密账号

图 5-1-15 功能架构图

广州市
您要去哪儿?
起点：广工大
快速打车
亲密账号
紧急联系
打车
我的
欢迎登录东风出行老年版
XXXXXXXXXX
登录本机号码
157****3721
我的订单
支付
设置
语音播报
开
我的
登录
我的
用户昵称即手机号

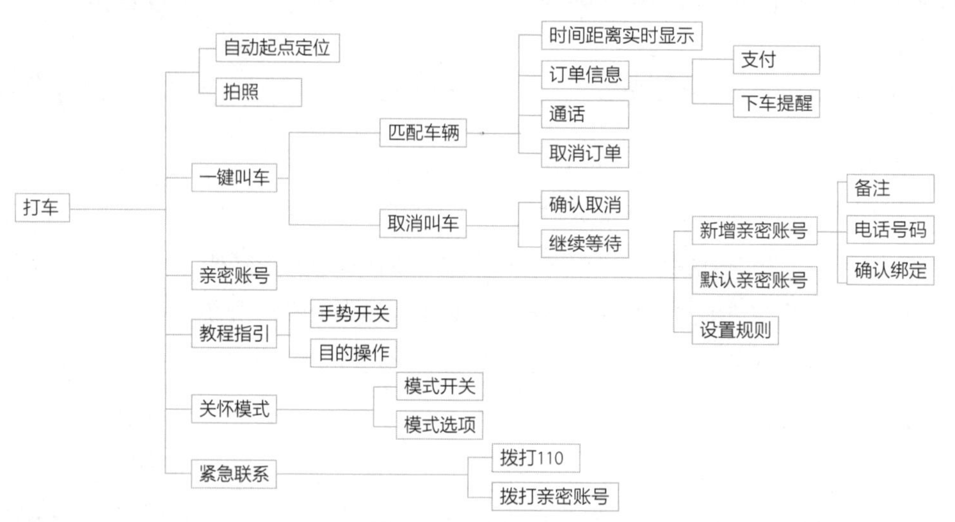

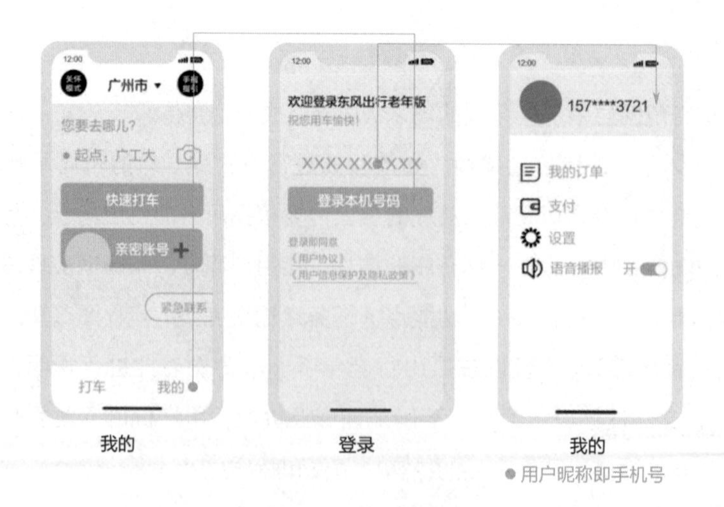

图 5-1-16 页面流程图

（1）交互设计

在功能方面考虑的主要是交互设计，关注于描述“可能的用户行为”，同时定义“系统如何配合与响应”这些用户行为。概念模型是在用户惯有思维里的“交互组件将怎样工作”的思维模型，常见例子就是电商平台的概念模型——挑选商品→放入 / 移出购物车→结账→下订单和开发票，如图 5-1-17 所示。大部分互联网产品的概念模型都可以在现实生活中找到映射，比如滴滴问世之前大家的打车行为、美团问世之前商家的促销行为等。

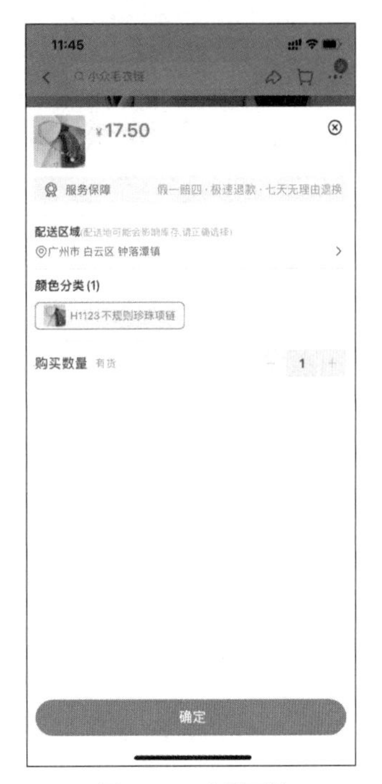

图 5-1-17　商品下单

（2）信息架构

在内容方面主要考虑的是信息架构。信息架构关注的是呈现给用户的信息是否合理并具有意义。对用户来说，能否快速地找到想要的信息将极大地影响用户体验，所以产品的“友好”程度大多取决于信息结构的目的——设计出让用户容易找到信息的系统，如图 5-1-18 所示。

信息架构的设计原则：

- 与战略层的产品目标和用户需求相对应。
- 识别用户心中至关重要的信息并呈现。

信息架构设计的结构化方法：

- 层级式结构。
- 矩阵结构。
- 自然结构。
- 线性结构。

4. 框架层

经过结构层设计，产品已经有了一个整体的框架，就像一个人有了一副骨架。接下来要做的就是在合适的位置恰如其分地填充“血肉”，也就是要开始设计功能点的具体细节，即原型图。在框架层里，要更进一步地提炼这些结构，输出详细的界面雏形、导航及信息设计，也就是将结构层的东西变得更加清晰、实在。

（1）界面设计

用来确定界面控件元素一级位置，提供用户完成任务的能力，通过它，用户能真正接触到

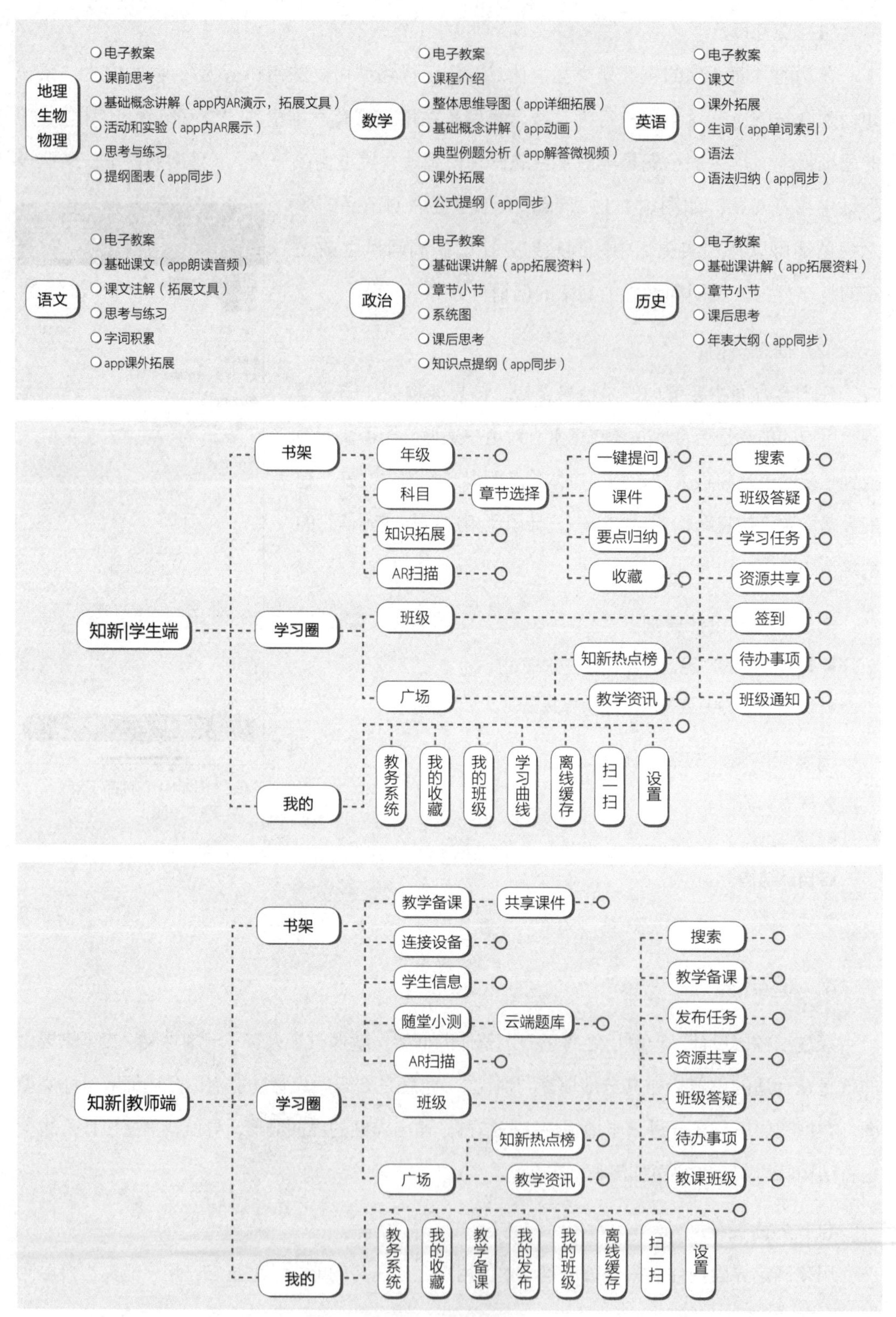
地理
生物
物理
电子教案
课前思考
基础概念讲解（app内AR演示，拓展文具）
活动和实验（app内AR展示）
思考与练习
提纲图表（app同步）
数学
电子教案
课程介绍
整体思维导图（app详细拓展）
基础概念讲解（app动画）
典型例题分析（app解答微视频）
课外拓展
公式提纲（app同步）
英语
电子教案
课文
课外拓展
生词（app单词索引）
语法
语法归纳（app同步）
语文
电子教案
基础课文（app朗读音频）
课文注解（拓展文具）
思考与练习
字词积累
app课外拓展
政治
电子教案
基础课讲解（app拓展资料）
章节小节
系统图
课后思考
知识点提纲（app同步）
历史
电子教案
基础课讲解（app拓展资料）
章节小节
课后思考
年表大纲（app同步）
知新|学生端
书架
年级
科目
章节选择
知识拓展
AR扫描
一键提问
课件
要点归纳
收藏
学习圈
班级
广场
知新热点榜
教学资讯
搜索
班级答疑
学习任务
资源共享
签到
待办事项
班级通知
我的
教务系统
我的收藏
我的班级
学习曲线
离线缓存
扫一扫
设置
知新|教师端
书架
教学备课
共享课件
连接设备
学生信息
随堂小测
云端题库
AR扫描
学习圈
班级
广场
知新热点榜
教学资讯
搜索
教学备课
发布任务
资源共享
班级答疑
待办事项
教课班级
我的
教务系统
我的收藏
教学备课
我的发布
我的班级
离线缓存
扫一扫
设置

图 5-1-18　信息架构图

那些在结构层的交互设计中“确定的”具体功能。以线上教育 app“知新 • 数字化教科书”为例，各层级界面如图 5-1-19 所示。

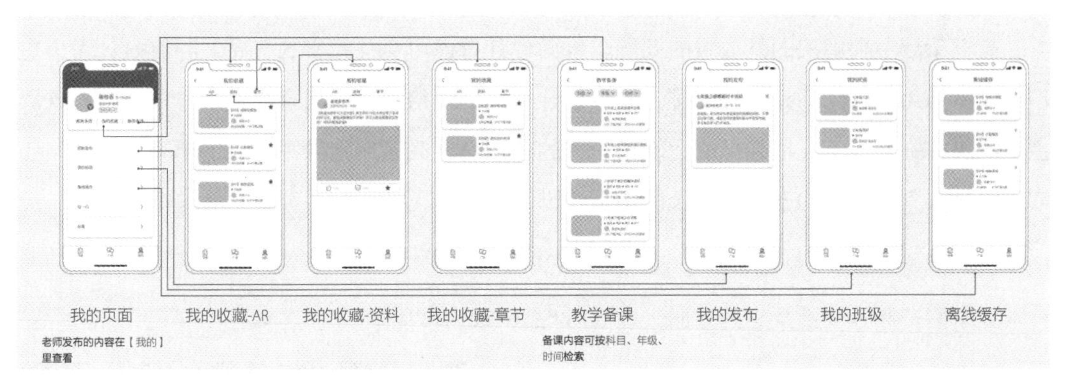

图 5-1-19　层级架构

图 5-1-20　导航设计

- 说明：从功能方面考虑，界面设计就是提供给用户做某些事的能力，安排好能让用户与系统互动的界面元素。通过它，用户能真正接触那些在结构层的交互设计中“确定的”具体功能。
- 目标：用户一眼就能看到和使用的最重要的东西。
- 做法：基于用户行为习惯，交互元素的布局要让用户用最容易的方式获取信息和使用功能。

（2）导航设计

- 说明：呈现信息的一种界面形式，提供用户去某个界面的引导。
- 目标：实现跳转，传达各导航按钮和它们所包含内容的关系，传达导航内容和当前阅览界面之间的关系，如图5-1-20所示。
- 做法：清楚地告诉用户“他们来自哪里”“他们在哪里”“他们可以去哪里”。

（3）信息设计

- 说明：微观的信息架构，具体界面上的信息呈现。
- 目标：用一种能“反映用户的思路”和“支持他们的任务和目标”的方式来分类和排列信息元素。
- 做法：将信息分类，按优先级排列，遵循用户的思路。如图5-1-21左图所示，基金排行根据涨幅趋势进行排列。再如图5-1-21右图所示，设计师将取

图 5-1-21　信息设计

快递的关键信息根据用户的视觉习惯置于界面中心。

5. 表现层

在框架层主要解决的是放置的问题。界面设计考虑可交互元素的布局，导航设计考虑在产品中引导用户移动的元素的安排，信息设计考虑传达给用户的信息要素的排布。而表现层主要解决并弥补“产品框架层的逻辑排布”的感知呈现问题。就像在骨架上填充完血肉，还需要为之雕刻上精细的五官、修长的手指和脚趾等。

（1）嗅觉 / 味觉 / 触觉设计

互联网产品较少涉及这些方面，在 AI 产品中较为常见。

（2）听觉设计

听觉设计在游戏类产品中较为常见，在非游戏类产品中多用于通知、提醒等的设计。

（3）视觉设计

表现层设计中最为常见的就是视觉设计。

让产品“说话”

好的视觉设计能够正确地延续上层确立的产品思路，并给予相应视觉效果支持，如传递品牌形象、提高付费转化率等。比如支付宝界面中的组件和 icon 都使用品牌的蓝色，提高了品牌的统一度，如图 5-1-22 所示。

图 5-1-22　标准色彩设计

视觉对比和引导

在不破坏结构的情况下，增强各个模块之间的差异，把用户的注意力吸引到界面中的关键部分。用户的浏览轨迹是流畅的路径，各个设计元素不会分散用户注意力，视觉引导支持用户去完成他们的目标任务。以大麦 app 的界面为例，如图 5-1-23 所示，界面中的话剧推荐，占据视觉中心位置，用户第一眼看到的就是这个，红色“去买票”icon 可有效地增加点击量和购买量。

图 5-1-23　视觉对比设计

内部视觉设计的一致性

视觉设计的一致性能够使产品界面有效地传达信息，而不会导致用户迷茫或焦虑。

设计合成品和风格指南

设计合成品也可以称为视觉模型，确切地说，它就是从已选定的各个独立的组件中建立起来的、一个最终的可视化产品。从框架层的线框图到表现层的设计合成品，是由一个个组件逐渐组成有机整体的过程。

线框图 + 文字、色彩、icon、组件 = 设计合成品

用户体验要素的五个层面，无论自上而下还是自下而上，都是息息相关的。如果高层面（比如表现层）设计得很乱，用户可能很快就会离开产品界面而不会注意到范围层的决策有多么英明，设计师的交互设计做得多么好。如果低层面（比如结构层）设计错误，那么更高层面的决定和设计就失去意义。所以，在用户体验设计过程中，需要根据实际情况，在自上而下和自下而上中取得平衡，真正做到以用户为中心的产品设计。

第二节
产品需求研究

一、用户研究

用户研究是对目标用户及其需求和能力的系统研究，用于指导设计、产品结构或工具的优化，帮助提升用户工作和生活体验。它是一种理解用户，将他们的目标、需求与产品的商业目标相匹配的理想方法，能够帮助企业定义产品的目标用户群。

用户研究贯穿产品开发的各个阶段，在产品上线前进行用户研究可以了解用户需求和“痛点”，以此来发掘新想法；在产品使用过程中进行用户研究，可收集用户使用反馈，核验产品对问题的解决情况，以此评估产品的表现并分析用户流失的原因，从而提高用户体验。

1. 用户研究方法

用户研究的方法主要分为两大类：定性研究和定量研究。

定性研究是对一群小规模、精心挑选的样本个体的研究，该研究不要求具有统计意义，但是凭借研究者的经验、敏感性及有关的技术，能有效地洞察研究对象的行为和动机，以及研究题目可能带来的影响。

定量研究是得到定量的数据，通过统计分析，将结果从样本推广到整体，可以深入、细致地研究事物内部的构成比例，研究事物的规模大小和水平高低。

（1）定性研究

定性研究是一种探索性研究，它通过特殊技术获得人们的想法、感受等方面较深层反应的信息，主要了解目标人群的态度、信念、动机、行为等有关问题。定性研究是需要研究者针对少数个体，通常只针对10~20个典型用户，根据研究者的观察、经验、分析来进行研究的方法。定性研究并不要求统计意义上的证明，更多的是研究者凭借自身经验和观察对用户进行研究。

主要的定性研究方法有用户访谈、焦点小组和可用性测试等。

用户访谈

用户访谈是用户研究中最常用的方法，主要是深度探索用户在使用产品过程中所遇到的问题与感受。

通常，访谈步骤为：筛选合适的受访者→制定访谈提纲→开展访谈→整理访谈。

焦点小组

焦点小组是通过召集一群具有相似特征的用户，对某一话题或者领域进行深度发散访谈和问题收集的研究方法。与前面的用户访谈相似，焦点小组方法也适用于对某一研究话题和领域进行深度探索。但是与用户访谈不同的是，焦点小组方法侧重于发散和收集，即对不同用户的反馈意见进行收集，而用户访谈法则侧重于在“点”上的深度挖掘。

通常，焦点小组的实施步骤是：拟定需要研究的话题和领域→筛选符合要求的受访者→安排访谈环境及设备→访谈介绍、破冰环节→开展焦点小组访谈→意见收集及总结→访谈信息整理及分析。

可用性测试

可用性测试就是通过观察用户使用产品完成典型任务，发现用户对产品的使用效率与满意度相关问题的方法。

可用性测试的步骤是：梳理需要测试的场景和模块→设计测试任务和目的→设计测试方法→筛选和招募测试用户→开展用户测试和记录→用户测试分析和迭代。

可用性测试是确定用户使用产品是否完成目标的核心方式，它与其他用户研究方法有许多相同的测试指标，并且能够得出较多可用的定性数据，可以收集的数据类型也比较多，如完成率、出错数、任务时间、任务水平的满意度、测试水平的满意度、寻求帮助的次数和可用性问题清单等，这些数据极大地便利了后续的分析工作，帮助多维度地判断产品的状态、用户的满意度和体验问题等。

（2）定量研究

定量研究是基于一定的用户数据进行研究的方法，通过数学统计的方法来获得研究结果。主要的定量研究方法是问卷调查、数据分析、A/B测试。下面简单介绍这三种方法。

问卷调查

问卷调查指通过给用户发问卷的方式来进行用户研究。问卷调查的优势在于可以收集结构化的数据，且费用低，不需要检测设备，结果反映了用户的意见。

数据分析

日志和用户数据分析是对已经上线的产品常采用的方法。用户在使用产品过程中会留下很多用户数据或日志，以此为分析对象。相比于其他用户研究方法，日志和用户数据分析研究的是用户在真实场景下使用产品过程中留下的数据，是最全面也是最真实地反映用户行为的一种方式。但是，日志和用户数据分析研究的是用户的行为，并不能反映用户的观点。日志和用户数据分析可以和问卷调查或定性研究结合使用，将用户行为和用户的观点结合起来分析。

A/B 测试

为网站或应用程序的界面或流程制作两个（A/B）或多个（A/B/n）版本，在同一时间维度，分别让组成成分相同（相似）的访客群组随机地使用这些版本，收集各群组的用户体验数据和业务数据，最后分析评估出最好的版本并正式采用。

2. 用户画像

用户画像指针对产品目标群体真实特征的勾勒，是真实用户的综合原型。对真实用户的性格、喜好、行为、需求等特征进行挖掘、提取，将要素抽象、综合成为一组对典型产品使用者的描述。对用户的群体特征、心理认知、行为和需求进行细分，以定义用户画像。简而言之，用户画像就是将典型用户信息标签化。

（1）用户画像主要特征

描述用户画像的内容包括角色描述和用户目标

这里角色描述的内容指名称、年龄、地址、收入、职业等，这类角色描述主要是为了使用户画像更丰富、真实、具象。另外，用户画像重点关注的是用户动机，而用户目标是其动机。

可以代表相似的用户群体或类型，也可以代表个体

用户画像是抽象的、虚拟的，代表一个典型的用户群体；虽然也可以代表个体，但个体并不是实际独立的个人，而是从实际观察研究中综合而来。

须针对具体情境，专注于具体产品的行为和目标

用户画像研究的是用户在具体情境下对产品的使用，关注其在一定范围内的行为、态度、能力、动机等。即使同一个角色，使用不同产品的动机也是有差异的，所以，一般来说不轻易在不同产品间复用，需要考虑不同类产品的切入场景。

（2）构建用户画像的流程

构建用户画像从流程上可以分为三个步骤，即收集数据、行为建模和构建画像，如图 5-2-1 所示。以东风出行老年版 app 为例进行分析，将老年人用户进行用户画像构建。

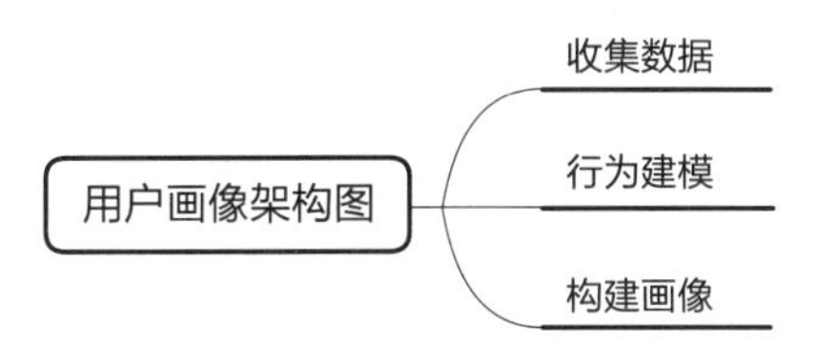

图 5-2-1　用户画像架构图

收集数据

收集数据是用户画像中十分重要的一环。用户数据分为静态信息数据和动态信息数据。对于一般企业而言，多是根据系统自身的需求和用户的需要收集相关的数据。比如东风出行老年版 app，其重点用户在于老年群体，因此设计师着眼于目标用户群体进行问卷调查，用户访谈等用户研究方式进行数据收集，所需要收集的数据大致如图 5-2-2 所示。

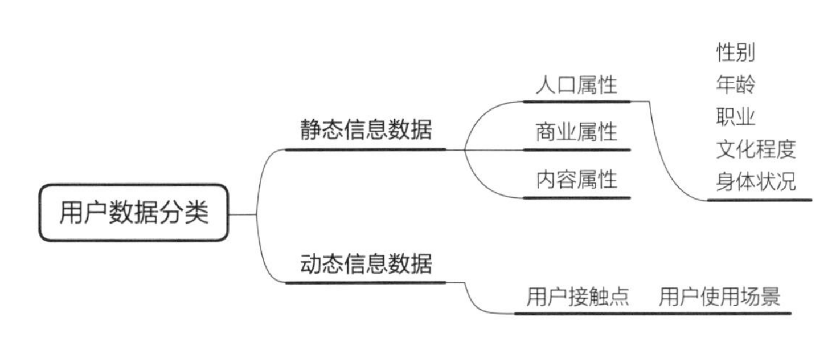

图 5-2-2　用户数据分类

行为建模

行为建模就是根据用户行为数据进行模型搭建。通过对用户行为数据进行分析和计算，为用户打上标签，可得到用户画像的标签模型，即搭建用户画像标签体系。

标签模型主要是基于原始数据进行统计、分析和预测，从而得到事实标签、模型标签与预测标签。

构建画像

用户画像包含的内容并不完全固定，不同企业对于用户画像有着不同的理解和需求。根据行业和产品的不同，所关注的特征也有不同之处，但主要还是体现在基本特征、社会特征、偏好特征、行为特征等。用户画像的核心是为用户打标签，即将用户的每个具体信息抽象成标签，利用这些标签将用户形象具体化，从而为用户提供有针对性的服务。用户画像作为一种勾画目标用户、联系用户诉求与设计方向的有效工具，被应用在精准营销、用户分析、数据挖掘、数据分析等方面。总而言之，用户画像的根本目的就是寻找目标客户，优化产品设计，指导运营策略，分析业务场景和完善业务形态。

以东风出行老年版 app 为例，根据调研结果数据，将目标用户群体分为三种类型，分别是看不到型用户、学不会型用户和记不住型用户，如图 5-2-3 所示。然后进行标签赋予，分析不同类型用户的属性特征、使用场景及用户“痛点”，如图 5-2-4 所示。最后进行用户特点总结，洞察产品设计的机会点，如图 5-2-5 所示。

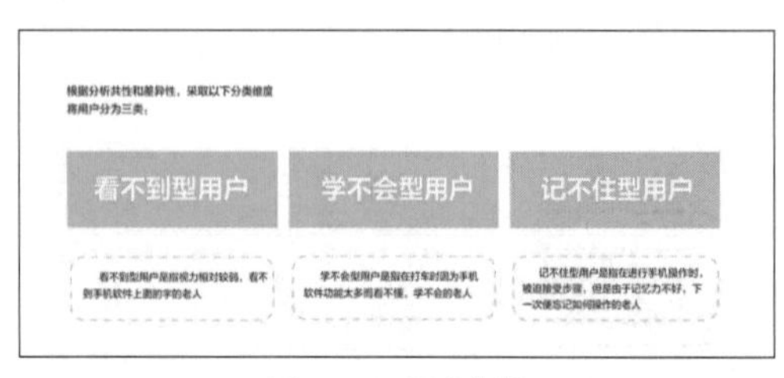

图 5-2-3　用户分类

图 5-2-4　用户信息

	看不到型用户	学不会型用户	记不住型用户
年龄	80 岁	60 岁	76 岁
职业	退休前做金融行业，现休闲娱乐	退休前打零工，现为学校保安	退休前为教师，现照顾老伴
状况特征	有老年常见病，视力差	健康，学习能力差	自身身体健康但记忆力差，老伴身体较差
手机使用情况	中等	较差	积极
打车场景	赴约、携带物件比较沉、目的地没有地铁或公交的时候	天气不好时下班回家	距离目的地路途较远或者所在地没有公交、地铁时，以及陪同老伴去医院时
用户“痛点”	1. 手机上面的字常常会因为太小了而看不清楚 2. 身体状态一般，家中孩子不是很放心	1. 受生活节奏和生活方式影响，用户基本上不会使用智能手机的线上操作 2. 智能手机软件的功能太多，用户无法接受这么大的信息量	1. 疲于学习各种手机的烦琐操作 2. 学习过程时间较长，且记不住，下一次还得学习 3. 遇到出租车不经常去的地方，传统的叫车方式不足以支撑出行

图 5-2-5　用户特点总结

二、产品分析

1. 产品阐述

对于一个立项的产品，设计师在对其进行竞品分析之前，先要明白自身产品所属的类型，产品广告语，以及产品定位和亮点等。同时，需要对自身产品进行 SWOT 分析，充分了解产品的优势、劣势、机会和威胁。如图 5-2-6 所示，HiFive 作为大学生跨平台合作交流的一款 app 产品，设计师在产品概念报告里面先对其进行了定位，并做了 SWOT 分析，明确其主要用户和主要目标。

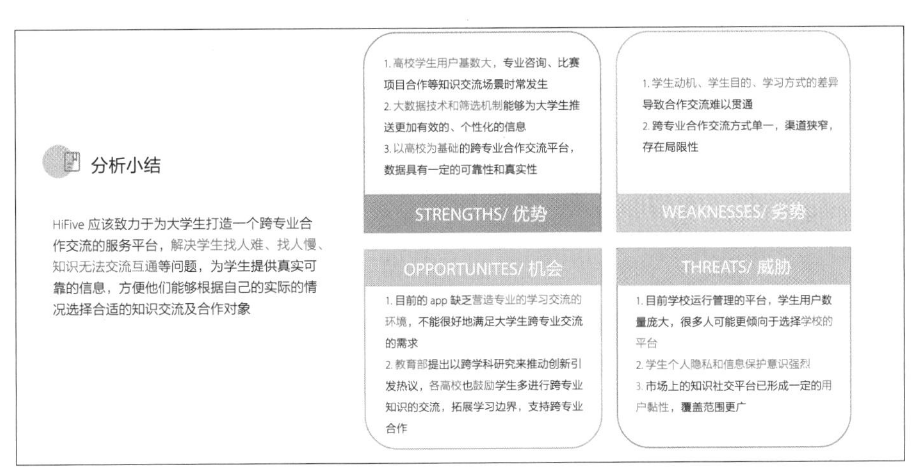

图 5-2-6 产品分析

2. 竞品分析

竞品分析，是在概念设计阶段，通过对产品的同类竞争产品进行主观分析和客观分析，列出竞品或自己产品的优势与劣势的过程。竞品可以理解为解决与产品同样需求的产品，或解决不同层次需求的产品。

做竞品分析最忌讳的是直接选择竞品对比。先应做的是了解，对整体行业背景及产品定位等都需要进行调研。一套完整的竞品分析，大致可以分为六个步骤：了解行业信息、明确分析目标、挑选合适的竞品、对比竞品维度、分析竞品内容和进行复盘总结，如图 5-2-7 所示。

了解行业信息 → 明确分析目标 → 挑选合适的竞品 → 对比竞品维度 → 分析竞品内容 → 进行复盘总结

图 5-2-7 竞品分析步骤

（1）了解行业信息

了解行业信息指对自己的产品、产品的行业有一个大概的了解，所有关于市场发展趋势和行业现状的都属于功能性竞品分析。了解行业信息可以通过两个渠道：一个是用户意见渠道；另一个是第三方平台的行业信息报告。

1）用户意见渠道，如QQ群、微信群、知乎、微博、百度论坛、用户访谈、可用性测试的结果、应用商店的评论等，如图5-2-8所示。

2）第三方平台，这类渠道上有很多，如酷传咨询、易观智库、比达咨询、企鹅智库等。找一些行业分析报告，通过这些报告了解目前行业发展现状、国家政策的支持方向、竞争对手占有市场份额等。

图5-2-8　用户意见

（2）明确分析目标

目标决定一切，明确目标也是竞品分析前期最为关键的一个环节，目标的确立直接关系后续的竞品选择、分析思路和结论的输出。很多设计师在做竞品分析的时候会被其他产品的某一个功能所吸引，导致后续在推导结论的过程中失去了方向。带着问题、带着目的去分析和体验竞品，只有这才不会流于表面，学习到表象。所以，在做竞品分析之前就要考虑清楚想要得到什么，即确立竞品分析的目标。

常见的目标类型如图5-2-9所示。

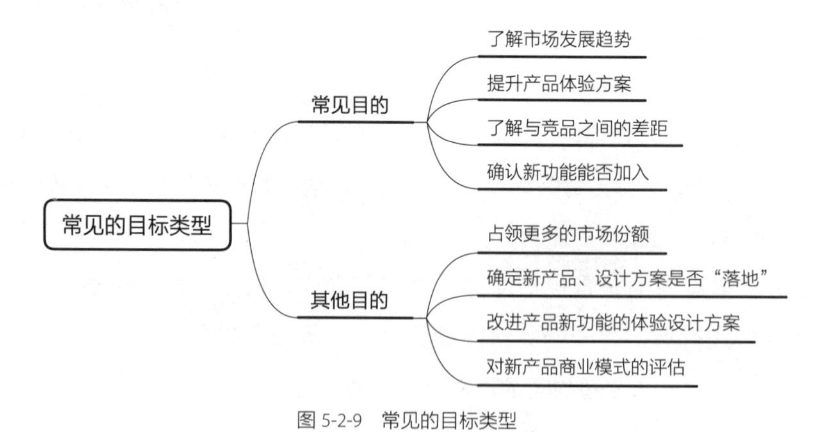

图5-2-9　常见的目标类型

不同阶段目标的侧重点不同

每个产品都是具有周期性的，一般做竞品分析都是在产品的进入期、成长期和成熟期。

产品所处的时期不同，产品的目标就不相同，竞品分析的侧重点也会有所不同。把上述三个时期换一种说法，分别为开拓阶段、战略阶段、防守阶段，以方便理解不同阶段中竞品分析目标的不同，见表5-2-1。

表5-2-1 竞品分析不同阶段的不同分析目标

产品时期	产品阶段	关注问题	分析目标
进入期	开拓阶段	做什么产品	市场分析、盈利模式、战略定位
成长期	战略阶段	怎么做，如何和竞品拉开差距	产品功能、用户规模、研发技术成本、用户体验设计
成熟期	防守阶段	市场份额不被吞噬、侵占	监控需追赶竞品的各项指标及行动举措

- **产品进入期——开拓阶段**

开发一个行业的新产品，先要了解市场需求，分析竞品，借鉴竞品成熟的模式，制定自己产品的开发策略。

此时关注的侧重点是做什么产品，关注的核心是行业情况，比如行业发展史、经营环境、市场规模及增长趋势、产品发展史、目标客户、业务流程、盈利模式等。

- **产品成长期——战略阶段**

在成长期的产品总会遇到瓶颈，如何在激烈的市场下，做出创新和更好的服务，和其他竞争对手拉开差距，这是成长期要考虑的问题。

此时关注的侧重点是要做出什么样子的产品，怎么实现，怎么去运营推广，怎么和竞品拉开差距。关注的核心是竞争对手经营数据和经营策略、产品功能、用户规模、研发技术成本、用户体验设计等维度。

- **产品成熟期——防守阶段**

经历了成长期后，产品在行业中有了一定的竞争优势的，这时需要考虑的问题是如何守住原有的用户，不被其他竞争对手侵占市场份额。

此时关注的侧重点是市场份额不被吞噬、侵占，关注的核心是监控需追赶竞品的各项指标及行动举措等维度。

(3)挑选合适的竞品

竞品的选择主要依据竞品分析的目标。设计师可以通过“寻找→划分→挑选”这三个步骤选出最合适的竞品，如图5-2-10所示。以东风出行老年版app为例，先通过应用市场和搜索引擎寻找相关竞品，之后从区域维度和目标用户群体维度进行分析，如图5-2-11所示。

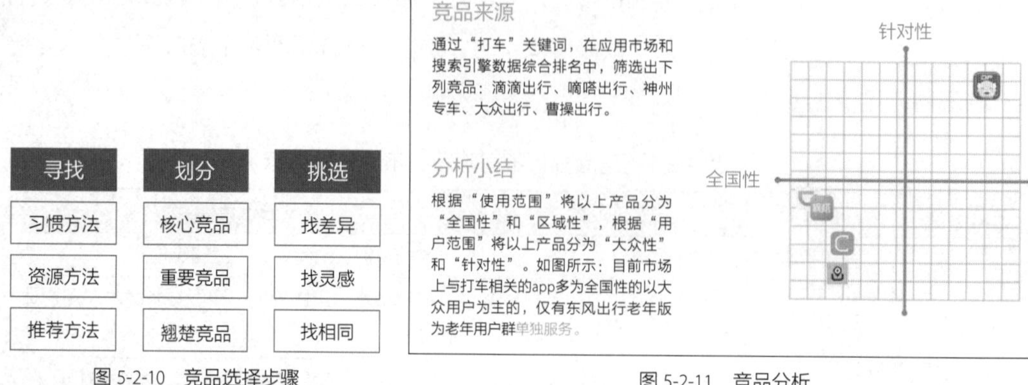

图 5-2-10　竞品选择步骤

图 5-2-11　竞品分析

寻找竞品的渠道

随着互联网的发展，市面上的产品很多，竞品也很多。寻找好的竞品无外乎就是考察自己的“搜商”能力。以下三种方法有助于在搜索阶段提高搜索效率。

- 习惯方法：最常用的办法就是通过“关键词”的搜索。在浏览器上进行搜索，会出现大量关键词相关的信息，需注意的是，关键词可以不太具体，比如自己的产品是面向大学生的咖啡，在搜索框搜索大学咖啡，是没有这类竞品的，此时可以用瑞星咖啡来代替。
- 资源方法：通过应用商店或者第三方平台的排行榜，可以直观地看到各个维度的竞品情况，比较高效。
- 推荐方法：研究行业推荐。最好先从公司的内部员工，比如产品经理，开始询问相关竞品情况。因为一般情况下公司里面的员工比较了解公司业务，说出来的竞品会比较有针对性。

划分竞品的种类

找寻到竞品之后不用全部分析（工作量太大），可以按照目标给竞品分类。如果做纵向全方位的竞品分析，因涉及的内容比较广泛，可以选择一个或者两个竞品分析；如果做横向分析，比如想要分析一个功能或做体验层面的分析，那就需要挑选多个竞品进行分析。

如何科学地划分竞品种类呢？如果按照竞争关系把竞品进行分类，竞品大致可分为三类，即直接关系的竞品（核心竞品）、间接关系的竞品（重要竞品）和其他关系的竞品三类（翘楚竞品）。根据这三类竞争关系，设计师还可以把竞品分为另外三类。

- 核心竞品：指市场目标方向一致，用户群体针对性较强，产品核心功能和用户需求相似度较高的产品。
- 重要竞品：指在功能需求方面互补的产品，用户群体高度重合，现阶段不是直接市场利益的竞争者，但是有可能形成潜在的竞争关系。

- 翘楚竞品：指没有直接的用户群体重合，在市场利益上也没有竞争关系，但是在产品理念、实现技术、实际层面是翘楚类，且具有高水准、前瞻性的产品。

通过二八原则挑选竞品

接下来的重点在于“挑选”，可以通过二八原则挑选竞品，即在垂直竞品中挑选前一两个头部的直接竞品来分析，然后在间接竞品和翘楚竞品中挑选比较优秀的竞品，把竞品的范围再次缩小。

在竞品的选择上不在量多而在质优。在垂直竞品中找相似处、差异化设计；在间接竞品中找相同设计；在翘楚竞品中找灵感设计。

（4）对比竞品维度

一般都会从四个纬度进行竞品对比：功能对比、价格对比、用户体验对比和服务对比。根据不同的竞品分析目标，各个维度的对比侧重点也不相同，如图 5-2-12 所示。

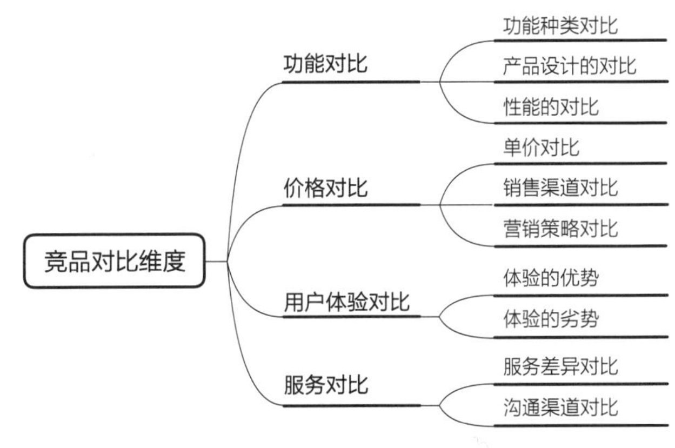

图 5-2-12　竞品对比维度

（5）分析竞品内容

竞品的分析指对原始信息进行整理、归纳和推理，使信息转化为有价值的结论的过程。以东风出行老年版 app 为例，对它与另外两个主要竞品进行分析，如图 5-2-13 所示。设计师对三个产品的基本信息、产品功能、优势及劣势进行了分析与对比，做到知己知彼。

	嘀嗒		
基本信息	由北京畅行信息技术有限公司开发，是一款涵盖了出租车、顺风车的 app	为多种类型人士提供个性化的出行服务。服务范围广，目标性强，市场占有率和影响力目前排名第一	专为老年人提供一键叫车服务的软件。提供多种打车方式，支持代叫车、代支付等，满足老人多样化出行需求
产品功能	兼具出租车、顺风车功能	涵盖出租车、专车、滴滴快车、顺风车、代驾、大巴及货运等多项业务在内的一站式出行平台	一键叫车，上门接驾，敬老热线便捷叫车；亲密账号子女代支付
优　势	稳健、专一、守规矩，安全指数高，拥有小程序便携式操作	服务范围广，用户多。市场占有率和影响力目前排名第一	操作便捷，有专业性
劣　势	用户较少、知名度低	功能繁杂	用户少、普及性不强、无语音指导

图 5-2-13　竞品分析

对用户的分析

对用户的分析主要是分析各个竞品的目标用户，看看彼此目标用户的需求有哪些异同点，比如对核心用户的分析（最忠诚的用户群体是哪类）、对主流用户的分析（最大的用户群体是哪些）、用户构成的分析（各类用户群体的比例构成）。大致可分为以下几个维度。

- 基本属性：姓名、性别、学历、婚姻状况、兴趣爱好等。
- 用户消费：从事行业、职业、收入水平、设备型号等。

对用户进行分析之后，最重要工作的是得出自己产品的用户画像。

- 竞品的目标用户是谁？有哪些关键特征？与自己产品的目标用户群一致吗？
- 竞品的用户数据。
- 用户对竞品优势、劣势的看法。
- 用户喜欢产品的哪些功能？不喜欢产品的哪些功能？

对功能对比的分析

可以把产品的主要功能路径画出来，思考竞品为什么做这个功能，做这个功能会给产品带来什么好处，把自己认为重要的功能列举出来，看看哪些平台有，哪些平台没有。以东风出行老年版 app 为例，将产品的功能进行分类，寻找相关竞品的弱项进行强化，如图 5-2-14 所示。

软件 功能	滴滴出行	嘀嗒出行	神州专车	大众出行	曹操出行	东风出行老年版
定位出行	√	√	√	√	√	√
语音操作指引	×	×	×	×	×	×
语音搜索	√	√	√	√	√	√
视觉指导	√	√	√	√	√	√
重复指导	×	×	×	×	×	×
订单服务	√	√	√	√	√	√
关怀模式	√	√	×	×	×	√
预约	√	√	√	√	√	√

图 5-2-14　功能对比分析

这些功能点又被分为视觉层面和交互层面两种。当然，这也是竞品分析的重中之重，通过和竞品对比，发现自己产品的问题及后续的优化点。

对功能数据的分析

对数据的分析是竞品分析的一个核心，可以理解为是功能对比分析的升华。如果确定一个产品功能是否值得借鉴只凭自己的主观感受，显然是片面的，需要根据该产品的数据增长波动，来佐证提案的可行性。

（6）进行复盘总结

做完竞品的对比，找出不足后还工作没有完成，最重要的是得出竞品分析的结论。对于同样的分析内容，不同的人做出来的总结是千差万别的，因为每个人思考的角度是不同的。竞品分析重要的是思考、分析过程，以及最终得到什么结论。以东风出行老年版 app 为例，设计师从形式、内容和体验三个方面进行了总结，整理出该产品在三个方面的不足，并提出了应对策略，如图 5-2-15 和图 5-2-16 所示。

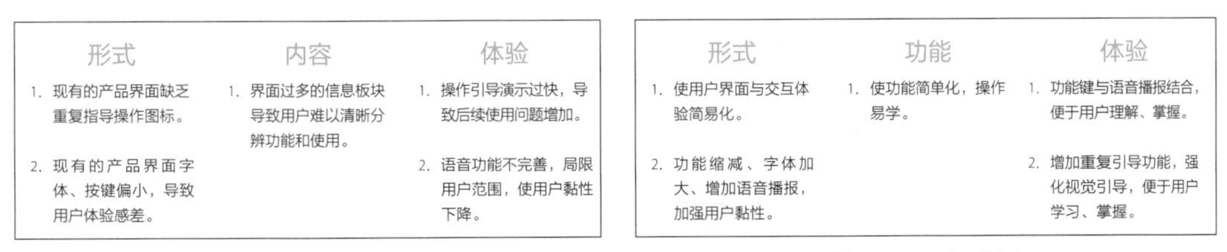

形式	内容	体验
1. 现有的产品界面缺乏重复指导操作图标。 2. 现有的产品界面字体、按键偏小，导致用户体验感差。	1. 界面过多的信息板块导致用户难以清晰分辨功能和使用。	1. 操作引导演示过快，导致后续使用问题增加。 2. 语音功能不完善，局限用户范围，使用户黏性下降。

图 5-2-15　缺点总结

形式	功能	体验
1. 使用户界面与交互体验简易化。 2. 功能缩减、字体加大、增加语音播报，加强用户黏性。	1. 使功能简单化，操作易学。	1. 功能键与语音播报结合，便于用户理解、掌握。 2. 增加重复引导功能，强化视觉引导，便于用户学习、掌握。

图 5-2-16　应对策略

三、产品功能策略

1．用户场景与用户体验地图

透过用户的视角完成了用户画像及竞品分析之后，即将开始着手搭建产品的用户场景及用户体验地图。从用户场景出发，梳理并管理用户体验，最后整个团队在产品设计过程达成共识。用户体验地图可以有效地将用户行为、用户场景等信息可视化，进而清晰地展示用户体验与用户情绪，助推后续产品的更新迭代。

用户场景是真实又灵活的产品设计叙述方法。尽量做到从用户场景开始设想，将产品设计回归用户场景，思考用户场景的五个问题——何时、何地、何人、有何需求、如何满足需求。

确定了用户场景，可以尝试使用一张图，以讲故事的方式，以用户视角，记录用户在使用产品时的一系列行为。从打开产品到完成目标后关闭产品的全部过程，包括场景、行为、触点、“痛点”“爽点”及内心想法。体验地图也可以使用多种类型的图表表达，产品的不同阶段会有不同体验地图。用户体验地图包括了以下特定元素，如图 5-2-17 所示。

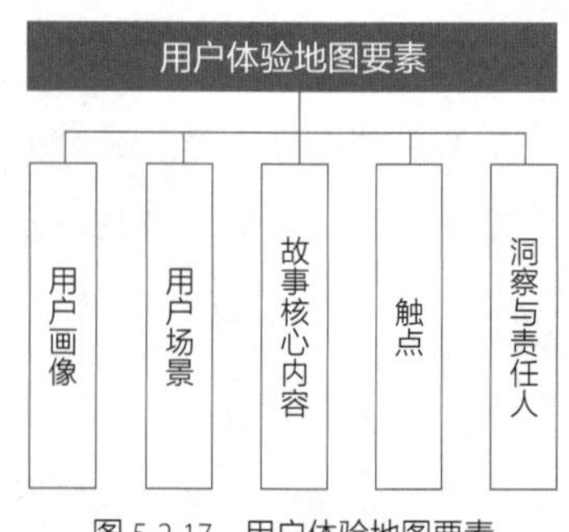

图 5-2-17　用户体验地图要素

1）用户画像。建议每个地图都有一个用户角色，便于清晰地表达故事。

2）用户场景。当设计团队在为一个产品或服务做体验设计时，可通过用户体验地图去审视在产品体验过程中的一系列场景。

3）故事核心内容：行为（用户在做什么）、想法（用户是怎么想的）和情绪（用户的感受怎么样）。这部分内容以定性研究数据为基础，会用到实地考察、情景调研等方法。

4）触点。这是非常重要的元素，是将产品与用户行为联系起来的元素。通常会在触点环节中发现产品体验脱节的地方。

5）洞察与责任人。这也是体验地图的目的，也就是发现用户体验过程的问题，然后采取行动去优化。先将体验地图中的见解罗列出来，然后将问题的优化方案划分到每个责任人，完成体验地图的使命。

以东风出行老年版 app 为例，在用户画像的基础上，分析不同类型用户在打车时的用户场景、用户心理变化。在不同场景中，在各阶段行为下通过触点来发现“痛点”，洞察新的设计机会点，如图 5-2-18 所示。

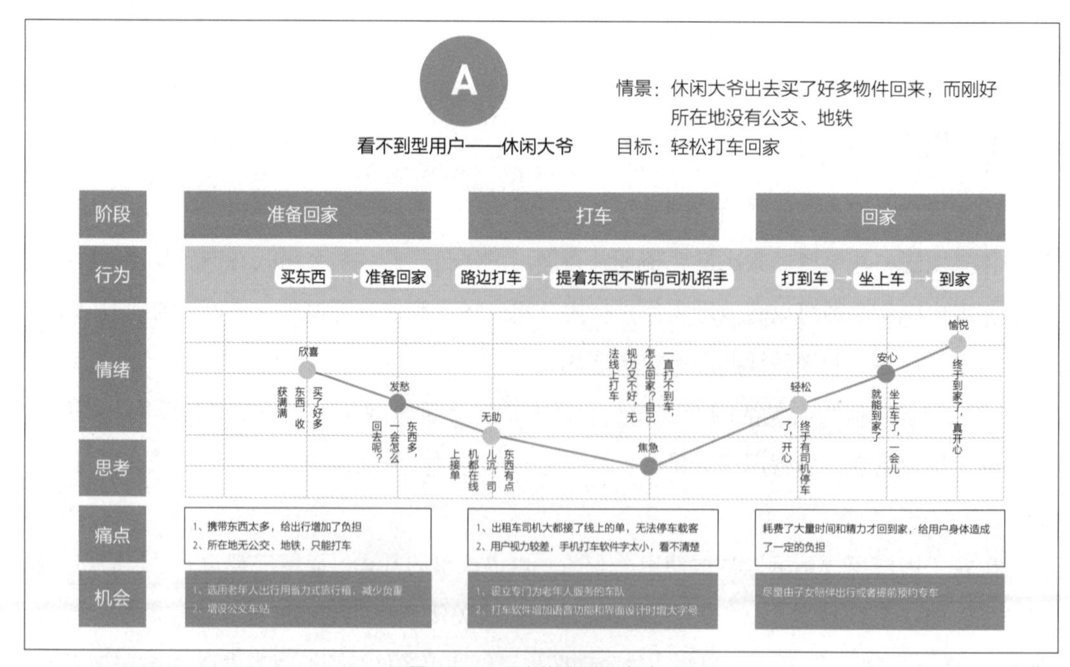

图 5-2-18　用户体验调研（1）

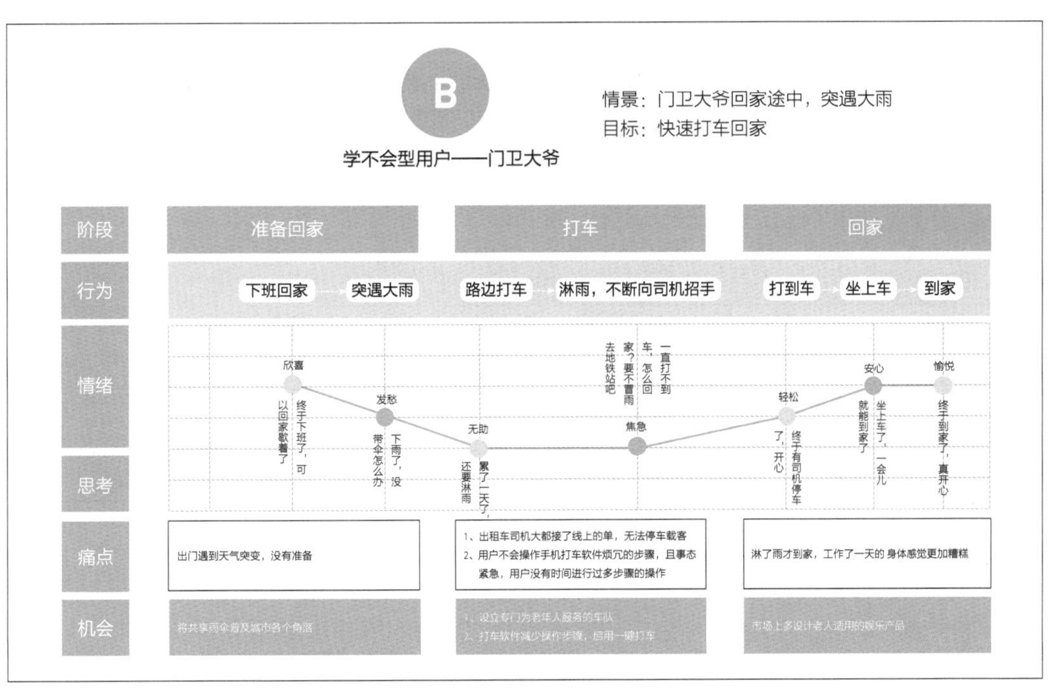

图 5-2-18　用户体验调研（2）

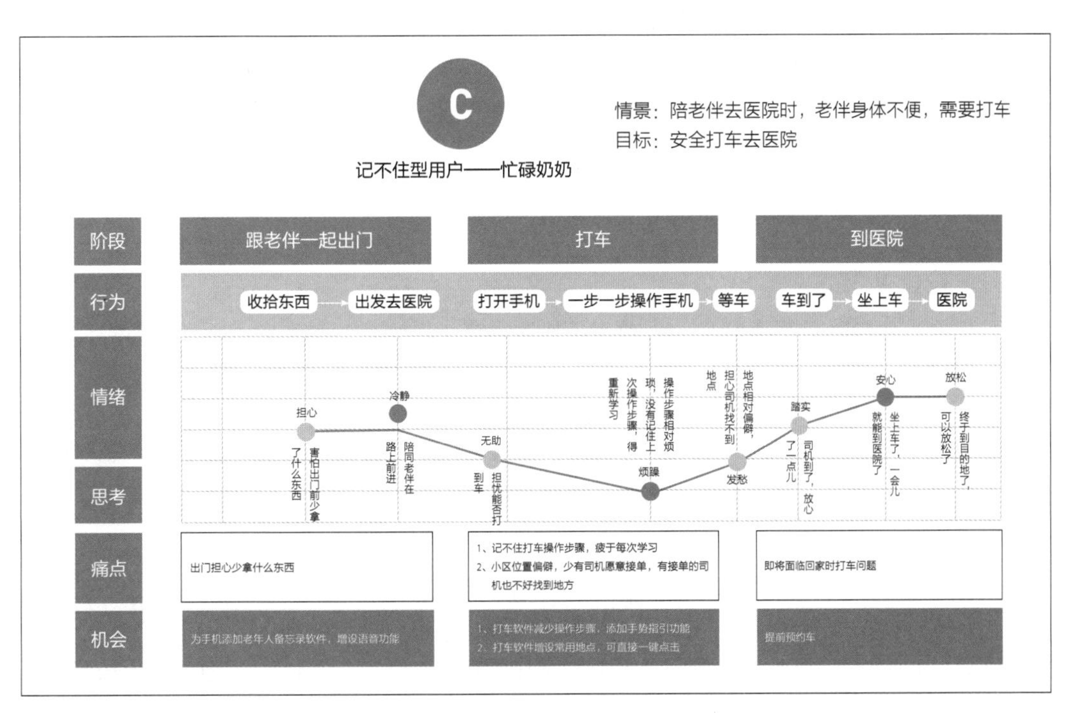

图 5-2-18　用户体验调研（3）

团队明确用户体验地图的制作目的应该是所有步骤的前提。用户体验地图的制作可分为4步：明确用户→确认场景→用户研究→绘制地图。用户体验地图框架见表5-2-2。

表5-2-2　用户体验地图框架

产品时期	阶段1	阶段2	阶段3	阶段4	阶段5	阶段6
用户期望/目标						
行为						
想法						
情绪曲线						
“痛点”						
“爽点”						
感受						
体验						
机会点						

（1）明确用户

从用户角度去思考，也就是团队中的每个人都要切换成用户视角，用产品使用者的角色品味产品。在设计团队完成用户画像之后，“目标用户是谁”这个问题的答案也在团队间达成了一致。明确用户这个过程是基于数据与定性研究的。当然，体量小的产品的用户较容易明确。对于体量较大的产品，会根据用户的不同诉求将之分为不同的类型。每一类用户的操作差异会很大。用户体验地图的制作目的会明确指导团队选择哪一类用户作为这次用户体验地图的目标用户。明确用户之后就可以开始招募用户进行研究了。

（2）确认场景

同样，以用户视角观察产品，带着用户的需求完成目标，一步步向主要场景前进。

（3）用户研究

收集真实用户在每个阶段中的具体行为、想法和情绪等信息。在这一环节中，需要记录被访者的背景、采访人员与记录人员，整理访谈结论。

（4）绘制地图

绘制用户体验地图的步骤包含三大部分：整理数据，绘制地图，输出可视化结果。整理数据这个部分就是把之前记录的未梳理的用户访谈中的触点、行为、“痛点”“爽点”、想法等写在不同的卡片上，按照分类贴好，这样可以直观地进行浏览。完成之后，将用户每个阶段的行为、

"痛点""爽点"整理成情绪曲线。接下来的设计工作聚焦于如何让用户的情绪曲线低点拉平、高点更高，打造产品的峰值。同时，产品团队可挖掘更多的产品创新点与机会点。

2. 产品需求与功能转换

将用户需求转化为产品功能是产品经理工作中的重中之重，只有正确地理解用户需求，并将其准确地转化为产品功能才能真正地实现产品价值。从产品需求到功能这一步，就是从概念化到具象化的过程，通常需要三个步骤：对产品需求进行分类，排列出需求的优先级，最后进行功能转化。

（1）对产品需求进行分类

首先，可以有三个比较大的分类，分别是功能需求、非功能需求及数据需求。功能需求一般指有具体完成内容的需求；非功能需求一般指为满足用户业务需求而必须具有的且除功能需求以外的特性，包括系统的性能、可靠性、可维护性等；数据需求一般指的是数值系统的设计，以及报表监控指标的设计等。

不同类别的需求尽量不要放在同一个维度来评判优先级，在产品的不同阶段不同类型的需求也有不同优先级。在产品迭代的初期，更重视功能需求的建设，这个时期就像一个拓荒的时期，需要快速做出功能以实现需求，拥有用户；在产品成熟、稳定之后，为了维持稳定的运营情况，非功能需求的保障就变得尤为重要，这时候要重点评估新的功能需求对系统性能及稳定等各方面的影响。

（2）需求评估、优先级划分

当需求变得繁多时，如果没有对需求进行有效管理，没有对优先级进行评判，那么产品规划就会变成一团乱麻。下面详细讲述一些实用方法。

重要性象限判断

这个方法是由麦肯锡提出的，以事件的重要性和紧急性为坐标轴，可以将所有事情区分在四个象限中："重要且紧急""重要，不紧急""不重要，但紧急""不重要，也不紧急"。对所有事件分类后，才能更好地分析、处理，如图 5-2-19 所示。

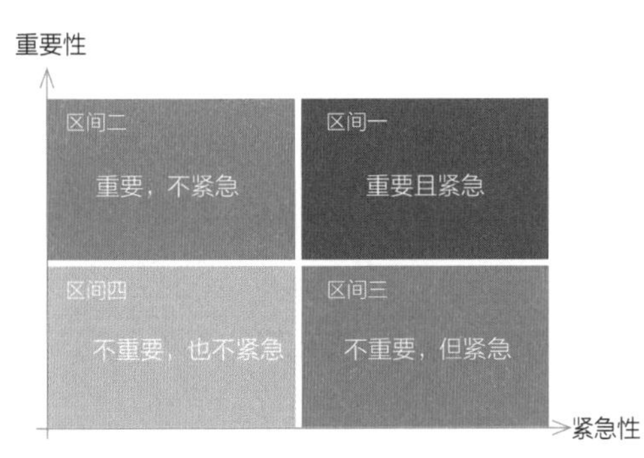

图 5-2-19　重要性象限判断

“痛点”模型

判断一个“痛点”的强烈程度需要考虑持续性、厌恶度及可替代性三个方面。定义一个“好的痛点”有一个简单的公式：“好的痛点” = 持续性 × 厌恶度 / 可替代性。将这三个维度用 1~10 分去量化，然后计算出需求的强烈程度，解决强烈的需求，如图 5-2-20 所示。

$$“好的痛点” = \frac{持续性 \times 厌恶度}{可替代性}$$

图 5-2-20 “痛点”计算

（3）功能结构图

经过需求优先级排序后，对处理需求的顺序有了明确认知。要把优质资源投入在“刀刃”之上，其核心是为了实现需求性价比最大化、资源配置最优化。那么，这就需要设计师总结产品功能模块。这个过程一般只强调功能的逻辑关系，根据需求的优先级对产品的功能进行更详细的描述，并输出功能结构图。

从需求到功能的转化路径，即分析这个需求当前的场景、问题和解决的方案，可以借助 UML（统一建模语言）中的工具进行系统分析，同时能够形成一个较为完善的用例（Use Case），由于内容相对晦涩难懂且非本书讲述重点，此处就不赘述了。

第三节
产品概念设计报告

一、信息架构图

信息架构（Information Architecture，IA）即合理地组织信息的展现形式。信息架构的主要任务是为信息与用户之间搭建一座畅通的桥梁，是信息直观表达的载体。通俗地说，信息架构不仅要设计信息的组织结构，还需要研究信息的表达和传递方式。移动端产品的信息架构简单讲就是信息和功能的分类与导航的结构，可让用户快速找到自己想要找的内容和功能，进入首页后就明白这个产品的用途和关键信息。了解和掌握交互设计中常用的信息架构可以帮助设计师理解业务需求，梳理产品核心功能及任务流程。

信息架构图指脱离产品的实际界面，将产品的数据抽象出来，组合分类的图表。以大学生跨平台合作交流 app 为例，其信息架构图如图 5-3-1 所示。信息架构图的绘制是在产品设计阶段的概念化过程时期，且在产品功能框架已确定、功能结构已完善的情况下，才能对产品的信息结构进行分析设计。

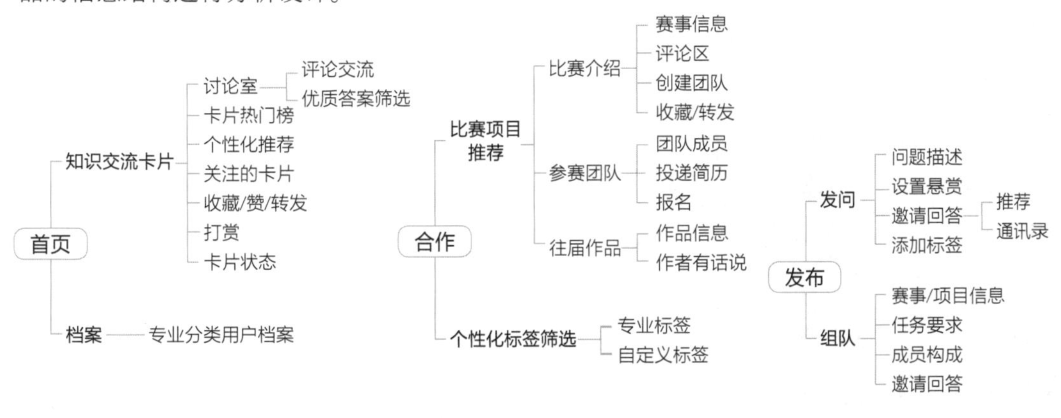

图 5-3-1　信息架构图

二、产品流程图

流程就是说明先做什么后做什么。如果说所有的动作都是单独的个体，那么流程就是将这些个体串联起来，没有流程便无法实现想要做的事情。所以，在确立了信息架构以后，设计师就需要做出产品的流程图。产品流程图包括业务流程图、操作流程图和页面跳转流程图。

1. 业务流程图

业务流程图绘制的是业务需求在不同的阶段各个功能模块之间的流程。通常会由几个“角色”来组成，有一种流水线般的工作线。比如，A 完成了，传给了 B，B 完成他的部分又传给了 C，C 完成后要将结果传给 A。简单地理解，这种穿梭在各种角色中的操作就是所谓的“业务流程”。流程设计离不开场景，其作用是支撑在特定场景下的服务，业务流程是某一业务在具体使用场景下的功能逻辑跳转流程。以某线上点餐服务 app 为例，对于用户、平台、商家、骑手四种角色，业务流程图如图 5-3-2 所示。

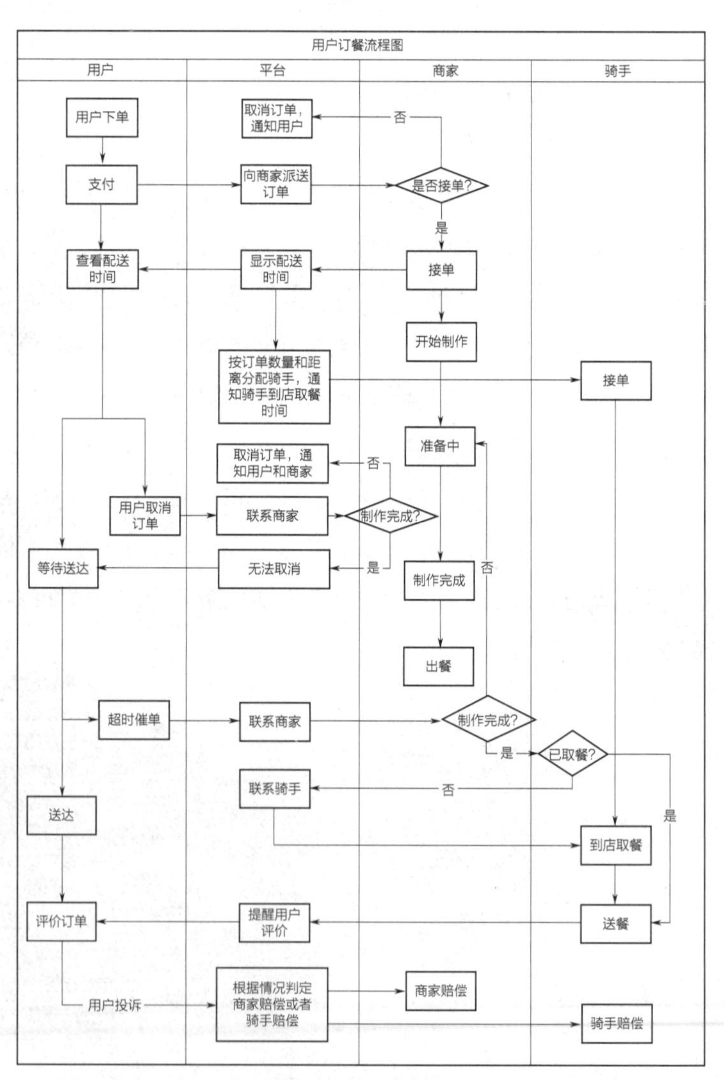

图 5-3-2　业务流程图

2. 操作流程图

操作流程图通常指的是业务流程图中某一固定主体的具体操作过程。简单来说，就是用户要完成某件任务要经过哪些操作。流程只说明用户的操作就可以了，这个相对简单一些。比如登录 / 注册流程、地图应用导航流程等。还以某线上点餐服务 app 为例，其操作流程图如图 5-3-3 所示。

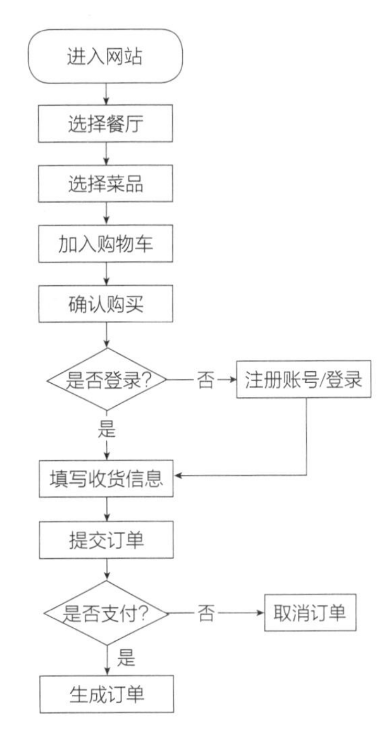

图 5-3-3　操作流程图

3. 页面跳转流程图

页面跳转流程图承载了业务流程图所包含的业务流转信息。这一部分主要是让人理解产品的交互过程。这里面会涉及一些逻辑上的问题，比如，一个提示弹框出现后，如果单击确定，页面跳转去哪里？单击取消呢？单击返回是返回哪里呢？这都是页面跳转流程图要解释清楚的事情。

三、产品线框图

产品线框图用于设计师定义设计的信息层次与结构，将信息架构图落实到产品线框图是在战略层之后实施设计的第一步。产品线框图是用户可以感知的输出内容。产品线框图，也称为产品界面布局图，是产品较清晰的骨架，引导界面的布局及概念设计，能够帮助设计团队讨论具体产品的界面层次和导向。

一般的产品线框图使用线条、方框和灰阶色彩。这些线框图为灰阶的低保真布局图，主要呈现信息层次及流向，是表达用户交互界面元素的粗颗粒描述。产品线框图将实践前面的功能结构图、信息架构图及功能优先级，建立产品设计逻辑。线框图的绘制非常方便，很多工具都能用于绘制产品线框图，如 Sketch、Adobe XD、Axure RP、PowerPoint，甚至可以直接手绘。东风出行老年版 app 的低保真产品线框图如图 5-3-4 所示。

图 5-3-4　低保真产品线框图

综上，总结一下用户体验与人机交互的理论基础知识点，见表 5-3-1。

表 5-3-1　用户体验与人机交互的理论基础知识点总结

任务	知识点	内容
初识移动端 app 界面设计	产品开发流程	准备→探索→定义→设计→开发→发布→验证→管理
	iOS 和 Android 系统的界面设计	iOS 设计规范
		Android 系统设计规范
		iOS 和 Android 系统的设计差异
	用户体验	战略层
		范围层
		结构层
		框架层
		表现层
产品需求研究	用户研究	用户研究方法
		用户画像
	产品分析	产品阐述
		竞品分析
	产品功能策略	用户场景与用户体验地图
		产品需求与功能转换
产品概念设计报告	信息架构图	—
	产品流程图	业务流程图
		操作流程图
		页面跳转流程图
	产品线框图	—

产品架构完成后可以进行设计自查，可根据自身情况实事求是地进行比对。

第四节
app 图标与界面设计

产品的视觉设计规范能使 app 页面风格属性统一，防止出现严重的错误，可以节约产品设计和推广期间的投入时间，减少新建相同属性单元与页面时执行复用的标准设计，减少设计与开发期间的信息传达干扰。

一、图标设计

1．图标的概念

图标是一个软件的标记，如照相机、设置、信箱、通讯录等。它通常为 PNG 格式的透明背景图片。图标是图形化用户界面设计中的重要元素之一，也是图形化用户界面设计中最直接、最生动的视觉形态。有着优秀图形化用户界面设计、形象明确、造型突出的图标，能够迅速地被用户所理解和接受，从而促使软件的使用效率提高，最终带给用户很好的使用体验。

2．图标设计原则

统一性原则：一个软件中的图标设计风格需要保持统一。统一的图标比单一零散的图标更显品质，更容易让用户理解和接受。图标的色彩风格，也需要和图标造型风格统一。特别是在色彩的选择和搭配上，尽量考虑色彩三属性的协调，色相、明度或纯度三项中至少有一项是相互协调统一的。此外，颜色也不宜过多。

用户认知性与识别性原则：图标设计的目的是通过符号化的图形传达信息。图标设计是建立在虚拟世界和真实世界之间的一种隐喻或映射关系的桥梁。在图标设计中，隐喻是一个相当重要的表现手法。通过归纳和联想，使图标的图案造型与图标的使用功能建立起最为直接的联想，让用户更容易理解和认知，显著地提高了图标的有效性和准确性。

简洁性与符号性原则：越写实的图案，越容易引起受众的关注。但形象写实、逼真的图标设计，却会影响图标信息的快速传达。越简洁的图案，越容易让人识别和记忆，越能高效地传达信息。因此，在设计图标时，尽量不要使用过于复杂的图案。

尺寸性原则：图标标准尺寸一般有三种，分别为 24px×24px、32px×32px 和 48px×48px。图标设计不同于其他的视觉设计。同一图标，由于其尺寸不同，展示效果和制作细节也不尽相同。

文字应用原则：简洁明快的文字标签和清晰准确的文字说明，能更好地提高图形用户界面的工作效率。在设置图标文字时，最好使用简单、通俗的文字作为图标的说明文字。所使用的图标文字需要具备高度的概括性。在通常情况下，中文字体应不小于 14px，英文字体应不小于 12px。

3．图标的分类

图标大体可以分为以下几类。

1）解释性图标是用于解释和阐明特定功能或者内容类别的视觉标记。在某些情况下，它们并不是直接可交互的 UI 元素，在很多时候会有辅助解释其含义的文案。

2）交互图标在 UI 中会参与到用户交互当中，是导航系统不可或缺的组成部分。它们可以被点击，并随之响应，帮助用户执行特定的操作，触发相应的功能。

3）装饰性和娱乐性图标通常用来提升整个界面的美感和视觉体验，并不具备明显的功能性。这类图标迎合了目标受众的偏好与期望，具备特定风格的外观，并且提升了整个设计的可靠性和可信度。装饰性图标通常呈现出季节性和周期性的特征，如图 5-4-1 所示。

图 5-4-1 装饰性图标

4）应用图标是不同数字产品在各个操作系统平台上的入口和品牌展示用的标识，它是该数字产品的身份象征。在绝大多数情况下，设计师会将这个品牌的 Logo 和品牌标准色融入图标设计当中。也有的图标会采用企业吉祥物和企业视觉识别色的组合形式。真正优秀的应用图标设计，其实是市场调研和品牌设计的组合，它的目标在于创造一个用户能够在屏幕上快速找到的醒目图标，如图 5-4-2 所示。

图 5-4-2　应用图标

5）扁平化图标是一种风格化的图标。扁平化图标设计专注于清晰而直观地视觉信息传达，为用户提供一目了然的视觉内容。扁平化图标设计最突出的功能也就在此。在二维的平面上，不借助复杂的纹理和阴影来明了地、视觉化地传达信息。扁平化概念的核心意义是去除冗余、厚重和繁杂的装饰效果。如图 5-4-3 和图 5-4-4 所示。

图 5-4-3　扁平化图标

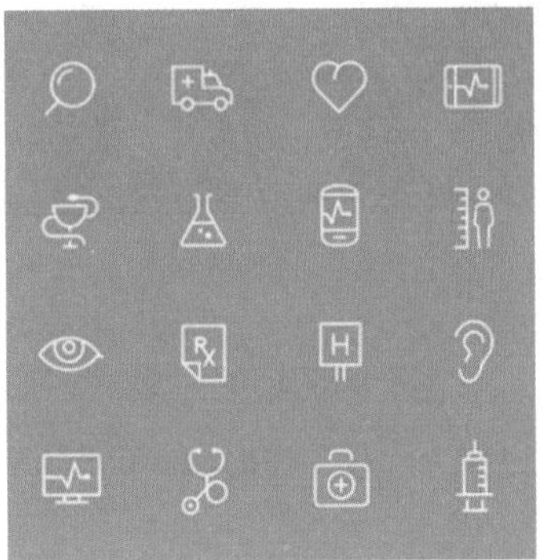

图 5-4-4　单线模式的扁平化图标

扁平化图标可分为面式图标和线式图标。

面式图标：图标由形状填充颜色而成，整体是充实且饱满的，视觉平衡较好，如图 5-4-5 所示。

线式图标：图标由线条构成，需要统一线条的宽度及线段的连接方式。比较有设计感，视觉效果更加简洁、轻盈，同时延展性也比较好，如图 5-4-6 所示。

图 5-4-5　面式图标

图 5-4-6　线式图标

同一形态的面式图标（正）和线式图标（负）会被用作区

分选中与未选中的状态，如图 5-4-7 所示。

图 5-4-7　面式图标和线式图标的转换

扁平化图标绘制规范：在界面设计中，图标的常用尺寸有 3 种：48px×48px、32px×32px、24px×24px。由于 iOS 的基础规范是以 8px 为单位设定的，所以图标的大小也需要设定成 8px×8px 的倍数。

在设计图标时，要做到统一性。首先是面积统一，要保证每个图标颜色填充面积比例一致。其次是风格统一，一个 app 中的面式图标与线式图标应设计风格保持一致。最后是细节统一，每个图标的圆角大小、留白宽度要做到一致。大小、风格统一的图标如图 5-4-8 所示。

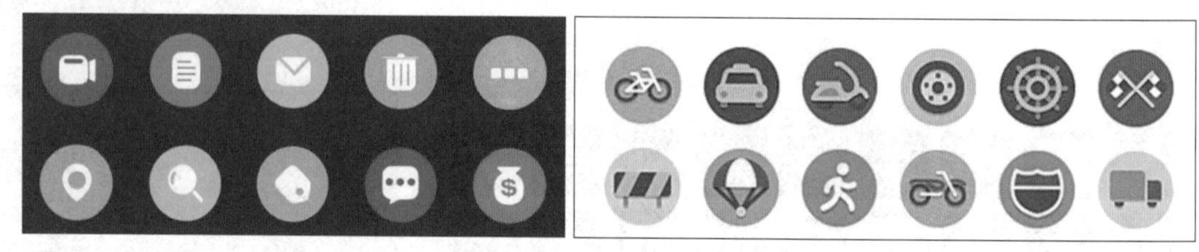

图 5-4-8　图标大小和风格统一

在绘制图标的时候，图形指示应明确，线条应简洁，描边的宽度一般为 2px，有时也会设置为 3px。线形统一的图标如图 5-4-9 所示。

图 5-4-9　图标线形统一

6）质感图标是另一种风格的图标，也称为拟物化图标，如图 5-4-10 所示。拟物化图标就是尽量将现实世界中的形状、纹理、光影都融入整个图标的设计中，拟真是它的特点。质感图标不仅图标本身有形象且生动的表现形式，而且会加强整个界面的形象化。切合主题的质感图标会对界面设计的整体感觉进行不同程度的提升。质感图标与扁平化图标是两种不同的表现形式，但是它们都能提升界面的使用感，优化界面设计。

图 5-4-10 质感图标

4. 图标的发展趋势

细节决定成败，UI 中的图标就是很重要的一个细节。接下来谈谈关于图标设计的发展趋势。通过对色彩、图形、风格及一些 app 进行分析，提取一些适用于未来的设计风格。

（1）渐变图标

从 2019 年开始，渐变图标的热度便一致上升，直至 2021 年双色渐变设计依然是一个大发展趋势。单一的色调已无法满足 app 产品所需，双色渐变图标（Duoton Icon）的特点就是色彩对比鲜明，相比单色调图标，更适合应用于一些偏年轻化的 app 产品。设计师还可以通过设计色彩打动用户，提升产品竞争力。工具化产品也可以使用这样有层次的图标，不过使用时，对色彩的选择要克制。因此，如果希望自己设计的界面脱颖而出，可以大胆尝试使用双色调色彩。

多层渐变质感图标

这种质感的图标由多种渐变方式混合而成，图标本身的层次感强且色泽明亮，很吸睛，并有种高级的质感，如图 5-4-11 所示。

图 5-4-11 多层渐变质感图标

双色调混合模式叠加图标

由两种颜色混合叠加而成的图标，层次感也很强，图标设计更加丰富、灵活，如图 5-4-12 所示。

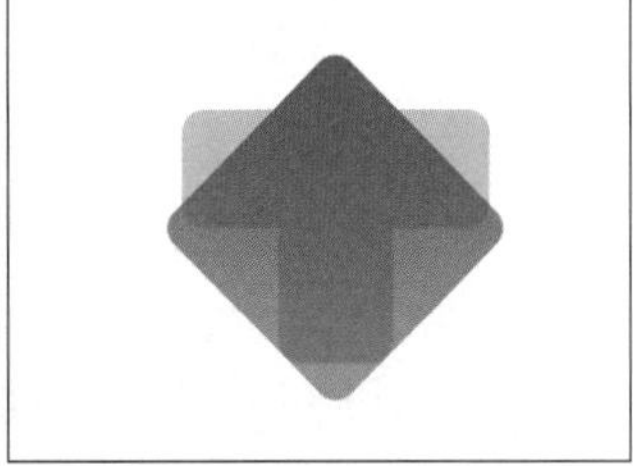

图 5-4-12 双色调混合模式叠加图标

单色渐变透明质感图标

单色渐变透明质感图标的最大特点就是单色带透明感的渐变效果，通过弱透明度来制造视觉层次，如图 5-4-13 所示。这种图标的运用范围可以是界面中的空场景或者一些关键模块的主功能图标。

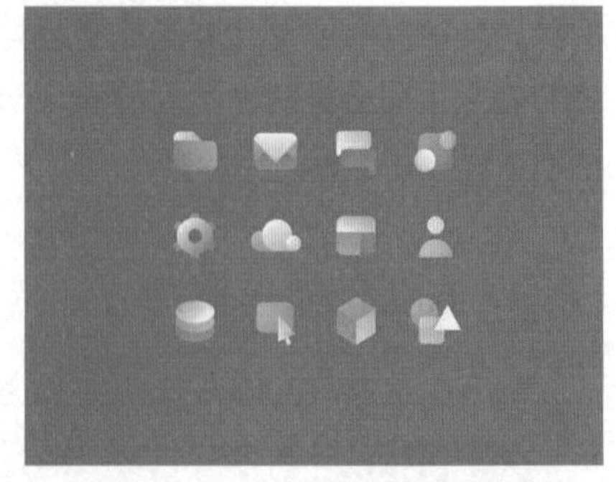

图 5-4-13 单色渐变透明质感图标

（2）层叠式图标（Cascade Icon）

相比于纯白色线条图标，层叠式图标带来一种更舒适的质感。其设计方法是通过穿插层叠的手法，将日常所见到的单一的线条图标，变得更具有视觉层次感，如图 5-4-14 所示。这种图标的使用场景一般是功能说明性页面或功能介绍等。

图 5-4-14 层叠式图标

（3）品牌植入图标（Brand Icon）

品牌植入图标一直是非常火热的发展趋势，如 IBM 和 UBER 两大集团的品牌更新，都是将品牌核心符号植入设计中。这样的设计思路将持续作为重要的表达产品气质和打造记忆点的思路之一。用户已经很熟悉目前的图标模式，如何能有创新性地区别于其他产品？融入品牌元素将是一个不错的方法。品牌元素的融入技巧有高低之分，需要设计师去巧妙地设计，使图标与品牌元素某些地方保持一致性。

在互联网大趋势下，设计师应研究图标未来的风格走向，发现更好的设计风格趋势，将其融入产品设计里面。当然，迎合发展趋势是好的，但在运用的时候需要更多地从产品定位出发，合理运用设计方法和风格，提升产品设计品质。

5. 天气预报手机 app 图标的绘制

（1）设计需求

①绘制天气预报手机app图标。

②图标简洁明了，能在整体app界面中清晰地表明天气状况。

③颜色以蓝色为主，图标形式简单易懂，不使用太过复杂的图案形式。

（2）设计要求

①图标的类型为扁平化图标。

②图标尺寸为48px × 48px。

③使用 Illustrator绘制源文件。

④图案的描边为2px。

⑤每5个图标为一组，一共7组，共35个气象图标。

（3）实施操作

Step 01 打开 Illustrator CC 2019，选择“文件”→“新建”→“移动设备”→“iPhone X”，创建新文件，如图5-4-15所示。使用手机界面尺寸，更利于图标的设计。

图 5-4-15
建立新的作图文件

Step 02 用“矩形工具”画出130px×130px的正方形，按住＜Alt＞键水平依次复制4个，选中5个正方形，再按住＜Alt＞键向下复制一排。按＜Ctrl+D＞快捷键重复上一复制操作，完成5次复制，如此便绘制了35个正方形，如图5-4-16所示。

图 5-4-16
绘制 35 个正方形

Step 03 用“圆角矩形工具”在130px×130px的正方形内画出48px×48px的圆角矩形，“圆角半径”为15px，如图5-4-17所示。

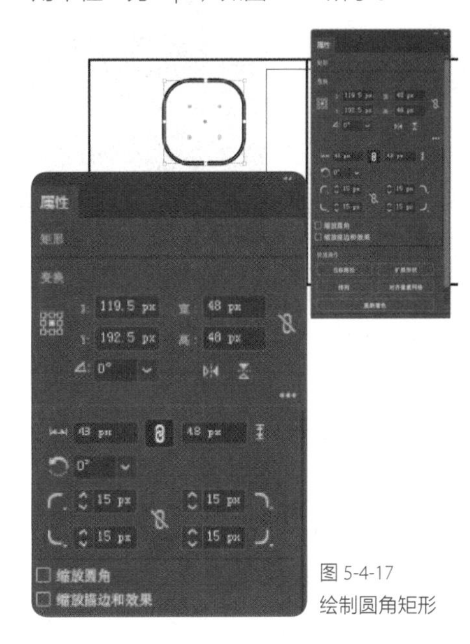

图 5-4-17
绘制圆角矩形

Step 04 选择“渐变工具”，如图5-4-18所示，将其“类型”选为“线性渐变”，将“角度”设为-45°，起始滑块颜色为（R: 77，G: 190，B: 217），结束滑块颜色为（R: 0，G: 36，B: 255）。滑块向结束颜色移动，如图5-4-19所示。

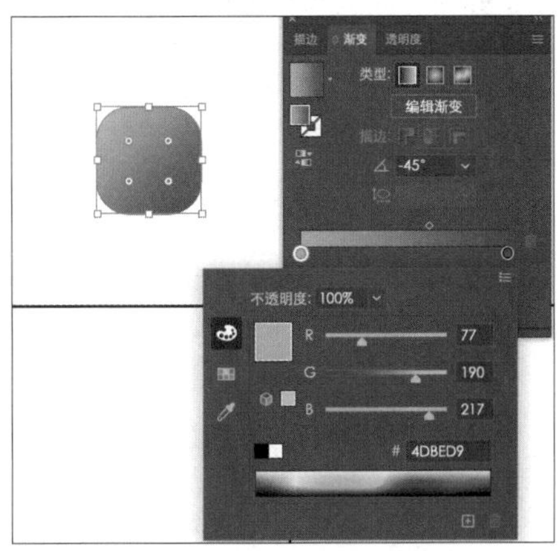

图 5-4-18　打开“渐变”面板

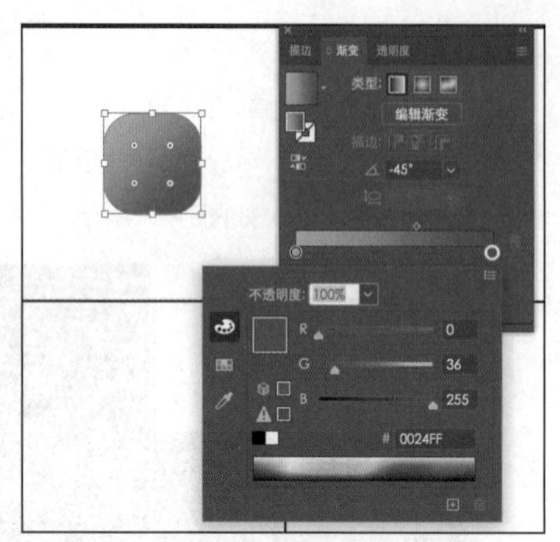

图 5-4-19 调整渐变颜色

Step 05 取消“描边”，在“效果”，菜单中选择“风格化”→“投影”，在打开的“投影”对话框中设置参数：“模式”为“正片叠底”，“不透明度”为20%，“X位移”为1px，“Y位移”为0.5px，“模糊”为0.5px，选中“预览”查看效果，最后单击“确定”按钮，如图5-4-20所示。

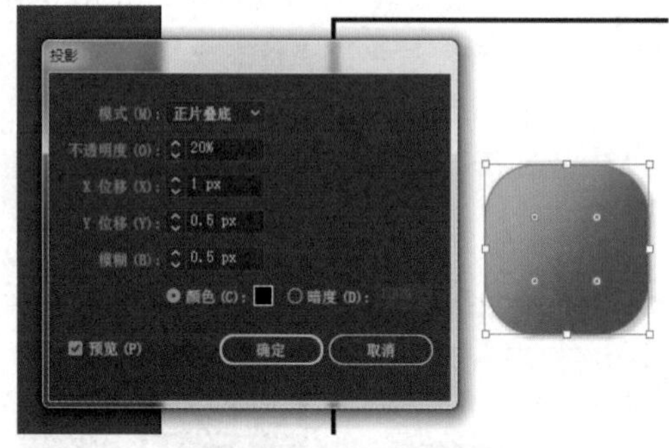

图 5-4-20 添加投影效果

Step 06 按住<Alt>键水平复制1个圆角矩形，然后按<Ctrl+D>快捷键重复上一复制操作，再复制3个。按住<Shift>键，选中5个圆角矩形，再按住<Alt>键向下复制一行。然后按住<Ctrl+D>快捷键继续复制，共绘制35个圆角矩形，如图5-4-21所示。

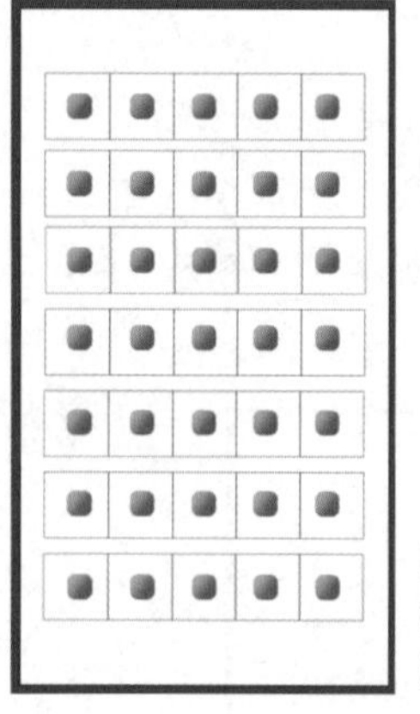
图 5-4-21 绘制 35 个圆角矩形

Step 07 放大第一个圆角矩形，在其中间用“矩形工具”画出一个35px×35px的正方形，再用“椭圆工具”画出直径35px的圆形，如图5-4-22所示。选中圆角矩形、正方形和圆形三个图形，在菜单栏中选择“窗口”→“对齐”，打开“对齐”面板。单击“水平居中对齐”与“垂直居中分布”图标，如图5-4-23和图5-4-24所示。

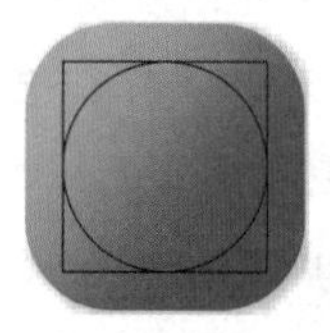
图 5-4-22 绘制正方形和圆形

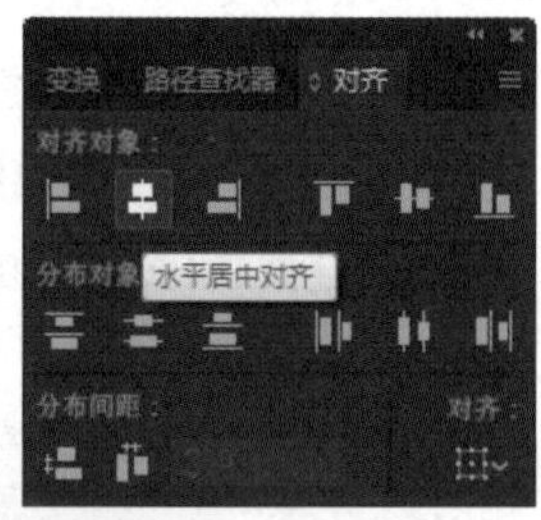

图 5-4-23 水平对齐设置

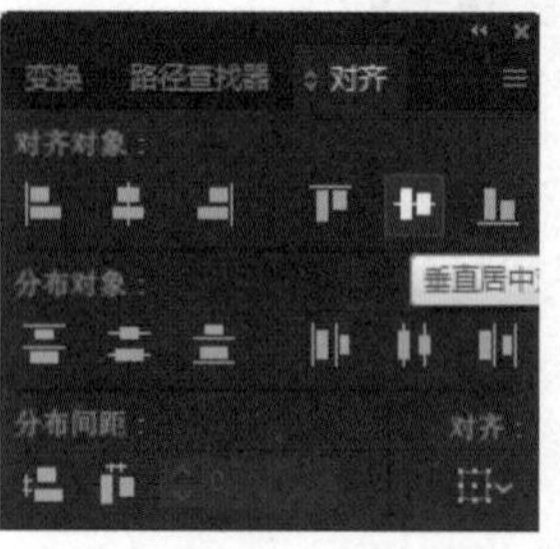

图 5-4-24 垂直对齐设置

Step 08 选择“直线段工具”，按住<Shift>键，在35px×35px的正方形内画出2条对角线。再在圆形内画一个直径20px的圆形，将其“描边”改为2px，“描边”颜色改为白色。然后，选中整个图标，在“对齐”面板中单击“水平居中对齐”与“垂直居中对齐”图标。效果如图5-4-25所示。

图 5-4-25　绘制圆形

Step 09 将35px×35px的正方形对边中点分别连线，在35px×35px的圆形内画出8个直径3px的白色圆形，使之分别与线的交点对齐，如图5-4-26所示。删除黑色辅助线，效果如图5-4-27所示。

图 5-4-26
绘制白色小点

图 5-4-27
删除辅助线

Step 10 在另一个圆角矩形中画出辅助线，如图5-4-28所示。为了方便接下来的图标绘制，选中圆角矩形，正方形和正圆三个图形，选择菜单栏中的“对象”→“锁定”→“所选对象”，锁住这三个图形。绘制4个大小不同的圆形与一条直线，形成云朵的形状，效果如图5-4-29所示。

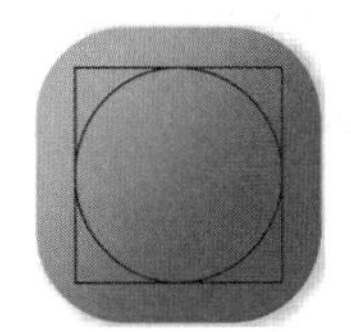

图 5-4-28　锁定图形

图 5-4-29　绘制云朵形状

Step 11 选中云朵图形，选择“形状生成器工具”，按住<Alt>键，点击不需要的线条部分以删除，使其成为一个图形，如图5-4-30所示。选中云朵图形，将“描边”的“边角”设为“圆角连接”，“端点”设为“圆头端点”，如图5-4-31所示。云朵图形绘制完成，如图5-4-32所示。

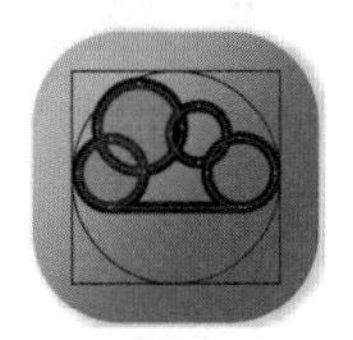

图 5-4-30　使用“形状生成器工具”连接图形

图 5-4-32　完成云朵

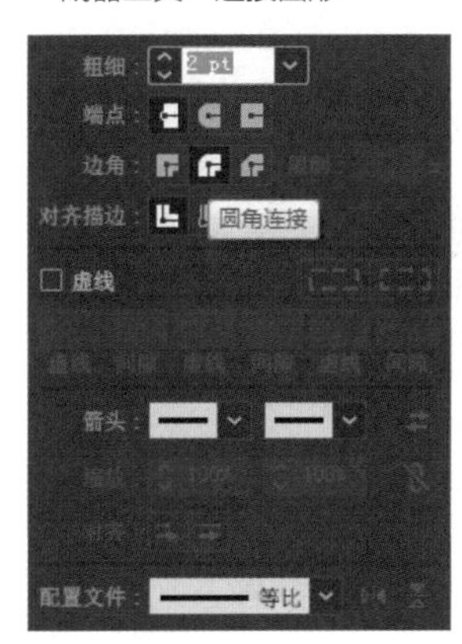

图 5-4-31
设置“圆角连接”

Step 12 选择“剪刀工具”，在云朵底部水平线上剪开两个端点，删除剪出的直线段。把“描边”改成白色。主要过程图如图5-4-33、图5-4-34所示。

图 5-4-33
剪断图形

图 5-4-34
将“描边”改为白色

Step 13 使用“曲率工具”画出云朵上方的太阳基础形状，如图5-4-35所示；用“椭圆工具”画出4个直径0.3px、“描边”为1px的圆点；用“直线段工具”画出云朵下方的雨。然后将直线段的“描边”→“端点”设为“圆头端点”，删除辅助线。效果如图5-4-36所示。

图 5-4-35　画出太阳基础形状

图 5-4-36　完成太阳雨

Step 14 在新的圆角矩形，采用上述方法，绘制图5-4-37所示的云朵和雨。在云朵上方，绘制两个交叠的直径15px的圆形，如图5-4-38所示。

图 5-4-37 云朵和雨

图 5-4-38 绘制两个圆形

Step 15 使用“形状生成器工具”，连接两个圆形，然后删除右上角的圆形，留下月牙形状，如图5-4-39、图5-4-40所示。

图 5-4-39 删除右上角的圆形

图 5-4-40 月牙绘制完成

Step 16 使用“形状生成器工具”，使云朵与月牙相交的形状形成一个整体，删除多余部分，完成图标的绘制，如图5-4-41、图5-4-42所示。切记，图标应在35px×35px的正方形内，以确保所有图标的统一性。

图 5-4-41　删除月牙和云的重叠部分

图 5-4-42 图标制作完成

Step 17 绘制新图标。使用“钢笔工具”，画出“描边”为2px的直线段和弧形。使用“直接选择工具”，选择弧形的锚点，使得相邻两个锚点的“手柄”角度、长度相同，使形成的弧形为圆润。主要过程图如图5-4-43、图5-4-44所示。

图 5-4-43　用“钢笔工具”绘制

图 5-4-44 曲线绘制完成

Step 18 用“选择工具”选中图形，将“描边”→“端点”设为“圆头端点”，如图5-4-45、图5-4-46所示。

图 5-4-45 选中图形

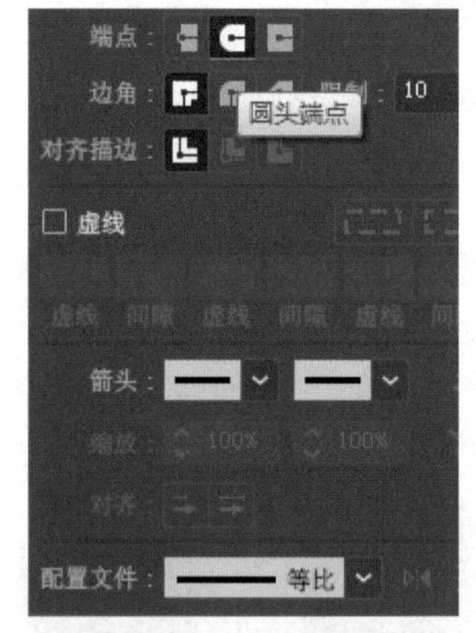

图 5-4-46　设置“圆头端点”

Step 19 选中绘制的图形，在鼠标右键菜单中选择“变换”→“镜像”，在打开的“镜像”对话框中选择“垂直”，设置“角度”为0°，单击“复制”按钮，如图5-4-47、图5-4-48所示。

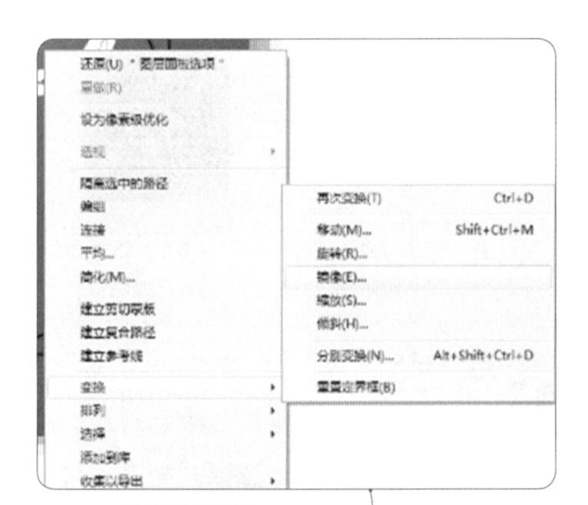

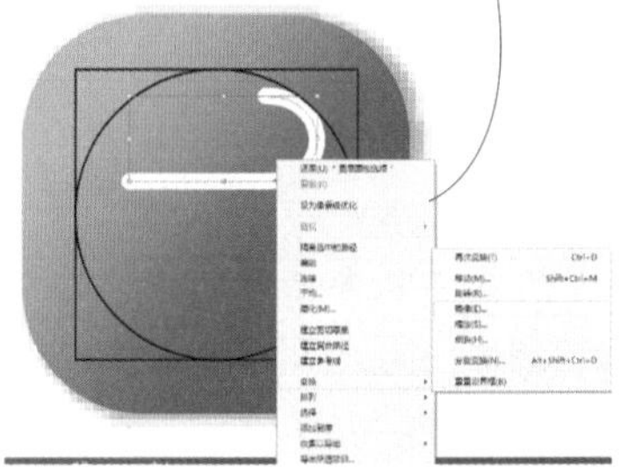

图 5-4-47　鼠标右键菜单

图 5-4-48　镜像复制

Step 20 使用上述方法，完成“风”图标的绘制，如图5-4-49、图5-4-50所示。

图 5-4-49　镜像复制后效果

图 5-4-50　风绘制完成

Step 21 使用上述方法，完成其他图标的绘制。所有图标的效果如图5-4-51所示。

图 5-4-51　所有图标的完成效果

6. 金属质感图标的绘制

（1）设计需求

①绘制金属质感图标。

②有明显的光泽感。

③图标可以在多个题材的app中使用。

（2）设计要求

①图标的类型为质感图标。

②图标尺寸为48px × 48px。

③使用 Illustrator绘制源文件。

④图案的描边为2px。

⑤每3个为一组，一共5组，共15个图标。

（3）实施操作

Step 01 打开 Illustrator CC 2019，选择“文件”→“新建”→“移动设备”→“iPhone X”新建文件，如图5-4-52所示。使用手机界面尺寸，更利于图标的设计。

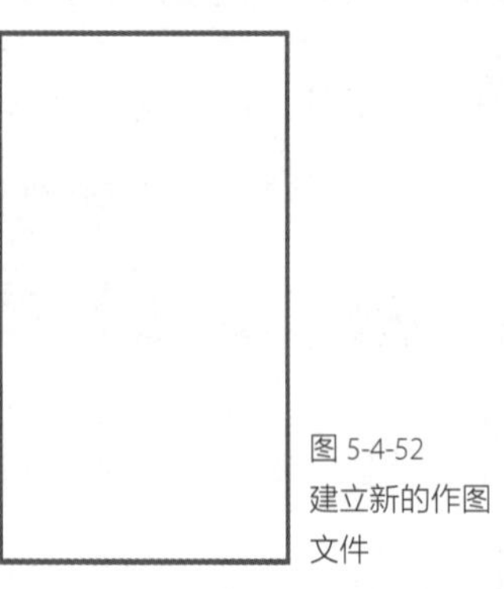

图 5-4-52 建立新的作图文件

Step 02 用“矩形工具”画1个220px × 220px的正方形，按住 <Alt> 键水平复制2个；选中3个正方形，按住 <Alt> 键向下复制一排；按 <Ctrl+D> 快捷键完成3次复制，如图5-4-53所示。

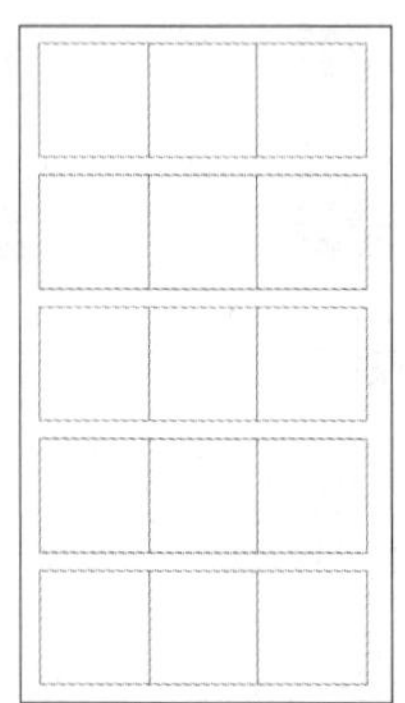

图 5-4-53 绘制 15 个正方形

Step 03 在第一个正方形内，用“矩形工具”画出170px × 170px的正方形，“边角类型”设为“圆角”，“圆角直径”设为15px，如图5-4-54所示。取消“描边”，填色为“R: 62、G: 58、B: 57”，如图5-4-55所示。

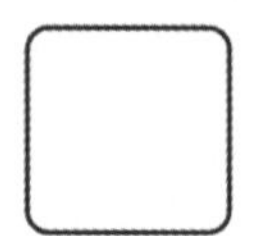

图 5-4-54 绘制圆角矩形

图 5-4-55 填充颜色

Step 04 用“矩形工具”画1个125px × 125px的正方形，与背景圆角矩形中心对齐，“圆角直径”设为35px。选择“渐变工具”，在“渐变滑块”上等分放5个滑块。起始滑块的颜色为“R: 179、G: 179、B: 179”，如图5-4-57所示。第二个和第四个滑块的颜色为白色，第三个和第五个滑块颜色与起始滑块颜色相同，如图5-4-56、图5-4-57所示。

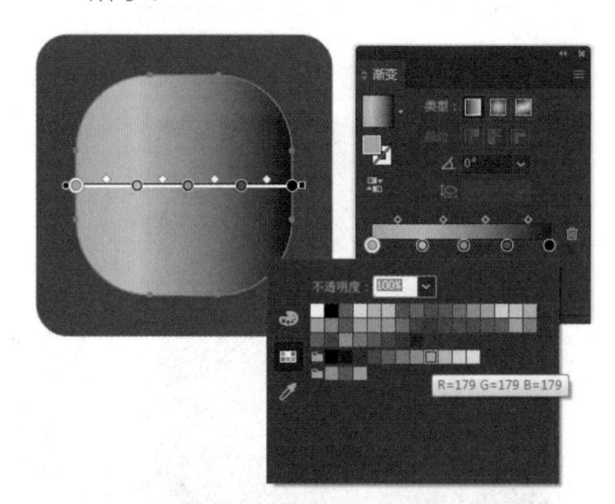

图 5-4-56 绘制圆角矩形并打开“渐变”面板

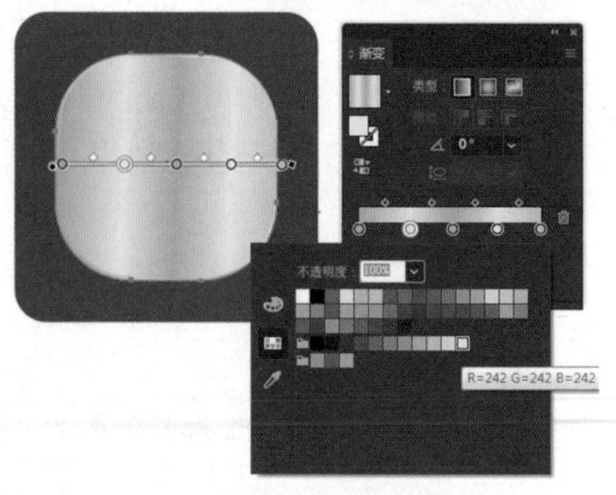

图 5-4-57 修改渐变颜色

Step 05 将“渐变”面板中的“角度”设为45°，如图5-4-58所示。

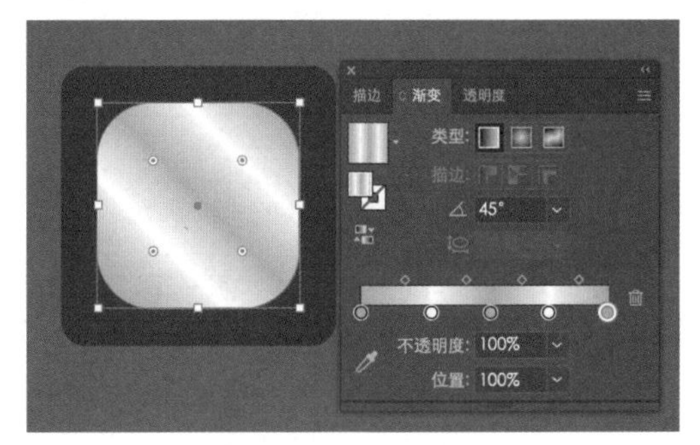

图 5-4-58　修改“角度”

Step 06 选中中间圆角矩形，在“外观”面板上，将“不透明度”改为90%，如图5-4-59所示。在“外观”面板中单击“fx”，分别选择“风格化”中的“内发光”与“外发光”，设置相应参数，如图5-4-60、图5-4-61、图5-4-62所示。

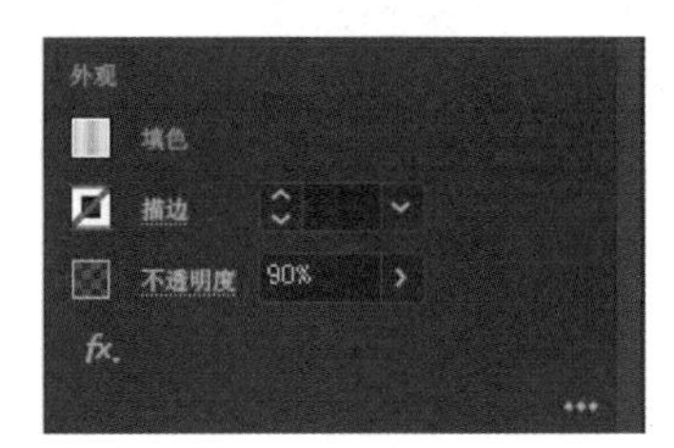

图 5-4-59　“外观”面板

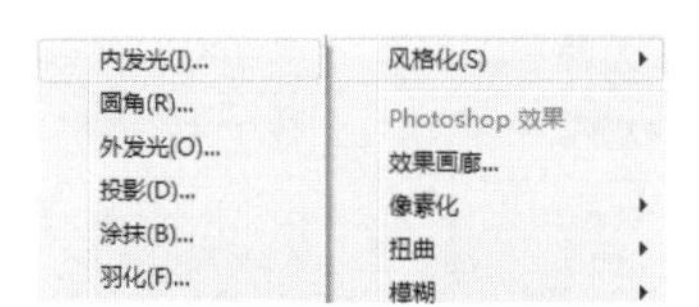

图 5-4-60　选择“内发光”

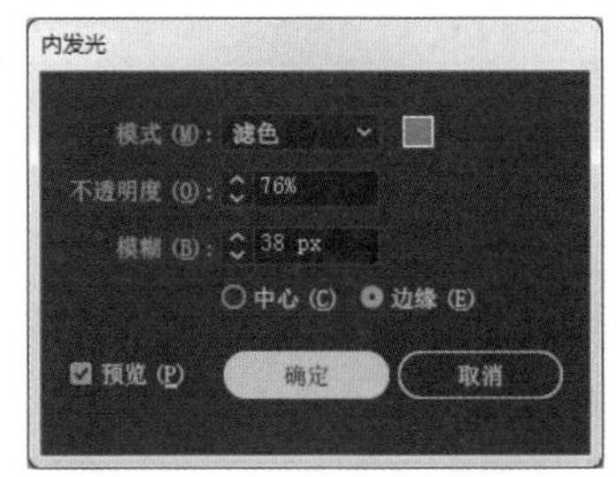

图 5-4-61　“内发光”参数设置

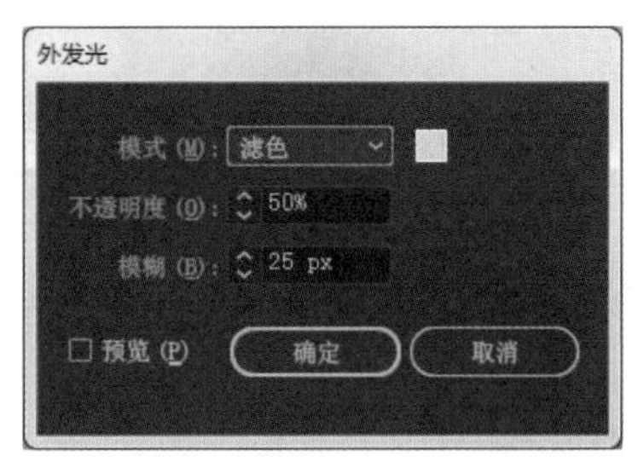

图 5-4-62　“外发光”参数设置

Step 07 添加的效果如图5-4-63所示。背景效果完成后，画出图标内的图形。

图 5-4-63　效果添加完成

Step 08 采用与上述类似的方法，完成其余14个图标，如图5-4-64所示。图标内的白色图案可自行设计。

图 5-4-64　完成图标绘制

二、手机 app 界面设计

1. 手机 app 界面设计规范

手机 app 界面的设计，包括尺寸、间距、布局、比例、适配性等方面的设计规范。一个合格的 UI 设计师，应该清楚地掌握在设计过程中需要的每个部分的尺寸，只有在设计过程中，严格按照规范、统一的尺寸进行绘制，才能制作出合格的界面产品。

（1）界面设计单位

手机界面设计常用单位见表 5-4-1。

表 5-4-1 手机界面设计常用单位

单位名称缩写	单位意义	基本内容
px	像素点	构成影像的最小单位“像素”
ppi	像素密度	屏幕上每英寸排列的像素点的数量
pt	点	iOS 使用的基本单位
dp	密度无关像素	Android 系统使用的基本单位

（2）界面设计尺寸

当前智能手机主要以 iOS 及 Android 两个操作系统为主。各型号 iPhone 界面尺寸如图 5-4-65 所示。

设备名称	操作系统	尺寸 /in	ppi	纵横比	宽 × 高 /dp	宽 × 高 /px	密度 /dpi
iPhone 12 Pro Max	iOS	6.7	458	19 ： 9	428 × 926	1284 × 2778	3.0 xxhdpi
iPhone 12 Pro	iOS	6.1	460	19 ： 9	390 × 844	1170 × 2532	3.0 xxhdpi
iPhone 12 Mini	iOS	5.4	476	19 ： 9	360 × 780	1080 × 2340	3.0 xxhdpi
iPhone 11 Pro	iOS	5.8	458	19 ： 9	375 × 812	1125 × 2436	3.0 xxhdpi
iPhone 11 Pro Max	iOS	6.5	458	19 ： 9	414 × 896	1242 × 2688	3.0 xxhdpi
iPhone 11（11，XR）	iOS	6.1	326	19 ： 9	414 × 896	828 × 1792	2.0 xhdpi
iPhone XS Max	iOS	6.5	458	19 ： 9	414 × 896	1242 × 2688	3.0 xxhdpi
iPhone X（X，XS）	iOS	5.8	458	19 ： 9	375 × 812	1125 × 2436	3.0 xxhdpi
iPhone 8+（8+，7+，6S+，6+）	iOS	5.5	401	16 ： 9	414 × 736	1242 × 2208	3.0 xxhdpi
iPhone 8（8，7，6S，6）	iOS	4.7	326	16 ： 9	375 × 667	750 × 1334	2.0 xhdpi
iPhone SE（SE，5S，5C）	iOS	4.0	326	16 ： 9	320 × 568	640 × 1136	2.0 xhdpi

图 5-4-65 常见各型号 iPhone 的界面尺寸

2. 手机 app 界面中各区域的高度

手机 app 界面一般由四个元素组成，分别是状态栏、导航栏、标签栏和内容区域。手机 app 界面中各栏高度如图 5-4-66 所示，各区域作用见表 5-4-2。

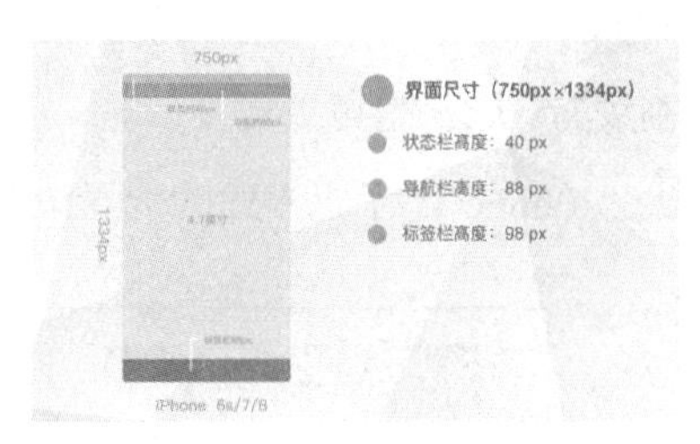

图 5-4-66　手机 app 界面中各栏的高度

表 5-4-2　手机 app 界面各区域高度与作用

名称	高度	作用
状态栏	40px	显示信号、运营商、电量等手机状态的区域
导航栏	88px	显示当前 app 的名称，包含相应的功能或者页面间的跳转按钮
标签栏	98px	类似于页面的主菜单，提供整个 app 的分类内容的快速跳转
内容区域	734px	展示 app 提供的相应内容，整个 app 中布局变更最为频繁的部分

3. 手机 app 界面的边距和间距

在手机 app 界面设计中，界面中元素的边距和间距的设计规范是非常重要的，一个界面是否美观、简洁、通透，和边距、间距的设计规范紧密相连。

（1）全局边距

全局边距是指界面内容到屏幕边缘的距离，整个 app 的界面都应该以此来规范，以达到界面整体视觉效果的统一。设置全局边距可以更好地引导用户竖向向下阅读。手机中的微信 app 小程序的界面设计均使用了全局边距，如图 5-4-67 所示。在实际应用中，应该根据不同的产品特点采用不同的全局边距，让全局边距成为界面的一种设计语言。常用的全局边距有 32px、30px、24px、20px 等偶数形式。

（2）卡片间距

在手机 app 界面设计中，卡片式布局是非常常见的布局方式。卡片和卡片之间的距离需要根据界面的风格以及卡片承载信息的多少来确定，通常最小不低于 12px（过小的间距会造成用户的紧张情绪），常用的卡片间距是 20px、24px、30px、

图 5-4-67　微信 app 小程序界面

40px。当然，卡片间距也不宜过大，过大的间距会使界面变得松散。间距的颜色可以与分割线的一致，也可以更浅一些。

iPhone 11 手机界面的全局边距和卡片间距如图 5-4-68 所示。

图 5-4-68　iPhone 11 手机界面的全局边距和卡片间距

卡片间距的设置是灵活多变的，一定要根据产品的特点和实际需求去设置。在设计手机 app 界面时可以多考察各类 app 的卡片间距，对不同类型的手机 app 界面进行总结与归纳，便会对卡片间距的设置有更深的了解。

（3）内容间距

单个元素之间的相对距离会影响我们感知元素与元素是否组织在一起以及如何组织在一起。互相靠近的元素看起来属于一组，而那些距离较远的则自动被划分到组外，如图 5-4-69 所示。

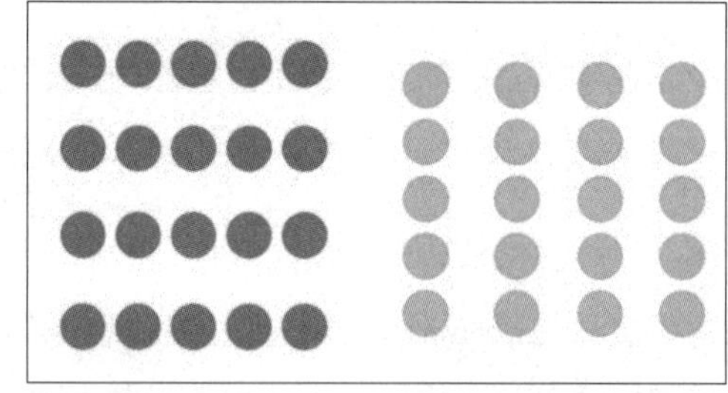
图 5-4-69　距离决定关系

4. 手机 app 界面文字设计规范

app 中的文字字号一般为 22~36px，要根据产品属性酌情设定。需要注意的是，所有文字的字号都必须为偶数，上下级内容字号的极差为 2~4px，如图 5-4-70 所示。

字号	使用场景	备注
36px	用在少数标题	如导航标题、分类名称等
32px	用在少数标题	如列表店铺标题等
30px	用在较为重要的文字或操作按钮	如列表性标题分类名称等
28px	用于段落文字	如列表性商品标题等
26px	用于段落文字	如小标题模块描述等
24px	用于辅助性文字	次要的标语等
22px	用于辅助性文字	次要的备注信息等

图 5-4-70　app 中的常用字号

（1）字体

在 iOS 9 推出之前，设计师普遍采用华文黑体、思源、冬青等字体进行设计。推出 iOS 9 时，苹果公司同时推出了自己的字体——苹方，自此之后，苹方字体被广泛应用于移动端设计中。

（2）字体颜色与粗细

字体的颜色一般很少用纯黑色，多用深灰色或浅灰色、细体和粗体（注意，要用字体本身的字重，不能用 PhotoShop 的加粗功能）来区分重要信息和次要信息，以进行信息层级的划分，如图 5-4-71 所示。

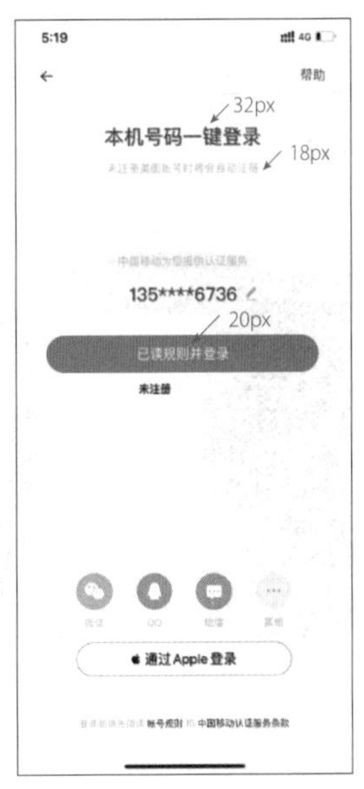

图 5-4-71 app 登录界面

5. 界面视觉设计五要素

图片、文字、色彩是人们对视觉界面的拆解。这些元素需要合理、有序地排布在一个界面中，因此界面的视觉表现要素还需要加上一个“空间”元素，即图片、图标、色彩、文字、空间，如图 5-4-72 所示。

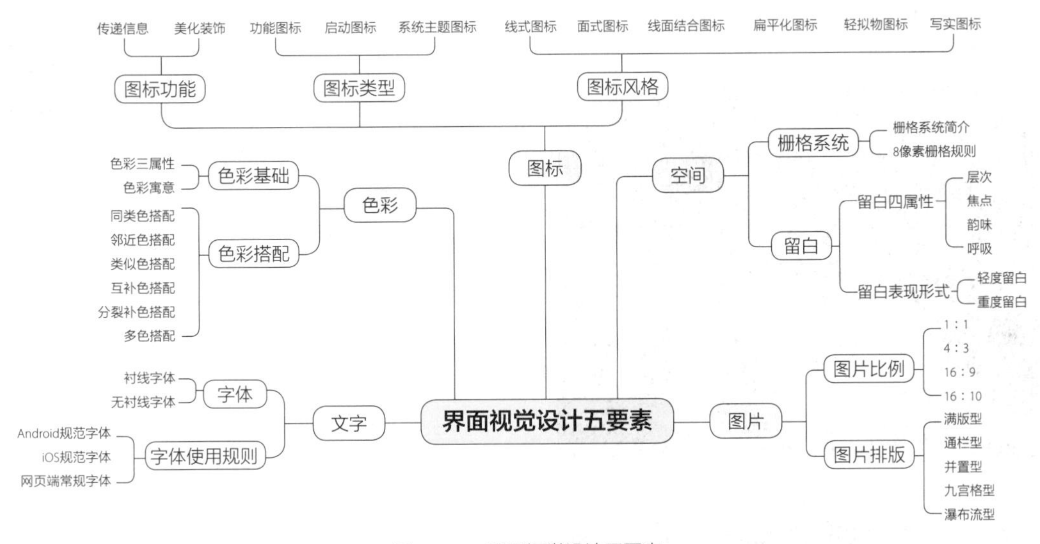

图 5-4-72 界面视觉设计五要素

6. 运动类 app 的一级界面设计

（1）设计需求

①打造一款运动类app

②界面设计要符合年轻人的审美，配色酷炫、有活力、有动感。

③图标简洁且易操作、内容清晰明了。

④图形设计、排版与分组简洁。

（2）设计要求

①页面大小为750px × 1334px。

②分辨率为72ppi。

③导出文件格式为JPEG。

（3）实施操作

Step 01 打开Photoshop，选择“文件”→“新建”→“移动设备”→“iPhone X”，新建文件如图5-4-73所示。

图 5-4-73　新建文件

Step 02 按<Ctrl+J>快捷键复制图层，并将之改名为背景图层。选择“渐变工具”，在背景图层上设置深蓝色到深紫色的渐变，如图5-4-74～图5-4-76所示。

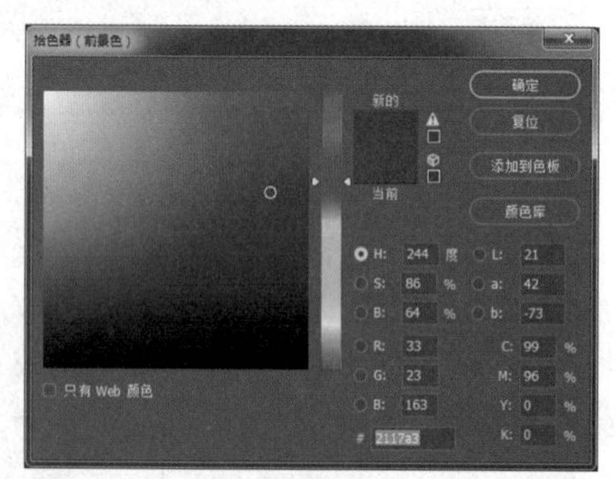

图 5-4-74　深蓝色参数

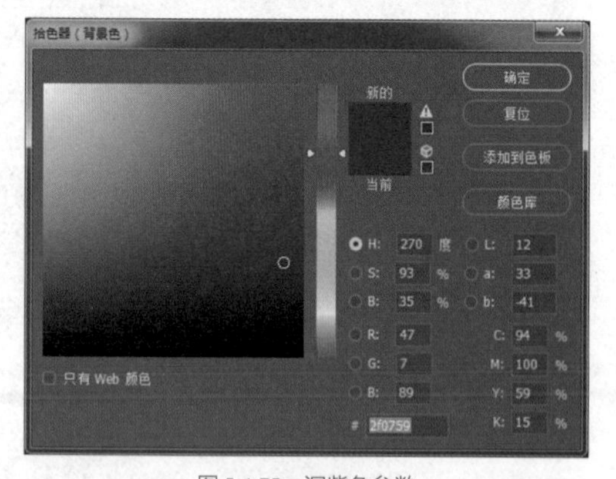

图 5-4-75　深紫色参数

图 5-4-76
完成效果

Step 03 在界面最上方，使用“矩形工具”绘制一个750px × 40px的矩形，作为状态栏；在界面左右两侧各绘制一个20px × 1334px的矩形，作为界面边距；在界面最下方绘制一个750px × 98px的矩形，作为标签栏，如图5-4-77所示。

图 5-4-77
绘制状态栏、边距和标签栏

Step 04 将界面内的白色矩形隐藏，需要时可使图层可见。选择“椭圆工具”，按住<Shift>键，在背景图层中上方，画一个圆，将“描边”设置为10点，“填充”为“无颜色”。选择“图层”→“图层样式”→“渐变叠加”，给圆的“描边”添加桃红色到浅蓝色的渐变效果，如图5-4-78、图5-4-79所示。

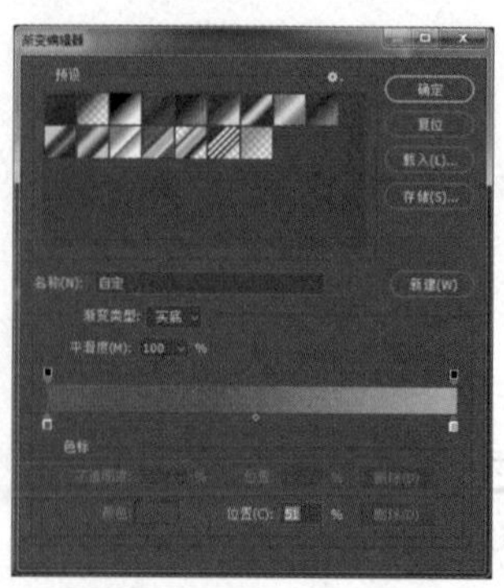
图 5-4-78
“渐变编辑器”
设置

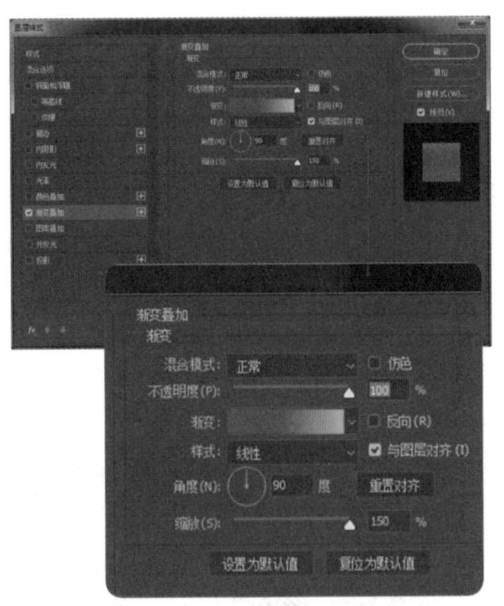

图 5-4-79 “图层样式”面板设置

Step 05 在圆上用“钢笔工具”添加锚点，用“直接选择工具”移动锚点，使圆成为一个不规则的形状，增加图形的律动感，如图5-4-80所示。按<Ctrl+J>快捷键配合鼠标复制一个不规则图形后，按<Ctrl+T>快捷键配合鼠标进入自由变化模式，按<Shift+Alt>快捷键配合鼠标将复制后的不规则图形进行等比放大。重复以上操作，多复制几个不规则图形，如图5-4-81所示。

图 5-4-80 绘制不规则图形

图 5-4-81 绘制其他不规则图形

Step 06 选中最里面的两个不规则图形，将“不透明度”改为20%，再从内向外，选中第3~6个不规则图形，将“不透明度”改为40%，然后选中第7、8个不规则图形，将“不透明度”改为60%，塑造从外到内逐渐透明的效果，如图5-4-82所示。

图 5-4-82 更改不透明度

Step 07 在不规则图形中添加文字，在界面下方用“钢笔工具”画出钟表和鞋子的简易图标，图标“描边”为白色，“描边宽度”为2点。单击“横排文字工具”，添加适当的文字，文字为白色，大小为24点，如图5-4-83所示。

图 5-4-83 添加图形和文字

Step 08 制作头像。在界面的右上角画一个圆，插入头像图片。将头像放在圆上方，选择合适的选区后，按<Ctrl+Alt+G>快捷键，将头像设置为圆形的剪贴蒙版，如图5-4-84、图5-4-85、图5-4-86所示。

图 5-4-84 绘制圆形并导入图片

图 5-4-85 修改图片位置

图 5-4-86 创建剪贴蒙版

Step 09 制作地图图标。用“椭圆工具”，按住<Shift>键在界面的右上角画一个合适大小的圆。将“描边”设置为白色，“描边宽度”设为2点。选中圆，使用“直接选择工具”将圆最下方的锚点向下拉，使用“转换点工具”单击圆底部的锚点，将其转换为角点。使用“钢笔工具”画出地图形状。主要过程图如图5-4-87、图5-4-88所示。

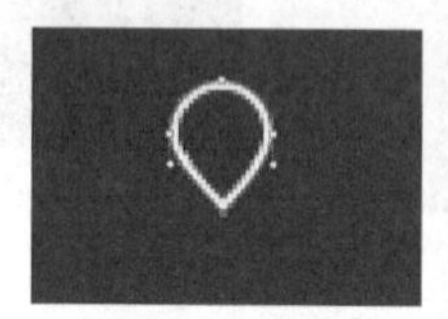

图 5-4-87 绘制定位点

图 5-4-88 绘制地图形状

Step 10 在头像与地图图标中间，输入文字“步数”，字体颜色为白色，大小为24点，如图5-4-89所示。

图 5-4-89 输入文字

Step 11 在界面下方合适的位置添加开始按钮。画一个圆，“描边”为“无颜色”。在“图层”→“图层样式”→“渐变叠加”中为圆添加由正黄到橘黄的颜色渐变效果。设置“渐变样式”为“角度”，“角度”值为90度。接着在“图层样式”面板中勾选“投影”，设置“距离”为7像素、“扩展”为6%、“大小”为13像素。主要过程图如图5-4-90、图5-4-91所示。

图 5-4-90 “渐变叠加”设置

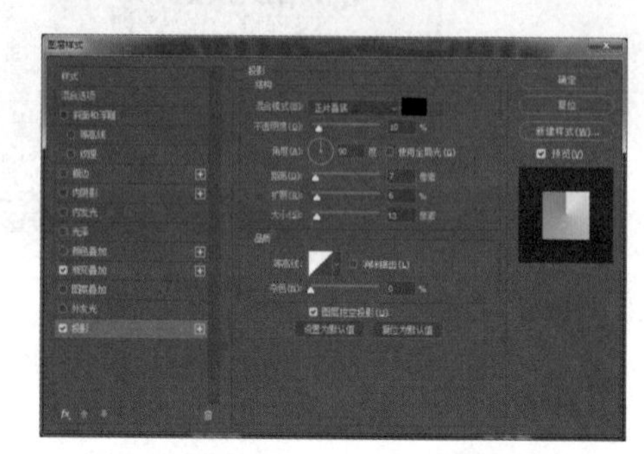

图 5-4-91 “投影”设置

Step 12 最后，添加手机状态栏上的一些图标，如手机信号、WiFi信号、时间、电池等，完成运动app一级界面的设计，如图5-4-92所示。

图 5-4-92 完成效果

7. 运动类 app 二级界面设计

Step 01 在“工具栏”选择“画板工具”，框选画板1后，画板1四周会出现带圆圈的加号，单击画板1右侧带圆圈的加号，会复制出与画板1同样大小的画板2。将画板1中的背景、标签栏、头像等元素复制到画板2中。将画板2的“步数”改为“地图”，主要过程图如图5-4-93、图5-4-94所示。

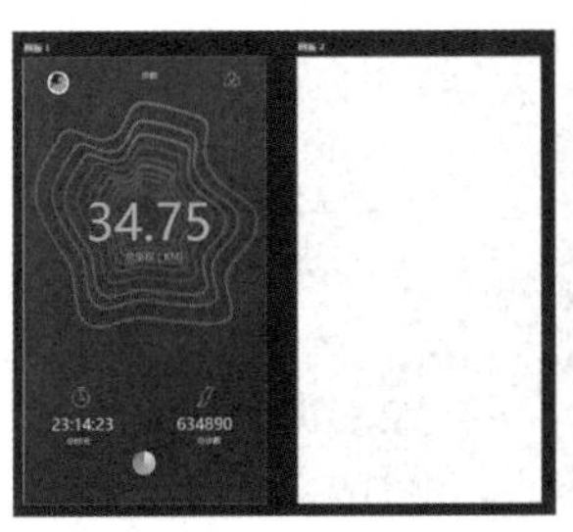

图 5-4-93　新建画板

图 5-4-94
复制、粘贴元素

Step 02 在页面中间使用"弯度钢笔工具"，画出有弯度的道路。同时使用"钢笔工具"添加直线道路。需要多画一些道路，使其成为密密麻麻的道路网，这样看起来更加真实，如图5-4-95所示。

图 5-4-95
绘制道路

Step 03 选中所有的道路，按<Ctrl+G>快捷键将所有图层编组后，将组的名称改为"地图"。然后对道路进行细致的调整，直到自己满意为止。接下来按<Ctrl+E>快捷键将"地图"图层组合并成一个图层。双击"地图"图层缩略图，添加"颜色叠加"效果，将颜色设置为"R: 35、G: 15、B: 156"，将"不透明度"设置为90%，如图5-4-96、图5-4-97所示。

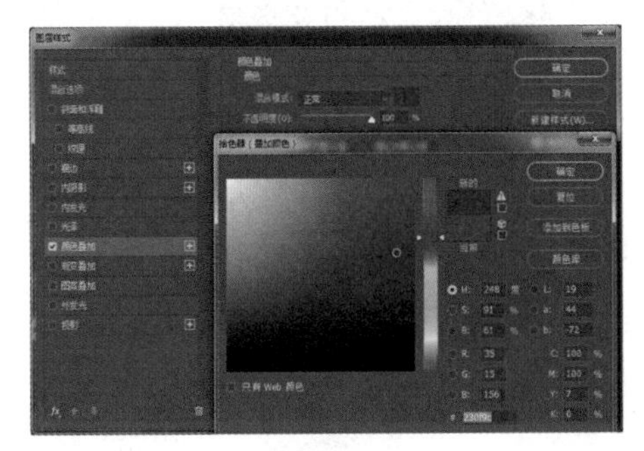

图 5-4-96　"颜色叠加"设置

图 5-4-97
完成效果

Step 04 用"钢笔工具"在道路地图中间选择一条运动路线，进行描绘。"填充"颜色为"无"，"描边"改为10点。将"描边选项"的"对齐"改为"居中"，"端点"与"角点"修改为"圆形"，使运动路线看起来更加平滑一些。主要过程图如图5-4-98、图5-4-99所示。

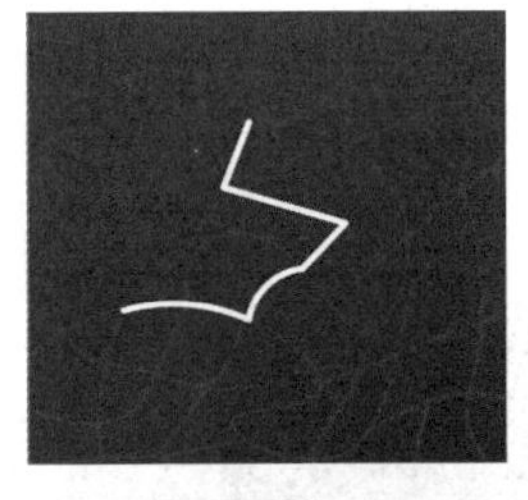

图 5-4-98
描绘一条路线

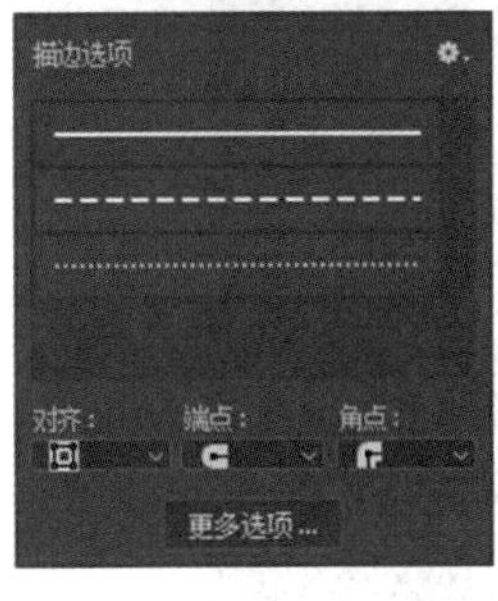

图 5-4-99
设置"描边选项"

Step 05 选择"图层"→"图层样式"→"渐变叠加"，给中间白色道路添加渐变叠加效果。起始滑块颜色为"R: 129、G: 54、B: 157"，终止滑块颜色为"R: 39、G: 142、B: 229"。"样式"选择"线性"，勾选"反向"，"角度"为90度，如图5-4-100、图5-4-101所示。

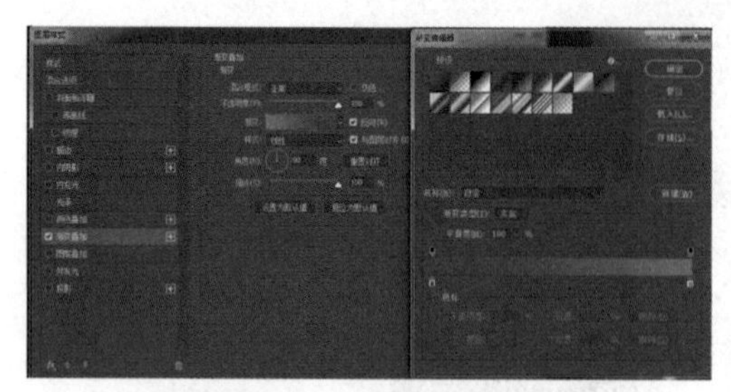

图 5-4-100 “渐变叠加”设置

图 5-4-101
完成效果

Step 06 以当前的效果来看，道路相对杂乱。现在为道路形状图层添加一个图层蒙版，使用黑的“柔边画笔”在蒙版中涂去多余的部分，让道路的视觉中心集中在刚绘制的运动路线上，如图5-4-102、图5-4-103、图5-4-104所示。

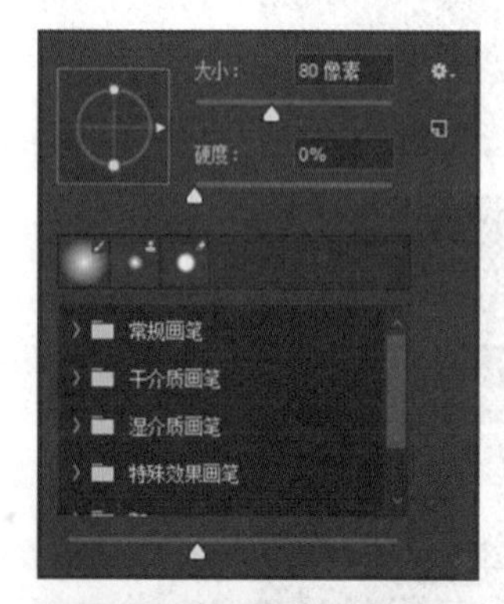

图 5-4-102
“画笔”设置

图 5-4-103
图层面板状态

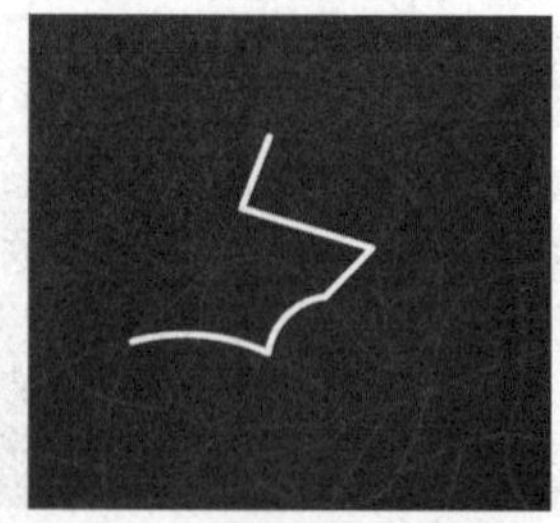

图 5-4-104
效果预览

Step 07 在运动路线上绘制出起点与终点的坐标图。起点为蓝色图标，将“不透明度”改为60%，塑造深远的效果。终点为黄色图标，黄色图标比蓝色图标要大一些，如图5-4-105所示。

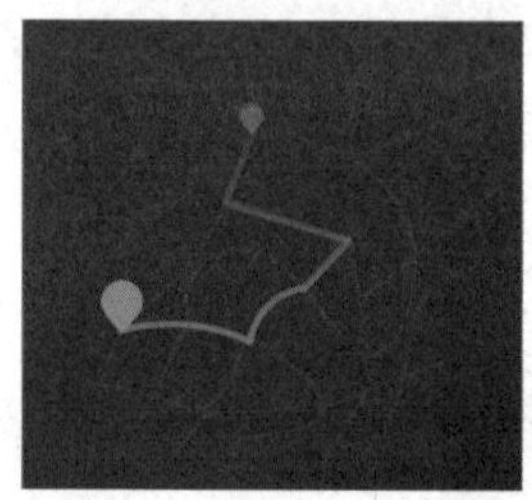

图 5-4-105
绘制起点与终点

Step 08 在界面中添加辅助图标与辅助数据，使得整个界面更加丰富。由于这是样板，数据的真实性可忽略不计。字体样式与图标的大小等均和画板1中的相同，以达到设计的统一性，如图5-4-106所示。

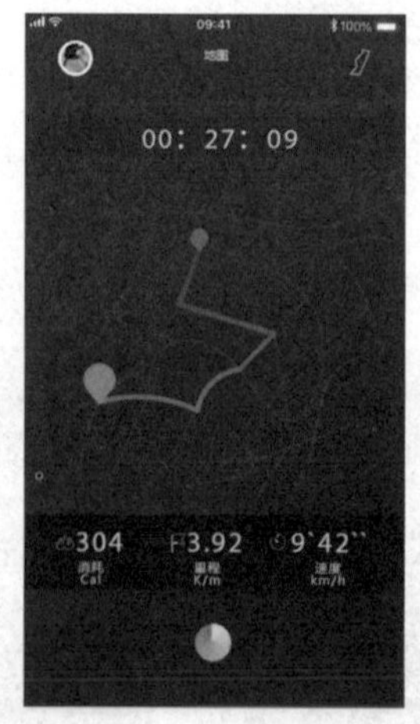

图 5-4-106
添加辅助元素

8. 运动类 app 个人界面设计

Step 01 用前述方法创建画板3，复制背景、标签栏、开始按钮等元素，如图5-4-107所示。

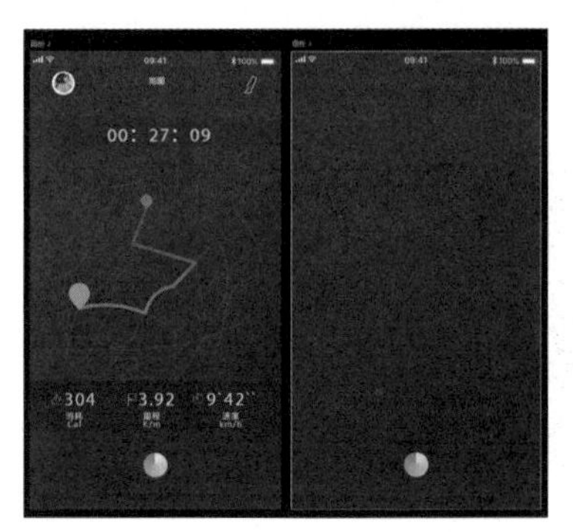

图 5-4-107　新建画板并复制元素

Step 02 使用“椭圆工具”在界面上方画出一个超过界面的大椭圆，“填充”颜色为白色，将整个界面分成上下两个不同区域。将导航栏的元素改成黑色。复制头像，将之放在白色椭圆内，按<Ctrl+T>快捷键以进行自由变换，再按<Shift+Alt>快捷键配合鼠标等比放大头像，使之变为70px × 70px大小。将头像的白色“描边”改成深颜色，“描边”宽度为2点，如图5-4-108所示。

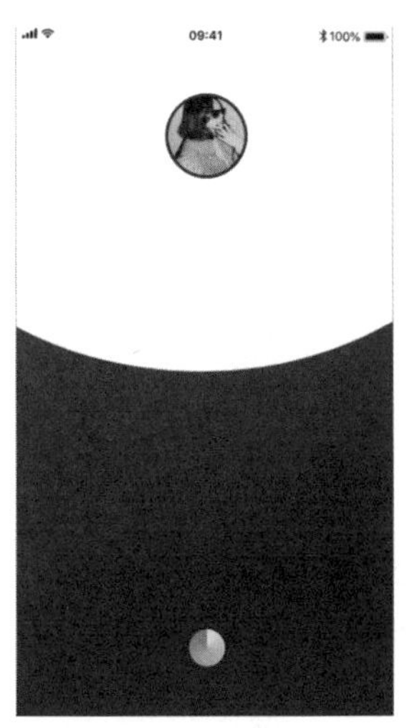

图 5-4-108
绘制椭圆形
并放置头像

Step 03 添加文字。字体样式与字体大小均与画板2中的统一，如图5-4-109所示。

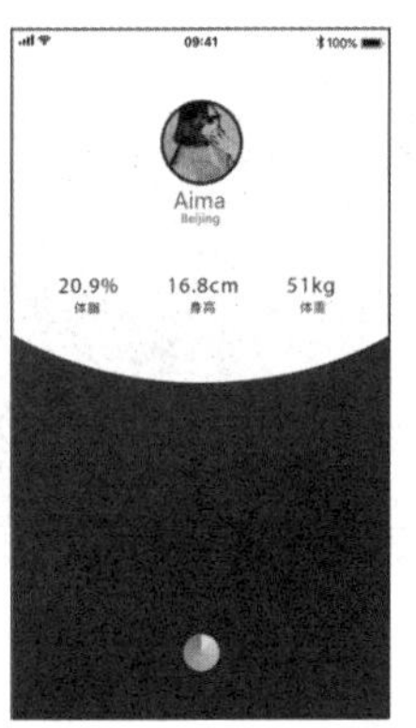

图 5-4-109
添加文字

Step 04 绘制数据曲线。使用“弯度钢笔工具”画出具有幅度变化的曲线，“填充”颜色为“无颜色”，“描边宽度”为10点。单击画板1中的不规则图形的“渐变叠加”图层样式，打开“渐变编辑器”，单击“新建”按钮，将渐变色存储到“预设”中，待用。主要过程图如图5-4-110、图5-4-111所示。

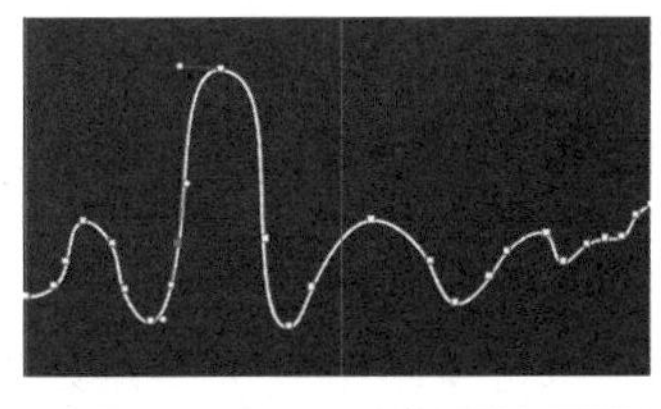

图 5-4-110
绘制曲线

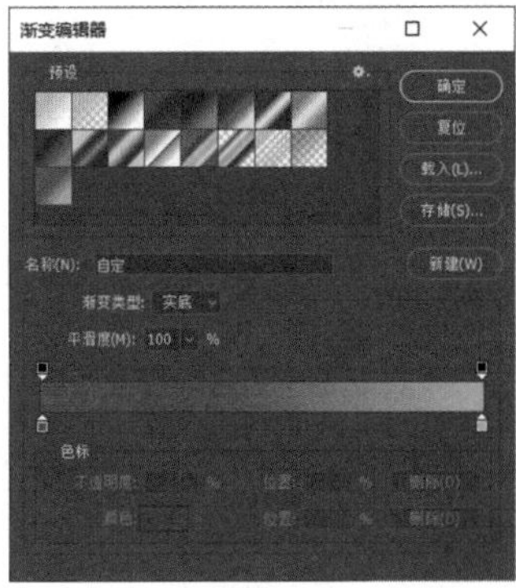

图 5-4-111
存储渐变色

Step 05 选中数据曲线，在“图层”→“图层样式”→“渐变叠加”中添加“预设”里的蓝紫色渐变色，勾选“反向”，将“角度”改为45度，如图5-4-112所示。

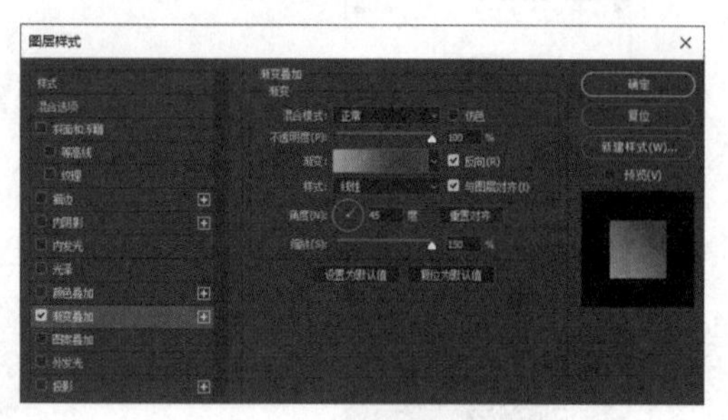

图 5-4-112 “渐变叠加”设置

Step 06 在数据线上添加数据，增添界面细节，完成最终页面设计，效果如图5-4-113所示。

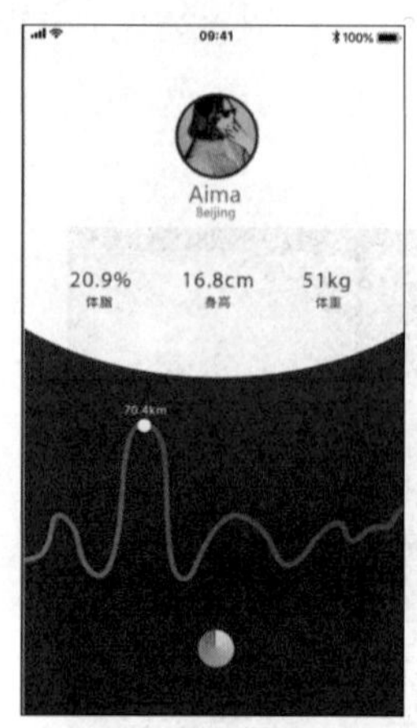

图 5-4-113 完成效果

三、手机 app 界面类型

不同功能的界面需要不同的设计。这样不仅可以使 app 界面多样化，也能让使用者根据不同的界面设计进行不同任务的操作。

1. 界面类型

（1）闪屏页

闪屏页就是打开 app 时，第一眼看到的界面（又称为启动页），该界面是用户对整个 app 的第一印象。闪屏页的展示时间非常短，通常只有 1s，所以只有设计得非常吸引人，才能加深用户对 app 的印象。闪屏页分为多种类型，如图 5-4-114 所示。

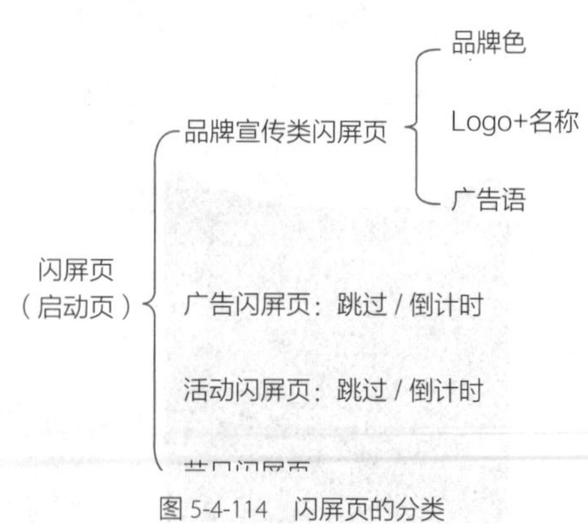

图 5-4-114 闪屏页的分类

1）品牌宣传类闪屏页。国内习惯将闪屏页作为 app 品牌的宣传和推广手段，一般由 Logo+ 名称 + 广告语 + 品牌色组成，界面相对简洁明了，如图 5-4-115 所示。这样的设计可以减少用户在打开 app 时等待的焦虑感，也可以让用户更直观地了解品牌，传递情怀和理念。看闪屏页，也是让用户强化品牌记忆的过程，可以凸显品牌的特点。

2）广告闪屏页，就是为了进行“流量变现”，给一些商家打广告或者进行合作而设计的一类闪屏页。不过，很多用户看到这类闪屏页时是比较排斥的，除非闪屏页设计得非常酷炫，否则会第一时间将它关掉。所以，在这类闪屏页上加上“倒计时”和“跳过”就很有必要。

3）活动闪屏页和广告闪屏页类似。出于产品运营方面的需要，它起到活动宣传的作用，着重体现活动的主题和时间节点，营造热闹的活动气氛。

4）节日闪屏页给用户一种不经意的惊喜和新鲜感，商家可以借由节日提升产品本身的品牌调性，在节日给用户以问候和关怀，和用户在情感上产生共鸣。

图 5-4-115
中国工商银行 app 闪屏页

（2）引导页

引导页影响着用户对产品的整体感受。一个好的 app 引导页能够迅速地“抓住”用户的注意力，使他们在第一时间了解 app 的功能和特点，起到较好、较明确的引导作用。手机 app 的引导页一般类型如下所示。

1）介绍功能型。大部分的手机 app 在首次发布或者更新版本后首次启动时，都会以功能介绍作为引导页，其主要界面包括 app 功能介绍、使用说明、版本概况、特点、更新内容等，如图 5-4-116 所示。

图 5-4-116
携程 app 引导页

2）商品促销型。商品促销型的引导页主要以宣传商品为主要目的，同时有一些活动的推广功能，属于承担着营销任务的引导页。

3）文化推广型。越来越多的手机 app 开始成为传播传统文化的途径，它们会在比较重要的传统节气、节日前后更新引导页，用最直观、最容易理解的图形诠释传统文化，唤起大众对传统文化的认知和记忆。

4）公益广告型。一些对社会信息敏感度较高的品牌，会不时结合某些社会热点问题，在手机 app 引导页推出相关的公益广告。通常，画面温情、动人，能够深深地打动用户，给人留下深刻印象，通过勾起用户内心深处的情感、记忆，使用户产生共鸣，起到公益推广的作用。

（3）首页

手机 app 首页是一个向用户提供消息内容和服务的入口，一款好的 app 产品，其首页设计不仅能清晰地展示产品核心功能和特点，提供较好的用户体验，还能展示公司的品牌形象，提升用户品牌认知度。

1）综合型。该类型首页采用宫格形式，精简首页的内容呈现，转而提供活动 Banner、主要频道、品类、搜索等入口，引导用户尽快进入二级页面。首页不再是真正的消费内容和与用户对话的主场景，而是更多地起到分流的作用。

2）瀑布流型。此类型首页可以无限加载内容。一些时尚电商 app，如闪购类的唯品会 app 等就使用此类型首页。用户可以在瀑布流型首页尽可能地完成自己想要的交互和消费，减少层级的跳转。

3）对话列表型。该类型首页的设计偏向社交软件风格，如微信、QQ、钉钉等，如图 5-4-117 所示。

图 5-4-117　微信首页

（4）个人中心页

在社交 app 中，个人中心页面可按两种角色划分：一个是自己的个人中心页面，另一个是他人的个人中心页面。自己的个人中心页面可以进行编辑，而他人的个人中心页面是供用户关注或进行私信交流的。所以，个人中心页有需求功能的划分，如图 5-4-118 所示。

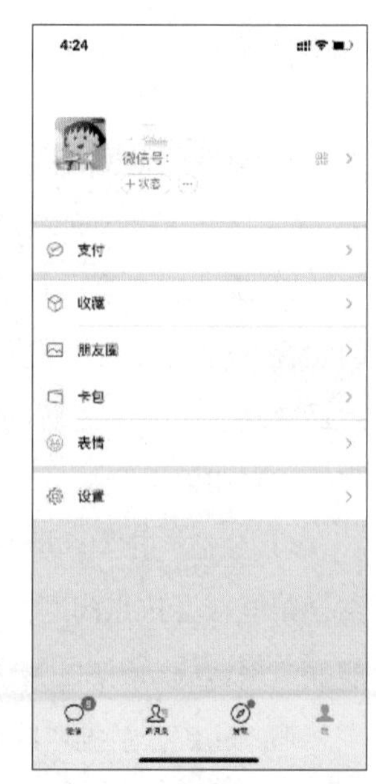

图 5-4-118　微信个人中心页

（5）列表页

列表页包括单行列表和双行列表两种，展示的内容为“图片 + 名称 + 介绍”。另外，还可以用时间轴和图库的形式来设计列表。

1）单行列表。大多数消费类 app 的结果页面会以单行列表的形式设计，这种展示方式易于用户阅读，图片能清晰地展示商品，文字则用来介绍商品。

2）双行列表。双行列表的表现形式更加节省空间，每个卡片的上方或是下方均会有文字解释，可以使用户清晰明了地了解卡片上的信息，也可以使页面更加丰富和饱满。一般图片展示类的 app 会较多地使用双行列表，如淘宝、美团、小红书等 app。

（6）播放页

播放页包括音乐播放页和视频播放页。音乐播放页通常会将歌手或是 CD 的大图放在中上方并居中对齐，下方摆放可操作的按钮。在视频播放页中，为了更容易操作，通常会采用两种播放方式：一种是在信息流或是详情页面中播放，另一种是全屏播放视频。前者在内容页面中进行播放是为了增强界面的可操作性，而全屏播放视频是为了让用户更清晰地观看。

（7）详情页

详情页是整个 app 中产生消费的页面，页面内容比较丰富。详情页以图文信息为主，主要目的是引导用户去购买商品，同时为商品进行适当的宣传。购买的按钮会一直呈现在界面顶部比较突出的位置，方便消费者进行购买。

（8）可输入页

在手机 app 中，可输入页面所指的是注册页与登录页。

注册页是 app 的“脸面”，也是用户使用产品的源头。注册的意义在于给用户独有的个人中心，提供包括数据同步等功能，主要目的是存储用户的个人信息。

每一款 app 都有登录页，它是传递信息给用户的媒介。登录页内容主要包含：产品 Logo 及公司名称，用户名与密码的输入框（需要充分考虑输入框弹起后是否会遮挡输入框），注册页的链接，以及登录帮助等，如图 5-4-119 ~ 图 5-4-121 所示。

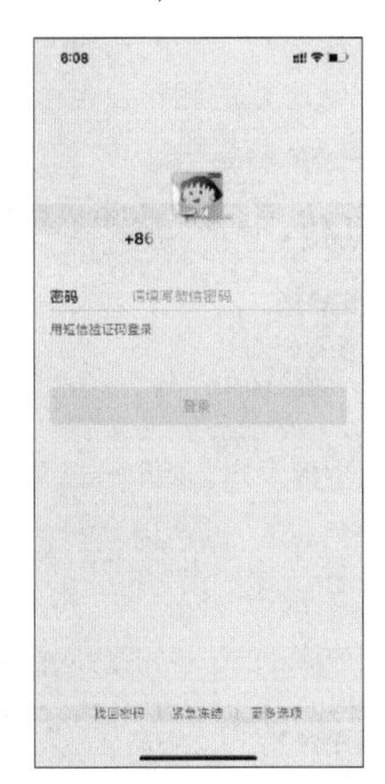

图 5-4-119
微信 app 登录页

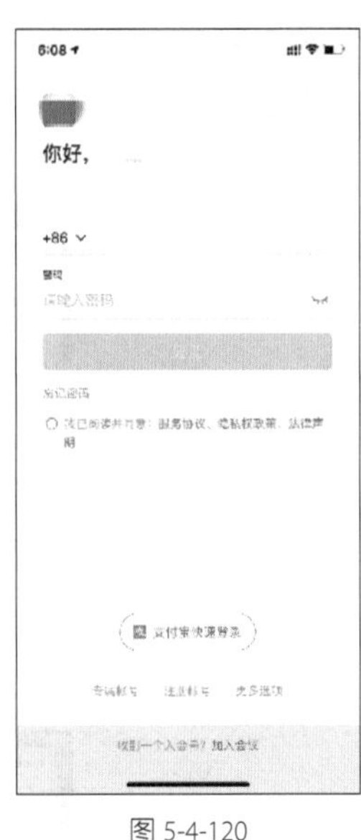

图 5-4-120
钉钉 app 登录页

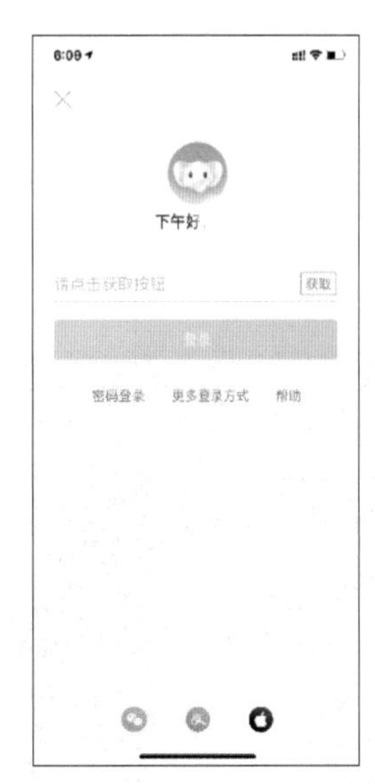

图 5-4-121
中国工商银行 app 登录页

2. 登录页设计

（1）设计需求

①登录页界面设计风格明确，功能分区清晰。

②设计注册/登录页、个人数据登录页、第三方登录页、快捷式登录页均可。

③界面颜色以黄色或是橙色为主。

④界面需简单、易操作。

（2）设计要求

①界面大小为750px×1334px。

②分辨率为72ppi。

③导出文件格式为JPEG。

（3）实施操作

Step 01 打开Photoshop，选择“文件”→“新建”，在打开的对话框中选择“移动设备”→“iPhone X”。

Step 02 建立参考线。这里会用到一款界面设计经常用到的参考线插件GuideGuide，该插件是专门用于建立参考线的，不仅使用方便而且很精准。在网络上可以很容易找到该插件的资源，在此就不进行具体的描述了。选择“窗口”→“扩展功能”→“GuideGuide”以打开GuideGuide面板，如图5-4-122所示。

图 5-4-122　GuideGuide 面板

Step 03 在GuideGuide面板设置参数，左右的边距均为80px，上边的边距为110px、下边的边距为98px，如图5-4-123所示。设置完成后，即可生成参考线。设置好四周的参考线后，在界面中心再添加一条竖向参考线，图5-4-124所示。

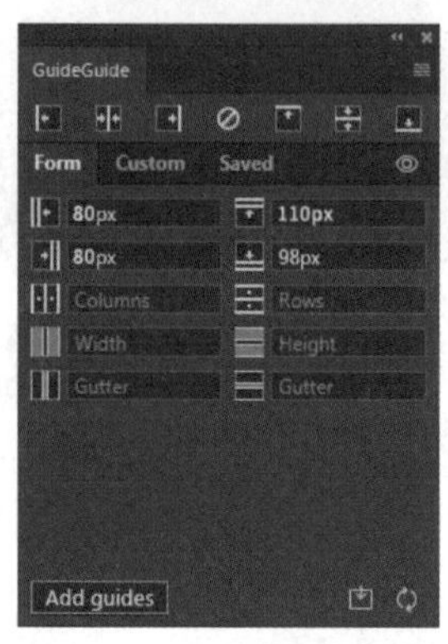

图 5-4-123　参考线位置数据

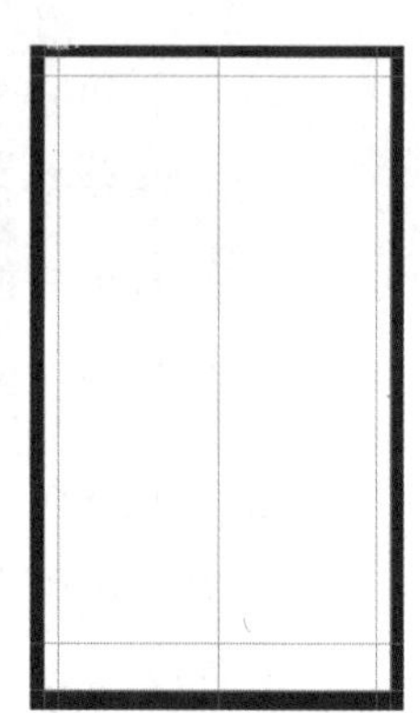

图 5-4-124　建立参考线

Step 04 在界面上方用“矩形工具”绘制矩形，“前景色”为“R: 247、G: 247、B: 247”，无描边。再在GuideGuide面板中设置界面上边的边距为40px，生成状态栏的参考线。把状态栏的图标及各个细节绘制完整，如图5-4-125所示。

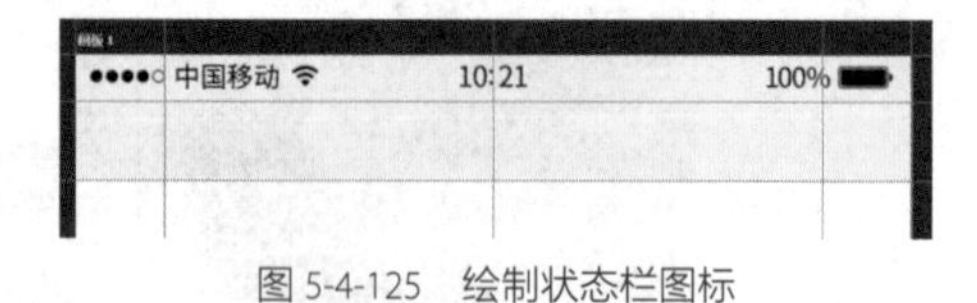

图 5-4-125　绘制状态栏图标

Step 05 在灰色矩形下方，绘制一条直线，“描边宽度”为1点，颜色为“R: 210、G: 210、B: 210”。按住<Alt>键，将其复制并将新直线向下移动88px，如图5-4-126所示。

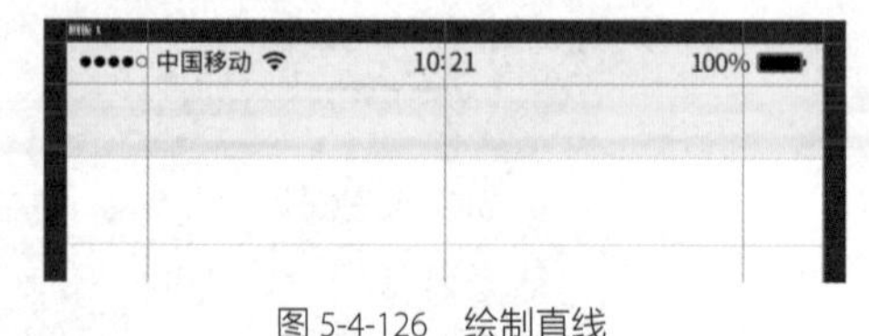

图 5-4-126　绘制直线

Step 06 输入文字“账号密码登录”，字体为苹方，字体大小为32点，颜色为“R: 155、G: 155、B: 155”。输入文字“快捷免密登录”，字体为苹方，字体大小为32点，颜色为“R: 231、G: 109、B: 77”。在文字“快捷免密登录”下方画出一条直线，“描边宽度”为5点，颜色与文字的相同。效果如图5-4-127所示。

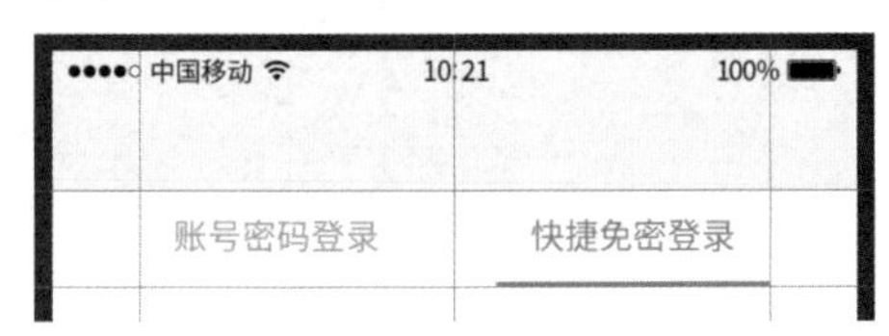

图 5-4-127 输入文字

Step 07 在现有图形下方60px的位置，使用“圆角矩形工具”绘制一个590px × 88px、“圆角半径”为5像素、“描边宽度”为2点的圆角矩形（见图5-4-128），颜色为“R: 210、G: 210、B: 210”。按住<Alt>键，在其下方30px的位置，复制一个同等大小的圆角矩形。效果如图5-4-129所示。

图 5-4-128 设置圆角矩形参数

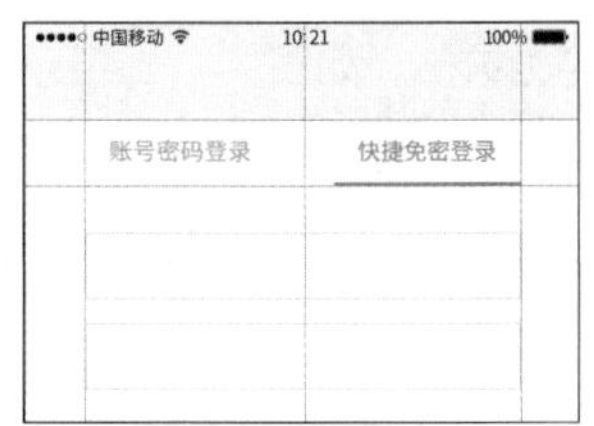

图 5-4-129 绘制好的圆角矩形

Step 08 在两个圆角矩形内输入文字信息。“+86”颜色为黑色，字体大小为30点。“请输入手机号/邮箱”“请输入验证码”颜色为“R: 203、G: 203、B: 203”，字体大小为34点。“获取验证码”颜色为“R: 155、G: 155、B: 155”，字体大小为30点。效果如图5-4-130所示。

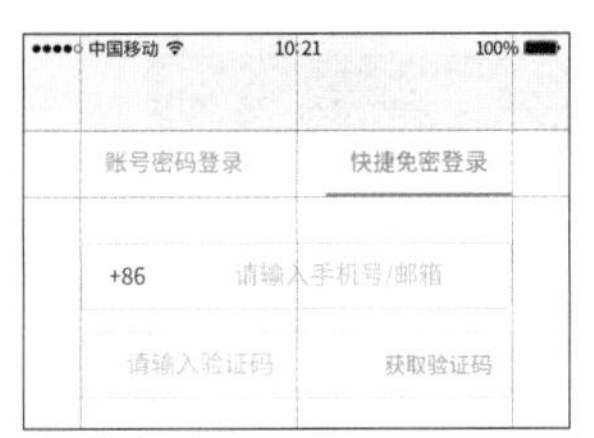

图 5-4-130 添加文字

Step 09 在第7步完成的第二个矩形下方30px的位置，使用“圆角矩形工具”绘制一个590px × 80px的圆角矩形，“圆角半径”为5像素，“前景色”为“R: 231、G: 109、B: 77”，如图5-4-131。效果如图5-4-132所示。

图 5-4-131 设置圆角矩形参数

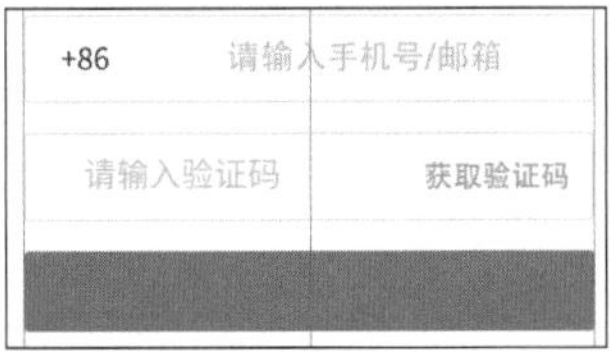

图 5-4-132 绘制好的圆角矩形

Step 10 在圆角矩形中心，输入文字“登录”，字体大小为32点，颜色为白色。在“登录”

按钮下方166px的位置，居中输入文字“其他方式登录”，字体大小为28点，颜色为“R: 205、G: 205、B: 205”。分别在文字左右与之相距37像素的位置开始，使用“直线工具”绘制两条长度为199px的直线段，“描边宽度”为2点，颜色为“R: 205、G: 205、B: 205”。效果如图5-4-133所示。

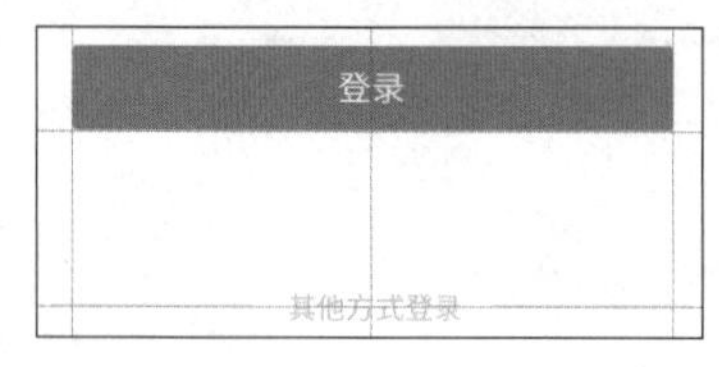

图 5-4-133　输入文字

Step 11 放置经常使用的登录图标，图标大小统一设置为172px × 172px。在图标下方输入对应的文字，字体大小均为24点，颜色为“R: 205、G: 205、B: 205”。效果如图5-4-134所示。

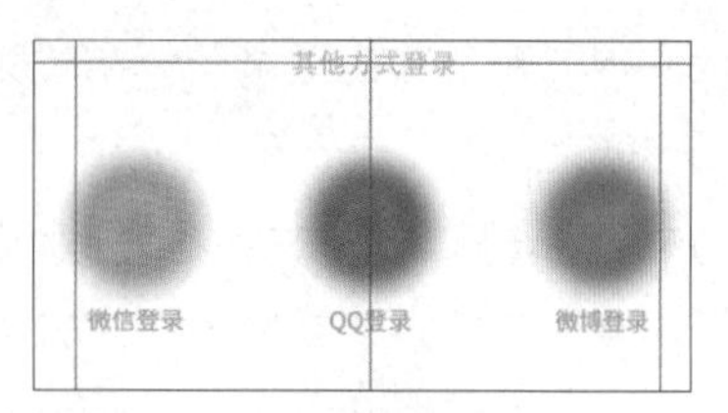

图 5-4-134　添加图标及文字

Step 12 完成整个登录页的绘制。最终效果如图5-4-135所示。

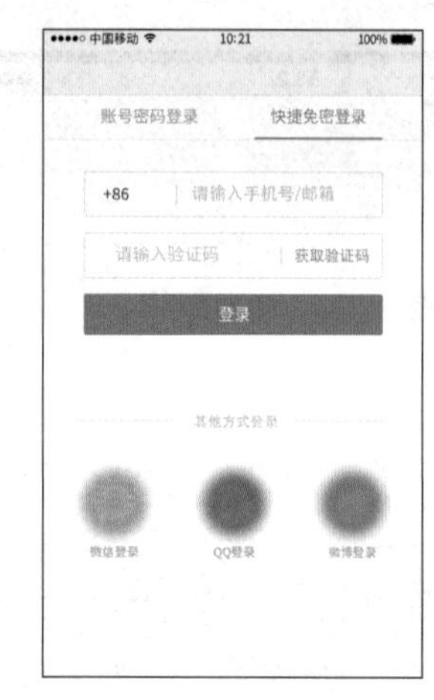

图 5-4-135
登录页效果图

3. 一款学习类 app 个人中心页设计

（1）设计需求

①个人中心页的界面设计风格明确，功能分区清晰。

②界面内容需有个人头像、个人基本信息，以及使用app过程中的数据集合信息，内容一目了然，便于识别。

③界面颜色以蓝色与白色为主。

④界面需简单、易操作。

（2）设计要求

①界面大小为750px × 1334px。

②分辨率为72ppi。

③导出文件格式为JPEG。

（3）实施操作

Step 01 打开Photoshop，选择“文件”→“新建”，在打开的对话框中选择“移动设备”→“iPhone X”。

Step 02 建立参考线。选择“窗口”→“扩展功能”→“GuideGuide”以打开GuideGuide面板。在GuideGuide面板中设置参数，左、右的边距均为30px，上边的边距为128px，下边的边距为90px，如图5-4-136所示。设置完成后，即可生成参考线。设置好四周的参考线后，在界面中心再添加一条竖向参考线，如图5-4-137所示。

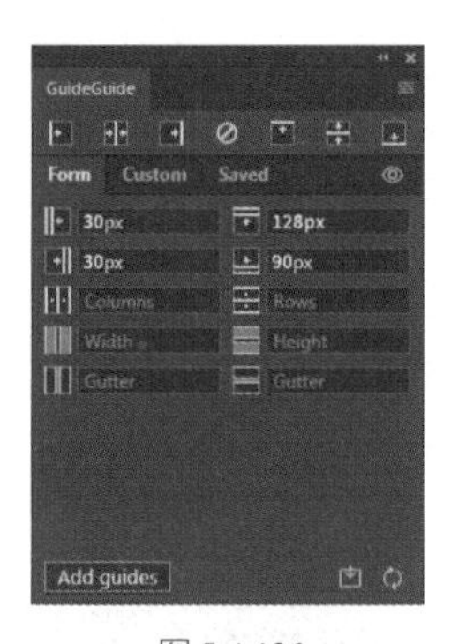

图 5-4-136
GuideGuide 面板参数设置

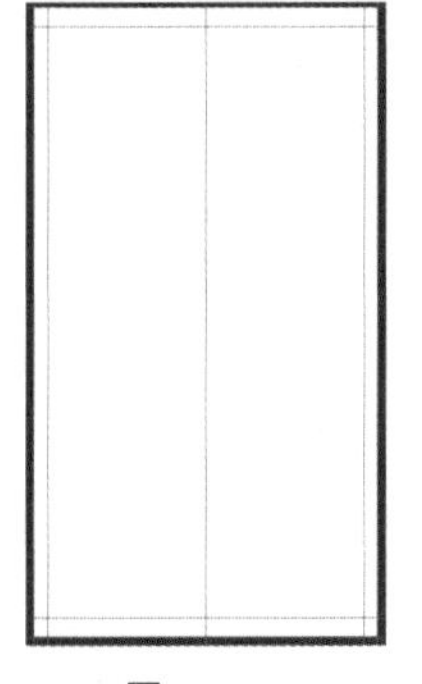

图 5-4-137
参考线建立完毕

Step 03 在界面上方使用“矩形工具”画出一个750px × 516px的矩形，颜色为“R: 0、G: 255、B: 255”。效果如图5-4-138所示。

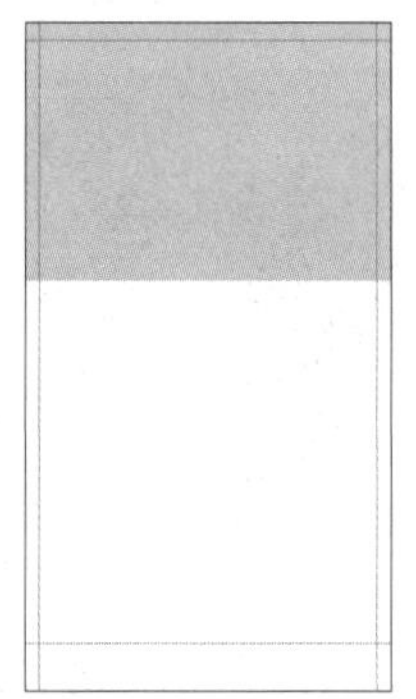

图 5-4-138
绘制矩形并填充颜色

Step 04 在标签栏内放入基本信息标签栏下。在标签栏下方，绘制一个690px × 337px的白色圆角矩形，“圆角半径”为15像素。效果如图5-4-139所示。

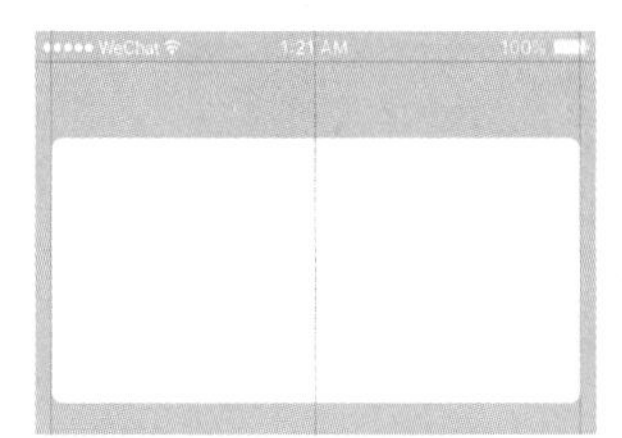

图 5-4-139
添加标签栏信息
并绘制圆角矩形

Step 05 效果如图5-4-140所示，在白色圆角矩形左上方输入文字“我的”，使其如图示方式对齐；在右上方使用“钢笔工具”画出两个大小一样，颜色为白色的图标。

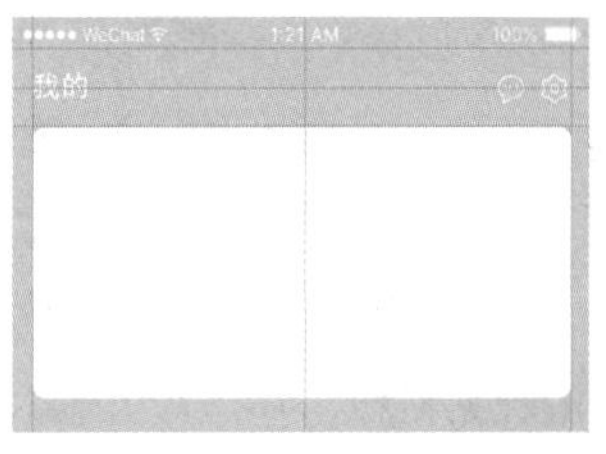

图 5-4-140
输入文字并绘
制图标

Step 06 制作头像。在白色圆角矩形的左上角画一个圆形，大小为96px × 96px，“描边宽度”为2点，颜色为“R: 0、G: 255、B: 255”，然后置入头像图片，如图5-4-141所示。将头像放在圆形上方合适的位置，按<Ctrl+Alt+G>快捷键，将头像设置为圆形的剪贴蒙版。效果如图5-4-142所示。

图 5-4-141
绘制圆形并
置入图片

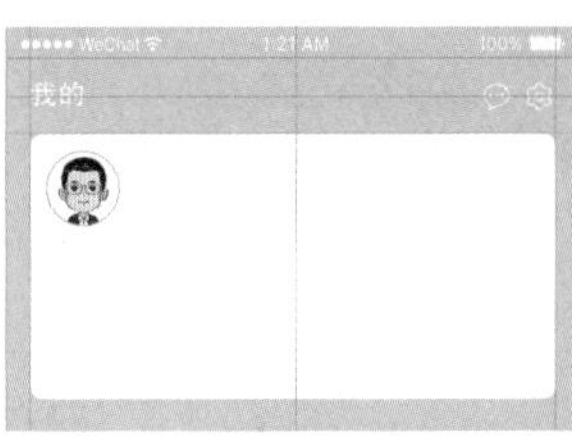

图 5-4-142
建立剪贴蒙版

Step 07 在头像右侧输入文字“学生名字”，文字大小为36点，颜色为黑色。在“学生名字”正下方使用“圆角矩形工具”绘制一个圆角矩形，大小为52px × 23px，“圆角半径”为11.5像素，颜色为“R: 0、G: 255 、B: 255”。在圆角矩形内输入文字“Lv2”，文字大小为24点，颜色为白色。在小圆角矩形右边平齐的位置输入文字“六年级”，文字大小为24点，颜色为黑色。使“学生名字”与“六年级”右侧对齐。在界面右侧，使用“圆角矩形工具”绘制一个

139px×41px的圆角矩形，颜色为“R:0、G:255、B:255”，“不透明度”为10%。将此圆角矩形放在白色圆角矩形之上，按<Ctrl+Alt+G>快捷键，将之设置为白色圆角矩形的剪贴蒙版，并在其上输入文字“个人资料”，文字大小为24点，颜色为黑色。效果如图5-4-143所示。

图 5-4-143 输入文字

Step 08 使用“弯度钢笔工具”绘制一个具有弧度的形状，类似于波浪，颜色为“R:0、G:255、B:255”，“不透明度”为20%。复制两个后，将它们错开位置叠放在一起。效果如图5-4-144所示。

图 5-4-144 绘制波浪形状

Step 09 按住<Alt>键，将蓝色波浪形状复制一个后将它的“不透明度”设为100%，使几个波浪形状叠在一起。效果如图5-4-145所示。

图 5-4-145 波浪形状叠在一起

Step 10 使用“圆角矩形工具”绘制一个690px×462px的圆角矩形，“圆角半径”为20像素，颜色为白色。双击“图层”面板中新圆角矩形所在的图层，打开“图层样式”对话框，选择“投影”。设置“混合模式”为“正常”，“不透明度”为6%，“距离”为3像素，“扩展”为0，“大小”为20像素，如图5-4-146所示。效果如图5-4-147所示。

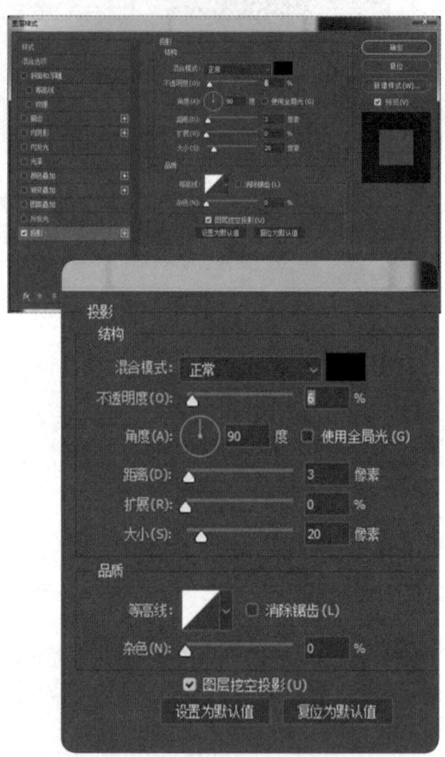

图 5-4-146 添加投影

图 5-4-147 预览效果

Step 11 在新的白色圆角矩形左右两侧分别放置两条竖向参考线，距圆角矩形边缘的距离为30px，输入文字“今日作业”，字体大小为36点，颜色为黑色。在“今日作业”右侧绘制126px × 40px的圆角矩形，颜色为“R: 0、G: 255、B: 255”，“不透明度”为10%。在它内部输入文字“1项未完成”，字体大小为20点，颜色为黑色。在白色圆角矩形右侧，与“今日作业”平齐的位置输入文字“更多”，字体大小为24点，颜色为“R: 153、G: 153、B: 153”。使用“钢笔工具”绘制出指向右的箭头，“描边宽度”为2点。效果如图5-4-148所示。

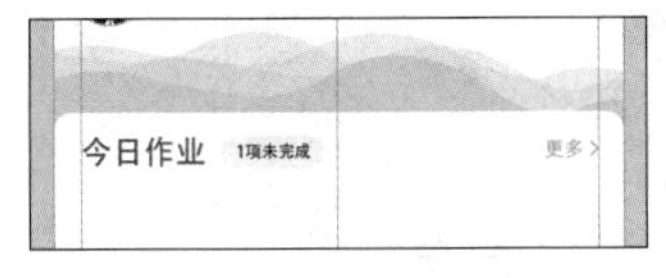

图 5-4-148 输入文字

Step 12 在“今日作业”下方绘制一个628px × 277px的圆角矩形，颜色为“R: 155、G: 186、B: 184”，“不透明度”为10%。在圆角矩形内输入文字，字体大小为24点，颜色为黑色。效果如图5-4-149所示。

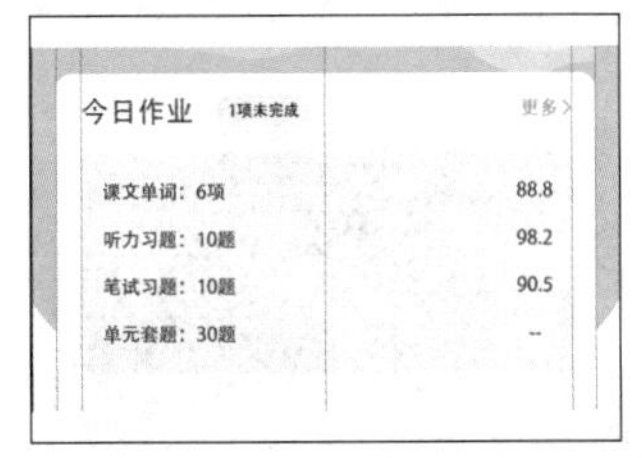

图 5-4-149 绘制圆角矩形并输入文字

Step 13 在灰色圆角矩形下方绘制一个126px × 40px的圆角矩形，颜色为“R: 230、G: 0、B: 18”，“不透明度”为10%。在圆角矩形输入文字“单元套题”，字体大小为24点，颜色为“R: 240、G: 18、B: 56”。在其右侧输入文字“返回重做”，字体大小为18点，颜色同上。在最右侧输入文字“未完成”，字体大小为24点，颜色同上。效果如图5-4-150所示。

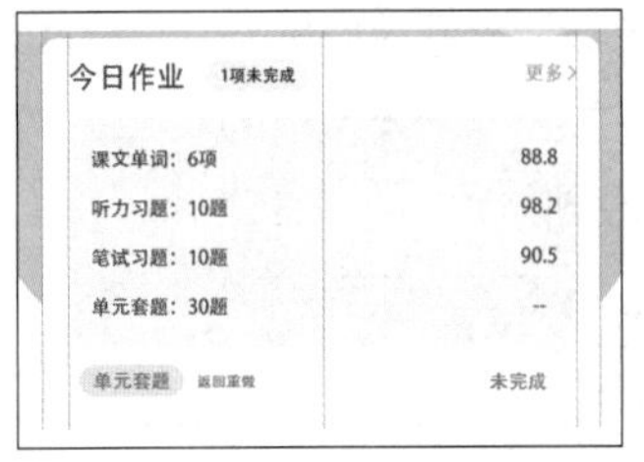

图 5-4-150 输入文字

Step 14 按住<Alt>键复制上方的白色圆角矩形，将它的高改为268px，输入文字“课程学习”，字体大小为36点。然后绘制4个图标，图标的大小均为40px × 40px，绘制图形后，添加“渐变叠加”与“投影”的效果。图标的间距均为128px，图标均匀排列在白色圆角矩形内。在每个图标下方30px的位置，输入每个图标对应的文字，字体大小均为22点。效果如图5-4-151所示。

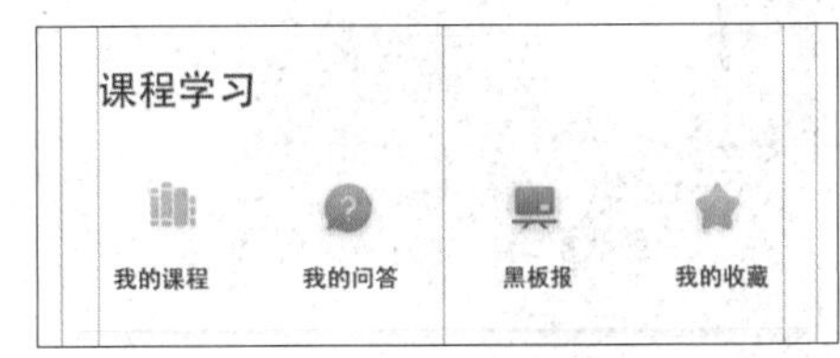

图 5-4-151 添加文字和图标

Step 15 按住<Alt>键复制前一步完成的白色圆角矩形，使二者的间距为30px。将新圆角矩形高度调至合适的值。输入文字“拓展学习”，字体大小为36点。效果如图5-4-152所示。

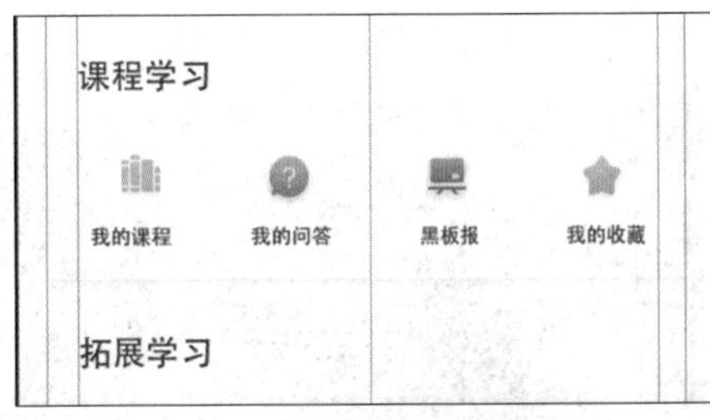

图 5-4-152 复制圆角矩形并输入文字

Step 16 绘制标签栏。绘制4个图标，图标的大小为33px×37px，颜色为“R: 208、G: 208、B: 208”，图标间距均是163px。在图标下方输入文字，字体大小为18点。效果如图5-4-153所示。

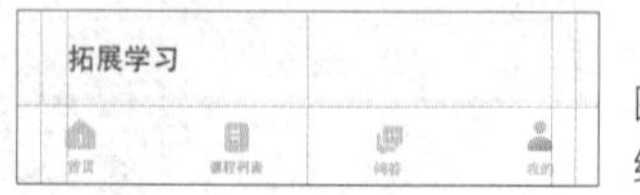

图 5-4-153
绘制标签栏

Step 17 最右侧图标，需要添加“渐变叠加”的效果。起始滑块颜色为“R: 75、G: 163、B:192”，如图5-4-154所示。终止滑块颜色为“R: 32、G: 250、B: 253”，如图5-4-155所示。如此，整个个人中心页的绘制就完成了，如图5-4-156所示。

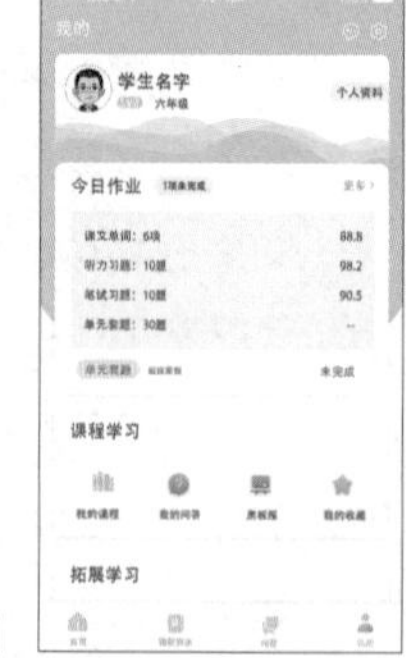

图 5-4-156
个人中心页效果图

图 5-4-154　起始滑块颜色设置

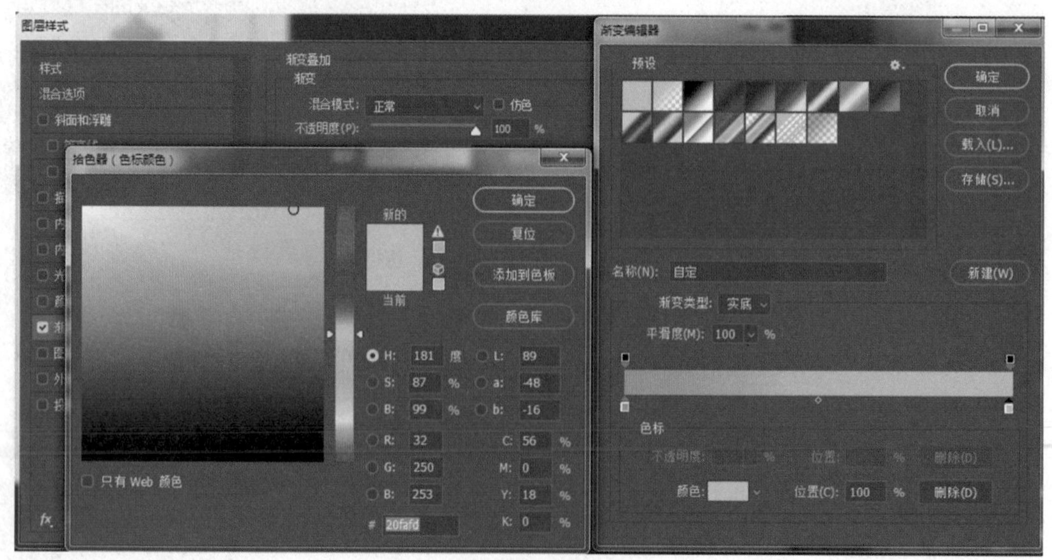

图 5-4-155　终止滑块颜色设置

四、手机 app 界面构图

1. 构图形式

一个 app 从初期设计到后期完善，都会经过一系列的迭代和升级。但架构与用户习惯想要更改是很难的。所以在前期，设计人员，特别是集美工设计开发于一体的人，要慎重考虑 app 的架构与整体构图设计。那么，什么才是好的、常用的手机 app 构图形式呢？请见如下几种。

（1）九宫格构图

九宫格构图是最常见、最基本的构图形式。如果把画面上、下、左、右四条边都分成三等份，然后用直线把对应的等分点连起来，画面中就构成一个“井”字，画面被分成相等的九个方格，这就是所谓的“九宫格”，“井”字的四个交叉点就是趣味中心，如图 5-4-157 所示。通过九宫格构图形式设计 app 界面的最大优点在于 app 操作起来非常便捷，功能一目了然。

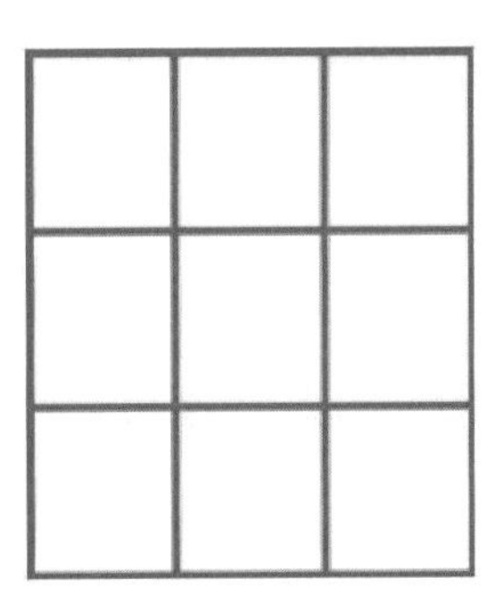

图 5-4-157　九宫格

在分配九个方格中的内容时，不一定要一个格子对应一项内容，完全可以一对二、一对多，打破平均分割的框架，增加留白，调整界面节奏，或者突出功能点或广告。也可以方格进行不同形式的组合，界面的效果会产生很大的变化，如图 5-4-158 和图 5-4-159 所示。

（2）圆形中心型构图

圆形中心型构图就是以界面中心为视觉焦点，各信息由中心向外呈放射状分布。圆形中心型构图，有突显位于中间的内容或功能点的作用。在强调核心功能点的时候，可以试着将功能以圆形形式排布在中间，以当前功能点为中心，将其他的按钮或内容呈放射状编排，如图 5-4-160 所示。

图 5-4-158　九宫格模式的色彩变化

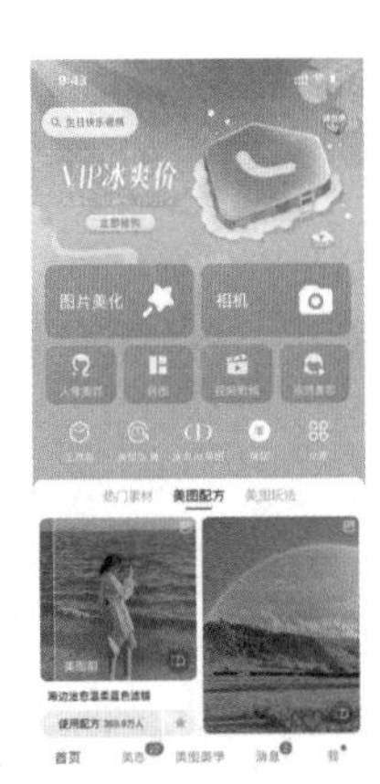

图 5-4-159　九宫格模式的组合变化

图 5-4-160　圆形中心型构图

（3）图文形构图

这类的构图方式主要运用在文字与图片混排的版式中，能让界面保持平衡、稳定。较大的图片面积可超过界面的二分之一，字体较小且字数较少，可以使用户不必过多地阅读文字信息，图片内容则可舒缓阅读情绪，如图 5-4-161 所示。

图 5-4-161　图文型构图

（4）S 形构图

在进行手机界面设计的时候，对用户的视线移动方向的预设是非常重要的。视线移动的轨迹多是从上至下、从左到右的，如果不能围绕这样的视线轨迹进行排版，用户阅读时会很吃力，找不到重点，从而产生反感。相比于左右构图，S 形构图在上下滚动型页面上优势非常明显，它将图片和文字完美地结合，配以大量的留白，形成如同山间溪流般的界面，给人轻快、流畅的感觉，如图 5-4-162 所示。

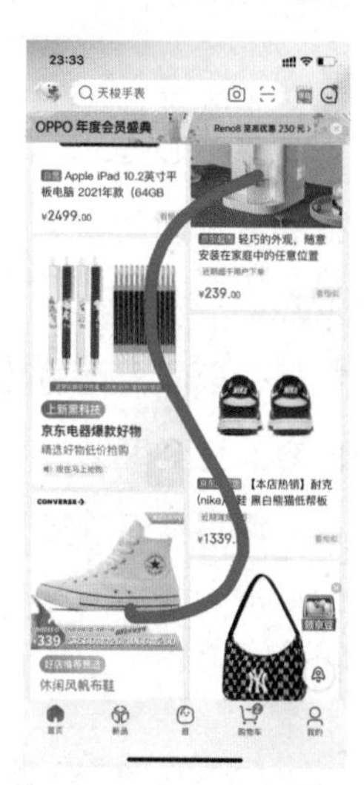

图 5-4-162　S 形构图

2. 手机 app 活动列表页样板设计

（1）设计需求

①以九宫格的构图形式为主。

②活动内容主要为“消费券”的领取为主。

③主要文案内容为“发放亿元消费券”“时间：4月20日上午10点”。

④列表页消费券内容可自行设定，但要详细且清晰。

⑤界面色调可自定。

（2）设计要求

①界面大小为750px × 1334px。

②分辨率为72ppi。

③导出文件格式为JPEG。

（3）实施操作

Step 01 打开Photoshop，选择“文件”→“新建”，在打开的对话框中选择“移动设备”→“iPhone X”。

Step 02 建立参考线。选择“窗口”→“扩展功能”→“GuideGuide”以打开GuideGuide面板。在GuideGuide面板中设置参数，左右的边距均为30px，上边的边距为40px，下边的边距为40px，如图5-4-163所示。设置完成后，即可生成参考线。设置好四周的参考线后，在界面中心再添加一条竖向参考线，如图5-4-164所示。

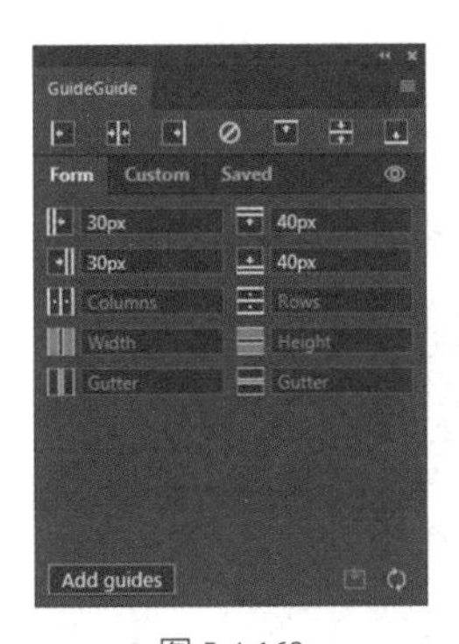

图 5-4-163
GuideGuide 面板参数设置

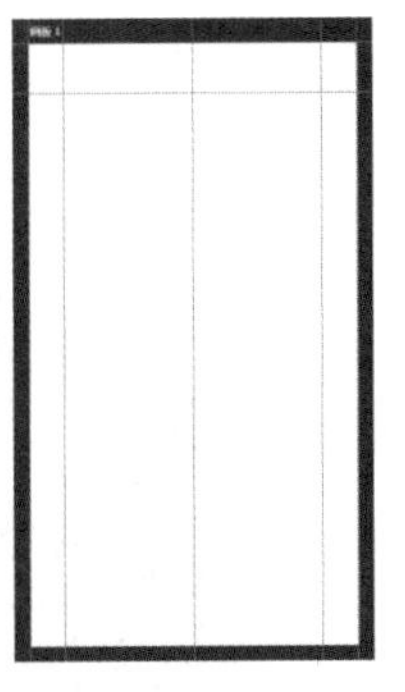

图 5-4-164
参考线添加完成

Step 03 设置背景颜色。为背景增加“渐变叠加”效果，起始滑块颜色为“R: 204、G: 255、B: 2”，如图5-4-165所示。终止滑块颜色为“R: 93、G: 201、B: 84”，如图5-4-166所示。效果如图5-4-167所示。

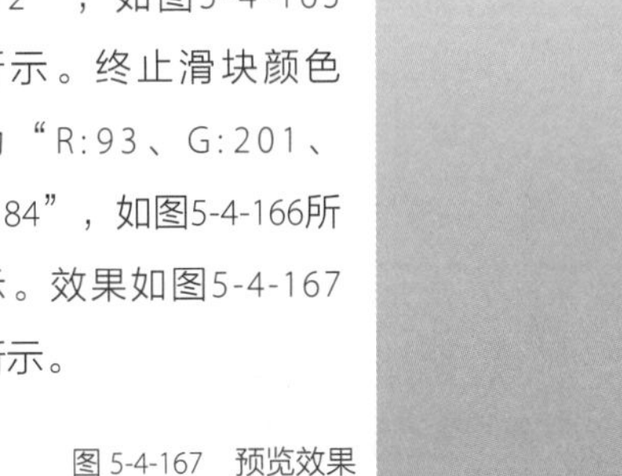

图 5-4-167　预览效果

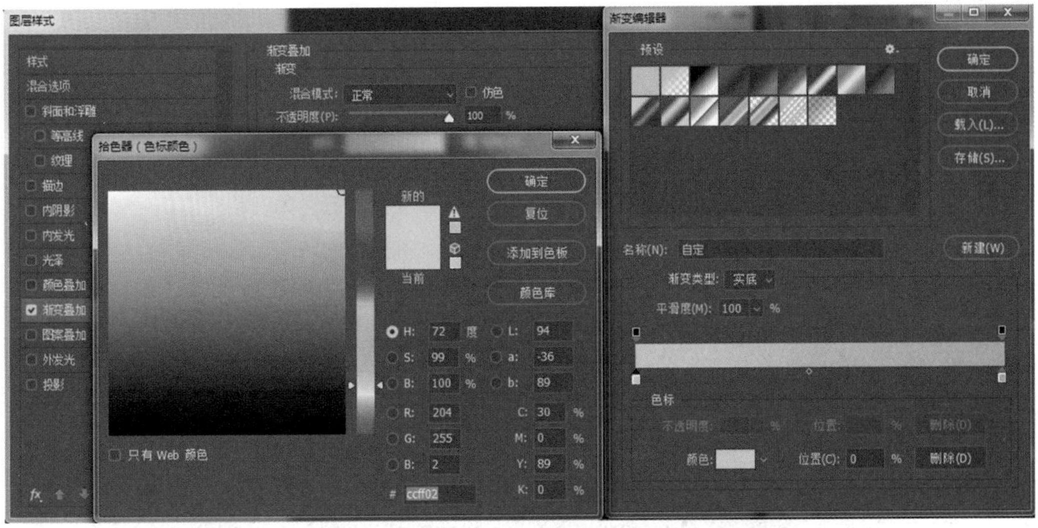

图 5-4-165　起始滑块颜色设置

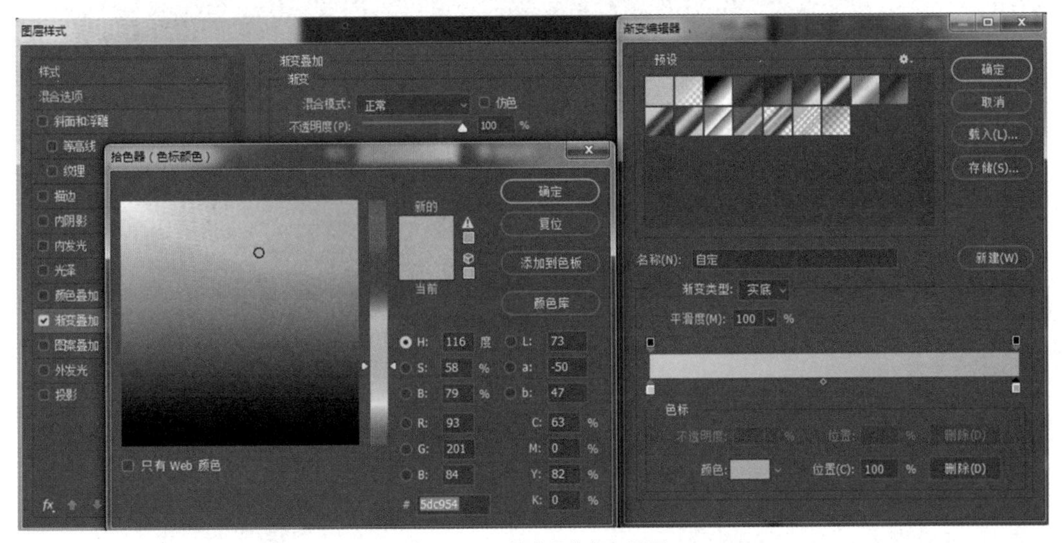

图 5-4-166　终止滑块颜色设置

Step 04 沿着页面底部参考线，使用“圆角矩形工具”绘制一个688px×873px的圆角矩形，“圆角半径”为20像素，颜色为白色。在圆角矩形上方，置入白色城市建筑图片素材，将其“不透明度”设置为25%，效果如图5-4-168所示。

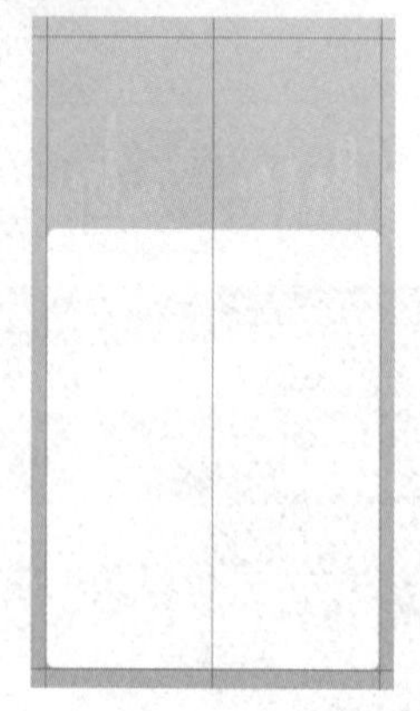

图 5-4-168　绘制圆角矩形并导入素材

Step 05 在距离页面顶端125px的位置，输入文字“发放亿元消费券”，颜色为白色，字体大小为80点，效果如图5-4-169所示。

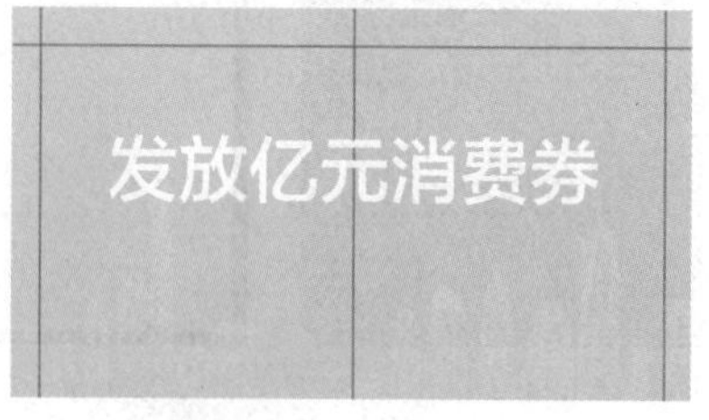

图 5-4-169　输入文字

Step 06 为字体添加渐变效果。以“发”字为例，在“发”字右侧，使用“矩形工具”绘制一个矩形，添加“渐变叠加”图层样式。起始滑块颜色为“R: 1、G: 189、B: 15”，终止滑块颜色为白色，“角度”为180度，如图5-4-170所示。

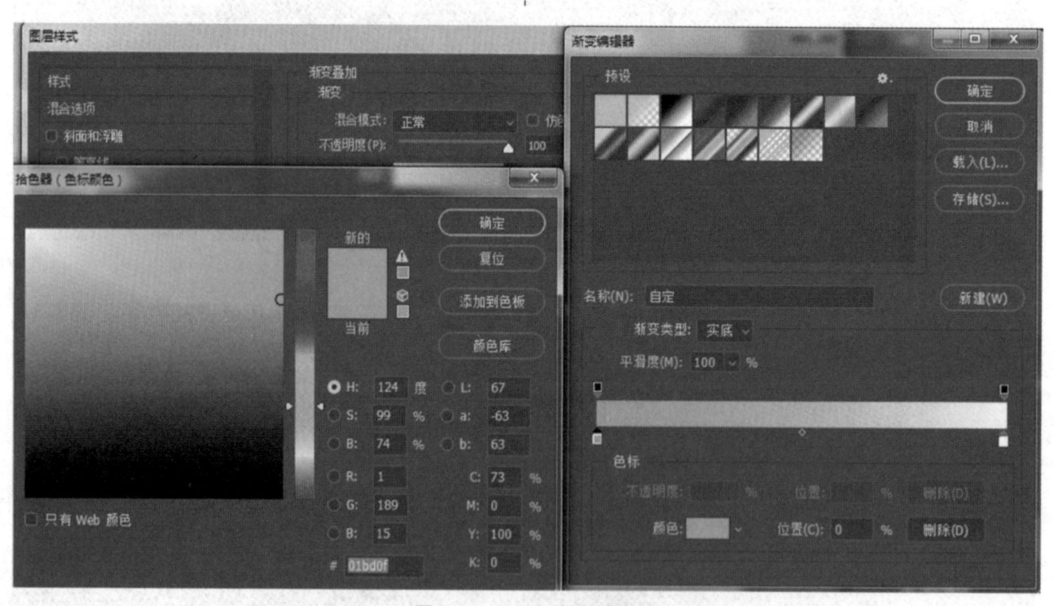

图 5-4-170　添加渐变效果

Step 07 将渐变矩形的图层移至文字图层上方，如图5-4-171所示。按<Ctrl+Alt+G>快捷键创建剪贴蒙版，如图5-4-172所示。效果如图5-4-173所示。

图 5-4-171　将渐变矩形叠在文字上层

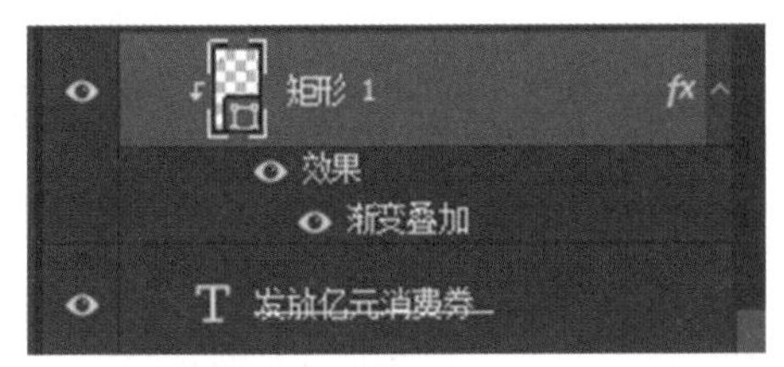

图 5-4-172　建立剪贴蒙版

图 5-4-173
预览效果

Step 08 使用同样的方法在剩余的文字上添加效果。可将“发”的图层样式复制与粘贴，操作会更快一些。文字色彩效果如图5-4-174所示。

图 5-4-174　文字色彩效果

Step 09 在文字标题“发放亿元消费券”下方35px的位置，输入时间“4月20日 10:00”，颜色为白色，字体大小为29点。在时间正下方30px的位置，使用“圆角矩形工具”绘制一个366px × 57px，“圆角半径”为29像素的圆角矩形，颜色为白色，“不透明度”为38%。效果如图5-4-175所示。

图 5-4-175　输入文字

Step 10 在白色圆角矩形内，距离顶部52px的位置，使用“圆角矩形工具”绘制一个564px × 67px，“圆角半径”为10像素的圆角矩形。添加“渐变效果”，起始颜色为R: 255、G: 76、B: 66，终止颜色为R: 255、G: 110、B: 102，不透明度为10%，渐变角度为90°。效果如图5-4-176所示。

图 5-4-176　建立圆角矩形

Step 11 在新绘制的圆角矩形内输入文字“抽奖领100元消费券”，字体大小为28点。添加“渐变叠加”图层样式，起始滑块颜色为“R: 255、G: 76、B: 66”，终止滑块颜色为“R: 255、G: 110、B: 102”，“角度”为90度。在下方距离圆角矩形30px的位置，输入文字“每单消费可使用消费券抵扣券1张提前预约抢到的成功率更高哦”，字体大小为26点。效果如图5-4-177所示。

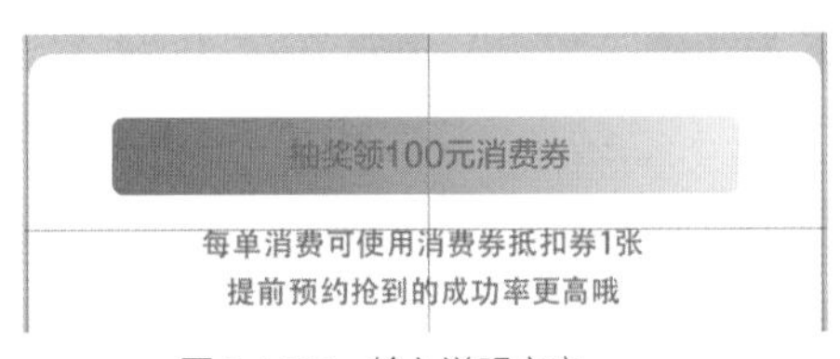

图 5-4-177　输入说明文字

Step 12 在文字下方56px的位置，绘制6个同等大小的169px × 197px的圆角矩形，“圆角半径”为20像素，“描边”颜色为“R: 210、G: 210、B: 210”。6个圆角矩形按如图5-4-178所示的方式均匀地分布在界面内部。

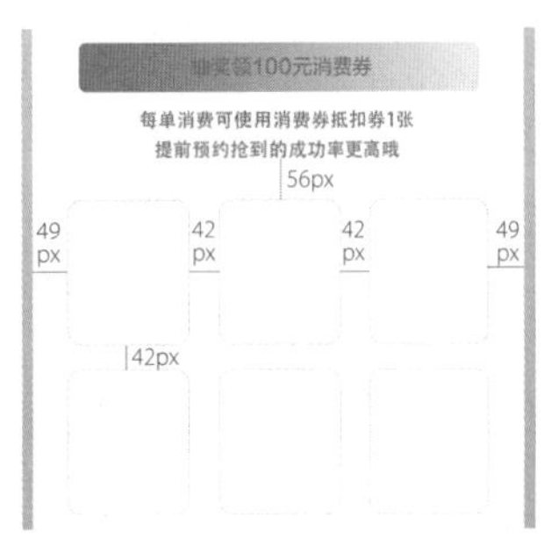

图 5-4-178
元素间的距离

Step 13 在6个圆角矩形中的第一个圆角矩形内绘制酒店图形，“描边宽度”为2点，输入文字“住宿券”，字体大小为28点，颜色为“R:0、G:0、B:0”，再输入文字“满100减100”，字体大小为22点，颜色为“R:210、G:210、B:210”。效果如图5-4-179所示。

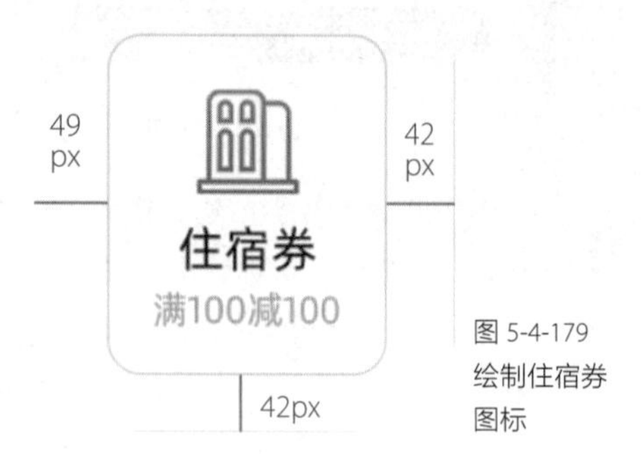

图 5-4-179 绘制住宿券图标

Step 14 同上，绘制不同领域的消费券图标。效果如图5-4-180所示。

图 5-4-180 完成 6 种消费券图标

Step 15 在界面底部，使用“圆角矩形工具”绘制一个566px × 80px，“圆角半径”为40像素的圆角矩形。添加“渐变叠加”图层样式，起始滑块颜色为“R:204、G:255、B:2”，终止滑块颜色为“R:93、G:201、B:84”。在其中心位置输入文字“马上预约”，颜色为白色，字体大小为28点。效果如图5-4-181所示。如此就完成了“九宫格”界面设计，如图5-4-182所示。

图 5-4-181 绘制按钮

图 5-4-182 完成设计

五、手机 app 界面色彩搭配

人们对于色彩的记忆效果要优于对形态的，因此运用好色彩对界面设计十分重要。色彩能直观地呈现 app 的形象和属性，能有效地帮助用户组织和阅读信息，与界面设计产生联系和记忆。

1. 手机 app 界面色彩搭配原则

（1）统一色调

一个 app 有很多不同的页面，每个页面承担着不同的功能。但是，即使页面的内容不同，输出的信息不同，在用色上也必须达到统一。只有这样才可以使用户感受所使用 app 的整体性。在设计之前应先确定 app 界面的主色调，主色通常是品牌色，而辅助色、点缀色、背景色等都应以主色为基调来搭配，这样才能保证 app 整体色调一致。另外，应根据软件类型及用户工作环境选择恰当的色调。比如，环保类的公益性 app，可选用绿色调；网络安全类的 app，可选用蓝色调；时尚类的 app，可选用紫色调或是红色调。主色调与 app 类型相对应，能进一步提升 app 在使用时的舒适度。

（2）冷暖色调的选用

选择正确的冷暖色调对用户使用 app 的第一视觉印象有至关重要的影响。比如美食类 app 会考虑用户在使用 app 时能够提升食欲，因此大部分情况下会使用暖色调作为主色调；母婴类 app 会选用温馨一些的颜色，如以黄色或是粉色作为主色调。另外，冷暖对比色是自然平衡的规律，可以在设计中使用，这样的配色会使作品非常出彩，同时不显单调，让用户感觉舒服、平和。

（3）6∶3∶1 原则

6∶3∶1 是达到色彩平衡的最佳比例。在界面中，除无彩色（无色相色彩）外，60% 的色彩为主色，主色可以运用到导航栏、按钮、图标等关键元素中，使之成为整个 app 的视觉焦点；30% 的色彩为辅助色，可以减少过多的主色造成的视觉疲劳；最后 10% 的色彩为点缀色，可以用于一些不太重要的元素。通过 6∶3∶1 原则可构建丰富的色彩层次，让界面看上去和谐、平衡且不杂乱。

主色是指在配色中处于主导地位的色彩，通常是 app 的品牌色。另外，在 app 设计中，背景色多为浅灰色或白色，它们都属于无色相色彩，因此不涉及配色比例。

辅助色与主色相辅相成，其功能是帮助主色建立更完整的形象，使界面丰富、精彩起来。通常主色的邻近色、互补色、分散互补色和三角对立色都可以成为优秀的辅助色，但应注意，辅助色不宜过多。

当页面中主色和辅助色不能满足关键信息的提示效果时，就需要点缀色来吸引用户眼球。另外，利用点缀色可平衡画面的冷暖色调。

2. 手机 app 界面的标准色

(1) 重要标准色

重要标准色一般不超过 3 种。如图 5-4-183 所示，重要标准色之一的蓝色需要小面积使用，可用于特别需要强调和突出的文字、按钮和图标；而黑色用于重要的文字信息，比如标题、正文等。

(2) 一般标准色

一般标准色都是相近的颜色，而且要比重要标准色“弱”，普遍用于普通的信息、引导词，比如提示性文案或者次要的文字信息。

(3) 较弱标准色

较弱标准色普遍用于背景色和不显眼的边角处的信息。

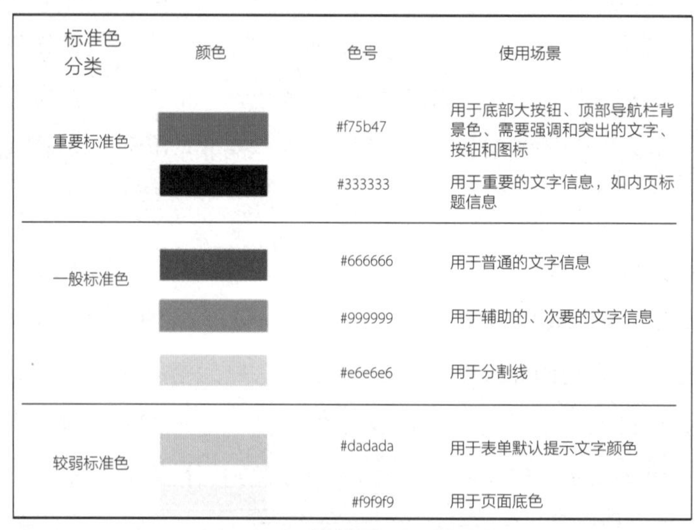

标准色分类	颜色	色号	使用场景
重要标准色		#f75b47	用于底部大按钮、顶部导航栏背景色、需要强调和突出的文字、按钮和图标
		#333333	用于重要的文字信息，如内页标题信息
一般标准色		#666666	用于普通的文字信息
		#999999	用于辅助的、次要的文字信息
		#e6e6e6	用于分割线
较弱标准色		#dadada	用于表单默认提示文字颜色
		#f9f9f9	用于页面底色

图 5-4-183 常用的界面标准色案例

3. 手机 app 界面设计中需要注意的颜色

(1) 阴影色

没有纯黑的阴影，阴影的颜色是会受到物体固有色的影响的，一定要避免使用纯黑色（#000000），使用不太深的灰色效果会更好。对于有颜色的元素，可以为阴影设定与元素颜色同色系的暗色，如图 5-4-184 所示。

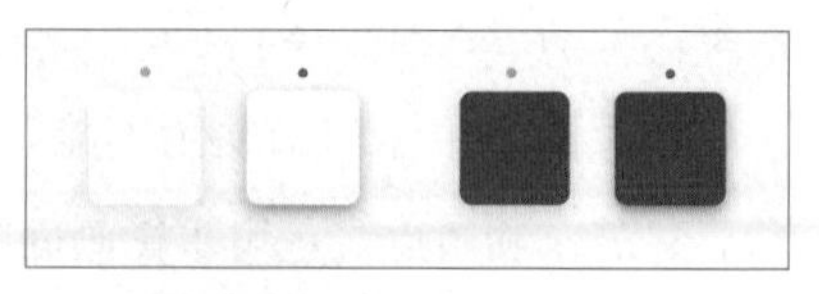

图 5-4-184 不同的阴影色对比

（2）背景色

为了衬托内容，大多数 app 用浅灰色作为背景色，以白色作为背景色的对比色，来区分层次。可以根据前景色来提取颜色，将其调亮或变暗以作为背景色，这样可以让界面色调更加统一。

（3）渐变色

渐变色的复合性质让它在界面中具有较强的视觉冲击力，有助于快速抓住视线。下面来了解几种常见的渐变方式。

- 色相（H）渐变是由一种色彩向另一种色彩过渡的渐变形式，这种渐变形式色彩跨度大，所以产生的视觉效果非常明显。
- 饱和度（S）渐变是同一种色彩不同纯度的过渡形式，其产生的视觉效果比较和谐，但较单调。
- 明度（B）渐变是一种色彩不同明暗的过渡形式，这种渐变形式的视觉效果给人沉静的感觉。

4. 一款招聘 app 界面设计

（1）设计需求

①设计并制作一款招聘app界面。

②app界面包含首页、详情页和搜索页三个界面。

③在配色上采用蓝色的渐变色为主，用黄色作为点缀色。

④根据实际情况可增添辅助色与点缀色。

（2）设计要求

①界面大小为750px×1334px。

②分辨率为72ppi。

③导出文件格式为JPEG。

（3）实施操作

Step 01 打开Photoshop CC 2019，选择“文件”→“新建”，在打开的对话框中选择“移动设备”→“iPhone X”。打开GuideGuide面板，设置参数，左、右的边距均为30px，上边的边距为40px，下边的边距为98px。设置完成后，即可生成参考线。设置好四周的参考线后，在界面中心再添加一条竖向参考线。然后，先设置界面背景色，颜色为“R: 250、G: 250、B: 250”。再在界面顶端，使用“矩形工具”绘制一个750px×360px的矩形，颜色为“R: 0、G: 183、B: 238”。效果如图5-4-185所示。

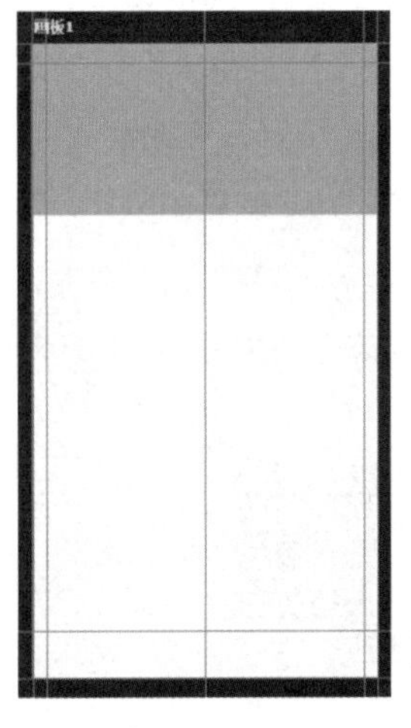

图 5-4-185
设置参考线

Step 02 在界面顶端参考线上方，置入状态栏内的基本元素，如图5-4-186所示。

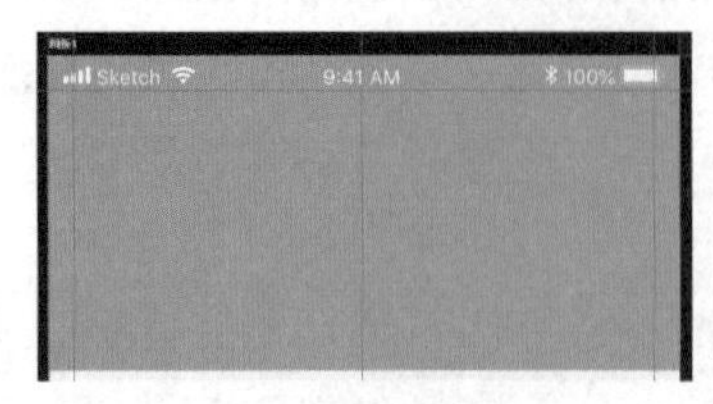

图 5-4-186 制作状态栏

Step 03 在蓝色矩形内距离界面顶端113px、距离左侧边缘74px的位置，输入文字“找工作 求面试 查薪资 看简历”，字体大小为38点，字体为Adobe 黑体 Std，颜色为白色。效果如图5-4-187所。

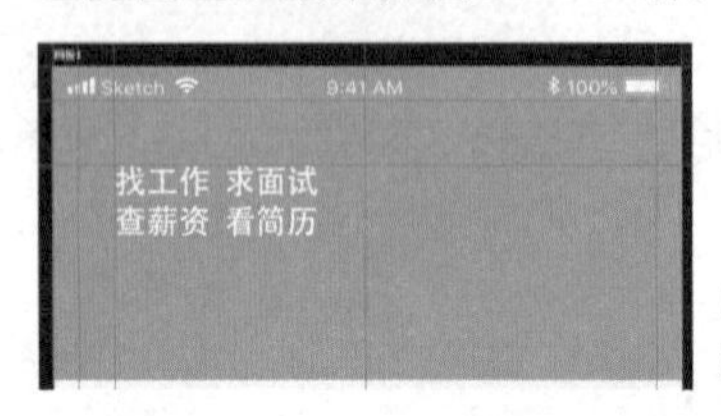

图 5-4-187 输入文字

Step 04 在文字右侧置入插图。插图最好与招聘相关，如图3-2-188所示。

图 5-4-188 置入插图

Step 05 在距离界面顶端229px的位置，使用“矩形工具”绘制一个250px × 44px的矩形，颜色为“R: 220、G: 244、B: 254”。在此矩形内输入文字“让求职更简单”，颜色为“R: 75、G: 128、B: 189”，字体大小为38点，字体样式为Adobe 黑体 Std。效果如图5-4-189所示。

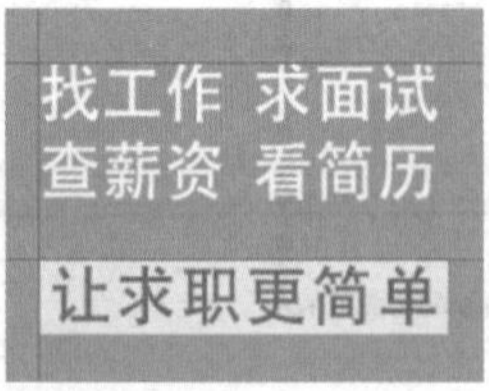

找工作 求面试
查薪资 看简历
让求职更简单

图 5-4-189 输入文字“让求职更简单”

Step 06 在蓝白区域交界处的居中位置，使用“圆角矩形工具”绘制一个690px × 88px，“圆角半径”为10像素的圆角矩形，作为搜索框。为搜索框添加“投影”效果，“混合模式”为“正常”，颜色为“R: 153、G: 153、B: 153”，“不透明度”为30%，“距离”为2像素，“扩展”为0，“大小”为10像素，如图5-4-190、图5-4-191所示。

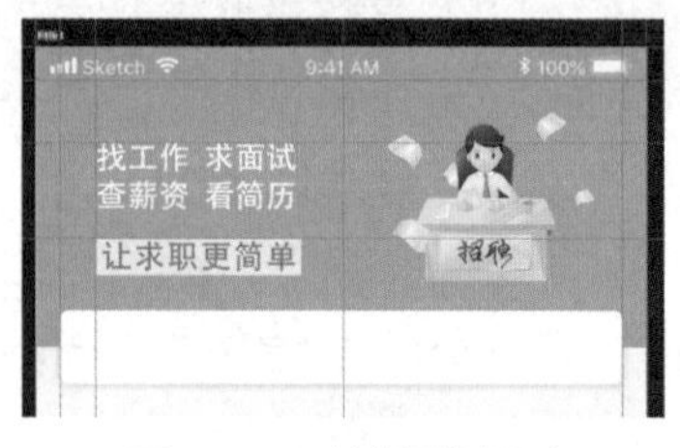

图 5-4-190 绘制圆角矩形

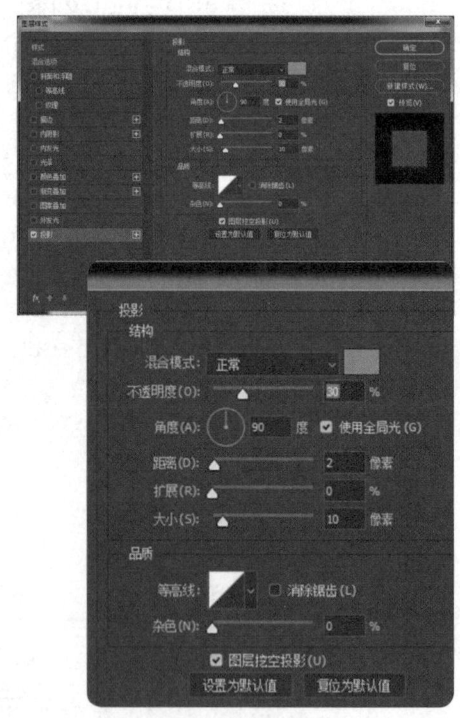

图 5-4-191 添加投影

Step 07 在搜索框内输入文字“搜索公司职位等信息”，字体大小为32点，颜色为“R: 153、

G: 153、B: 153”，字体为Adobe 黑体 Std，如图5-4-192所示。

图 5-4-192　输入文字

Step 08 使用“钢笔工具”在文字前绘制放大镜图标，表示搜索的意思，颜色同文字一样。在搜索柜内右侧，使用“直线工具”绘制竖直线段，作为区域的分割线，线段“粗细”为1像素。在直线右侧输入文字“北京”的字体为Adobe 黑体 Std，字体大小为32点。使用“钢笔工具”绘制出向下的箭头，“粗细”为1像素。以上3个元素的颜色均为“R: 232、G: 188、B: 35”。效果如图5-4-193所示。

图 5-4-193　添加图形和文字

Step 09 打开 Illustrator CC 2019，选择“文件”→“新建”，在打开的对话框中选择“打印”→“A4”。在新创建的A4画板上，使用“钢笔工具”与形状工具绘制5个图标。先绘制5个大小均为55px × 55px的正方形，再在正方形内绘制图标，这样能保证图标大小一致。图标的颜色由“R: 233、G: 154、B: 42”与“R: 69、G: 42、B: 233”组成，绘制完成后删除矩形框，如图5-4-194和图5-4-195所示。

 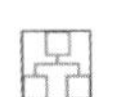   

图 5-4-194　绘制图标

 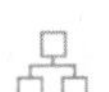   

图 5-4-195　删除矩形框

Step 10 将 Illustrator软件内的图标拖至Photoshop内，图标间距为84px，图标与搜索框的距离为42px。效果如图5-4-196所示。

图 5-4-196　图标位置示意图

Step 11 在每个图标下方，输入相应的文字，字体大小为32点，字体为Adobe 黑体 Std，字体颜色为“R: 153、G: 153、B: 153”。效果如图5-4-197所示。

图 5-4-197　图标与文字距离示意图

Step 12 在文字下方43px的位置，使用“圆角矩形工具”绘制3个221px × 112px，“圆角半径”为10像素的圆角矩形，其“描边宽度”为1点，“描边”颜色为“R: 229、G: 229、B: 229”，“填充”颜色为“R: 245、G: 246、B: 247”。圆角矩形间的间距为29px。效果如图5-4-198所示。

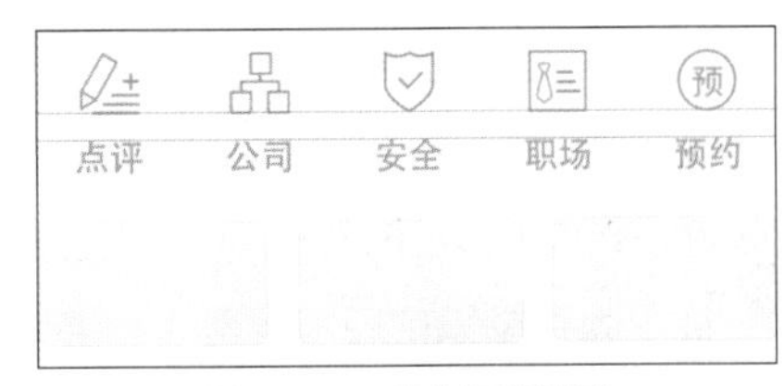

图 5-4-198　绘制圆角矩形

Step 13 再在 Illustrator软件内绘制3个图标，图标的大小均为75px × 75px。图标内的图形可自由发挥，符合招聘界面设计的内容即可。效果如图5-4-199所示。

图 5-4-199　绘制图标

Step 14 将图标拖至Photoshop中，分别放入3个圆角矩形内。在第一个圆角矩形内输入相应文字，字体大小均为32点，字体均为“叶根友微刚重岸”。“查找公司”的颜色为“R: 255、G: 116、B: 0”；“附近公司”的颜色为“R: 0、G: 114、B: 225”；“备忘录”的颜色为“R: 103、G: 145、B: 164”。效果如图5-4-200所示。

图 5-4-200　绘制图标和添加文字

Step 15 在图标下方109px的位置，使用“圆角矩形工具”绘制一个690px × 298px，“圆角半径”为10像素的圆角矩形，颜色为白色，如图5-4-201所示。

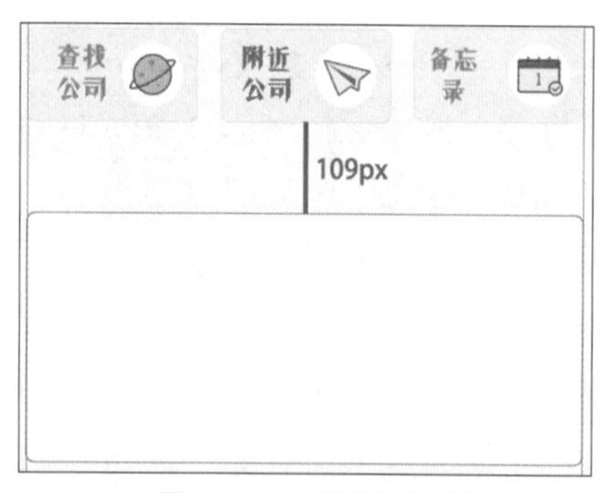

图 5-4-201　元素距离示意图

Step 16 在白色矩形内绘制95px × 95px，“圆角半径”为10像素的圆角矩形，“填充”颜色为白色，“描边宽度”为1像素，颜色为“R: 225、G: 225、B: 225”，在其内部置入公司标志。距离标志右侧边缘34px的位置，输入文字“文鸿网”，字体为Adobe 黑体 Std，字体大小为32点，颜色为“R: 0、G: 0、B: 0”。在“文鸿网”下方输入文字“北京、广告/公关/会展”，字体为Adobe 黑体 Std，字体大小为28点，颜色为“R: 153、G: 153、B: 153”。效果如图5-4-202所示。

图 5-4-202　添加公司标志及文字

Step 17 在白色矩形的右侧绘制105px × 40px，“圆角半径”为20像素的圆角矩形，“填充”颜色为白色，“描边宽度”为1像素，颜色为“R: 255、G: 225、B: 225”。在此圆角矩形中输入文字“关注”，字体为Adobe 黑体 atd，字体大小为28点，颜色为“R: 255、G: 116、B: 0”。在下方输入关于文鸿网公司的评价信息，增加细节，完善此模块内容。效果如图5-4-203所示。

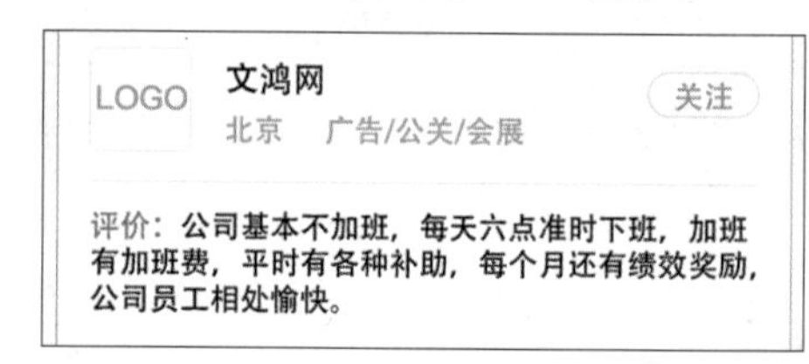

图 5-4-203　添加信息

Step 18 按住<Alt>键，配合鼠标对模块进行整体复制，并将新复制的模块向下拖动至距原模块24px的位置，改变公司名称及评价内容，制作瀑布流。效果如图5-4-204所示。

图 5-4-204　制作瀑布流

Step 19 在界面最底端绘制高为98px的标签栏，如图5-4-205所示。

图 5-4-205 确定标签栏位置

Step 20 在标签栏内使用“钢笔工具”绘制出4个32px × 32px的线性图标，如图5-4-206所示。

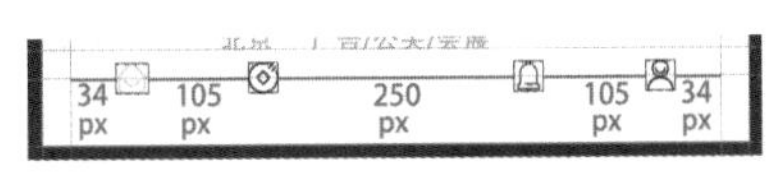

图 5-4-206 绘制线性图标

Step 21 在每个图标下方，输入相应的文字，文字字体为Adobe 黑体 Std，字体大小为32点。在标签栏中间绘制一个圆形图标，图标的大小为64px × 64px。效果如图5-4-207所示。

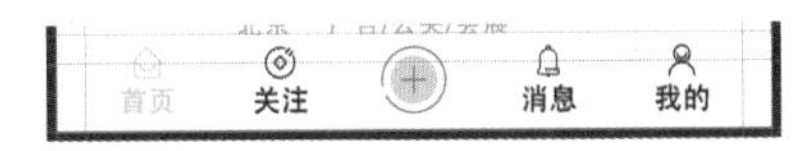

图 5-4-207 添加文字并绘制圆形图标

Step 22 完成首页的绘制，最终效果如图5-4-208所示。

图 5-4-208 首页设计完成

Step 23 在图层面板单击文字“画板1”，画板四周会出现4个带圆圈的“+”号，单击右侧加号，会自动生成画板2，如图5-4-209所示。

图 5-4-209 新建画板

Step 24 在画板2内绘制详情页。为保证色调统一，在详情页内同样以蓝色为主要颜色，以黄色为点睛颜色。用前述方法设置好参考线，并将画板1中的状态栏内的元素复制到画板2内，给图标添加“颜色叠加”图层样式，使元素变成黑色，更加醒目。绘制750px × 180px的白色矩形，输入文字“关注”，字体样式与首页内的文字字体统一，为Adobe 黑体 Std，字体大小为36点。效果如图5-4-210所示。

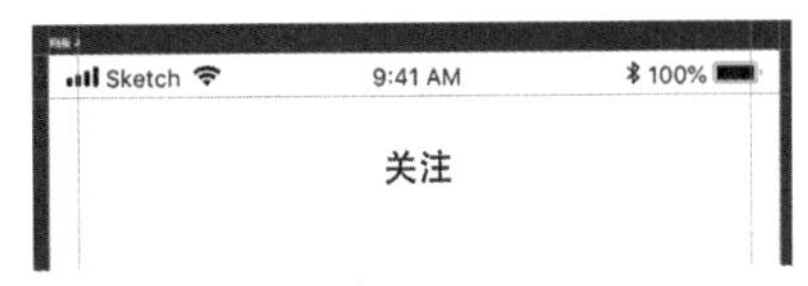

图 5-4-210 输入文字

Step 25 绘制出不同的信息区，输入文字，除“2019-7-9”字体大小为28点外，其余文字字体大小均为32点。效果如图5-4-211所示。

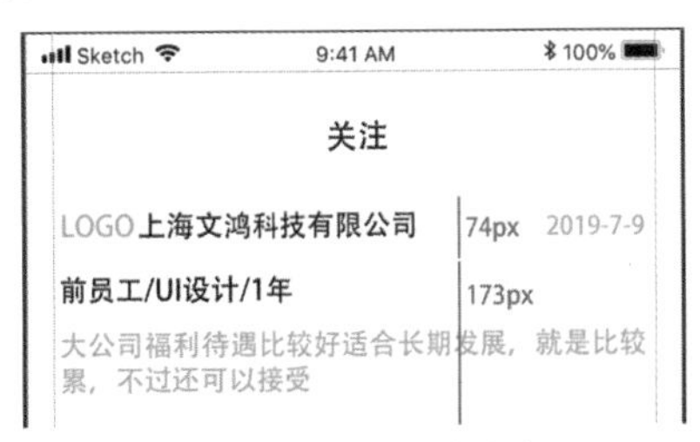

图 5-4-211 输入其他文字

Step 26 按图5-4-212所示，采用上步的方法完善信息，并调整信息区的间距。

图 5-4-212 完善信息

Step 27 将画板1中的标签栏复制到画板2中，改变"关注"图标及文字的颜色。至此，完成详情页的绘制，如图5-4-213所示。

图 5-4-213 详情页绘制完成

Step 28 用前述方法创建画板3，按照图5-4-214所示，绘制出750px×180px的白色矩形。在白色矩形内，绘制592px×55px，"圆角半径"为10像素的搜索框，"填充"颜色为"R: 238、G: 238、B: 238"。以上图形分别位于状态栏与导航栏。导航栏内的文字字体与画板1、画板2的统一，字体大小为28点。如图5-4-215所示。

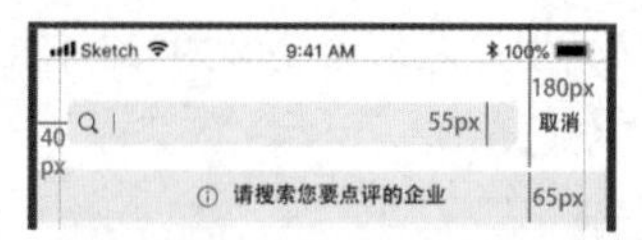

图 5-4-214 元素尺寸示意图

Step 29 根据如图5-4-215所示的距离，添加搜索页内的具体内容，黑色文字字体大小均为32点。"热门搜索"的字体大小为28点，颜色为"R: 153、G: 153、B: 153"。

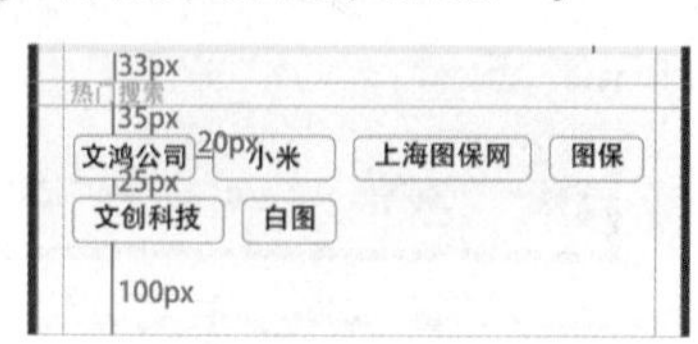

图 5-4-215 元素间距示意图

Step 30 按图5-4-216所示的间距，添加页面内其他内容，文字大小、字体、颜色均需做到统一。

图 5-4-216 添加页面内其他内容

Step 31 将画板2中的标签栏复制到画板3中，完成搜索页的绘制，如图5-4-217所示。

图 5-4-217 搜索页绘制完成

知识小结

本节内容知识点如图5-4-218所示。

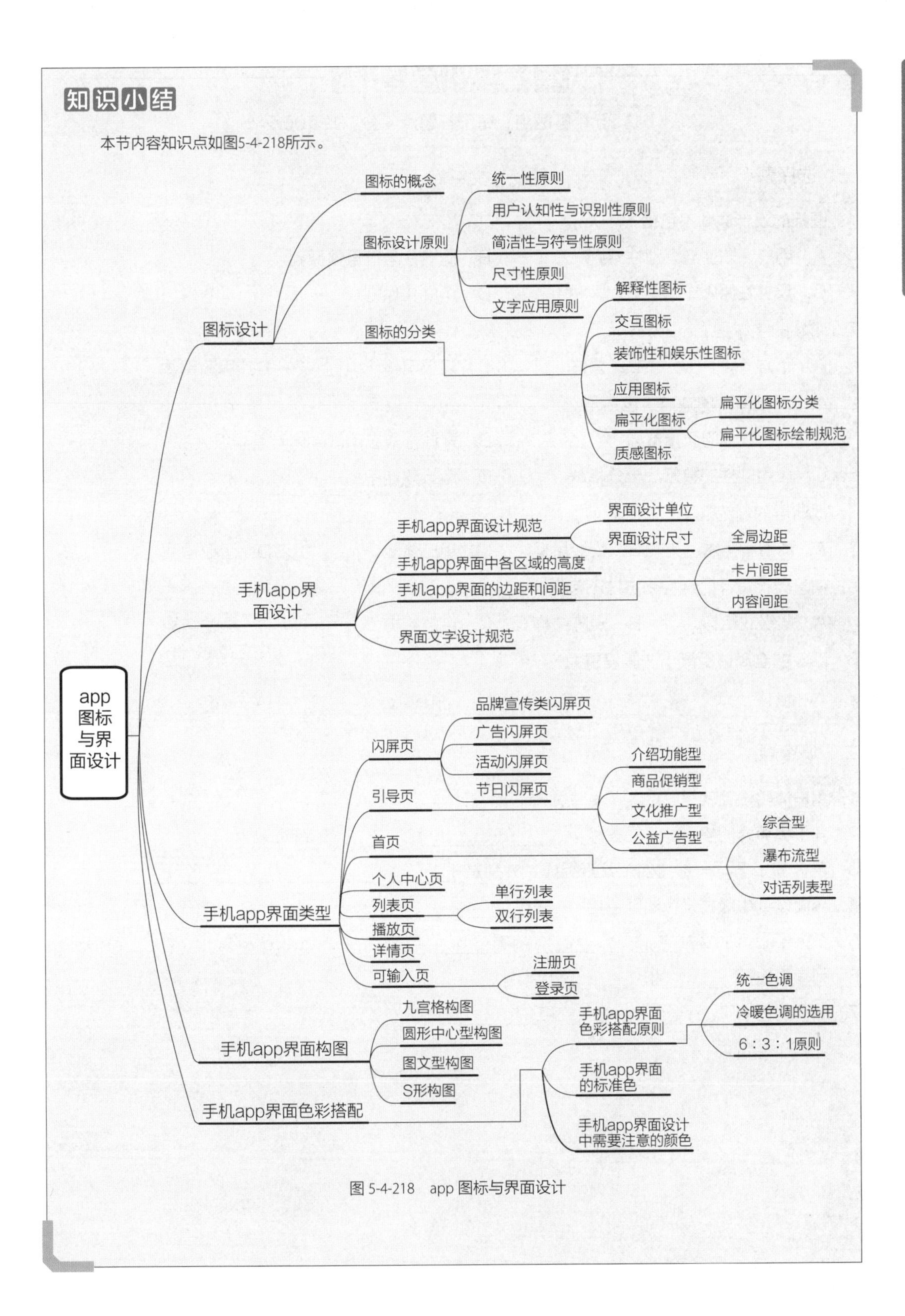

图 5-4-218 app 图标与界面设计

本章课后习题

（共 25 个答题点，每个答题点 4 分，共 100 分）

一、选择题

1. 图标的设计原则不包括（　　）。

A. 用户认知性与识别性原则　　B. 简洁性与符号性原则

C. 尺寸性原则　　D. 个性化原则

2. iOS 的字体是（　　）。

A. 苹方　　B. 黑体　　C. 汉仪黑体　　D. 思源黑体

3. Android 系统的缺点不包括（　　）。

A. 应用软件的质量不高　　B. 开源导致应用软件体验差异很大

C. 应用软件的数量上十分稀缺　　D. 运行效能不高

4. 战略层的制定以（　　）为前提。

A. 消费者需求　　B. 企业目标　　C. 用户体验　　D. 企业盈利

5. 信息架构设计的结构化方法不包括（　　）。

A. 层级式结构　　B. 矩阵结构　　C. 自然结构　　D. 面性结构

6. iOS 的全局边距最小一般设置为（　　）。

A. 32px　　B. 30px　　C. 24px　　D. 20px

二、填空题

1. 用户体验设计就是“以________为中心的设计”。
2. 扁平化概念的核心意义是去除________、________和________的装饰效果。
3. 手机 app 界面一般由四个元素组成，分别是________、________、________、________。
4. 界面设计中版式设计法则包括________、________、________。
5. 个人中心页主要由________、________和________组成的。
6. 列表页包括________和________两种。
7. 流程图包括了________、________和________流程。

A BASIC COURSE
IN GRAPHIC DESIGN

第六章

网页设计

第一节

网页界面设计基础知识

网站是由不同网页通过超链接连接而成的，而网页是由不同模块组成的。网页是像一个蜘蛛网一样的网络，而不是一张海报。所以在设计网页时，要从用户角度出发，而不能孤立地把它想象成一个平面作品。从网站的逻辑结构来看，网站由首页和子页面所组成。从网站的内容来看，一般网站的页面组成元素有文字、图像、超链接、表格、表单、动画等。

一、网页基本构成

1）页头。页头一般是用于放置网站标志（Logo）、横幅广告（Banner）和导航栏（Navigation）的。标志是网站形象的重要体现，可以让用户记住公司的品牌文化和服务理念。横幅广告是网站中常见的广告图形式。导航栏是网站必不可少的，它可以让用户清晰明了地了解网站结构，同时指引用户顺利地浏览网页。

2）主体。网页主体一般是用来呈现网页具体内容的。不同类型的网站的内容有所不同，如电商网站展示产品介绍、在线教育网站展示课程信息等，除了这些内容，还包括最新信息、热门信息、主题信息、相关信息、推荐信息等。

3）页脚。在网站页面的底部会有一个区域，称为页脚。大多数网站的页脚包含了版权声明、使用协议、联系方式、友情链接、备案号等。页脚的设计和页头的设计有所不同，它并不需要像页头的导航栏或者横幅广告的设计那样过多地注重交互性以及个性化，反而是简洁有力的页脚更有利于用户体验。通常，页脚采用极少的色彩和元素，并和网站整体风格保持一致。页脚应尽量避免使用图片背景，且内容也不宜过多。一般页脚的颜色都会比上边内容区域的暗，所以在设计时一定要降级处理，不要让页脚特别明显。

以某学院官方网站为例，首页包括搜索栏、学院专题轮播图、学院要闻、通知公告和推荐列表等，通过搜索栏可以搜索学院各系部概况、老师情况、招生就业等相关资讯。

图 6-1-1　某学院官方网站首页

学院官方网站首页（见图 6-1-1）由页头、主体和页脚组成。页头包含三部分：第一部分是标志、第二部分是导航菜单、第三部分是首页横幅广告。学院官方网站的标志通过简洁图形的结合体现学院网站的特性，其主图形的形状是盲文，直接传达出学院的教学特色。页头中间部分是导航菜单。页头底部部分是学院专题轮播图（Banner），也让界面更有视觉冲击力，且有学院特色。学院专题轮播图下方是新闻栏部分，包括“学院要闻”“通知公告”“综合新闻”“媒体关注”和“教学科研”，在此可以查阅学院各方面的关键信息。新闻栏下方是专题栏，包括“党史学习教育”“抗击疫情专题”“学生报名专题”和“高考录取查询专题”。专题栏下方是综合服务，包括“信息公开”“智慧校园”“办公 OA”“教务系统”“毕业实践”“实训申请”和“图书馆”，这几部分均是校园内部的工作系统。页面最下方是页脚部分，包括友情链接和版权信息等。

二、网页设计规范

1. 常见尺寸

根据百度统计流量研究院的数据显示，2019 年 10 月，我国网民访问 PC 端网页的主流设备分辨率为1920px×1080px，占比为42.94%。显然，绝大部分的屏幕分辨率都已经超过1366px×768px；在适配网页时则不需要对宽度为1366px以下的界面做特殊处理。所以建议创建网页时将其宽度设置为1920px，而页面中心区域的宽度常设置为1200px（或1000～1400px），这也是网页的"安全"宽度，以这个尺寸来设计的网页相对标准。换句话说，只要控制网页的实际内容展示区域在宽度为1200px的区域内，就能保证页面在用不同尺寸的浏览器访问时能够完整地显示出所有的内容。在网页设计过程中，向下拖动页面是唯一给网页增加更多内容（尺寸）的方法，但除非能肯定页面的内容会吸引用户，否则不要让用户拖动页面超过三屏。如果需要在同一页面显示超过三屏的内容，最好能设置相应的页面内部跳转链接，以方便用户浏览。需要注意的是，在设计网页时，不能将页面实际显示内容的区域（也称为安全区）等同于上限看待。考虑到部分浏览器的滚动条本身也有一定的宽度，因此显示内容区域过分贴边或是其宽度接近于整屏幕宽度的设计是不被推荐的。

2. 网页栅格

为了布局方便，设计网页时通常会将内容区域用栅格进行划分，一般会将内容区域划分为12格或者24格。同时，在栅格间增加通用的固定的间距，这样可以很好地处理大部分情况下的垂直排列问题。使用12格或24格划分方式的好处在于它们能够被2、3、4整除，方便处理内容区域中2∶1、1∶2∶1这类常见的间距分布形式。把页面整体宽度定义为W，然后将整个宽度等分成多个栅格单元A。每个栅格单元A中有一个栅格宽度a和栅格间距i，即A=a+i，它们之间的关系就是W=A×n，其中n代表了栅格数。当然，每个内容区域不止可以整除成一种栅格形式，栅格应根据内容排版的疏密程度来划分。可将过多内容的栅格和另一个栅格相加得到更大的排版空间，其他元素都须规整地待在自己的栅格内，这样就完成了一个非常科学的布局设计了。

例如，如果网页宽度是1200px，可以使用以下几种栅格划分方式：

24列，每列宽度为40px和间距为10px；

24列，每列宽度为30px和间距为20px；

30列，每列宽度为30px和间距为10px；

30列，每列宽度为20px和间距为20px。

使用栅格系统布局页面的步骤

步骤1：确定页面宽度，如1920px、1800px、1600px、1440px、1366px、1280px等。

步骤2：分析等分内容区域的复杂程度。如果内容简单，只需要等分三四份，分成12列的栅格即可；如果有较多不等分的可能性，建议分成24列的栅格，可根据情况灵活设置。

步骤 3: 根据内容布局页面，确定模块之间是否有间隔，间距尺寸是多少，在 6px、8px、10px、12px 和 20px 中选择一个方便计算、方便记忆和整除的数值即可。

步骤 4: 在 Sketch 或 Photoshop 中设置前述的参数即可得到一套栅格系统。使用栅格系统设计的网页显得有条理，看上去也很舒服，可以有效地提高网页的规范性。在栅格系统下，页面中的元素尺寸都是有同一基准线和规律的。而基于栅格系统进行设计，可以让整个网站各个页面的布局保持一致，增强页面统一性，提升用户体验。

3. 字间距

字间距会影响网页内容的可读性。字间距是字符之间的距离。在任何文本中，字间距都是影响易读性的明显因素。通常，除了特殊的需求，一般可以使用默认的字间距。行间距可以是字体高度的 1.5～2 倍，段间距可以是字体高度的 2～2.5 倍。也就是说，当用 14px 的字体时，行间距可设置为 21～28px，段间距可设置为 28～35px。

三、网页的层级与主要元素

1. 网站的逻辑构成

1）首页。访问一个网站时，用户先看到的页面就是首页，或称为主页、起始页。网站首页的功能主要有两个。一个功能是展示网站特色内容，告诉用户这个网站是干什么的，具体提供哪些服务，以及有哪些功能等，让用户一目了然地了解整个网站的信息。另一个功能是为用户的使用提供导航。在首页设置导航栏的目的就是使用户能够顺利地浏览网页，方便返回首页或继续访问下一页。导航栏可以是文本、按钮或图像等样式。

2）二级页面。在逻辑上，首页是一级页面，从首页点击进入的页面均为二级页面。二级页面之后还有三级页面等级别。从点击的概率来说，自然是越靠前访问量越高，页面层级越靠后越不容易被用户找到。

3）底层页面。在网站结构中，最后为用户提供实质资讯的页面就是底层页面。

2. 网页的内容元素

1）文本。在网页中可以设置文本文字的字体、字号、颜色、底纹及边框等属性。在网页制作中，一般应做到文字大小合理，不要使用过多字体，颜色也不宜复杂，以免影响用户的视觉体验。

2）图像。图像元素在网页中具有提供信息、展示直观形象、美化网页及体现风格等功能。图像可以用于网页的标题、网站 Logo、网页背景、链接按钮、导航栏、网页主图等。图像在网页中不可或缺，但也不能太多，因为图像的下载速度较慢。静态图像通常为 GIF、JPEG、PNG 格式，动态图像通常为 GIF 和 SVG 格式。

3）超链接。超链接是整个网站的通道，它是把网页指向另一个目的端的链接。这个目的端通常是网页，但也可以是图像、电子邮件地址、附件、程序等。

4）表格。将网页中复杂的信息通过表格的形式呈现，让用户可以一目了然地识别信息。

5）表单。表单是用来收集网站用户信息的域集。网站用户填写表单的方式有输入文本、单击单选按钮与复选框，以及从下拉菜单中选择选项。

6）动画。动画是网页上最活跃的元素之一。通常，制作优秀、富有创意的动画是吸引人的最有效的方法之一。

7）其他。网页中除了上述基本元素外，还包括横幅广告、搜索栏、字幕、悬停按钮、日戳、计数器、音频及视频等。

3. 网页的色彩

设计网页时要好好利用每一种色彩的特性，它们都有其独特的属性。不同的色彩会营造不同的气氛，不同行业也有自己的色彩，比如，金融行业网站喜欢使用颜色热烈的红色或者金黄色，环保行业网站大多喜欢使用绿色。网站设计不但要基于色彩的属性，还需要和行业的惯用色彩、企业的标准色等相关联。常用色彩的象征含义如下所示。

- 红色：象征爱情、自信、激情，是有活力、温暖的色彩，若在网站设计中应用得好，会给人带来兴奋的感觉。
- 橙色：使人感觉温暖、响亮的色彩，给人活泼、华丽、辉煌、炽热、温暖、甜蜜、快乐的感觉。
- 黄色：能传递出明朗、幸福、阳光、喜悦、温暖的情绪。
- 绿色：能给人自然、清新、和平、柔和、青春、安全、理想、富有生命力的感觉。
- 蓝色：给人深远、永恒、沉静、理智、诚实、寒冷的感觉。企业网站设计常会使用蓝色来传递自信和让人信赖的感觉。
- 紫色：象征优雅、高贵、魅力，和皇室、财富关联密切。这也是代表神秘的色彩。
- 黑色：象征崇高、严肃、刚健、坚实、沉默、黑暗、罪恶，虽然和死亡、悲剧有关，但是也能营造沉稳、大气的高级感。
- 白色：代表纯洁无瑕、朴素、神圣、明快、柔弱，能传达出高雅、纯粹和清晰的感觉。

网站配色除了要考虑网页自身特点，还要遵循相应的配色原则，避免盲目地使用色彩造成网页配色过于杂乱。网站前端网页配色的原则包括使用网页安全色和遵循配色原则。

四、网页布局结构

网页布局就是以最适合用户浏览的方式将图片和文字排放在页面的不同位置。网页的布局主要有两种：左右布局和居中布局。布局不一样时，设计的空间也不相同。

1. 左右布局

左右布局的灵活性强，UI 设计限制小。导航栏为左右通栏，宽度没限制，可根据实际情况调整。在左右布局的版式中，右侧为内容板块，是网站内容展示区域。

2. 居中布局

中间部分为有效的显示局域，用于网页内容的展示；两边的留白没实际用途，只是为适配而存在。

网页 UI 设计布局有四大原则：对齐、对比、亲密、重复。

一个好的网页版式设计，一定是疏密有致的，有大小对比，且重复、对齐的关系蕴含其中。这样才能做到版面结构层次分明，给人清晰而不紊乱的视觉影响，用户才会有兴致阅读下去。

1）对齐。多个视觉元素要有一致的对齐参考线，这样版面才不会凌乱。任何元素都不能随意安放在页面上。每个元素都应当与页面上的另一个元素有某种视觉联系。这样能创造一种清晰、精巧且清爽的外观。

2）对比。要避免页面上的元素太过相似，如果元素（字体、颜色、大小、形状、空间等）不相同，可以让它们差别大一些，如标题与正文要一大一小形成对比，这样画面才有节奏感。

3）亲密。让同一组信息内部形成亲密关系，不同组的内容相互疏远，这样版面才会疏密有致。彼此相关的项应当相互靠近，归为一组。如果多个项相互之间存在很近的亲密性，它们就会成为一个视觉单元，而不是多个孤立的元素。这有助于组织信息，减少混乱，为用户提供清晰的结构。

4）重复。类似的视觉元素可以重复套用一个模板，让版面有统一规律可循。让设计中的视觉要素在整个作品中重复出现。可以重复颜色、形状、材质、空间关系、字体、大小和图片等。重复既能增加条理性，还可以加强统一性。

网页通常会采用四大原则混合的布局形式。精心设计的版式能够为品牌突显个性，版式与图片相互作用可使整个设计的形式感和表现力有明显的提升。而文本的样式和其中包含的信息，与图片内容相互呼应、互相解读，这是最佳的搭配。

五、网页设计流程

网页设计流程可以分为原型图、视觉稿、设计规范、切图与标注、前端开发、项目走查6个阶段，如图6-1-2所示。每个阶段都需要设计师参与和了解。

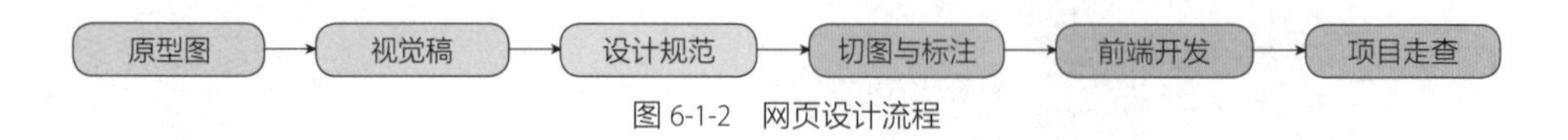

图6-1-2　网页设计流程

网站建设通常需要使用到Photoshop、Illustrator、Dreamweaver、Fireworks、Flash、HTML5、CSS3等软件。在设计初期，根据网站的需求分析使用草图绘制工具进行草图构思，绘制UI草图。设计师从诸多想法方案中筛选出最有潜力的。设计师在Photoshop或者其他软件中绘制线框图，规划信息的层次结构，将内容分组，突出核心功能，形成原型图。在与客户进行沟通之后，设计师绘制出包含细节的视觉稿，将真实的交互效果和视觉效果汇集到一起，构建成高保真效果图，并进行效果图的切图和标注。最终，前端工程师运用网页制作软件完成网站制作，如在Dreamweaver中使用HTML5和CSS3实现可交互的网站。完成网站制作后，设计师根据视觉标准对成果进行项目走查，确保网页与设计稿无出入。

1. 原型图阶段

在原型图阶段，设计师需要和产品经理沟通客户需求。

线框图是低保真的设计图，应当明确表达内容大纲（什么东西）、信息结构（在哪儿）和用户的交互行为描述（如何操作）。线框图可以理解为设计图的骨干与核心，它承载着最终网站所有重要的部分。线框图可以帮助设计师平衡保真度与设计速度。

原型图容易和线框图混淆，它是中保真的设计图，代表最终网站，用于模拟交互设计。用户可以从原型图界面上体验网站内容与交互，并像使用最终产品一样，测试主要交互效果。原型图应该尽可能模拟最终网站，不能是灰色线框的设计形式。交互则应该精心模块化，尽量在体验上和最终网站保持一致。

原型图常用于做潜在用户测试，在正式进入开发阶段前，以最接近最终网站的形式考量网站的可用性。原型图一般难以成为上好的文档，因为它得让人们费一些功夫来理解界面。但从另一个角度来看，作为界面，原型的直观和易懂反而使它成为最高效的设计文档。

2. 视觉稿阶段

视觉稿是高保真的静态设计图，是在草图、线框图及原型图的基础上发展起来的。视觉稿阶段就是要根据原型图确定的内容和大体版式完成网站的界面设计。

线框图、原型图和视觉稿的区别见表 6-1-1。

表 6-1-1　线框图、原型图和视觉稿的区别

项目	线框图	原型图	视觉稿
保真度	低	中	高
涉及内容	视觉设计阶段的框架、构图、信息分布、设计规范等	视觉设计或线框图设计前期的网站模型构想，人机交互构想序列图	表达信息框架，静态演示内容和功能
特征	手绘草图，采用黑白灰配色，代表用户界面	适合用于与客户、团队的协作、沟通，可以交互	静态视觉设计
功能	可以直接用于视觉设计 PSD 文件；方便交流	可以表现复杂的功能和交互，用于可用性测试	用于网站演示，收集用户反馈信息

3．设计规范

设计规范就是所有页面中共性的东西，如字体及字号、图片的尺寸、按钮的样式等，这些共性也是用户访问网站时会理解成固定概念的凭证。

4．网页切图

设计师在将完成稿与开发人员交接时，需要先对设计稿和切割图进行标记，并将标记和切割图的文件发送给开发人员。在网站制作的过程中，网页切图的“切”指的是依据规划的需求，应用 Photoshop 的切片工具将图像从设计稿中分离出来，配合“DIV+CSS”完成静态页面的制作。

5．前端开发

前端开发是创建网页前端界面，并将之呈现给用户的过程，通过 HTML、CSS 及 JavaScript，还有衍生出来的各种技术、框架、解决方案，实现网站用户界面的交互。

6．项目走查

网页设计完成后还需要设计师进行项目走查，以确定网页的还原度是否有问题。如果发现和设计稿出入很大，就需要前端工程师进行调整。

第二节
网页 Banner 设计

Banner（横幅广告）一般尺寸巨大，在网站之中非常显眼，主要用于展示外部广告、内部活动、推荐资讯等。Banner 的尺寸不定，通常有两种：一种是满屏形式的（宽度为 1920px 或 1440px）；一种是基于安全宽度的满尺寸（宽度为 1200px 或 1000px）。使用横跨屏幕的轮播 Banner 是时下流行的网页设计手法，设计师通过覆盖视野式的图片来营造身临其境的体验感，这非常符合人类视觉优先的信息获取方式，所以漂亮而醒目的 Banner 是抓住用户注意力的重要手段。优质的 Banner 能够让用户明白，他们可以从这个网站获取什么信息。

一、网页 Banner 的设计流程

做任何设计的前提都是要了解需求、明确定位。了解需求才能正确定位，才能让设计更好地服务需求，发挥更大的价值。

1. 确定文案信息、尺寸、素材信息

一般需求方都会确定好信息，设计师可以根据文案信息和素材获取设计灵感，进一步确定设计风格。文案的字数和内容很大程度上影响着设计的布局、风格和素材挑选。后期改动文案很容易影响设计进程。

2. 确定 Banner 投放平台和投放目的

首先要了解受众对象，投放平台拥有其相应的用户群体。受众对象和投放平台会影响设

计风格的定位，如投放到体育平台时就要突出运动感，投放到书画平台时就要有文化气息等。

3．确定需求方设计想法

设计师要注意多和需求方进行沟通，尤其是一些站在行业定位角度和基于多年经验的想法，这样既尊重了需求方，又使设计不脱离实际，可以减少改稿次数。

4．确定设计风格

网页 Banner 设计的一种方式是设计师根据客户对所宣传内容提出的设计要求，通过与其沟通，了解并掌握应设计的风格、内容及文案等。另一种方式是设计师根据自己的设计思路，依据主题进行设计。无论通过哪种方式，都会提前确定网页 Banner 的设计风格，将风格定位后，才可有后续的设计内容。

二、网页 Banner 的设计风格

1．扁平化设计风格

扁平化设计风格是一种极简的设计风格，它提倡“少即是多”的美学理念，强调极简主义。这种风格通过简洁的图形、色彩、文字及合理有序的搭配直观地向用户展示有效信息。在视觉上，扁平化设计属于“二维化设计”。它抛弃了拟物化设计中惯用的高光、阴影等能造成立体感、透视感的效果，其核心是摒弃一切装饰效果，如透视、阴影、渐变、肌理或 3D 效果等。这种风格的网页 Banner 中各元素的边界干净利落，不添加任何羽化、渐变、阴影等效果，通过简化、抽象化、符号化的设计元素来表现，常使用极简抽象的图形、矩形色块、简洁的字体。一个简单的形状加上没有景深的平面，版面简洁、整齐，画面简约、清爽、现代感十足，信息表达简单、直接。相比常见的拟物化设计，扁平化设计省略了一切仿真元素，弱化装饰因素对信息传达的干扰，使受众将注意力集中在信息本身，强化版式设计的传达功能，如图 6-2-1 所示。扁平化设计风格在近几年的网页 Banner 设计风格中是比较常见的。另外，扁平化设计风格不局限于网页 Banner 设计，在其他很多领域也应用广泛。

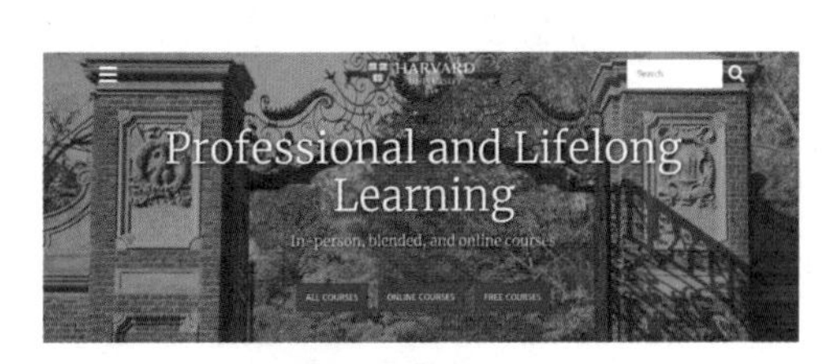

图 6-2-1　哈佛大学的“终身学习”网页 Banner

2．插画设计风格

插画设计风格有很多种。在网页 Banner 中比较常用的插画是扁平化插图、手绘插图、肌理插图和渐变插图。

随着设计风格的不断改变，近些年，立体的插画设计风格受到了追捧，成为较常使用的风格 2.5D 插画风格更是在商场海报、app 开屏广告、网站 Banner 和专题页等中大量使用。不得不说，在视觉传达方面，立体插画得天独厚，其立体视觉效果的呈现让画面特别有层次感，令人印象深刻。

3．促销类设计风格

网页 Banner 的作用是进行宣传和活动推广，所以传统的设计风格便是由产品或是活动图案与文案组合而成。这种设计形式几乎是特定的，也是最常使用的设计风格，会大量地出现在网页中，宣传类或销售类的电商网页更是青睐于这种促销类设计风格，如图 6-2-2 和图 6-2-3 所示。

图 6-2-2　购物网站网页 Banner 示例 1

图 6-2-3　购物网站网页 Banner 示例 2

4．科技类设计风格

科技类设计风格的 Banner 概括来讲就是科技感的文字与科技感的背景图相结合，外加以科幻类元素点缀，用色以蓝、紫等冷色调为主，画面给人硬朗感、空间感、速度和力量的感觉。细节上可以用到的点缀元素有光效、金属效果、线条、光点等。一般使用科技类设计风格的网页 Banner 均与网页本身所输出的内容与信息相关。还有一种使用情况是宣传以科技、时代为主题的活动。

5．传统设计风格

这种设计风格一般字体会采用书法字体，文案多用竖排版方式，用户按照从上到下、从右向左的顺序阅读。可以选用的素材有印章、中国山水画、墨迹、剪纸、园林窗格、古风纹样、京剧、卷轴等。

6．新设计风格

界面设计的视觉趋势，需要我们高度重视。对视觉风格的研究是设计工作中必不可少的一个方面。而且，互联网的发展和用户需求的变化是非常快的。之前，一种设计风格可能会维持几年，但是现如今，几乎每年都有新的流行趋势产生。

（1）3D 沉浸式体验

3D 设计中的深度、光影和纹理等效果，可为用户带来更接近真实世界的体验，为最终产品的整体外观和用户感受增添一个额外的维度。将插画设计风格转变成 3D 设计风格后，不仅可以给用户留下更深刻的印象，还能使画面更加丰富与生动，如图 6-2-4 所示。

图 6-2-4　3D 风格界面设计

（2）玻璃拟态

玻璃拟态风格的界面具有透明的玻璃外观，使界面元素拥有“透过玻璃”的外观和感觉。用户可以透视图层，这些图层让空间层级更加清晰且丰富。使用彩色背景时效果最佳，因为这个效果是基于背景的模糊状态，如图 6-2-5 所示。

（3）智能渐变

这种新的渐变效果，是将渐变色彩运用到关键功能上，以突出强调重要信息。此外，智能渐变效果也可以为图形设计作品提供丰富的细节和深度。示例如图 6-2-6 和图 6-2-7 所示。

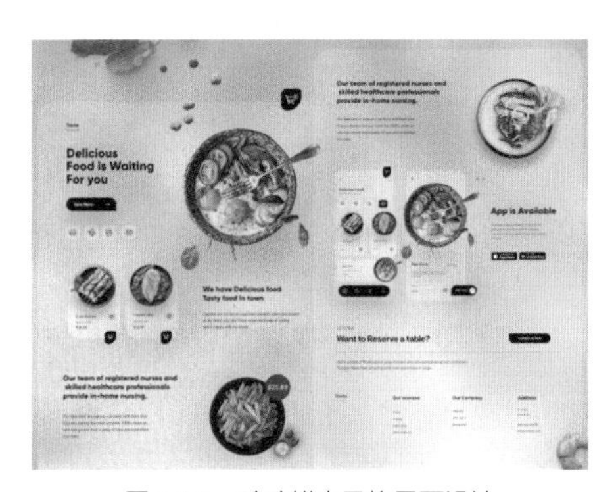

图 6-2-5　玻璃拟态风格界面设计

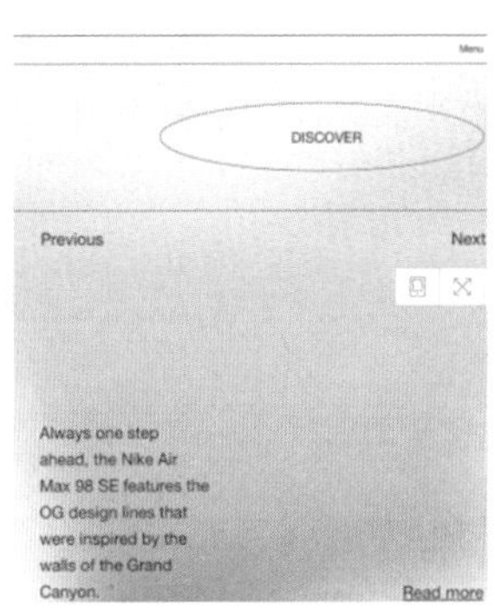

图 6-2-6　智能渐变风格界面设计示例 1

图 6-2-7　智能渐变风格界面设计示例 2

（4）新拟态风格

新拟态风格是一种类似“浮雕”的微立体呈现效果，介于扁平风格和 3D 风格之间，依靠光影，为元素赋予真实感。新拟态的设计关键在于元素与背景之间的关系处理得非常柔和，富有层次感。如图 6-2-8 所示。

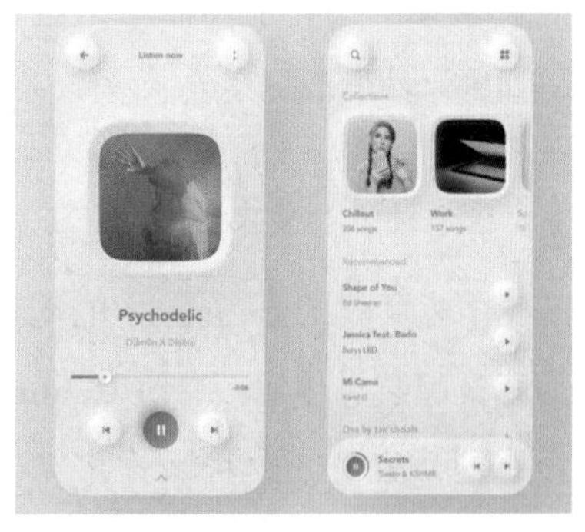

图 6-2-8　新拟态风格界面设计

三、网页 Banner 的版式

网页 Banner 设计的一步重要工作就是排版，即将文字、图片、图形等可视化信息元素放在 Banner 上，调整其位置、大小，使 Banner 达到美观的视觉效果。网页 Banner 的版式总结如图 6-2-9 所示。

1. 左右版式

这是最常见的构图方式之一，容错率也较高，一般为文字与图片分别在整个 Banner 的左、右两侧。此版式的优点为文案与图片均能清晰、明了地展现在用户面前。

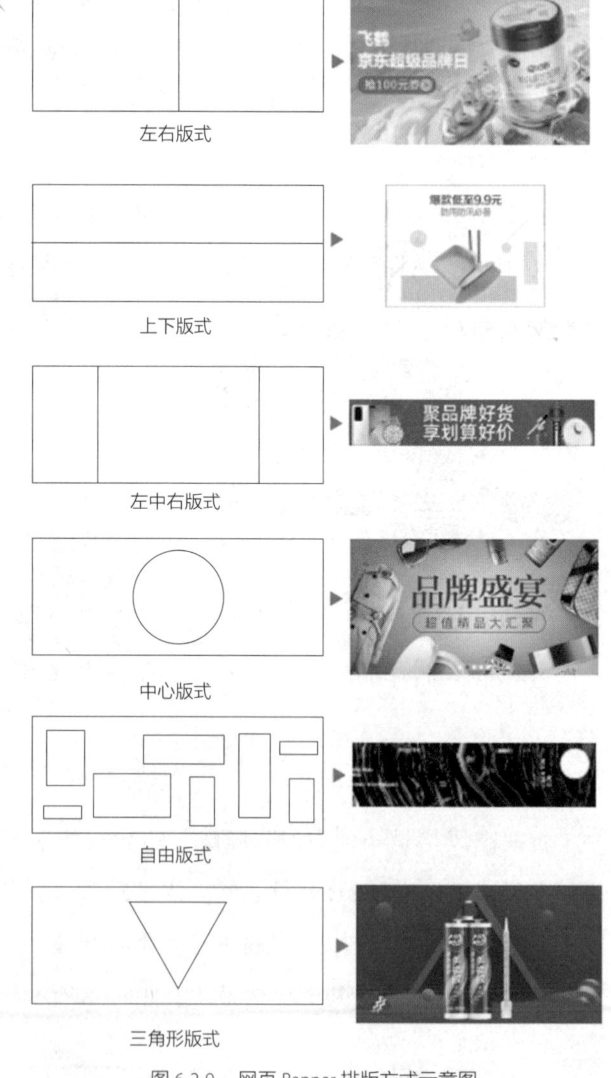

图 6-2-9 网页 Banner 排版方式示意图

2. 上下版式

这种版式“一般采用上字下图”的形式。上下版式比较好掌握，常见于一个 Banner 中要出现多个人物或商品，而多个人物或商品在左右版式里不好摆放时。

3. 左中右版式

这种版式相比左右版式更具丰富度，但较难把握。如果 Banner 上要出现两个人物或两个商品元素，比较适合采用左中右版式；想要重点突出某一人物或商品时，也可使其居中，然后把文案放在两侧。

4. 中心版式

中心版式的 Banner 中的图片作为背景起装饰作用，有时 Banner 中没有图片素材。这种版式常见于文案内容比较抽象、不适宜或者不需要用到图片素材来表达画面内容的情况，或没有代表性的图片素材作为画面主体的情况。

5．自由版式

自由版式难把握，但会更具设计感。自由版式其实也是基于一定的规律进行创意变幻的，万变不离其宗，但此类版式更丰富，会给人眼前一亮的感觉。

6．三角形版式

在圆形、矩形、三角形等基本形态中，正三角形（金字塔形）是最具安全、稳定因素的形态，而圆形和倒三角形则给人以动感和不稳定感。三角形版式个性、结构感强，排布分明。

四、网页 Banner 的设计技巧

一个网站中的 Banner 是非常重要的。电商网站 Banner 的重要性尤为明显，它的最主要作用是营销，要让消费者有冲动去购买。这对设计的要求很高。对于企业网站也一样，一个合适的 Banner 不仅能吸引眼球，同时也能让用户更好地理解产品及其功能。

Banner 的设计是有规律与技巧可循的。

1．要突出重点内容，展示企业文化

设计 Banner 的时候，可以通过文字来体现企业文化，告诉用户企业最近的优惠活动、企业的实力如何等。而且这些文字要重点突出，其他元素则要弱化来衬托重点的文字。

2．要明确主题

Banner 设计要突出网站的主题，少使用辅助的干扰元素，这样用户在进入网站的时候就可以快速识别 Banner 的含义。同时要注意，Banner 不能“切”得太碎，内容也不能太多，明确主题，否则很容易分散用户的注意力。

3．文案要吸睛

好的标题能够吸引人的注意，所以做好 Banner 设计的第一件事情，就是需要设计走心的文案。所谓走心，就是触动人的心灵，或者说让人感兴趣，激发点击欲望。

4. 产品数量要控制好

不少需求方都想在 Banner 中展示很多产品，少至四五个，多达 8~10 个。这样的 Banner 就成了产品的展示区。Banner 的面积是非常有限的，设置太多产品就失去了 Banner 的意义。因此，在设计 Banner 的时候，要控制好产品图片的数量，不要影响视觉效果。

5. 合理搭配色彩

一般来说，Banner 的设计都会通过夸张的色彩来吸引用户的注意，从而提升 Banner 的吸引力。但是过多使用比较亮的颜色，很容易造成用户的视觉疲劳，甚至产生不良的感觉。因此，不建议使用太多醒目的颜色。

6. 要符合用户的阅读习惯

一般来说，用户阅读文字的时候，习惯从左到右、从上到下阅读。Banner 的设计也要按照这种习惯，方便用户阅读，提升用户体验。

7. 选择合适的字体

体现男性气质的字体有方正粗谭黑、站酷高端黑、造字工房版黑、蒙纳超刚黑。体现文艺气质的字体有方正大（小）标宋、方正静蕾简体、方正清刻本悦宋、康熙字典体。黑体让人感觉粗壮、紧凑，颇有力量感，可塑性很强，适用于各种大促类的电商广告。宋体的衍生字体有很多，有长有扁，有胖有瘦，旅游类网站经常会用到此类字体。运用宋体进行排版时，既清新又文艺。

8. 在短时间内激起用户的点击欲望

用户浏览一个网页的时间可能非常短，因此设计 Banner 时不建议使用动画，而应第一时间展示产品，直接点明主题，同时搭配符合产品特点的口号。

9. 强化 CTA 按钮

网页首图常常和行为召唤（CTA）按钮搭配使用。首图通常在视觉上极其突出，搭配有 CTA 按钮的首图是用来吸引用户，传递信息，并引导用户点击的。所以，CTA 按钮和视觉信息丰富的图片之间，不应该互相干预，而应通过设计让 CTA 按钮更加突出，让图片处于辅助的位置，最终达到吸引和引导用户的目的。CTA 按钮的视觉重量应该超过图片的视觉重量。

10. 重视留白设计

设计 Banner 的时候要注意留白的设计，这样图片及文字都会有“呼吸”的空间，有主有次，不至于使用户眼花缭乱。

五、网页 Banner 设计实训

1. “界面设计网课”网页的 Banner 设计

（1）设计需求

①设计风格为扁平化风格。

②主体颜色为蓝色。

③主题文案为“界面设计”“零基础　高薪　就业课”，辅助文案为“不忘初心　不劳寻觅　与喜欢的设计不期而遇　只为更好的自己”。可根据设计需求添加辅助文案。

（2）设计要求

①尺寸：宽为900px，高为400px。

②颜色模式为RGB颜色模式。

③分辨率为300ppi。

④保存文件格式为 Illustrator源文件格式与JPEG格式。

（3）实施操作

Step 01 打开 Illustrator CC 2019，选择“文件”→“新建”，在“新建文档”对话框中设置画板“宽度”为900px、“高度”为400px，“颜色模式”为“RGB颜色”，“光栅效果”为“高（300ppi）”，单击“创建”按钮，如图6-2-10所示。

图 6-2-10　新建文件

Step 02 使用“矩形工具”，在画板上绘制与画板等大的矩形，“填色”为“R: 0、G: 255、B: 255”。效果如图6-2-11所示。

图 6-2-11　绘制矩形

Step 03 在背景上增加一些细节。使用“钢笔工具”绘制一条直线段，将其“描边”颜色设置为“R: 233、G: 244、B: 243”，“描边”宽度设置为6pt，“不透明度”设置为45%。直线段长度与画板宽度相等。将之放置在画板最左侧，按住<Alt>键，配合鼠标复制直线段并将之向右水平移动28px。按<Ctrl+D>快捷键重复上一操作，不断地复制，直到直线段铺满整个画板。选中蓝色背景，选择“对象”→“锁定”→“所选对象”，将背景锁住，以方便后期操作。接下来将所有直线段选中，单击鼠标右键，在右键菜单中选择“编组”。效果如图6-2-12所示。

图 6-2-12　绘制直线矩阵

Step 04 使用“椭圆工具”，在画面四周绘制出不同大小的椭圆形，“填色”为“无”，“描边”宽度为10pt，“描边”颜色为“R: 233、G: 244、B: 243”，“不透明度”为38%。效果如图6-2-13所示。

图 6-2-13　绘制椭圆形

Step 05 使用“圆角矩形工具”，在画板右上方绘制一个大小为688px × 200px，“圆角半径”为12px的圆角矩形。“填色”为“R: 74、G: 237、B: 255”，“描边”宽度为8pt，“描边”颜色为黑色。效果如图6-2-14所示。

图 6-2-14　绘制蓝色圆角矩形

Step 06 在刚绘制完成的蓝色圆角矩形内，再使用“圆角矩形工具”绘制一个638px × 171px的圆角矩形，“圆角半径”为12px。“填色”为“R: 242、G: 247、B: 247”，“描边”宽度为5pt，“描边”颜色为黑色。效果如图6-2-15所示。

图 6-2-15　绘制灰色圆角矩形

Step 07 使用“圆角矩形工具”绘制一个682px × 212px的圆角矩形，“圆角半径”为12px，“填色”为“R: 184、G: 242、B: 243”，“描边”宽度为8pt，“描边”颜色为黑色。将圆角矩形的“不透明度”设置为54%。将之选中并单击鼠标右键，在右键菜单中选择“排列”→“后移一层”，将它放置在刚绘制的两个圆角矩形下方，塑造层次感。效果如图6-2-16所示。

图 6-2-16　绘制第三个圆角矩形

Step 08 使用“圆角矩形工具”绘制一个683px × 197px，“圆角半径”为12px的圆角矩形，“填色”为“R: 117、G: 137、

B: 135”，将之叠放在前面两个圆角矩形下方，使其成为“阴影”。效果如图6-2-17所示。

图 6-2-17　绘制作为阴影的圆角矩形

Step 09 使用“钢笔工具”在两个圆角矩形顶端绘制一个三角形，“填色”为“R: 117、G: 137、B: 135”。单击鼠标右键，在右键菜单中“排列”→“后移一层”，将其与作为阴影的圆角矩形放置在同一层，完善阴影的效果，如图6-2-18所示。

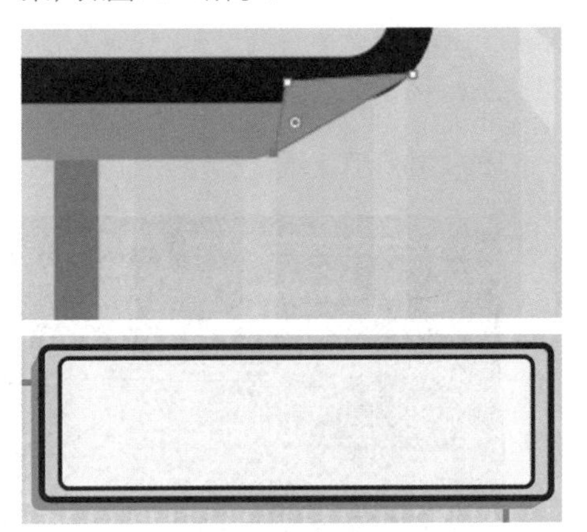

图 6-2-18　完善阴影效果

Step 10 使用“矩形工具”绘制两个大小不同的矩形，大小分别为265px×55px与398px×58px。颜色为黑色，如图6-2-19所示。

图 6-2-19　绘制黑色矩形

Step 11 使用“矩形工具”绘制4个大小不同的矩形，颜色为“R: 84、G: 119、B: 115”，使其叠放在一起，如图6-2-20所示。

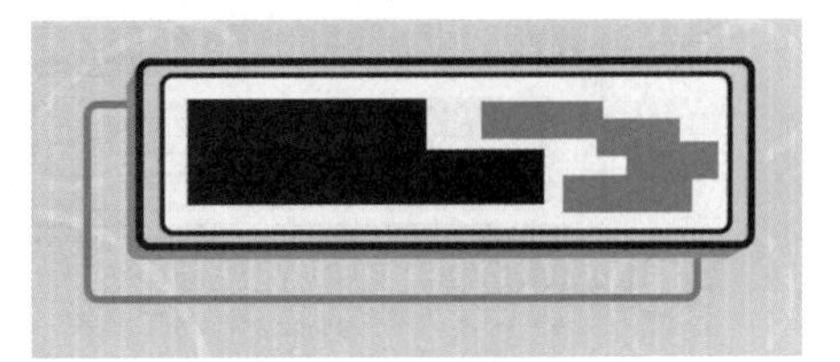

图 6-2-20　绘制绿色矩形

Step 12 参照上一步，使用“矩形工具”绘制4个大小不同、颜色不同的矩形。“描边”宽度均为3pt，“描边”颜色均为黑色。从上到下，矩形的“填色”依次为“R: 237、G: 230、B: 154”“R: 221、G: 175、B: 182”“R: 184、G: 242、B: 237”“R: 156、G: 202、B: 239”。绘制的这4个矩形作为CTA按钮，使用鲜艳颜色以吸引用户，传递信息，并引导用户去点击按钮。效果如图6-2-21所示。

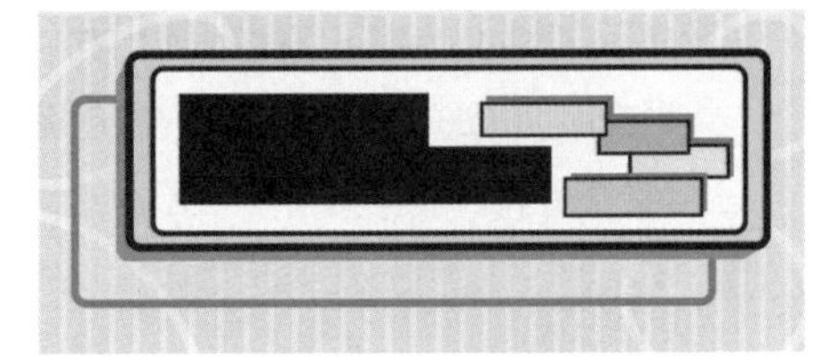

图 6-2-21　绘制 CTA 按钮

Step 13 如图6-2-22所示，绘制3个颜色分别是红、黄、蓝的大小不同的矩形，将黑色矩形塑造出有阴影的效果，并进行区域的划分。红、黄、蓝三色的矩形不必太规整，能体现立体效果即可，这样会使画面更加灵活。

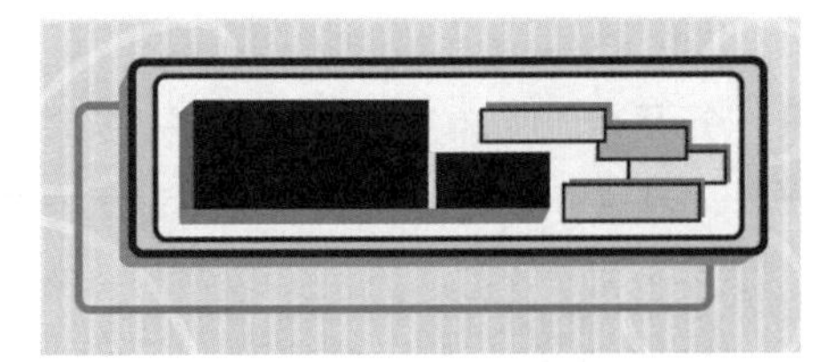

图 6-2-22　制作立体效果

Step 14 使用“椭圆工具”绘制几个大小不同的圆形，“填色”为白色，“描边”宽度为4pt，“描边”颜色为黑色。效果如图6-2-23所示。

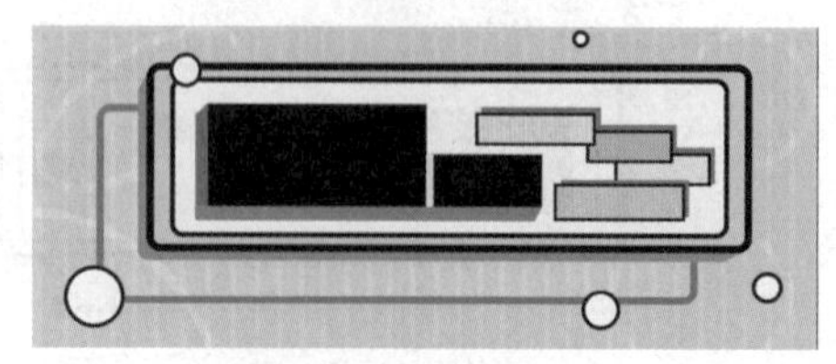

图 6-2-23　绘制几个圆形

Step 15 输入主题文案“界面设计”，字体为PingFang SC，字体大小为48pt，字体颜色为白色；输入“零基础　高薪　就业课”，字体为PingFang SC，字体大小为40pt，字体颜色为白色。输入辅助文案“报名注册”“名师讲解”“UI精英”“点击试听”，字体为PingFang SC，字体大小根据按钮的大小设置，字体颜色为黑色；输入“不忘初心　不劳寻觅　与喜欢的设计不期而遇　只为更好的自己”，字体为PingFang SC，字体大小为20pt，字体颜色为白色。Banner最终效果如图6-2-24所示。

图 6-2-24　Banner 制作完成

2. “招聘宣传”网页 Banner 设计

（1）设计需求

①设计风格为插画风格。

②主体颜色无限制，可自定。

③主题文案为“告别前任　从薪出发”，辅助文案为“2021秋季招聘会”“创造属于你的舞台，加入我们吧、JOIN US！”。可根据设计需求添加辅助文案。

（2）设计要求

①尺寸：宽为1390px，高为400px。

②颜色模式为RGB颜色模式。

③分辨率为300ppi。

④保存文件格式为Photoshop源文件格式与JPEG格式。

（3）实施操作

Step 01 打开Photoshop CC 2019，选择“文件”→“新建”，在“新建文档”对话框中设置画布“宽度”为1390像素、“高度”为400像素，“分辨率”为“300像素/英寸”，“颜色模式”为“RGB颜色”，如图6-2-25所示。

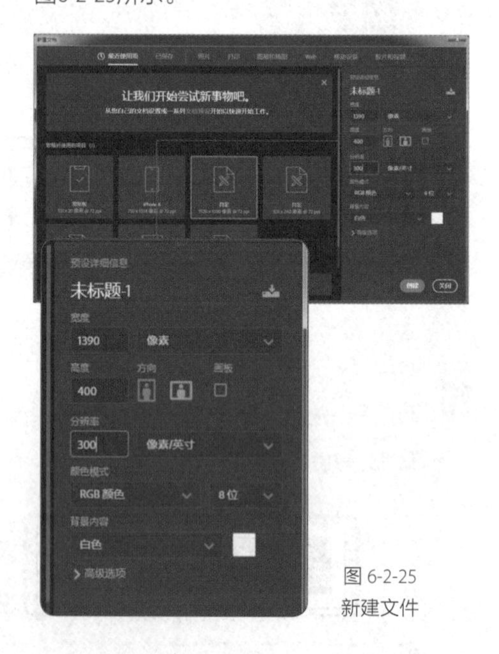

图 6-2-25　新建文件

Step 02 在“图层”面板上，双击“背景”图层，为其添加“颜色叠加”图层样式。添加的颜色为“R: 96、G: 62、B: 242”，如图6-2-26，

图6-2-27所示。

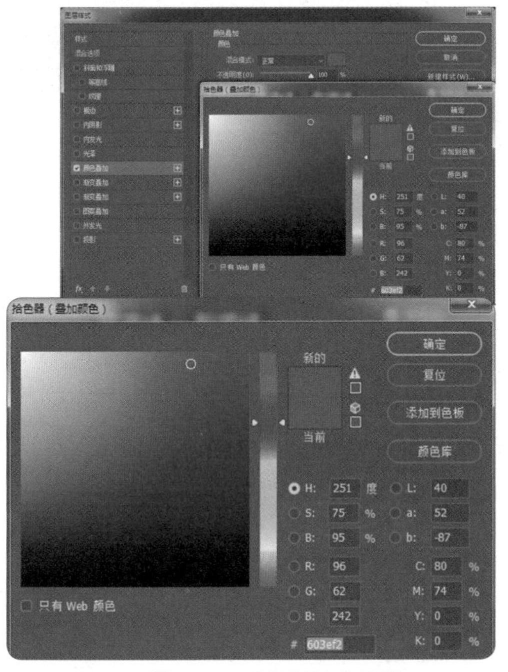

图 6-2-26 “颜色叠加”设置

图 6-2-27 颜色效果

Step 03 将背景图层锁住，新建图层。使用“钢笔工具”在画面底部绘制出波浪形状，“填充”颜色为“R: 21、G: 46、B: 146”。将图层名称改成“深色底纹图层”。效果如图6-2-28所示。

图 6-2-28 绘制波浪形状

Step 04 在图层面板上，双击“深色底纹图层”添加“内发光”图层样式。在面板上，将“结构”的“混合模式”设置为“滤色”，“不透明度”设置为77%；将“图素”的“方法”设置为“柔和”，“源”设置为“边缘”，“大小”设置为29像素；将“品质”的“范围”设置为50%。点击“确定”按钮。主要过程图如图6-2-29、图6-2-30所示。

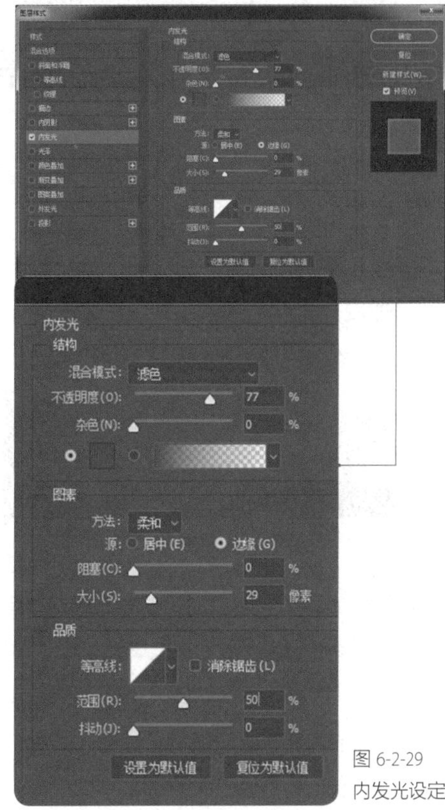

图 6-2-29 内发光设定

图 6-2-30 效果预览

Step 05 使用“钢笔工具”在画面右侧绘制一个波浪图形，“填充”颜色为“R: 27、G: 57、B: 112”，如图6-2-31所示。

图 6-2-31 绘制波浪形

Step 06 使用“钢笔工具”在画面左侧绘制一个波浪图形，“填充”颜色为“R: 181、G: 215、B: 254”，如图6-2-32所示。

图 6-2-32　绘制波浪形

Step 07 为此图层添加图层蒙版，将“前景色”设置为黑色，使用“画笔工具”，将画笔“硬度”调低，把图形边缘涂抹至如图6-2-33所示的状态，将“不透明度”设置为55%。

图 6-2-33　修饰边缘

Step 08 使用“钢笔工具”在画面左侧绘制波浪形，“填充”颜色为“R: 174、G: 97、B: 228”。为此图层增加图层蒙版，将“前景色”设置为黑色，使用“画笔工具”，将画笔“硬度”调低，把图形边缘涂抹至如图6-2-34所示的状态，将“不透明度”设置为55%。

图 6-2-34　绘制波浪形并修饰其边缘

Step 09 使用“钢笔工具”在画面右侧绘制波浪形，“填充”颜色为“R: 162、G: 92、B: 230”，“不透明度”为90%。为此图层增加图层蒙版，将“前景色”设置为黑色，使用“画笔工具”，将画笔“硬度”调低，把图形边缘涂抹至如图6-2-35所示的状态，将“不透明度”设置为55%。

图 6-2-35　绘制右侧紫色区域

Step 10 新建图层，使用“画笔工具”，将画笔“硬度”调低，颜色设置为“R: 86、G: 206、B: 246”。涂抹整个画面，但留出右上角的区域。效果如图6-2-36所示。

图 6-2-36　用画笔填色

Step 11 选择刚绘制的“蓝色图层”，按<Ctrl+Alt+G>快捷键创建剪贴蒙版，如图6-2-37所示。

图 6-2-37　建立剪贴蒙版

Step 12 使用“钢笔工具”在画面右侧绘制波浪图形，“填充”颜色为“R: 88、G: 62、B: 244”，“不透明度”为70%。在“图层”面板中选中此图层，在菜单栏中选择“滤镜”→“转换为智能滤镜”，后再选择“滤镜”→“模糊”→“高斯模糊”，将“半径”设置为3.2像素。主要过程图如图6-2-38、图6-2-39、图6-2-40所示。

图 6-2-38 “高斯模糊”参数

图 6-2-39 建立智能滤镜

图 6-2-40 效果预览

Step 13 在“图层”面板上选中刚绘制形状的图层，单击鼠标右键，选择“复制图层”。关闭新图层的智能滤镜，按<Ctrl+T>快捷键进行自由变换，将形状等比缩小后向上移动，塑造出形状的层次感。主要过程图如图6-2-41、图6-2-42所示。

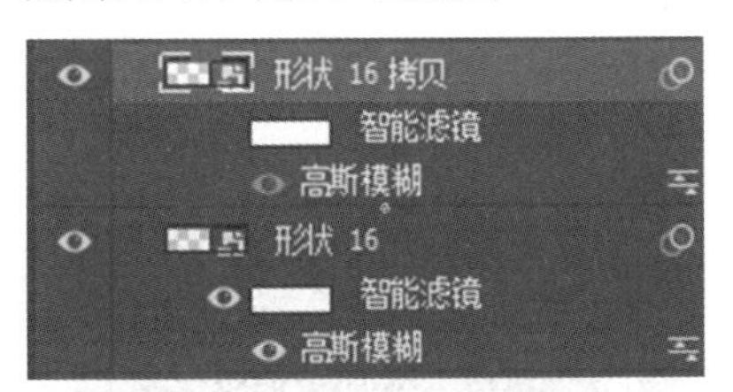

图 6-2-41 复制图层并关闭智能理滤镜

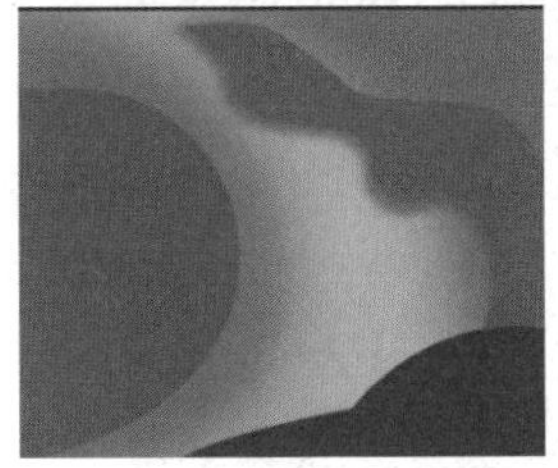
图 6-2-42 效果预览

Step 14 使用“钢笔工具”在画面右侧绘制不规则形状，“填充”颜色为“R: 119、G: 51、B: 242”，“不透明度”为70%。为此图层添加图层蒙版，使用“画笔工具”，模糊形状边缘，如图6-2-43所示。

图 6-2-43 模糊形状边缘

Step 15 使用“钢笔工具”在画面的左侧绘制两个不规则图形，颜色分别为“R: 79、G: 83、B: 232”“R: 68、G: 57、B: 211”，如图6-2-44所示。

图 6-2-44 添加图形

Step 16 使用“钢笔工具”在画面的左侧再绘制1个不规则图形，颜色为“R: 68、G: 57、B: 211”。然后新建图层，绘制一个矩形，为其添加“渐变叠加”图层样式。起始滑块颜色为“R: 139、G: 69、B: 136”，终止滑块为透明效果。主要过程图如图6-2-45、图6-2-46所示。

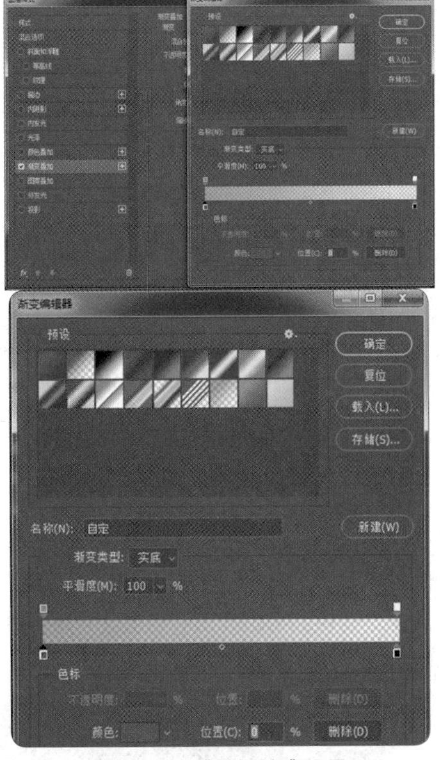

图 6-2-45 “渐变叠加”设置

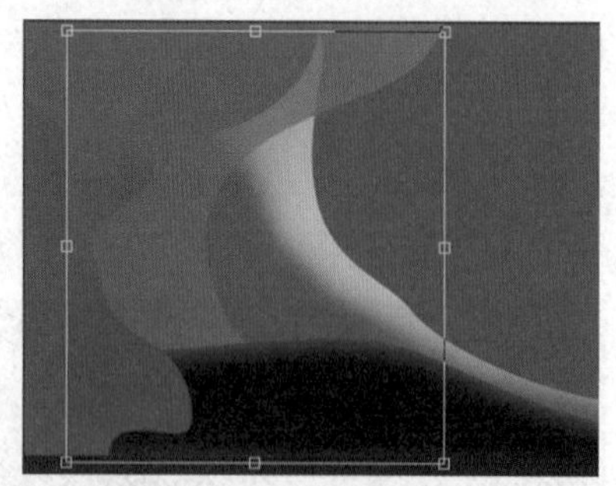
图 6-2-46　调整渐变矩形大小

Step 17 选择设置“渐变叠加”的图层，按<Ctrl+Alt+G>快捷键创建第三个不规则图形的剪贴蒙版，如图6-2-47所示。

图 6-2-47　完善第三个不规则图形

Step 18 新建一个空白图层，使用“钢笔工具”绘制第四个不规则图形，再为不规则图形添加“渐变叠加”图层样式，起始滑块颜色为“R: 18、G: 32、B: 166”，终止滑块为透明效果。图形完成效果如图6-2-48所示。

图 6-2-48　完善第四个不规则图形

Step 19 新建一个空白图层，使用“钢笔工具”绘制一个水滴形不规则图形，再为不规则图形添加“渐变叠加”图层样式，起始滑块颜色设置为“R: 149、G: 255、B: 222”，终止滑块为透明效果。用上述方法完成其他水滴形的绘制，如图6-2-49所示。

图 6-2-49　绘制多个不规则水滴形

Step 20 使用“椭圆工具”绘制大小不同的白色椭圆，为画面增添细节，如图6-2-50所示。

图 6-2-50　增加细节

Step 21 输入主题文字“告别前任　从薪出发”。文字大小为90点，字体为PingFang SC，字体颜色为白色。为文字图层添加图层样式，勾选“斜面与浮雕”，“样式”设置为“内斜面”，“方法”设置为“平滑”“深度”设置为100%，“大小”设置为5像素，“高光模式”设置为“滤色”“不透明度”设置为50%，“阴影模式”设置为“正片叠底”，颜色设置为“R: 65、G: 115、B: 218”，如图6-2-51所示。

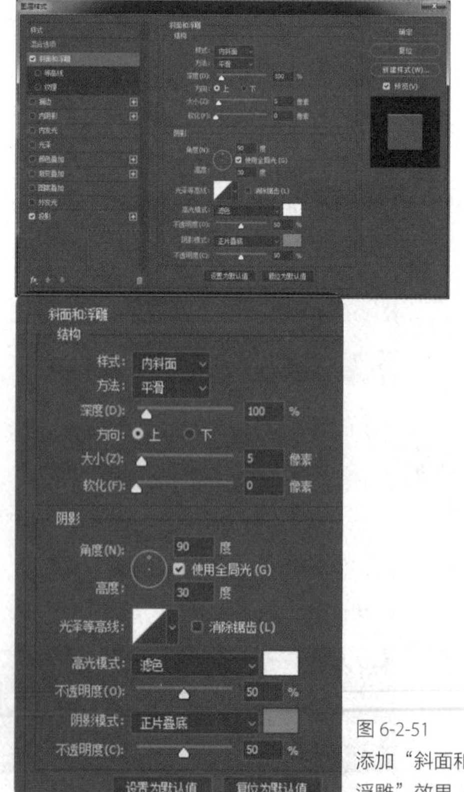

图 6-2-51　添加“斜面和浮雕”效果

Step 22 在“图层样式”对话框中勾选“投影”，将“混合模式”设置为“正片叠底”颜色设置为“R: 4、G: 108、B: 109”，“不透明度”设置为59%，“距离”设置为4像素，“大小”设置为4像素，如图6-2-52。效果如图6-2-53所示。

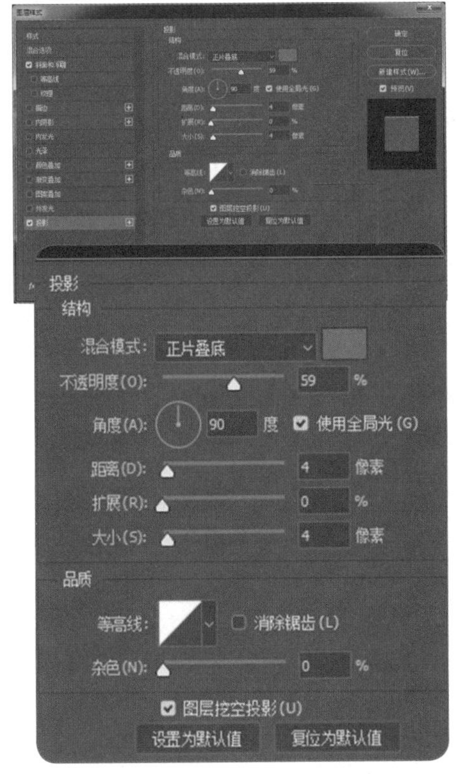

图 6-2-52 “投影”参数设置

图 6-2-53 输入主标题后的效果

Step 23 在主标题上方输入文字“2021秋季招聘会”。文字大小为24点，字体为PingFang SC，字体颜色为白色，如图6-2-54所示。

图 6-2-54 添加文字“2021 秋季招聘会”

Step 24 在主标题下方绘制一个颜色为“R: 255、G: 235、B: 0”的平行四边形。再绘制4个小平行四形，颜色与背景相同，在大平行四边形两端各放两个，塑造出镂空的效果。输入文字“创造属于你的舞台 · 加入我们吧 · JO IN US！”，颜色为“R: 0、G: 45、B: 121”。效果如图6-2-55所示。

图 6-2-55 添加其他辅助文案

Step 25 使用“钢笔工具”绘制出纸飞机的线框，为之填充白色。在下方绘制一个圆角矩形，颜色为白色，在其上输入文字“投递简历”，文字大小为26点，字体为PingFang SC，字体颜色为白色，如图6-2-56所示。

图 6-2-56 添加纸飞机和按钮

Step 26 使用“钢笔工具”绘制出插画人物的线框，并选择合适的颜色进行填充。插画人物作为装饰，使得整个Banner更加丰富、有层次。最终效果如图6-2-57所示。

图 6-2-57 最终效果

3．科技类网页 Banner 设计

（1）设计需求

①设计风格为2.5D插画风格。

②主题颜色自定。

③主题文案为“互联网技术创意博览会”，辅助文案为“AI智能科技　改变未来”“北京　8月29日”。

④CTA按钮为“了解更多”。

（2）设计要求

①尺寸：宽为1390px，高为400px。

②颜色模式为RGB颜色模式。

③分辨率为300ppi。

④保存文件格式 Illustrator源文件格式与JPEG格式。

（3）实施操作

Step 01 打开 Illustrator CC 2019，选择“文件”→“新建”，在“图稿和插图”中选择“A4”，单位选择“像素”，“颜色模式”设置为“RGB颜色”，“光栅效果”设置为“高（300ppi）”，单击“创建”按钮，如图6-2-58所示。

图 6-2-58　新建文件

Step 02 在A4画板上绘制出2.5D插画。先使用“直线段工具”，按住＜Shift＞键，在画板上绘制适当长度的水平直线段。选择绘制完成的直线后按住＜Alt＞键，用鼠标拖动以复制直线段。复制完成后按＜Ctrl+D＞快捷键，重复上一操作，直至直线段平铺于整个画面。选中整个画板中的直线段，单击鼠标右键，选择“编组”。效果如图6-2-59所示。

图 6-2-59
绘制直线矩阵

Step 03 选中直线段组，单击鼠标右键，在弹出的菜单中选择“变换”→“旋转”，将“角度”改为60°，单击“复制”。选择经过以上操作的直线段组，按＜Ctrl+D＞快捷键重复上一复制操作。选中画板中的所有直线，将其“描边”宽度改为0.25pt，“不透明度”改为50%。如此制作的网格如图6-2-60、图6-2-61所示。

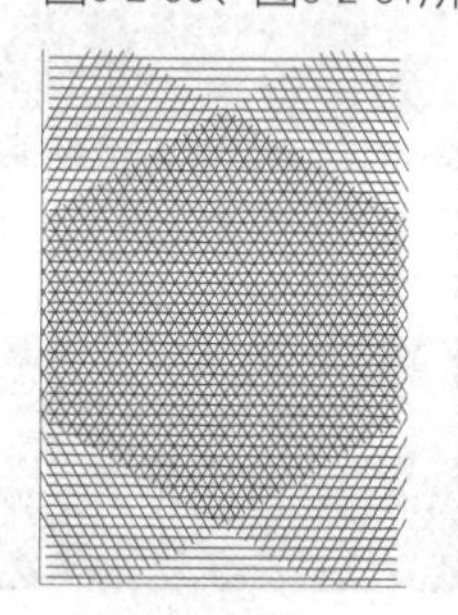

图 6-2-60
绘制网格矩阵

图 6-2-61
修改“不透明度”

Step 04 将绘图过程中所需的色块放在画板上，方便在绘制的过程中使用“吸管工具”进行快速上色。选中所有色块，单击“属性”面板上的“填色”，单击“新建颜色组”，将其建成组，如图6-2-62、图6-2-63所示。

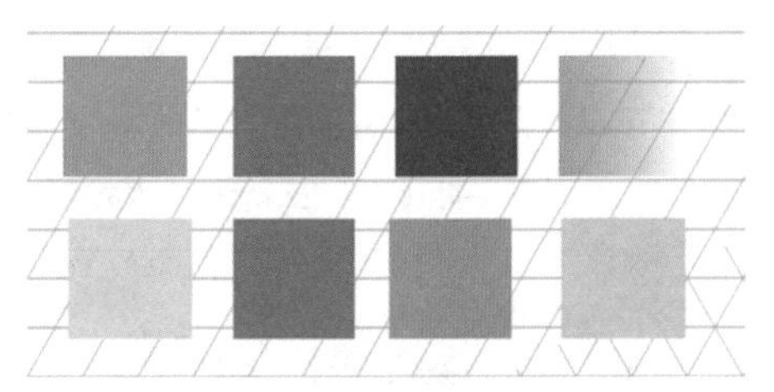

图 6-2-62　放置所需色块

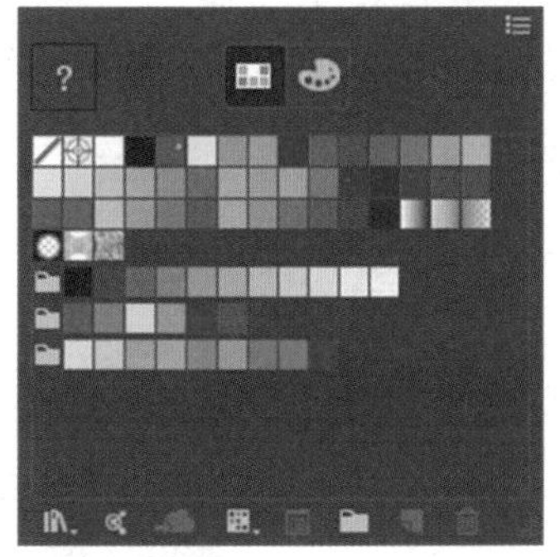

图 6-2-63

新建颜色组

Step 05 使用“实时上色工具”绘制出一个菱形，颜色为“R: 127、G: 235、B: 255”，如图6-2-64所示。

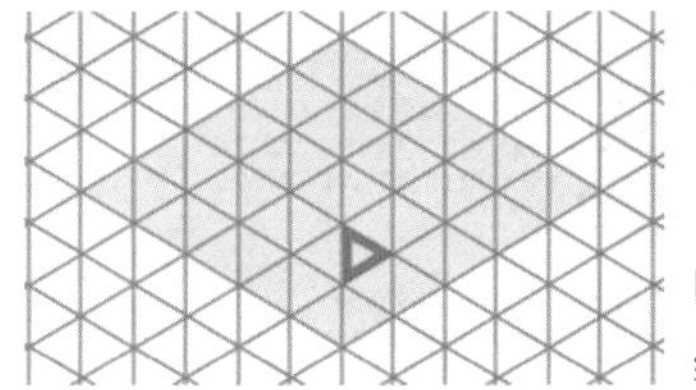

图 6-2-64

绘制菱形

Step 06 用上一步的方法绘制出正方体的另外两个面。颜色分别为“R: 0、G: 208、B: 255”“R: 0、G: 160、B: 233”，如图6-2-65、图6-2-66所示。

图 6-2-65　使用“实时上色工具”绘制

图 6-2-66　绘制出另外两个面

Step 07 用上述方法，将长方体的内部结构画出来，内部三个面的颜色从浅到深分别为“R: 127、G: 235、B: 255”“R: 0、G: 160、B: 233”“R: 24、G: 127、B: 196”，如图6-2-67所示。

图 6-2-67

绘制内部结构

Step 08 用上述方法，画出长方体的底座，三个面的颜色从浅到深分别为“R: 0、G: 114、B: 255”“R: 85、G: 50、B: 0”“R: 60、G: 90、B: 0”，如图6-2-68所示。

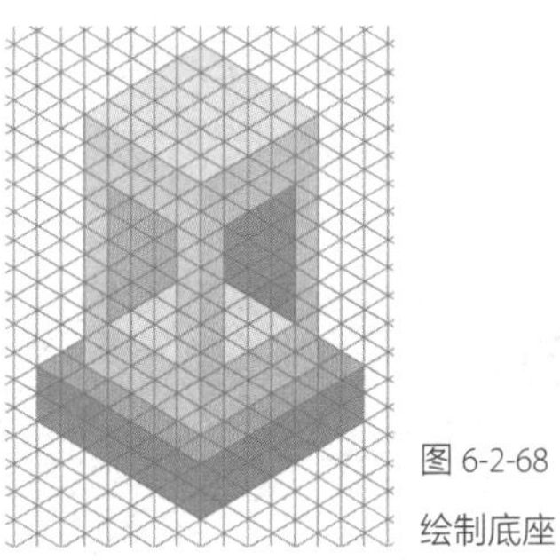

图 6-2-68

绘制底座

Step 09 选中画面中的所有内容，在上方属性栏中单击“扩展”后，单击鼠标右键，选择“取消编组”。然后将网格删除，简单的立体图像就绘制完成，如图6-2-69所示。

图 6-2-69

简单立体图像绘制完成

Step 10 添加细节。绘制两个大小不同的矩形，将其颜色设置为“R:0、G:208、B:255”。在“对齐”面板中，选择“水平居中对齐”“垂直居中对齐”；在“路径查找器”面板中选择“差集”，使其成为镂空状态，如图6-2-70、图6-2-71、图6-2-72所示。

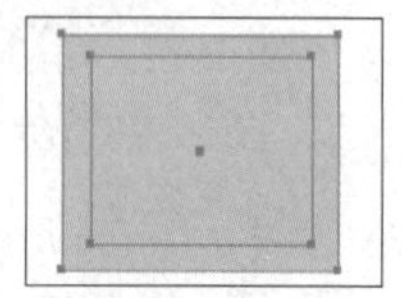

图 6-2-70　绘制两个不等大的矩形

图6-2-71　“对齐”面板和“路径查找器”面板

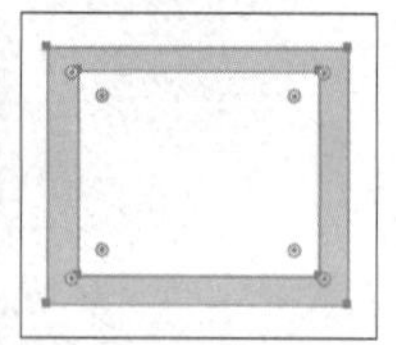

图 6-2-72　镂空矩形

Step 11 单击“效果”→“3D”→“凸出和斜角”，将“位置”设置为“等角-上方”，“角度”依次为45°、35°、-30°，“凸出厚度”设置为30pt；勾选“预览”，若效果满意，单击“确定”按钮，如图6-2-73、图6-2-74所示。

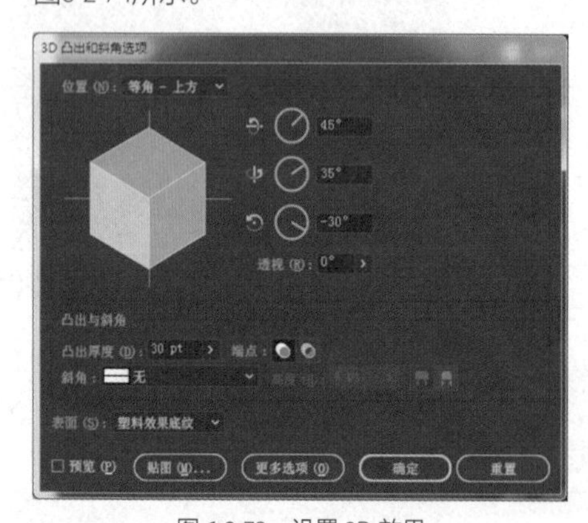

图 6-2-73　设置 3D 效果

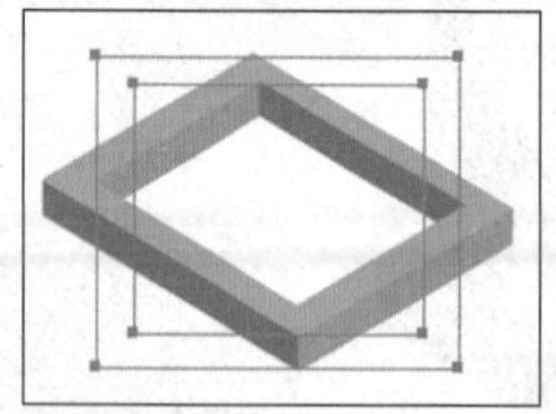

图 6-2-74　效果预览

Step 12 使用“直接选择工具”选中镂空立体图像的边，将之拖动至长方体边缘，使其与长方体对齐，如图6-2-75、图6-2-76所示。

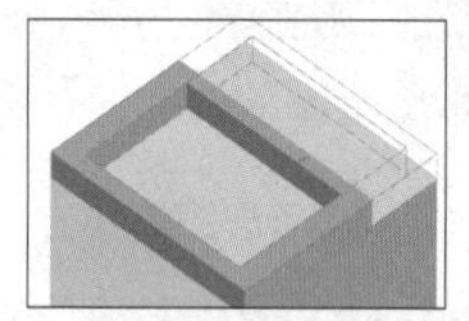

图 6-2-75　拖动至边缘

图 6-2-76　将边缘对齐

Step 13 选中镂空立体图像，单击“对象”→“扩展外观”，然后单击鼠标右键，选择“取消编组”。使用“吸管工具”吸取颜色组里的颜色，使其更有立体效果，如图6-2-77所示。

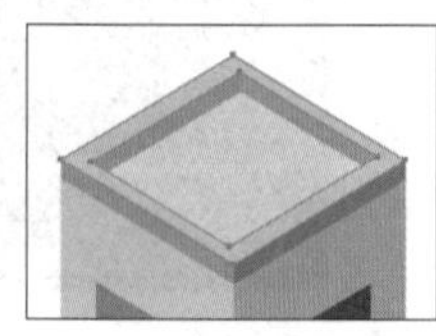

图 6-2-77　修改颜色

Step 14 在画板中新设3个色块，颜色如图6-2-78所示。

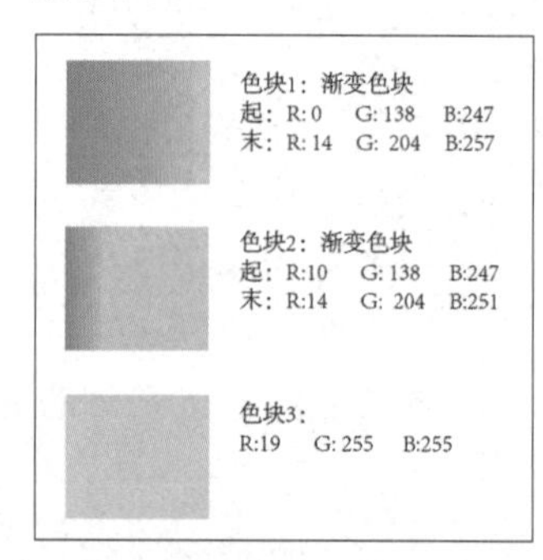

图 6-2-78　设置新色块

Step 15 使用“矩形工具”绘制一个矩形，单击“效果”→“3D”→“凸出和斜角”，将“位置”设置为“等角-上方”，“角度”依次为45°、35°、-30°。“凸出厚度”设置为20pt；勾选“预览”，若效果满意，单击“确定”按钮，如图6-2-79、图6-2-80所示。

图 6-2-79　绘制矩形

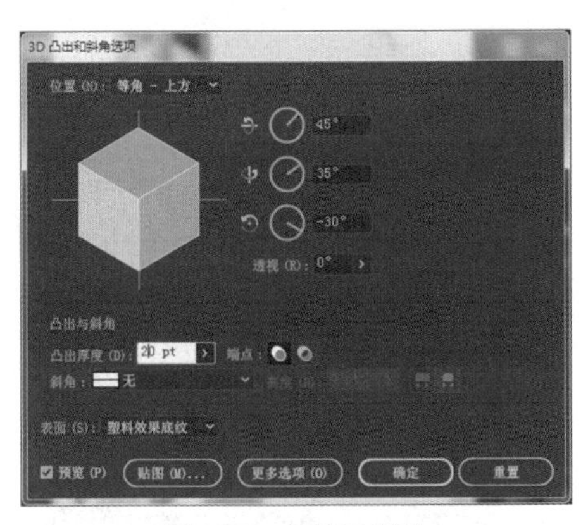

图 6-2-80　设置 3D 效果

Step 16 选中立体图像，单击“对象”→“扩展外观”，然后单击鼠标右键，选择“取消编组”；使用“吸管工具”吸取颜色组里的颜色，顶面颜色同色块1，左侧面颜色同色块2，右侧面颜色同色块3。使其更有立体效果，如图6-2-81、图6-2-82所示。

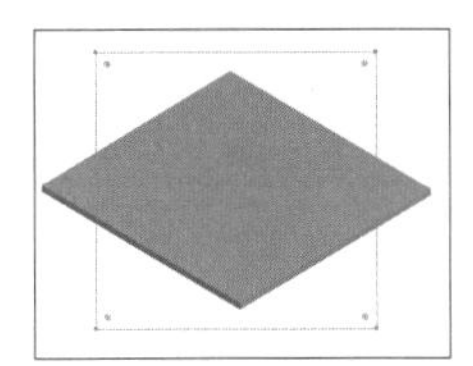

图 6-2-81　效果预览

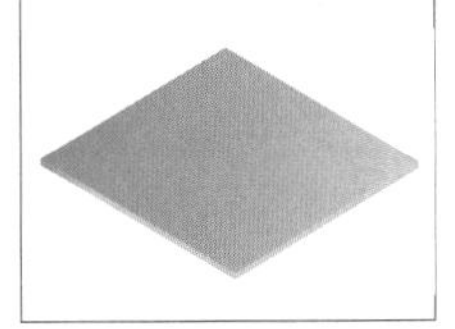

图 6-2-82　修改颜色

Step 17 用上述方法，绘制“凸出厚度”为90pt的立体矩形。新设渐变色块4，渐变颜色如图6-2-83所示。立体矩形顶面颜色同色块3，左侧面颜色同色块2，右侧面颜色同色块4。如图6-2-84所示。

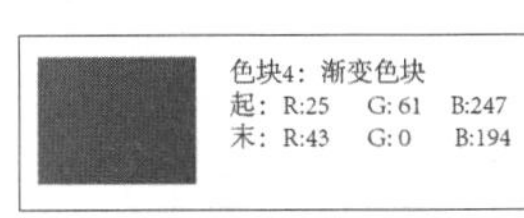

图 6-2-83
色块 4

图 6-2-84
立体矩形效果

Step 18 使用“钢笔工具”绘制如图6-2-85所示图形，用上述方法将其制作成“凸出厚度”为50pt，“位置”为“离轴-右方”的立体图像。顶面颜色同色块1，渐变角度为180°。左侧颜色同色块4，右侧颜色同色块2，如图6-2-86、图6-2-87所示。

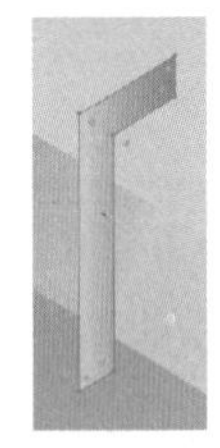

图 6-2-85
绘制图形

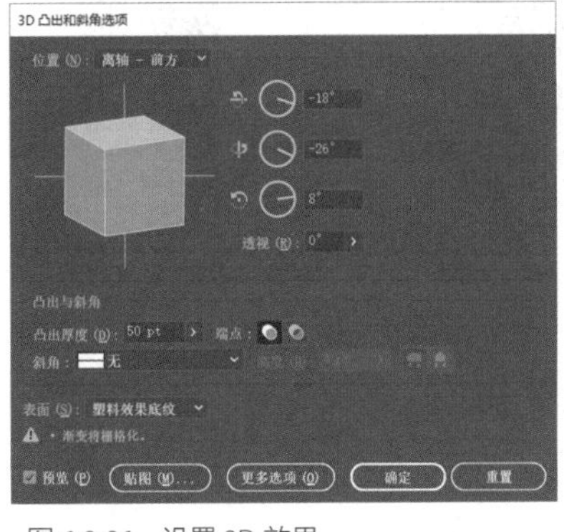

图 6-2-86　设置 3D 效果

图 6-2-87
预览效果

Step 19 按住<Alt>键，复制2个上一步绘制的图形，并等使之距排列。如图6-2-88所示。

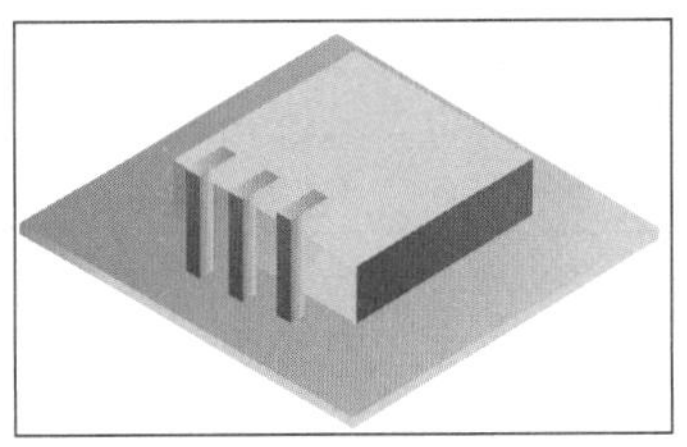

图 6-2-88
复制并排列图形

Step 20 通过前述方法，绘制出窗子和钟楼，并将之与前面绘制好的立体图形组合。选中所有图像，进行编组。如图6-2-89、图6-2-90所示。

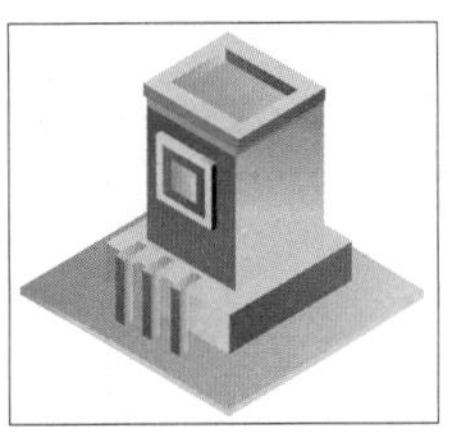

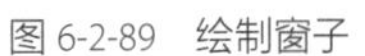

图 6-2-89　绘制窗子

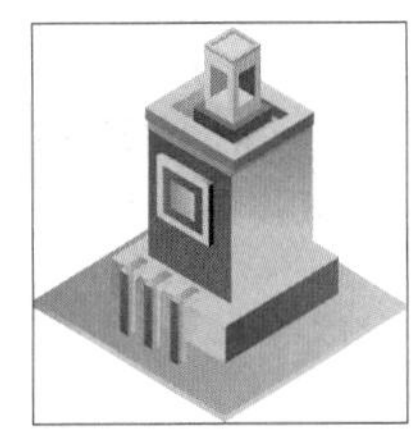

图 6-2-90　绘制钟楼

Step 21 绘制“凸出厚度”为50pt，“位置”为“等角-上方”的长方体图像。顶面颜色同色块3，左侧面颜色同色块4，右侧面颜色同色块1，如图6-2-91、图6-2-92所示。

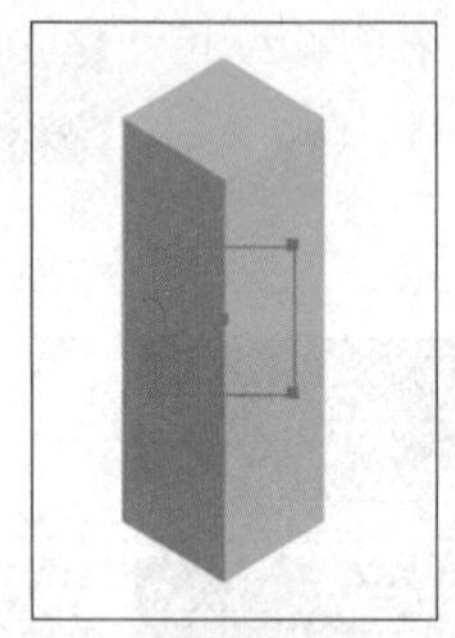

图 6-2-91 绘制长方体并设置 3D 效果

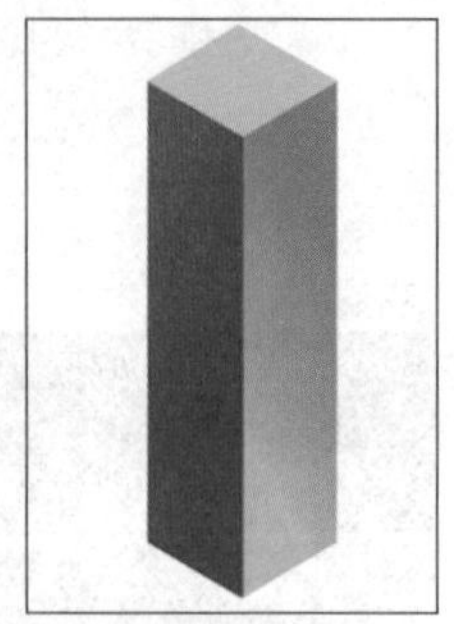

图 6-2-92 修改颜色

Step 22 将长方体旋转至合适角度，按住<Alt>键，复制5个同等大小的长方体后，将其连接成“楼梯”的形式，如图6-2-93所示。

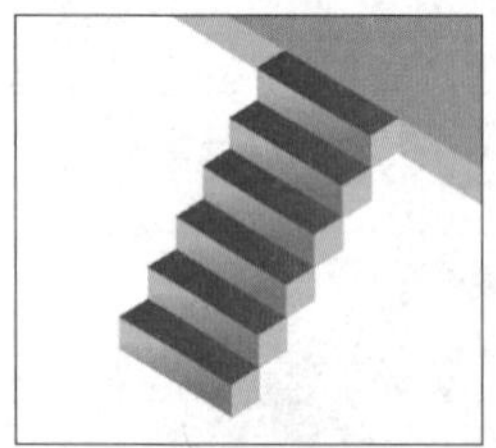

图 6-2-93 组合成楼梯

Step 23 绘制“凸出厚度”为20pt，“位置”为“等角-上方”的镂空长方体图像（方法同Step 10、Step 11）。顶面颜色同色块1，左侧面颜色同色块2，右侧面颜色同色块3，内侧面颜色同色块4。在镂空长方体上绘制出颜色同色块3的虚线平行四边形。主要过程图如图6-2-94、图6-2-95所示。

图 6-2-94 绘制镂空长方体

图 6-2-95 绘制虚线平行四边形

Step 24 新设渐变色块5，颜色如图6-2-96、图6-2-97所示。

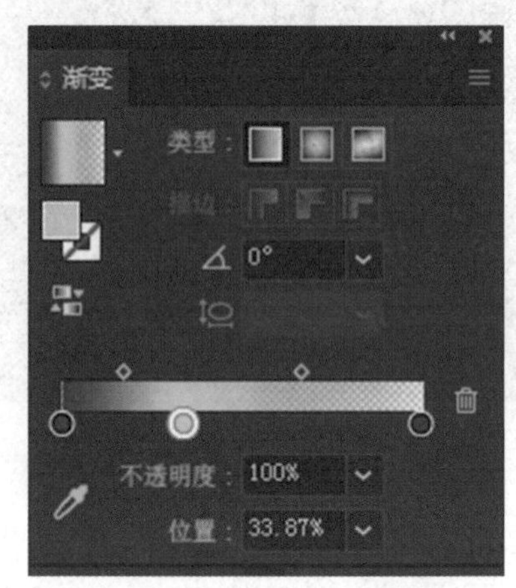

图 6-2-96 “渐变”设置

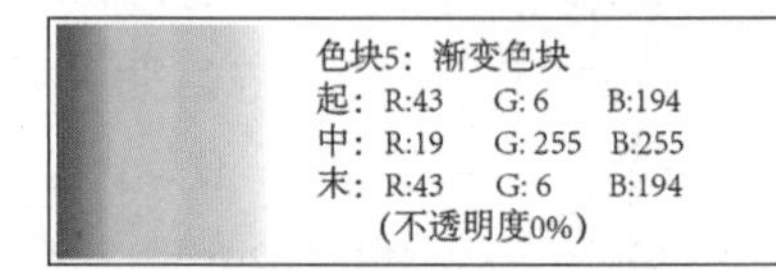
色块5：渐变色块
起：R:43 G:6 B:194
中：R:19 G:255 B:255
末：R:43 G:6 B:194
(不透明度0%)

图 6-2-97 色块 5

Step 25 绘制长方形，颜色同色块5，在长方形上添加3个大小不同的椭圆（颜色同色块3），使之形成圆柱，如图6-2-98、图6-2-99所示。

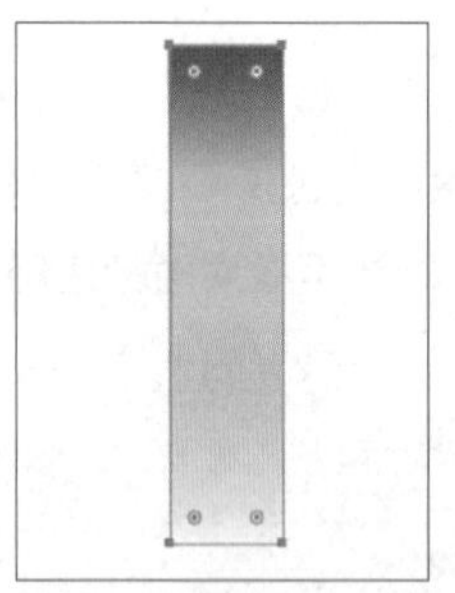

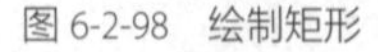

图 6-2-98 绘制矩形

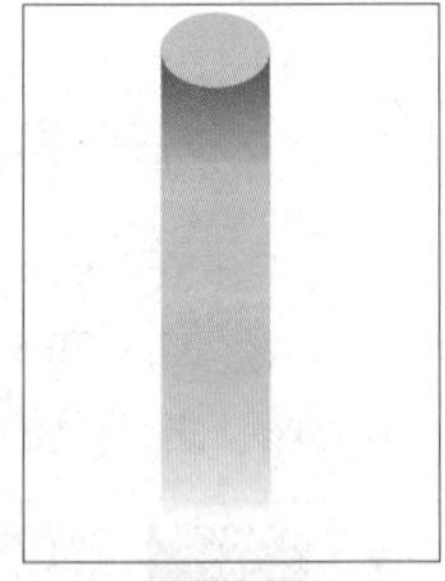

图 6-2-99 添加 3 个椭圆

Step 26 将渐变圆柱放大或是缩小，得到多个圆柱，将之分别放在立体图像四周，以增添图像的层次感，如图6-2-100所示。

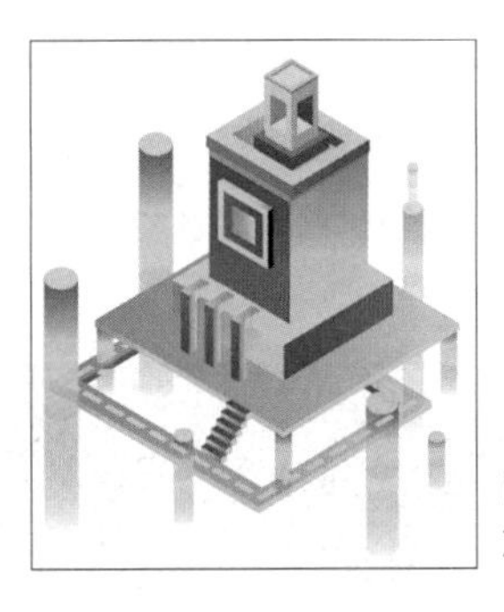

图 6-2-100
放置圆柱

Step 27 新设色块6、色块7、色块8，色值如图6-2-101所示。

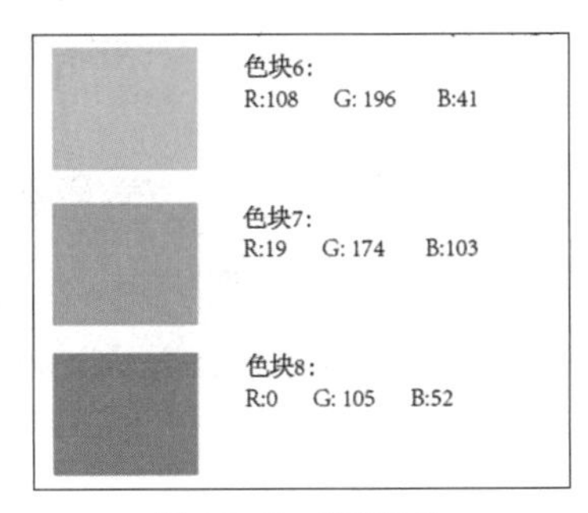

图 6-2-101　新设色块

Step 28 绘制一个正方体，将之选中，选择“对象”→“扩展外观”，然后单击鼠标右键，选择“取消编组”。删除正方体顶面，然后使用“直接选择工具”，选中剩余图像部分最上方的两个点，删除。再使用“直接选择工具”，选中图像中间的点，按住＜Shift＞键，向上拖动点，形成立体的三棱锥。主要过程图如图6-2-102、图6-2-103、图6-2-104所示。

图 6-2-102
用 3D 功能绘制立方体

图 6-2-103
删除顶面

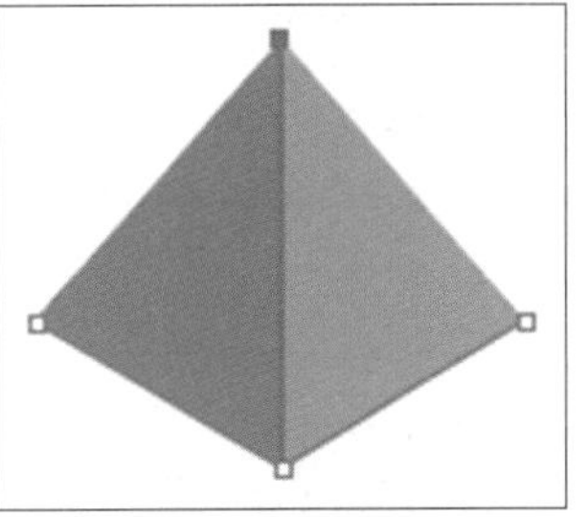

图 6-2-104
完成三棱锥

Step 29 三棱锥左侧面颜色同色块6，右侧面颜色同色块7。选中三棱锥，通过＜Ctrl+C＞、＜Ctrl+F＞快捷键就地粘贴。然后，选中新粘贴的三棱锥，按住＜Shift＞键，将之从下至上缩小，并使其颜色同色块8。主要过程图如图6-2-105、图6-2-106所示。

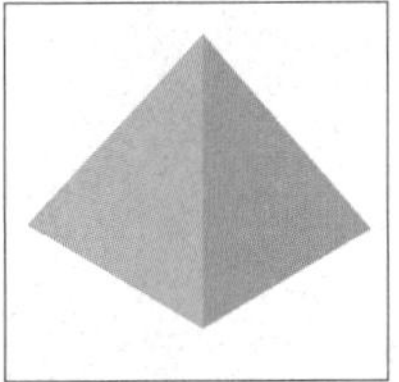

图 6-2-105
修改颜色

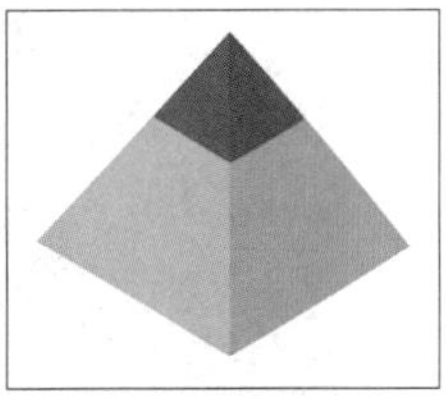

图 6-2-106
复制并缩小三棱锥

Step 30 复制、粘贴三棱锥，绘制成3层的树木的形态。多复制、粘贴几个树木，并将树木放置在合适的位置。主要过程图如图6-2-107、图6-2-108所示。

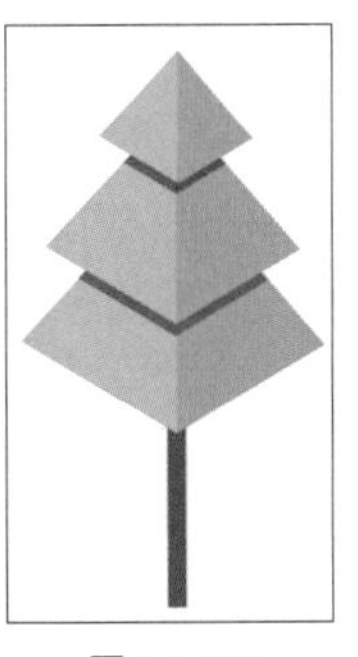

图 6-2-107
做出树木形态

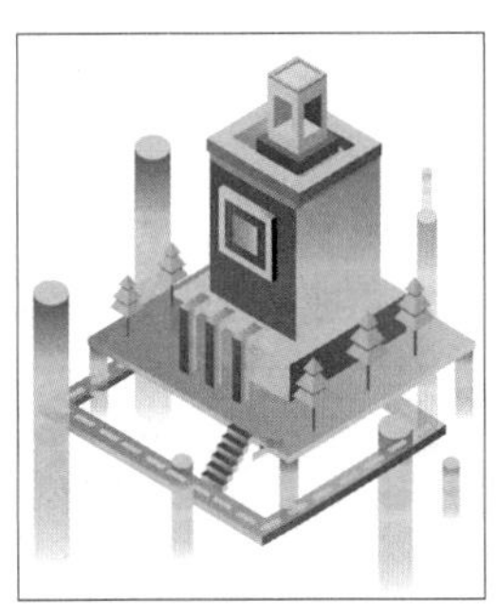

图 6-2-108　复制并放置树木

Step 31 使用“钢笔工具”绘制出云朵的形状，选择“效果”→“3D”→“凸出和斜角”，将立体图像的绕三轴旋转的角度依次设置为-3°、23°、-2°，“凸出厚度”设置为50pt，单击“确定”按钮，如图6-2-109、图6-2-110所示。

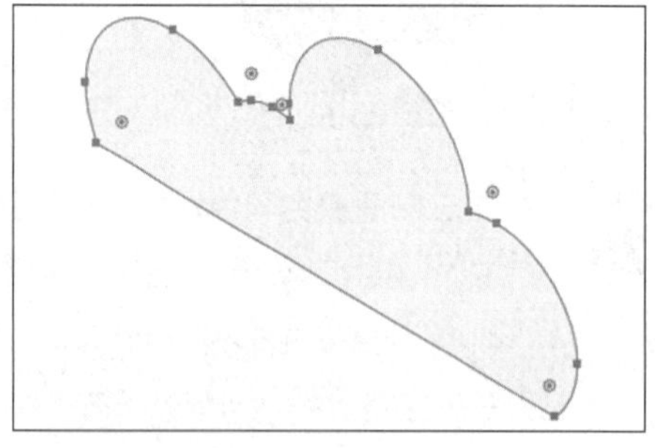

图 6-2-109　绘制云朵形状

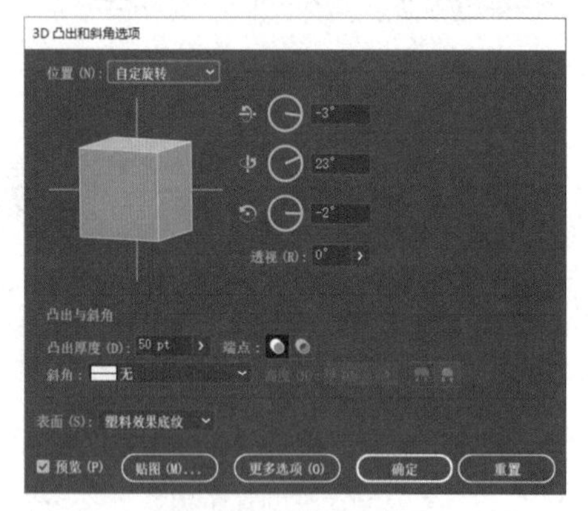

图 6-2-110　设置 3D 效果

Step 32 如图6-2-111所示，云朵正面颜色为“R: 244、G: 255、B: 238”。顶面的颜色分别与色块2与色块3相同。设置完成后，将其复制一份，并将两个云朵分别放置在前面完成的立体图形的两侧。

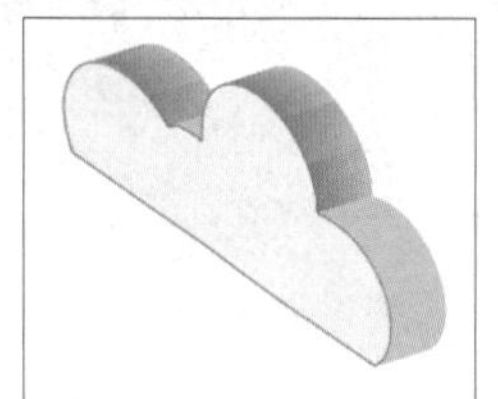

图 6-2-111
修改颜色

Step 33 选择“文件”→“新建”，单位选择“像素”，将“宽度”设置为1390px，“高度”设置为400px，“颜色模式”设置为“RGB颜色”，“栅格效果”设置为“高（300ppi）”。单击“创建”按钮。背景颜色同色块1，如图6-2-112所示。

图 6-2-112　新建背景

Step 34 绘制正方形，“填色”为“R: 46、G: 167、B: 224”，通过复制、粘贴，使其铺满整个背景图层，如图6-2-113所示。

图 6-2-113　铺正方形底纹

Step 35 将绘制好的2.5D插画置入背景图层，如图6-2-114所示。

图 6-2-114　置入插画

Step 36 输入主题文字“互联网技术创意博览会”，字体颜色为白色，字体大小为72pt，字体为微软雅黑。输入辅助文字“A I智能科技　改变未来”与“北京　8月29号”。选择适当的字体大小，字体同主题文字的。使用“圆角矩形工具”绘制圆角矩形，颜色同色块4，输入文字“了解更多”，制作出CTA按钮。完成效果如图6-2-115所示。

图 6-2-115　输入文字并完成制作

知识小结

网页设计知识点总结如图6-2-116所示。

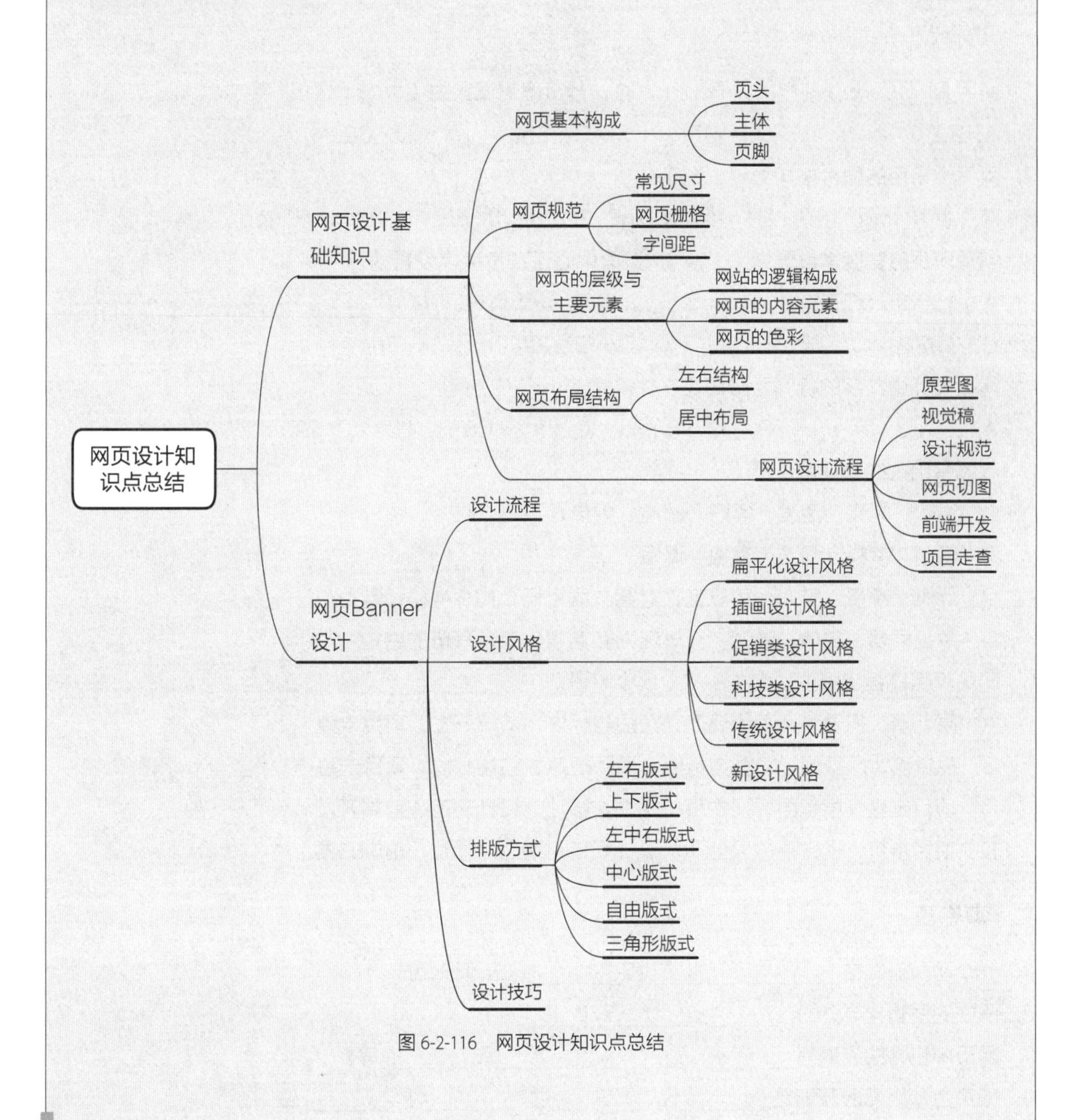

图 6-2-116　网页设计知识点总结

本章课后习题

（共 25 个答题点，每个答题点 4 分，共 100 分）

一、选择题

1．使用 Photoshop 制作网页 Banner 时，分辨率需设置为（　　）像素 / 英寸。

A．72　　B．108　　C．200　　D．300

2．网页中常用的图片格式为（　　）。

A．.tif 和 .jpg　　B．.fla 和 .jpg　　C．.gif 和 .jpg　　D．.bmp 和 .jpg

3．创建网页时宽度常设置为（　　），页面中心区域宽度常设置为（　　）。

A．1366px；768px　　B．1660px；960px

C．1920px；1200px　　D．2280px；1440px

4．网页设计中文字的行间距最好是字体高度的（　　）倍。

A．1~1.3　　B．1.5~2　　C．1.2~1.8　　D．1.3~2.2

5．红色带给人的心理感受是（　　）。

A．温暖、响亮、活泼、华丽、辉煌、炽热、温暖、甜蜜、快乐

B．明朗、幸福、阳光、喜悦、温暖

C．优雅、高贵、魅力，和皇室、财富关联密切，代表神秘和魅力

D．象征爱情、自信、激情，充满活力和温暖，带来兴奋的感觉

6．网站项目流程步骤依次为（　　）6 个阶段。

A．原型图、视觉稿、设计规范、切图与标注、前端开发、项目走查

B．视觉稿、原型图、切图与标注、设计规范、前端开发、项目走查

C．项目走查、原型图、视觉稿、切图与标注、设计规范、前端开发

D．项目走查、视觉稿、原型图、设计规范、切图与标注、前端开发

二、填空题

1．一个网页通常由________、________和________这三部分组成。

2．网站的逻辑构成分为________、________和________。

3．网页中包含的元素有________、________、________和________等。

4．网页色彩搭配的原则是________性、________性、________性、________性。

5．UI设计布局的四大原则是________、________、________、________。

6．网页设计的色彩模式为________。